高等院校通信与信息专业系列教材

# 语音信号处理实验教程

梁瑞宇　赵　力　魏　昕　编著

机 械 工 业 出 版 社

本书为《语音信号处理（第3版）》的配套实验教程。该教材阐述了语音信号处理的基本理论，并基于MATLAB软件介绍了语音信号处理的实现方法和关键技术。本书共分13章，内容包括：MATLAB基础教程、语音信号处理基础实验、语音信号分析实验、语音信号特征提取实验、语音增强实验、语音编码实验、语音合成与转换实验、语音隐藏实验、声源定位实验、语音识别实验、说话人识别实验、语音情感识别实验、实用语音信号处理平台。

本书可作为高等院校的教材用书或教学参考用书，同时也可供从事语音信号处理等领域的工程技术人员参考。

本书提供MATLAB仿真程序，读者可登录机械工业出版社教育服务网（www.cmpedu.com）注册并审核通过后下载。

**图书在版编目（CIP）数据**

语音信号处理实验教程/梁瑞宇，赵力，魏昕编著.—北京：机械工业出版社，2016.2（2023.1重印）
高等院校通信与信息专业系列教材
ISBN 978-7-111-53071-8

Ⅰ.①语… Ⅱ.①梁… ②赵… ③魏… Ⅲ.①语音信号处理-高等学校-教材 Ⅳ.①TN912.3

中国版本图书馆CIP数据核字（2016）第037809号

机械工业出版社（北京市百万庄大街22号 邮政编码100037）
责任编辑：李馨馨 责任校对：张艳霞
责任印制：张 博
北京建宏印刷有限公司印刷

2023年1月第1版·第5次印刷
184mm×260mm·19印张·466千字
标准书号：ISBN 978-7-111-53071-8
定价：59.00元

电话服务
客服电话：010-88361066
010-88379833
010-68326294

网络服务
机 工 官 网：www.cmpbook.com
机 工 官 博：weibo.com/cmp1952
金 书 网：www.golden-book.com
机工教育服务网：www.cmpedu.com

# 前　言

语音信号处理是研究用数字信号处理技术对语音信号进行处理的一门学科，它是在多门学科基础上发展起来的综合性技术，涉及语音学、语言学、生理学及认知科学、数字信号处理、模式识别和人工智能等许多学科领域。同时语音信号处理也是目前发展最为迅速的信息科学技术之一，其研究涉及一系列前沿课题。

根据教育部加强学生实践能力培养的要求，本书立足于语音信号基本理论，辅以 MATLAB 实现，使读者在学习理论知识的同时，能快速实践，提高学习兴趣，增强解决问题的能力。

本书是机械工业出版社出版的《语音信号处理（第 3 版）》的配套实验教材（也可独立作为实验教材使用）。作者基于多年从事语音信号处理研究的成果，在阐述理论知识的同时，配以 MATLAB 程序，并加上详细的注释。教材的编写由浅及深，验证性实验与设计性实验并重，同时适合初学者和有一定基础的研究者使用。

本书共分 13 章，第 1 章是 MATLAB 基础教程；第 2 章是语音信号处理基础实验；第 3 章是语音信号分析实验；第 4 章是语音信号特征提取实验；第 5 章是语音增强实验；第 6 章是语音编码实验；第 7 章是语音合成与转换实验；第 8 章是语音隐藏实验；第 9 章是声源定位实验；第 10 章是语音识别实验；第 11 章是说话人识别实验；第 12 章是语音情感识别实验；第 13 章介绍了本研究团队开发的实用语音信号处理平台。

本书主要面向信号与信息处理、电路与系统、通信与电子工程、模式识别与人工智能、计算机信息处理等学科有关专业的高年级学生和研究生，也可以作为从事语音信号处理这一领域科研工作的技术人员参考书。

本书的参考学时为本科生 32 学时、研究生 40 学时，可以根据不同的教学要求对其内容进行适当取舍，灵活安排讲课学时数。

本书主要由梁瑞宇、赵力、魏昕编写，其中，1 ~ 9 章由梁瑞宇编写，12 ~ 13 章由赵力编写，10 ~ 11 章由魏昕编写，全书由梁瑞宇统稿。广州大学的邹采荣教授主审了全书，并提出很多宝贵意见，在此表示诚挚的感谢。

语音信号处理是一门理论性强、实用面广、内容新、难度大的交叉学科，同时这门学科又处于快速发展之中，尽管作者在编写过程中始终注重理论紧密联系实际，力求以尽可能简明、通俗的语言，深入浅出、通俗易懂地将这门学科介绍给读者，但因作者水平有限，缺点错误在所难免，敬请广大读者批评指正。

编　者

# 目　录

# 第1章　MATLAB基础教程

## 1.1　MATLAB简介

### 1.1.1　功能和特点

MATLAB是MathWorks公司开发的科学与工程计算软件，广泛应用于自动控制、数学运算、信号分析、计算机技术、图像信号处理、财务分析、航天工业、汽车工业、生物医学工程、语音处理和雷达工程等行业，是国内外高校和研究部门科学研究的重要工具。

MATLAB的特点包括：

1）功能强大。MATLAB的数值运算主要针对矩阵设计和优化，包括加、减、乘、除、函数运算等多种数学运算；自带符号工具箱，可以解决在数学、应用科学和工程计算领域中常常遇到的符号计算问题；大量针对各专业应用的工具箱的提供，使MATLAB适用于不同领域；MATLAB的Notebook为用户提供了强大的文字处理功能，允许用户从Word访问MATLAB的数值计算和可视化结果。

2）人机界面友好，编程效率高。MATLAB的语言规则与笔算式相似，命令表达方式与标准的数学表达式非常相近。MATLAB的程序设计基于解释方式实现，算式无需编译即可得出结果，并能针对错误即时反馈，便于编程者改正。

3）强大而智能化的作图功能。MATLAB包含多种坐标系，可以绘制三维坐标中的曲线和曲面，使工程计算的结果可视化，使原始数据的关系清晰化。

4）可扩展性强。MATLAB软件包括基本部分和工具箱两大部分，工具箱可以任意增减，具有良好的可扩展性。

5）Simulink动态仿真功能。MATLAB的Simulink提供了动态仿真的功能，用户通过绘制框图来模拟一个线性、非线性、连续或离散的系统，并由Simulink实现仿真和系统分析。

### 1.1.2　通用操作界面窗口

MATLAB R2010a版的MATLAB工作界面如图1-1所示。界面的上层铺放着几个最常用的部分：指令窗（Command Window）、当前目录（Current Directory）浏览器、工作内存（Workspace）浏览器、历史指令（Command History）窗等。

**1. 指令窗**

指令窗是进行各种MATLAB操作的最主要窗口。在窗口内，使用者可键入各种MATLAB指令、函数、表达式。窗口可显示除图形外的所有运算结果，并在运行错误时，给出相关的出错提示。指令窗常用命令如表1-1所示。

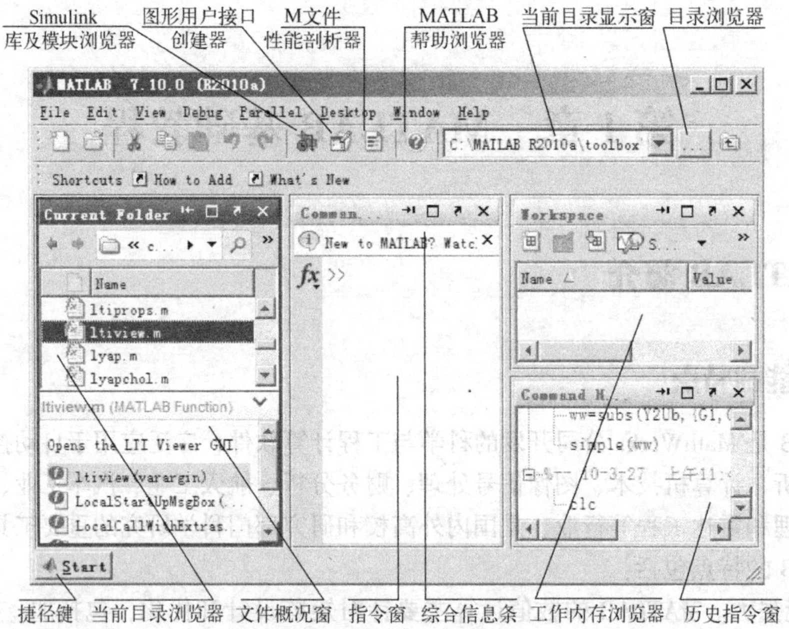


图 1-1 MATLAB 工作界面概貌

**表 1-1 指令窗常用命令**

| 命 令 名 | 作 用 |
|---|---|
| ↑/↓ | 向前/向后调回已输入的命令 |
| close all | 关闭所有的图形窗口 |
| clc | 清除命令窗口中的内容 |
| clear | 从工作空间清除所有的变量 |
| save | 保存工作区间里的变量到磁盘文件 |
| load | 导入磁盘里的变量文件到工作空间 |
| format type | 输出数据格式显示控制命令 |
| addpath | 将一个新目录名添加到 MATLAB 的搜索路径里 |
| rmpath | 将某个目录从 MATLAB 搜索路径中清除 |
| help < 函数名 > | 在命令窗口显示 MATLAB 函数的帮助 |
| whos | 列出当前工作区间的所有变量，并显示变量的大小、类型及其所占用的存储空间 |

### 2. 当前目录浏览器

该浏览器用来展示 MATLAB 的子目录、M 文件、MAT 文件和 MDL 文件等。界面上的 M 文件，可直接进行复制、编辑和运行；界面上的 MAT 数据文件，可直接送入 MATLAB 工作内存；该界面上的子目录，可进行 Windows 平台的各种标准操作。

此外，在当前目录浏览器正下方，还有一个“文件概况窗”，用于显示所选文件的概况信息，如 M 文件所包含的内嵌函数和其他子函数。

### 3. 工作内存浏览器

窗口里罗列了 MATLAB 工作空间中所有变量的变量名、大小、字节数，可对变量进行观察、图示、编辑、提取和保存。

**4. 历史指令窗**

该窗记录已经运作过的指令、函数、表达式，及它们运行的日期、时间。窗口中的所有指令、文字都允许复制、重运行及用于产生 M 文件。

**5. 捷径键**

捷径键用于引出通往 MATLAB 所包含的各种组件、模块库、图形用户界面、帮助分类目录、演示算例等的捷径，以及向用户提供自建快捷操作的环境。

### 1.1.3　文件格式

**1. 程序文件**

程序文件即 M 文件，其文件的扩展名为 . m，包括主程序和函数文件。MATLAB 的各工具箱中的函数大部分是 M 文件，M 文件通过 M 文件编辑/调试器生成。

**2. 数据文件**

数据文件即 MAT 文件，其文件的扩展名为 . mat，用来保存工作空间的数据变量，数据文件可以通过在命令窗口中输入“save”命令生成。

**3. 可执行文件**

可执行文件即 MEX 文件，其文件的扩展名为 . mex，由 MATLAB 的编译器对 M 文件进行编译后产生，其运行速度比直接执行 M 文件快得多。

**4. 图形文件**

图形文件的扩展名为 . fig，可以在“File”菜单中创建和打开，也可由 MATLAB 的绘图命令和图形用户界面窗口产生。

**5. 模型文件**

模型文件扩展名为 . mdl，是由 Simulink 工具箱建模生成的。

## 1.2　MATLAB 数值计算

### 1.2.1　数据类型

MATLAB 中共有 15 种基本数据类型和 2 种自定义类型。MATLAB 数据类型关系如图 1–2 所示。

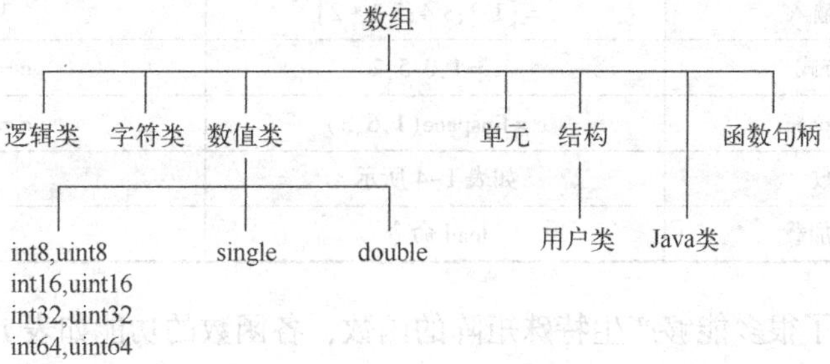


图 1–2　MATLAB 数据类型关系

MATLAB 的实数数据表达方式有两类：带小数点的形式直接表示和科学计数法，如 -2、5.67、2.56e-56。

MATLAB 的复数数据用特殊变量“i”和“j”来表示，这里 i 和 j 代表 $\sqrt{-1}$。复数可表示为 z=a+b*i 或 z=a+b*j。

### 1.2.2 变量

MATLAB 中所有的变量都是用矩阵形式来表示的，即所有的变量都表示一个矩阵或者一个向量。其命名规则如下：

1）变量名对大小写敏感。

2）变量名必须以英文字母开头，其长度不能超过 63 个字符。

3）变量名可以包含下连字符、数字，但不能包含空格符、标点。

4）关键字不能作为变量名。

此外，当 MATLAB 启动时，MATLAB 的一些特殊变量会驻留在内存中。常用的特殊变量如表 1-2 所示。

表 1-2 特殊变量表

| 特殊变量 | 取值 | 特殊变量 | 取值 |
|---|---|---|---|
| pi | 圆周率 π | i 或 j | $i=j=\sqrt{-1}$ |
| eps | 计算机的最小数 | flops | 浮点运算数 |
| inf | 无穷大，如 1/0 | NaN 或 nan | 非数，如 0/0、∞/∞、0×∞ |
| nargin | 函数的输入变量数目 | nargout | 函数的输出变量数目 |
| realmin | 最小的可用正实数 | realmax | 最大的可用正实数 |

### 1.2.3 矩阵和数组

MATLAB 最基本也是最重要的功能就是进行实数或复数矩阵的运算。矩阵元素都是用方括号（[ ]）括住，每行内的元素间用逗号或空格隔开，行与行之间用分号或回车键隔开，元素可以是数值或表达式。矩阵的常用生成方式如表 1-3 所示。

表 1-3 矩阵生成方式

| 生成方式 | 实例 | 结果 |
|---|---|---|
| 显式元素列表输入 | c=[1 2;3 4;5 3*2] | 3×2 矩阵 |
| from:step:to 方式 | c=1:0.5:2 | c=[1 1.5 2] |
| linspace 或 logspace | c=linspace(1,6,3) | c=[1 3.5 6] |
| 矩阵生成函数 | 如表 1-4 所示 | |
| MAT 数据文件加载 | load 命令 | |

MATLAB 提供了很多能够产生特殊矩阵的函数，各函数的功能如表 1-4 所示。

表 1-4 矩阵生成函数

| 函数名 | 功能 | 实例 | |
|---|---|---|---|
| | | 输入 | 结果 |
| zeros(m,n) | 产生 m×n 的全 0 矩阵 | zeros(2,3) | ans =<br>0 0 0<br>0 0 0 |
| ones(m,n) | 产生 m×n 的全 1 矩阵 | ones(2,3) | ans =<br>1 1 1<br>1 1 1 |
| rand(m,n) | 产生均匀分布的随机矩阵(元素值小于 1.0) | rand(2,3) | ans =<br>0.9501 0.6068 0.8913<br>0.2311 0.4860 0.7621 |
| randn(m,n) | 产生正态分布的随机矩阵 | randn(2,3) | ans =<br>-0.4326 0.1253 -1.1465<br>-1.6656 0.2877 1.1909 |
| magic(N) | 产生 N 阶魔方矩阵（矩阵的行、列和对角线上元素的和相等） | magic(3) | ans =<br>8 1 6<br>3 5 7<br>4 9 2 |
| eye(m,n) | 产生 m×n 的单位矩阵 | eye(3) | ans =<br>1 0 0<br>0 1 0<br>0 0 1 |

矩阵和多维数组都是由多个元素组成的，每个元素通过下标来标识。矩阵中的元素可以用全下标方式标识，即由行下标和列下标表示，一个 m×n 的 a 矩阵的第 i 行第 j 列的元素表示为 a(i,j)。矩阵运算有明确而严格的数学规则，矩阵运算规则是按照线性代数运算法则定义的。数组运算是按数组的元素逐个进行的。矩阵或数组的基本运算如表 1-5 所示。

表 1-5 矩阵和数组运算对比表

| 数组运算 | | 矩阵运算 | |
|---|---|---|---|
| 命令 | 含义 | 命令 | 含义 |
| A+B | 对应元素相加 | A+B | 与数组运算相同 |
| A-B | 对应元素相减 | A-B | 与数组运算相同 |
| S.*B | 标量 S 分别与 B 元素的积 | S*B | 与数组运算相同 |
| A.*B | 数组对应元素相乘 | A*B | 内维相同矩阵的乘积 |
| S./B | S 分别被 B 的元素左除 | S\B | B 矩阵分别左除 S |
| A./B | A 的元素被 B 的对应元素除 | A/B | A 的逆阵与 B 相乘 |
| B.\A | 结果一定与上行相同 | B\A | A 左除 B |
| A.^S | A 的每个元素自乘 S 次 | A^S | A 矩阵为方阵时，自乘 S 次 |
| A.^S | S 为小数时，对 A 各元素分别求非整数幂，得出矩阵 | A^S | S 为小数时，方阵 A 的非整数乘方 |
| S.^B | 分别以 B 的元素为指数求幂值 | S^B | B 为方阵时，标量 S 的矩阵乘方 |
| A.' | 非共轭转置 | A' | 共轭转置 |
| exp(A) | 以自然数 e 为底，分别以 A 的元素为指数求幂 | expm(A) | A 的矩阵指数函数 |
| log(A) | 对 A 的各元素求对数 | logm(A) | A 的矩阵对数函数 |
| sqrt(A) | 对 A 的各元素求平方根 | sqrtm(A) | A 的矩阵平方根函数 |
| f(A) | 求 A 各个元素的函数值 | funm(A,'f') | 矩阵的函数运算 |

常用的矩阵运算函数如表1-6所示。

表1-6 常用矩阵运算函数

| 函数名 | 功能 |
|---|---|
| det(X) | 计算方阵行列式 |
| rank(X) | 求矩阵的秩，得出的行列式不为零的最大方阵边长 |
| inv(X) | 求矩阵的逆阵，当方阵X的det(X)不等于零，逆阵X-1才存在。X与X-1相乘为单位矩阵 |
| [v,d] = eig(X) | 计算矩阵特征值和特征向量。如果方程Xv = vd存在非零解，则v为特征向量，d为特征值 |
| diag(X) | 产生X矩阵的对角阵 |
| [l,u] = lu(X) | 方阵分解为一个准下三角方阵和一个上三角方阵的乘积。l为准下三角阵，必须交换两行才能成为真的下三角阵 |
| [q,r] = qr(X) | m×n阶矩阵X分解为一个正交方阵q和一个与X同阶的上三角矩阵r的乘积。方阵q的边长为矩阵X的n和m中较小者，且其行列式的值为1 |
| [u,s,v] = svd(X) | m×n阶矩阵X分解为三个矩阵的乘积，其中u，v为n×n阶和m×m阶正交方阵，s为m×n阶的对角阵，对角线上的元素就是矩阵X的奇异值，其长度为n和m中的较小者 |

## 1.2.4 字符串

在MATLAB中，字符串是作为字符数组来引入的。一个字符串由多个字符组成，用单引号（′）来界定。字符串是按行向量进行存储的，每一字符（包括空格）以其ASCII码的形式存放。常用的字符串函数如表1-7所示。

表1-7 常用的字符串函数

| 函数名 | 功能 |
|---|---|
| length(x) | 用来计算字符串的长度（即组成字符的个数） |
| double(x) | 查看字符串的ASCII码储存内容 |
| char(x) | 将ASCII码转换成字符串形式 |
| class(x)或ischar(x) | 判断某一个变量是否为字符串 |
| strcmp(x,y) | 比较字符串x和y的内容是否相同 |
| findstr(x,x1) | 寻找在某个长字符串x中的子字符串x1，返回其起始位置 |
| deblank(x) | 删除字符串尾部的空格 |
| str2mat或strvcat | 字符串拼接函数，不必考虑每个字符串的字符数是否相等 |
| eval | 字符串执行函数 |
| disp | 显示字符串内容 |

## 1.2.5 数学函数

MATLAB中数学函数对数组的每个元素进行运算。数组的基本数学函数如表1-8所示。

**表 1-8　基本数学函数**

| 函数名 | 含义 | 函数名 | 含义 |
|---|---|---|---|
| abs | 绝对值或者复数模 | rat | 有理数近似 |
| sqrt | 平方根 | mod | 模除求余 |
| real | 实部 | round | 4 舍 5 入到整数 |
| imag | 虚部 | fix | 向最接近 0 取整 |
| conj | 复数共轭 | floor | 向最接近 -∞ 取整 |
| sin | 正弦 | ceil | 向最接近 -∞ 取整 |
| cos | 余弦 | sign | 符号函数 |
| tan | 正切 | rem | 求余数留数 |
| asin | 反正弦 | exp | 自然指数 |
| acos | 反余弦 | log | 自然对数 |
| atan | 反正切 | log10 | 以 10 为底的对数 |
| atan2 | 第四象限反正切 | pow2 | 2 的幂 |
| sinh | 双曲正弦 | bessel | 贝赛尔函数 |
| cosh | 双曲余弦 | gamma | 伽马函数 |
| tanh | 双曲正切 | | |

### 1.2.6　关系逻辑

MATLAB 含有基本的关系操作和逻辑操作，如 <、<=、>、>=、==、~=、&、|、~、xor 等。此外，MATLAB 还包含一些特有的关系逻辑函数，如表 1-9 所示。

**表 1-9　关系逻辑函数**

| 函数名 | 功能 |
|---|---|
| all(A) | 判断 A 的列向量元素是否全非 0，全非 0 则为 1 |
| any(A) | 判断 A 的列向量元素中是否有非 0 元素，有则为 1 |
| isequal(A,B) | 判断 A、B 对应元素是否全相等，相等为 1 |
| isempty(A) | 判断 A 是否为空矩阵，为空则为 1，否则为 0 |
| isfinite(A) | 判断 A 的各元素值是否有限，是则为 1 |
| isinf(A) | 判断 A 的各元素值是否无穷大，是则为 1 |
| isnan(A) | 判断 A 的各元素值是否为 NAN，是则为 1 |
| isnumeric(A) | 判断数组 A 的元素是否全为数值型数组 |
| isreal(A) | 判断数组 A 的元素是否全为实数，是则为 1 |
| isprime(A) | 判断 A 的各元素值是否为质数，是则为 1 |
| isspace(A) | 判断 A 的各元素值是否为空格，是则为 1 |
| find(A) | 寻找 A 数组非 0 元素的下标和值 |

## 1.3　MATLAB 绘图功能

### 1.3.1　二维曲线的绘制

**1. 基本绘图命令 plot**

plot 命令是 MATLAB 中最简单而且使用最广泛的一个绘图命令，用来绘制二维曲线。

语法：

```
plot(x)          %绘制以 x 为纵坐标的二维曲线
plot(x,y)        %绘制以 x 为横坐标、y 为纵坐标的二维曲线
```

表 1-10 给出了绘制二维、三维图形的一般步骤。

**表 1-10 绘制二维、三维图形的一般步骤**

| 步 骤 | 内 容 |
|---|---|
| 1 | 曲线数据准备：对于二维曲线，横坐标和纵坐标数据变量；对于三维曲面，矩阵参变量和对应的函数值 |
| 2 | 指定图形窗口和子图位置：默认时，打开 Figure No. 1 窗口或当前窗口、当前子图；也可以打开指定的图形窗口和子图 |
| 3 | 设置曲线的绘制方式：线型、色彩、数据点形 |
| 4 | 设置坐标轴：坐标的范围、刻度和坐标分格线 |
| 5 | 图形注释：图名、坐标名、图例、文字说明 |
| 6 | 着色、明暗、灯光、材质处理（仅对三维图形使用） |
| 7 | 视点、三度（横、纵、高）比（仅对三维图形使用） |
| 8 | 图形的精细修饰（图形句柄操作）：利用对象属性值设置；利用图形窗工具条进行设置 |

说明：

- 步骤 1 和 3 是最基本的绘图步骤，如果利用 MATLAB 的默认设置通常只需要这两个基本步骤就可以基本绘制出图形，而其他步骤并不完全必需。
- 步骤 2 一般在图形较多的情况下，需要指定图形窗口、子图时使用。
- 除了步骤 1、2、3 的其他步骤用户可以根据需要改变前后次序。

**2. 多个图形绘制的方法**

(1) 指定图形窗口

如果需要多个图形窗口同时打开，可以使用 figure 语句。

语法：

```
figure(n)       %产生新图形窗口
```

(2) 同一窗口显示多个子图

如果需要在同一个图形窗口中布置几幅独立的子图，可以在 plot 命令前加上 subplot 命令来将一个图形窗口划分为多个区域，每个区域一幅子图。

语法：

```
subplot(m,n,k)          %使(m×n)幅子图中的第 k 幅成为当前图
```

说明：将图形窗口划分为 m×n 幅子图，k 是当前子图的编号，“,”可以省略。子图的序号编排原则是：左上方为第 1 幅，先向右后向下依次排列，子图彼此之间独立。

(3) 同一窗口多次叠绘

为了在一个坐标系中增加新的图形对象，可以用“hold”命令来保留原图形对象。

语法：

```
hold on          %使当前坐标系和图形保留
hold off         %使当前坐标系和图形不保留
```

```
hold                    %在以上两个命令中切换
```

说明：在设置了“hold on”后，如果画多个图形对象，则在生成新的图形时保留当前坐标系中已存在的图形对象，MATLAB 会根据新图形的大小，重新改变坐标系的比例。

（4）双纵坐标图

语法：

```
plotyy(x1,y1,x2,y2)          %以左、右不同纵轴绘制两条曲线
```

说明：左纵轴用于（x1，y1）数据，右纵轴用于（x2，y2）数据来绘制两条曲线。坐标轴的范围、刻度都自动产生。

**3. 曲线的线型、颜色和数据点形**

plot 命令还可以设置曲线的线段类型、颜色和数据点形等，如表 1-11 所示。

**表 1-11　线段、颜色与数据点形**

| 颜色 | | 数据点间连线 | | 数据点形 | |
|---|---|---|---|---|---|
| 类型 | 符号 | 类型 | 符号 | 类型 | 符号 |
| 黄色 | y（Yellow） | 实线（默认） | - | 实点标记 | . |
| 品红色（紫色） | m（Magenta） | 点线 | : | 圆圈标记 | o |
| 青色 | c（Cyan） | 点画线 | -. | 叉号形 × | x |
| 红色 | r（Red） | 虚线 | -- | 十字形 + | + |
| 绿色 | g（Green） | | | 星号标记 * | * |
| 蓝色 | b（Blue） | | | 方块标记□ | s |
| 白色 | w（White） | | | 钻石形标记◇ | d |
| 黑色 | k（Black） | | | 向下的三角形标记 | v |
| | | | | 向上的三角形标记 | ^ |
| | | | | 向左的三角形标记 | < |
| | | | | 向右的三角形标记 | > |
| | | | | 五角星标记☆ | p |
| | | | | 六连形标记 | h |

语法：

```
plot(x,y,s)
```

说明：x 为横坐标矩阵；y 为纵坐标矩阵；s 为类型说明字符串参数，s 字符串可以是线段类型、颜色和数据点形三种类型的符号之一，也可以是三种类型符号的组合。

**4. 设置坐标轴和文字标注**

（1）坐标轴的控制

用坐标控制命令 axis 来控制坐标轴的特性，表 1-12 列出其常用控制命令。

**表 1-12　常用的坐标控制命令**

| 命令 | 含义 |
|---|---|
| axis auto | 使用默认设置 |
| axis tight | 把数据范围直接设为坐标范围 |
| axis off | 取消轴背景 |
| axis on | 使用轴背景 |

（续）

| 命令 | 含义 |
|---|---|
| axis ij | 矩阵式坐标，原点在左上方 |
| axis xy | 普通直角坐标，原点在左下方 |
| axis([xmin,xmax,ymin,ymax]) | 设定坐标范围，必须满足 xmin < xmax，ymin < ymax |

（2）分格线

语法：

```
grid on          %显示分格线
grid off         %不显示分格线
grid             %在以上两个命令间切换
```

说明：不显示分格线是 MATLAB 的默认设置。分格线的疏密取决于坐标刻度，如果要改变分格线的疏密，必须先定义坐标刻度。

（3）坐标框

语法：

```
box on           %使当前坐标框呈封闭形式
box off          %使当前坐标框呈开启形式
box              %在以上两个命令间切换
```

说明：在默认情况下，所画的坐标框呈封闭形式。

**5. 文字标注**

（1）添加图名

语法：

```
title(s)         %书写图名
```

说明：s 为图名，为字符串，可以是英文或中文。

（2）添加坐标轴名

语法：

```
xlabel(s)        %横坐标轴名
ylabel(s)        %纵坐标轴名
```

（3）添加图例

语法：

```
legend(s,pos)    %在指定位置建立图例
legend off       %擦除当前图中的图例
```

说明：参数 s 是图例中的文字注释，如果有多个注释则可以用′s1′,′s2′，…的方式。用 legend 命令在图形窗口中产生图例后，还可以用鼠标对其进行拖拉操作，将图例拖到合适的位置。

（4）添加文字注释

语法：

text(xt,yt,s)　　　　%在图形的(xt,yt)坐标处书写文字注释

### 6. 特殊符号

表 1-13 给出了图形标识用的希腊字母、数学符号和特殊字符。

表 1-13　图形标识用的希腊字母、数学符号和特殊字符

| 类　别 | 命　令 | 字　符 | 命　令 | 字　符 | 命　令 | 字　符 | 命　令 | 字　符 |
|---|---|---|---|---|---|---|---|---|
| 希腊字母 | \alpha | α | \ eta | η | \nu | ν | \ upsilon | υ |
| | \beta | β | \ theta | θ | \ xi | ξ | \ Upsilon | r |
| | \epsilon | ε | \ Theta | Θ | \ Xi | Ε | \ phi | ϕ |
| | \gamma | γ | \ iota | ι | \ pi | π | \ Phi | Φ |
| | \Gamma | Γ | \ zeta | ζ | \ Pi | Π | \ chi | χ |
| | \delta | δ | \ kappa | κ | \ rho | ρ | \ psi | ψ |
| | \Delta | Δ | \ mu | μ | \ tau | τ | \ Psi | Ψ |
| | \omega | ω | \ lambda | λ | \ sigma | σ | | |
| | \Omega | Ω | \ Lambda | Λ | \ Sigma | Σ | | |
| 数学符号 | \approx | ≈ | \oplus | ≡ | \neq | ≠ | \leq | ⩽ |
| | \geq | ⩾ | \pm | ± | \times | × | \div | ÷ |
| | \int | ∫ | \exists | ∝ | \infty | ∞ | \in | ∈ |
| | \sim | ≌ | \forall | ~ | \angle | ∠ | \perp | ⊥ |
| | \cup | ∪ | \cap | ∩ | \vee | ∨ | \wedge | ∧ |
| | \surd | √ | \otimes | ⊗ | \ oplus | ⊕ | | |
| 箭头 | \ uparrow | ↑ | \ downarrow | ↓ | \ rightarrow | → | \ leftarrow | ← |
| | \leftrightarrow | ↔ | \updownarrow | ↕ | | | | |

如果需要对文字进行上下标设置，或设置字号大小，则必须在文字标识前先使用表 1-14 中所示的设置值。

表 1-14　文字设置

| 命　令 | 含　义 |
|---|---|
| \fontname{s} | 字体的名称，s 为 Times New Roman、Courier、宋体等 |
| \fontsize{n} | 字号大小，n 为正整数，默认为 10（points） |
| \s | 字体风格，s 可以为 bf(黑体)、it(斜体一)、sl(斜体二)、rm(正体)等 |
| ^{s} | 将 s 变为上标 |
| _{s} | 将 s 变为下标 |

### 7. 交互式图形命令

(1) ginput 命令

ginput 命令是从图上获取数据。

语法：

[x,y] = ginput(n)　　　　%用鼠标从图形上获取 n 个点的坐标(x,y)

说明：参数 n 应为正整数，是通过鼠标从图上获得数据点的个数；x、y 用来存放所取点的坐标。

（2）gtext 命令

gtext 命令是把字符串放置到图形中鼠标所指定的位置上。

语法：

```
gtext('s')                                    %用鼠标把字符串放置到图形上
```

说明：如果参数 s 是单个字符串或单行字符串矩阵，那么一次鼠标操作就可把全部字符以单行形式放置在图上；如果参数 s 是多行字符串矩阵，那么每操作一次鼠标，只能放置一行字符串，需要通过多次鼠标操作，把一行一行的字符串放在图形的不同位置。

## 1.3.2 MATLAB 的三维图形绘制

### 1. 绘制三维线图命令 plot3

plot3 是用来绘制三维曲线的，它的使用格式与二维绘图的 plot 命令很相似。

语法：

```
plot3(x,y,z,'s')                              %绘制三维曲线
    plot3(x1,y1,z1,'s1',x2,y2,z2,'s2',…)      %绘制多条三维曲线
```

说明：当 x、y、z 是同维向量时，则绘制以 x、y、z 元素为坐标的三维曲线；当 x、y、z 是同维矩阵时，则绘制三维曲线的条数等于矩阵的列数。s 是指定线型、色彩、数据点形的字符串。

### 2. 绘制三维网线图和曲面图

（1）meshgrid 命令

为了绘制三维立体图形，MATLAB 的方法是将 x 方向划分为 m 份，将 y 方向划分为 n 份，meshgrid 命令是以 x、y 向量为基准，来产生在 x－y 平面的各栅格点坐标值的矩阵。

语法：

```
[X,Y] = meshgrid(x,y)
```

说明：X、Y 是栅格点的坐标，为矩阵；x、y 为向量。

（2）三维网线图

语法：

```
mesh(z)                                       %画三维网线图
mesh(x,y,z,c)
```

说明：当只有参数 z 时，以 z 矩阵的行下标作为 x 坐标轴，把 z 的列下标当作 y 坐标轴；x、y 分别为 x、y 坐标轴的自变量；当有 x、y、z 参数时，c 是指定各点的颜色矩阵，当 c 省略时默认颜色矩阵是 z 的数据。如果 x、y、z、c 四个参数都有，则应该都是维数相同的矩阵。

（3）三维曲面图

语法：

```
surf(z)                                       %画三维曲面图
```

```
surf (x,y,z,c)
```

说明：参数设置与 mesh 命令相同。

### 1.3.3　立体图形与图轴的控制

**1. 网格**

如果要使被遮盖的网格也能呈现出来，可用“hidden off”命令。

语法：

```
hidden off                              %显示被遮盖的网格
hidden on                               %隐藏被遮盖的网格
```

**2. 改变视角**

三维图形的观测角度不同则显示也不同，如果要改变观测角度，可用“view”命令。

语法：

```
view([az,el])                           %通过方位角和俯仰角改变视角
view([vx,vy,vz])                        %通过直角坐标改变视角
```

说明：az 表示方位角，el 表示俯仰角；vx、vy、vz 表示直角坐标。

## 1.4　MATLAB 的特殊图形绘制

### 1.4.1　条形图

条形图常用于对统计的数据进行作图，特别适用于少量且离散的数据。

语法：

```
bar(x,y,width,'参数')                   %画条形图
bar3(x,y,z,width,'参数')                %画三维条形图
```

说明：x 是横坐标向量，默认值是 1:m，m 为 y 的向量长度；y 是纵坐标，可以是向量或矩阵，当是向量时每个元素对应一个竖条，当是 m×n 的矩阵时，将画出 m 组竖条，每组包含 n 条；width 是竖条的宽度，默认宽度是 0.8，如果宽度大于 1，则条与条之间将重叠；'参数'有 grouped（分组式）和 stacked（累加式），默认为 grouped。bar3 命令的格式也相同，y 必须是单调增加或减小，默认时为 1:m；'参数'除了 grouped 和 stacked 之外还有 detached（分离式）。

### 1.4.2　直方图

语法：

```
hist(y,m)                               %统计每段的元素个数并画出直方图
hist(y,x)
```

说明：m 是分段的个数，默认时为 10；x 是向量，用于指定所分每个数据段的中间值；y 可以是向量或矩阵，如果是矩阵则按列分段。

## 1.4.3 饼图

饼图是用于显示向量中的各元素占向量元素总和的百分比，可以用 pie 和 pie3 命令分别绘制二维和三维饼图。

语法：

```
pie(x,explode','label')              %画二维饼图
pie3(x,explode','label')             %画三维饼图
```

说明：x 是向量；explode 是与 x 同长度的向量，用来决定是否从饼图中分离对应的一部分块，非零元素表示该部分需要分离；'label' 是用来标注饼图的字符串数组。

## 1.4.4 对数坐标和极坐标图

### 1. 对数坐标图形

对数坐标图形有 semilogx、semilogy 和 loglog 命令。

语法：

```
semilogx(x,y','参数')                %绘制 x 为对数坐标的曲线
semilogy(x,y','参数')                %绘制 y 为对数坐标的曲线
loglog(x,y','参数')                  %绘制 x、y 都为对数坐标的曲线
```

说明：参数和 plot 命令一样，只是坐标不同。

### 2. 极坐标图

极坐标图由 polar 命令来实现。

语法：

```
polar(theta,radius','参数')          %绘制极坐标图
```

说明：theta 为相角；radius 为与原点的距离。

## 1.4.5 对话框

### 1. 输入信息对话框

输入对话框为用户的输入信息提供了界面，使用 inputdlg 命令创建。

语法：

```
answer = inputdlg(prompt,title,lineno,defans,addopts)   %创建输入对话框
```

说明：answer 返回用户的输入，为元胞数组；prompt 为提示信息字符串，用引号括起来，为元胞数组；title 为标题字符串，用引号括起来，可以省略；lineno 用于指定输入值的行数，可以省略；defans 为输入项的默认值，用引号括起来，是元胞数组，可以省略；addopts指定对话框是否可以改变大小，取 on 或 off，默认时为 off，表示不能改变大小，为有

模式对话框（有模式对话框是指在对话框关闭之前，用户无法进行其他程序的运行），如果为 on 则可以改变大小，自动变为无模式对话框。

**2. 输出信息对话框**

语法：

```
msgbox(message,title,icon,icondata,iconcmap,CreateMode)     %创建消息框
```

说明：message 为显示的信息，可以是字符串或数组；title 为标题，是字符串，可省略；icon 为显示的图标，可取值为“none”（无图标）、“error”（出错图标）、“help”（帮助图标）、“warn”（警告图标）或“custom”（自定义图标），也可省略；当使用“custom”时，用 icondata 定义图标的数据，用 iconcmap 定义图标的颜色映象；CreateMode 为对话框的产生模式，可省略，取值为“modal”（有模式）、“replace”（无模式，可代替同名的对话框）、“non－modal”（默认为无模式）。

### 1.4.6 句柄图形

**1. 句柄图形体系**

句柄图形是一种面向对象的绘图系统，又称为低层图形。句柄图形体系由若干个图形对象组成，如图1-3所示。

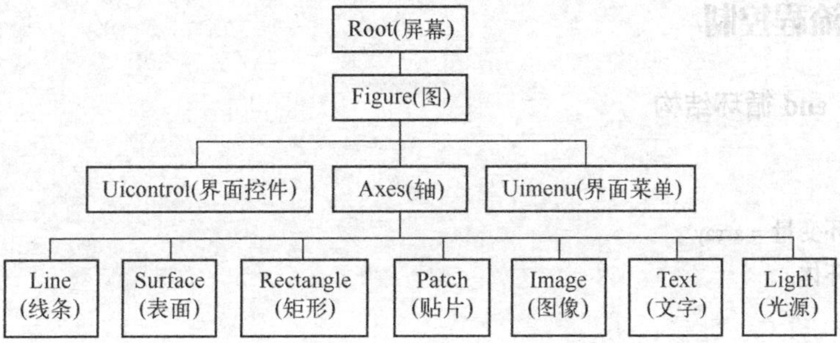


图1-3 句柄图形体系

**2. 对象句柄的获取**

MATLAB 提供了三个获取当前对象句柄的命令，分别是 gcf、gca、gco。

语法：

```
gcf          %获取当前图形窗口句柄
gca          %获取当前坐标轴句柄
gco          %获取被鼠标最近点击对象的句柄
```

## 1.5 MATLAB 程序设计

### 1.5.1 M 文件

M 文件有两种形式：M 脚本文件和 M 函数文件。MATLAB 的 M 文件是通过 M 文件编辑/

调试器（Editor/Debugger）窗口来创建的。

M 脚本文件的特点：

1）脚本文件中的命令格式和前后位置，与在命令窗口中输入的没有任何区别。

2）MATLAB 在运行脚本文件时，只是简单地按顺序从文件中读取一条条命令，送到 MATLAB 命令窗口中去执行。

3）与在命令窗口中直接运行命令一样，脚本文件运行产生的变量都是驻留在 MATLAB 的工作空间（workspace）中，可以很方便地查看变量，除非用 clear 命令清除；脚本文件的命令也可以访问工作空间的所有数据，因此要注意避免变量的覆盖而造成程序出错。

M 函数文件的特点：

1）第一行总是以“function”引导的函数声明行。函数声明行的格式：

```
function [输出变量列表] = 函数名(输入变量列表)
```

2）函数文件在运行过程中产生的变量都存放在函数本身的工作空间。

3）当文件执行完最后一条命令或遇到“return”命令时，就结束函数文件的运行，同时函数工作空间的变量就被清除。

4）函数的工作空间随具体的 M 函数文件调用而产生，随调用结束而删除，是独立的、临时的，在 MATLAB 运行过程中可以产生任意多个临时的函数空间。

## 1.5.2 程序流程控制

### 1. for ... end 循环结构

语法：

```
for 循环变量 = array
    循环体
end
```

说明：循环体被循环执行，执行的次数就是 array 的列数，array 可以是向量也可以是矩阵，循环变量依次取 array 的各列，每取一次循环体执行一次。

### 2. while ... end 循环结构

语法：

```
while 表达式
      循环体
end
```

说明：只要表达式为逻辑真，就执行循环体；一旦表达式为假，就结束循环。表达式可以是向量也可以是矩阵，如果表达式为矩阵，则当所有的元素都为真时才执行循环体，如果表达式为 nan，MATLAB 认为是假，不执行循环体。

### 3. If…else…end 条件转移结构

语法：

```
if 条件式 1
    语句段 1
elseif 条件式 2
    语句段 2
    ...
else
    语句段 n + 1
end
```

说明：当有多个条件时，当条件式 1 为假时判断 elseif 的条件式 2，如果所有的条件式都不满足，则执行 else 的语句段 n + 1，当条件式为真时执行相应的语句段；If…else…end 结构也可以是没有 elseif 和 else 的简单结构。

**4. switch…case 开关结构**

语法：

```
    switch 开关表达式
    case 表达式 1
        语句段 1
    case 表达式 2
        语句段 2
otherwise
        语句段 n
    end
```

说明：

1）将开关表达式依次与 case 后面的表达式进行比较，如果表达式 1 不满足，则与下一个表达式 2 比较，如果都不满足则执行 otherwise 后面的语句段 n；一旦开关表达式与某个表达式相等，则执行其后面的语句段。

2）开关表达式只能是标量或字符串。

3）case 后面的表达式可以是标量、字符串或元胞数组，如果是元胞数组则将开关表达式与元胞数组的所有元素进行比较，只要某个元素与开关表达式相等，就执行其后的语句段。

**5. try... catch... end 试探结构**

语法：

```
try
    语句段 1
catch
    语句段 2
end
```

说明：首先试探性地执行语句段 1，如果在此段语句执行过程中出现错误，则将错误信息赋给保留的 lasterr 变量，并放弃这段语句，转而执行语句段 2，当执行语句段 2 又出现错误时，终止该结构。

**6. 流程控制语句**

（1） break 命令

break 命令可以使包含 break 的最内层的 for 或 while 语句强制终止，立即跳出该结构，执行 end 后面的命令，break 命令一般和 If 结构结合使用。

（2） continue 命令

continue 命令用于结束本次 for 或 while 循环，只结束本次循环而继续进行下次循环。

（3） return 命令

return 命令是终止当前命令的执行，并且立即返回到上一级调用函数或等待键盘输入命令，可以用来提前结束程序的运行。

注意：如果程序进入死循环，则按〈Ctrl + break〉键来终止程序的运行。

（4） pause 命令

pause 命令用来使程序暂停运行，等待用户按任意键继续。

语法：

```
pause                  %暂停
pause(n)               %暂停 n 秒
```

（5） keyboard 命令

keyboard 命令用来使程序暂停运行，等待键盘命令，执行完自己的工作后，输入 return 语句，程序就继续运行。

（6） input 命令

input 命令用来提示用户应该从键盘输入数值、字符串和表达式，并接受该输入。

## 1.5.3 函数调用和参数传递

**1. 子函数**

在一个 M 函数文件中，可以包含一个以上的函数，其中只有一个是主函数，其他则为子函数。

1） 在一个 M 文件中，主函数必须出现在最上方，其后是子函数，子函数的次序无任何限制。

2） 子函数不能被其他文件的函数调用，只能被同一文件中的函数（可以是主函数或子函数）调用。

3） 同一文件的主函数和子函数变量的工作空间相互独立。

4） 用 help 和 lookfor 命令不能提供子函数的帮助信息。

**2. 私有函数**

私有函数是指存放在 private 子目录中的 M 函数文件，具有以下性质：

1） 在 private 目录下的私有函数，只能被其父目录的 M 函数文件所调用，而不能被其他目录的函数调用，对其他目录的文件私有函数是不可见的，私有函数可以和其他目录下的函数重名。

2）私有函数父目录的M脚本文件也不可调用私有函数。

3）在函数调用搜索时，私有函数优先于其他MATLAB路径上的函数。

**3. 函数的参数**

函数的输入输出参数的个数可以通过变量nargin和nargout获得，nargin用于获得输入参数的个数，nargout用于获得输出参数的个数。

语法：

```
nargin              %在函数体内获取实际输入变量的个数
nargout             %在函数体内获取实际输出变量的个数
nargin('fun')       %在函数体外获取定义的输入参数个数
nargout('fun')      %在函数体外获取定义的输出参数个数
```

# 1.6 MATLAB设计实例——FFT频谱分析

## 1.6.1 FFT基础

离散傅里叶变换（DFT），是傅里叶变换在时域和频域上都呈现离散的形式，将时域信号的采样变换为在离散时间傅里叶变换频域的采样。在形式上，变换两端（时域和频域上）的序列是有限长的，而实际上这两组序列都应当被认为是离散周期信号的主值序列。即使对有限长的离散信号作DFT，也应当将其看作经过周期延拓成为周期信号再作变换。在实际应用中通常采用快速傅里叶变换（FFT）以高效计算DFT。DFT的定义如下：

$$X(k) = \sum_{j=1}^{N} x(j) w_N^{(j-1)(k-1)} \tag{1-1}$$

$$x(j) = (1/N) \sum_{k=1}^{N} X(k) w_N^{-(j-1)(k-1)} \tag{1-2}$$

其中，$w_N = e^{(-2\pi i)/N}$。

在MATLAB中使用FFT函数对信号进行频谱分析，其语法如下：

```
X=FFT(x);          %计算向量x的快速傅里叶变换
X=FFT(x,N);        %计算向量x的N点快速傅里叶变换
x=IFFT(X);         %计算向量x的快速傅里叶反变换
x=IFFT(X,N)        %计算向量x的N点快速傅里叶反变换
```

## 1.6.2 基于FFT的信号频谱分析

**1. 设计要求**

1）用MATLAB产生正弦波及白噪声信号，并显示各自时域波形图。

2）进行FFT变换，显示各自频谱图。

3）做出两种种信号的均方根图谱，功率图谱，以及对数方均根图谱。

4）用IFFT傅里叶反变换恢复信号，并显示时域波形图。

**2. 设计参考例程**

```
clc
clear all
%***************1. 正弦波****************%
fs=100;                                %设定采样频率
N=128;
n=0:N-1;
t=n/fs;
f0=10;                                 %设定正弦信号频率
%生成正弦信号
x=sin(2*pi*f0*t);
figure(1);
subplot(231);
plot(t,x);                             %作正弦信号的时域波形
xlabel('时间/s');
ylabel('幅值');
title('时域波形');
grid;
%进行FFT变换并做频谱图
y=fft(x,N);                            %进行FFT变换
mag=abs(y);                            %求幅值
f=(0:length(y)-1)'*fs/length(y);       %进行对应的频率转换
subplot(232);
plot(f,mag);                           %作频谱图
axis([0,100,0,80]);
xlabel('频率/Hz');
ylabel('幅值');
title('幅频谱图');
grid;
%求均方根谱
sq=abs(y);
subplot(233);
plot(f,sq);
xlabel('频率/Hz');
ylabel('均方根谱');
title('均方根谱');
grid;
%求功率谱
power=sq.^2;
subplot(234);
```

```
plot(f,power);
xlabel('频率/Hz');
ylabel('功率谱');
title('功率谱');
grid;
%求对数谱
ln = log(sq);
subplot(235);
plot(f,ln);
xlabel('频率/Hz');
ylabel('对数谱');
title('对数谱');
grid;
%用 IFFT 恢复原始信号
xifft = ifft(y);
magx = real(xifft);
ti = [0:length(xifft) - 1]/fs;
subplot(236);
plot(ti,magx);
xlabel('时间/s');
ylabel('幅值');
title('IFFT 后的信号波形');
grid;

%****************2. 白噪声****************%
fs = 50;                                    %设定采样频率
t = -5:0.1:5;
x = rand(1,100);
figure(2);
subplot(231);
plot(t(1:100),x);                           %作白噪声的时域波形
xlabel('时间(s)');
ylabel('幅值');
title('时域波形');
grid;
%进行 FFT 变换并做频谱图
y = fft(x);                                 %进行 FFT 变换
mag = abs(y);                               %求幅值
f = (0:length(y) - 1)'*fs/length(y);        %进行对应的频率转换
subplot(232);
plot(f,mag);                                %作频谱图
```

```
xlabel('频率/Hz');
ylabel('幅值');
title('幅频谱图');
grid;
%求均方根谱
sq = abs(y);
subplot(233);
plot(f,sq);
xlabel('频率/Hz');
ylabel('均方根谱');
title('均方根谱');
grid;
%求功率谱
power = sq.^2;
subplot(234);
plot(f,power);
xlabel('频率/Hz');
ylabel('功率谱');
title('功率谱');
grid;
%求对数谱
ln = log(sq);
subplot(235);
plot(f,ln);
xlabel('频率/Hz');
ylabel('对数谱');
title('对数谱');
grid;
%用IFFT恢复原始信号
xifft = ifft(y);
magx = real(xifft);
ti = [0:length(xifft) -1]/fs;
subplot(236);
plot(ti,magx);
xlabel('时间/s');
ylabel('幅值');
title('IFFT后的信号波形');
grid;
```

**3. 实验结果**

实验结果如图1-4和图1-5所示。

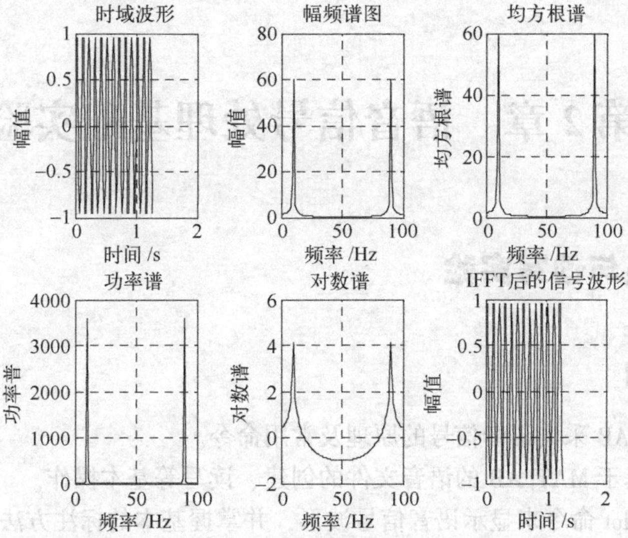


图 1–4　正弦信号的频谱分析结果

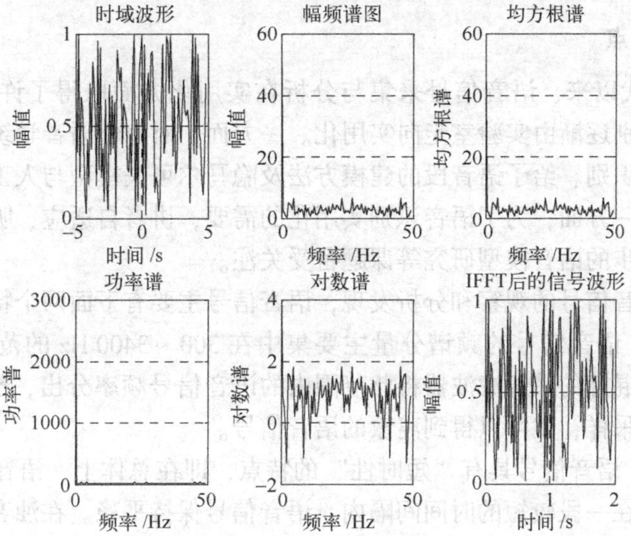


图 1–5　白噪声的频谱分析结果

# 第2章　语音信号处理基础实验

## 2.1　语音采集与读写实验

### 2.1.1　实验目的

1）了解 MATLAB 采集语音信号的原理及常用命令。

2）熟练掌握基于 MATLAB 的语音文件的创建、读写等基本操作。

3）学会使用 plot 命令来显示语音信号波形，并掌握基本的标注方法。

### 2.1.2　实验原理

#### 1. 语音信号特点

20 世纪 90 年代以来，语音信号采集与分析在实用化方面取得了许多实质性的研究进展。其中，语音识别逐渐由实验室走向实用化。一方面，对声学语音学统计模型的研究逐渐深入，鲁棒的语音识别、给予语音段的建模方法及隐马尔可夫模型与人工神经网络的结合成为研究的热点。另一方面，为了语音识别实用化的需要，讲者自适应、听觉模型、快速搜索识别算法以及进一步的语音模型研究等课题备受关注。

通过对大量语音信号的观察和分析发现，语音信号主要有下面两个特点：

1）在频域内，语音信号的频谱分量主要集中在 300 ~ 3400 Hz 的范围内。利用这个特点，可以用一个防混叠的带通滤波器将此范围内的语音信号频率分出，然后按 8 kHz 的采样率对语音信号进行采样，就可以得到离散的语音信号。

2）在时域内，语音信号具有“短时性”的特点，即在总体上，语音信号的特征是随着时间而变化的，但在一段较短的时间间隔内，语音信号保持平稳。在浊音段表现出周期信号的特征，在清音段表现出随机噪声的特征。

#### 2. 语音信号采集的基本原理

为了将原始模拟语音信号变为数字信号，必须经过采样和量化两个步骤，从而得到时间和幅度上均为离散的数字信号语音。采样是信号在时间上的离散化，即按照一定时间间隔 $\Delta t$ 在模拟信号 $x(t)$ 上逐点采取其瞬时值。采样时必须要注意满足奈奎斯特定理，即采样频率 $f_s$ 必须以高于受测信号的最高频率两倍以上的速度进行取样，才能正确地重建信号。

在 Windows 环境下，学生可以使用 Windows 自带的录音机录制语音文件，图 2-1 是基于 PC 的语音信号采集过程，声卡可以完成语音波形的 A/D 转换，获得 WAV 文件。通过 Windows 录制的语音信号，一方面可以为后续实验储备原始语音，另一方面可以与通过其他方式录制的语音进行比对，比如使用 MATLAB 自带的 wavrecord 函数进行录制。

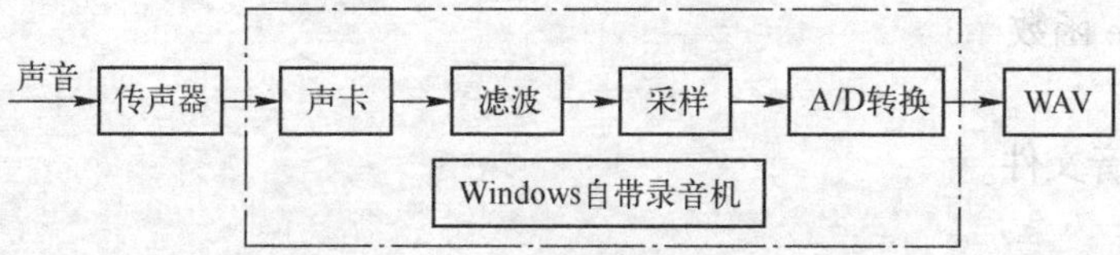


图 2-1　PC 语音信号采集原理图

### 3. 基于 MATLAB 的语音信号采集与读写方法

MATLAB 将声卡作为对象处理，其后的一切操作都不与硬件直接相关，而是通过对该对象的操作来作用于硬件设备（声卡）。操作时首先要对声卡产生一个模拟输入对象，并给模拟输入对象添加一个通道设置采样频率，然后就可以启动设备对象，开始采集数据，采集完成后停止对象并删除对象。

常用的相关 MATLAB 函数包括 wavrecord、wavread、wavwrite、wavplay 等，下面分别介绍其用法。

（1）wavrecord 函数

● 功能说明：

使用基于 PC 的音频输入设备进行录音。

函数语法：

```
y = wavrecord(n,Fs)
y = wavrecord(...,ch)
y = wavrecord(...,'dtype')
```

● 参数解析：

y = wavrecord（n，Fs）——以 Fs 采样率（Hz）记录 n 个声音信号采样点。默认的 Fs 为 11025Hz。

y = wavrecord（...，ch）——设置音频设备的通道数 ch。ch 可以是 1 或 2，分别代表单声道或立体声。默认的通道数 ch 为 1。

y = wavrecord（...，'dtype'）——指定数据类型 dtype 来记录声音。表 2-1 为数据类型 dtype 与采样点的位数、数据范围的关系。

**表 2-1　dtype 参数说明**

| 数据类型 | 采样位数 | 输出的 y 数据范围 |
|---|---|---|
| 'double' | 16 | -1.0 <= y < 1.0 |
| 'single' | 16 | -1.0 <= y < 1.0 |
| 'int16' | 16 | -32768 <= y <= 32767 |
| 'uint8' | 8 | 0 <= y <= 255 |

● 参考例程：

```
Fs = 11025;                          %采样率为 11025Hz
y = wavrecord(5 * Fs,Fs,'int16');    %录制 5 s 的数据
wavplay(y,Fs);                       %播放录制的音频
```

（2）wavwrite 函数

● 功能说明：

写入 wav 声音文件。

● 函数语法：

```
wavwrite(y,filename)
wavwrite(y,Fs,filename)
wavwrite(y,Fs,N,filename)
```

● 参数解析：

wavwrite（y，filename）——将保存在变量 y 的数据保存到 wav 文件 filename 中。默认的采样率为 8000 Hz，采样位数为 16 位。y 的各列为各个通道。因此立体声数据是两列的矩阵。

wavwrite（y，Fs，filename）——按给定的采样率 Fs，将保存在变量 y 的数据保存到 wav 文件 filename 中。缺省的采样位数为 16 位。

wavwrite（y，Fs，N，filename）——按给定的采样率 Fs 和采样位数 N，将保存在变量 y 的数据保存到 wav 文件 filename 中。N 可选值为 8，16，24 及 32。输入的数据范围：y 的取值范围与采样位数 N 以及 y 的数据类型有关，关系如表 2-2 所示。

表 2-2 y 的取值范围与采样位数 N 及 y 数据类型的关系

| N | y 的数据类型 | y 的取值范围 | 输出格式 |
|---|---|---|---|
| 8 | uint8 | 0 <= y <= 255 | unit8 |
| 8 | single 或 double | -1.0 <= y < 1.0 | unit8 |
| 16 | int16 | -32768 <= y <= 32767 | int16 |
| 16 | single 或 double | -1.0 <= y < 1.0 | int16 |
| 24 | int32 | -2^23 <= y <= 2^23-1 | int32 |
| 24 | single 或 double | -1.0 <= y < 1.0 | int32 |
| 32 | single 或 double | -1.0 <= y <= 1.0 | single |

● 参考例程：

load handel. mat% 载入 MATLAB 自带的示例音频数据文件

```
hfile = Data_waveread. wav' ;        %准备写的音频数据文件
wavwrite(y,Fs,hfile)                 %将 y 以 Fs 采样率写到文件中
```

（3）wavread 函数

● 功能说明：

读取 wav 声音文件。

● 函数语法：

```
y = wavread(filename)
[y,Fs] = wavread(filename)
[y,Fs,nbits] = wavread(filename)
[y,Fs,nbits,opts] = wavread(filename)
[...] = wavread(...,fmt)
```

• 参数解析：

y = wavread(filename) ——载入由 filename 字符串指定的 wav 文件，y 为返回采样点的数据。若文件名 filename 不包含扩展名，wavread 函数将添加 . wav 扩展名。

[y，Fs] = wavread(filename)——返回文件的采样率 Fs（Hz）。

[y，Fs，nbits] = wavread(filename)——返回每次采样的位数 nbits（位）。

[y，Fs，nbits，opts] = wavread(filename)——返回包含 wav 文件额外信息的结构体 opts。opts 具体的字段与文件有关。opts 典型的两个字段为 fmt 和 info，分别代表声音格式信息和描述标题作者等信息的文本。

[...] = wavread(...,fmt)——用于指定文件中采样数据 y 的格式。fmt 可以是表 2-3 中的任意类型。默认为 double 类型，即归一化的双精度采样。

输出数据的范围：

返回的 y 的范围与指定的数据格式 fmt 有关，如表 2-3 所示。

**表 2-3　输出数据格式**

| 位　数 | MATLAB 数据类型 | 数 据 范 围 |
|---|---|---|
| 8 | uint8 | 0 <= y <= 255 |
| 16 | int16 | -32768 <= y <= 32767 |
| 24 | int32 | -2^23 <= y <= 2^23-2 |
| 32 | single | -1.0 <= y < 1.0 |
| N < 32 | Double | -1.0 <= y < 1.0 |
| N = 32 | Double | -1.0 <= y <= 1.0 注意存储在 wav 文件中的 32 位的数据采样率，数据可能超过 -1.0 或 1.0 |

• 参考例程：

```
load handel. mat                              % 载入 MATLAB 自带的示例音频数据文件
hfile = 'Data_waveread. wav' ;                % 准备写的音频数据文件
wavwrite(y,Fs,hfile)                          % 将 y 以 Fs 采样率写到文件中
clear y Fs                                    % 清除载入的 y 以及 Fs
[y,Fs,nbits,readinfo] = wavread(hfile);% 从声音文件中载入数据,y 为从声音文件载入的数据,Fs
                                                为采样率,nbits 为采样使用的位数。
sound(y,Fs);                                  % 播放声音
pause(4)                                      % 暂停 4 s,与后面的声音分隔开
```

（4）wavplay 函数

• 功能说明：

在基于 PC 的音频输出设备上播放录制的声音。

• 函数语法：

```
wavplay(y,Fs)
wavplay(y,Fs,mode)
```

• 参数解析：

wavplay(y，Fs)——在基于 PC 的音频输出设备上，播放保存在向量 y 中的音频信号。Fs 是采样率（Hz）。默认的 Fs 为 11025 Hz。wavplay 支持单通道或双通道（立体声）的音频信

号。播放立体声 y 必须是两列的矩阵。

wavplay(y, Fs, mode)——指定在命令行下如何交互播放音频。mode 的可选值为：' sync'（默认）：直到声音播放结束才返回到命令窗口；' async'：声音一播放就返回命令窗口，当音频正在播放时，以 async 模式再次调用 wavplay，wavplay 将阻塞命令行直至上一个播放结束。信号 y 可以是表 2-4 中所列四种数据类型之一。

表 2-4　y 的数据类型

| 数据类型 | 量　化 | 数据类型 | 量　化 |
|---|---|---|---|
| 双精度（默认） | 每次采样 16 位 | 16 位无符号整型 | 每次采样 16 位 |
| 单精度 | 每次采样 16 位 | 8 位无符号整型 | 每次采样 8 位 |

● 参考例程：

```
load chirp;                 %载入 chirp.mat 到 y 和 Fs 中
y1 = y;Fs1 = Fs;            %备份 y 和 Fs 变量到 y1 和 Fs1
load gong;                  %载入 gong.mat 到 y 和 Fs 中
wavplay(y1,Fs1,'async')     %播放 chirp 文件中的音频
wavplay(y,Fs)               %上述文件播放完后,才播放 gong 文件的音频
```

## 2.1.3　实验步骤及要求

### 1. 实验步骤

运行 MATLAB→新建 m 文件→编写 m 程序→编译并调试。

### 2. 实验要求

1）编写 MATLAB 程序实现录制语音信号"你好，欢迎"，并保存为 C2_1_y_1.wav 文件，要求采样频率为 16000 Hz，采样精度 16 bit。

2）使用 wavread 函数读取 C2_1_y_1.wav 文件，并使用 plot 函数显示出来。要求：横轴和纵轴带有标注。横轴的单位为秒（s），纵轴显示归一化后的数值。图 2-2 为参考图例。

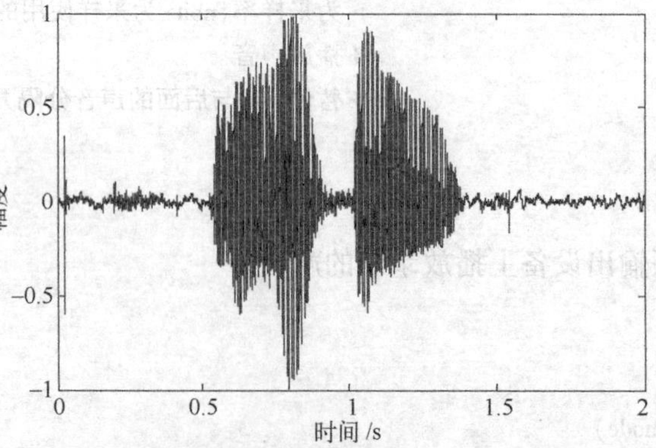


图 2-2　'你好，欢迎'时域图

3）使用 wavplay 函数播放录制的语音信号，并改变播放的采样频率为原始采样频率的

倍数，体验效果。

### 2.1.4 思考题

1. 分析并解释实验要求 3）的现象原理。

2. 自行录制一段语音，并存储为 wav 文件。要求：存储为 wav 文件时，分别以采样频率、2 倍采样频率和 1/2 采样频率存为三个 wav 文件，并将 plot 函数结合 subplot 函数在一幅图上显示 3 个波形。横轴和纵轴带有标注。横轴的单位为秒（s），纵轴显示的为归一化后的数值。

### 2.1.5 参考例程

```
%语音采放与显示
fs = 8000;                                      %采样频率
duration = 2;                                   %时间长度
n = duration * fs;
t = (1:n)/fs;
fprintf('Begin by pressing any key %gseconds:\n',duration);pause
fprintf('recording...\n');
y = wavrecord(n,fs,'double');
ymax = max(abs(y));                             %归一化
y = y/ymax;
fprintf('Finish\n');
fprintf('Press any key to play audio:\n');pause
wavplay(y,fs);
wavwrite(y,fs,'original');
wavwrite(y,fs/2,'halfsam');
wavwrite(y,fs * 2,'doublesam');
[y1,fs1] = wavread('halfsam');
t1 = (1:length(y1))/fs1;
[y2,fs2] = wavread('doublesam');
t2 = (1:length(y2))/fs2;
figure(1);
subplot(311)
axis([0 3 -1 1]);
plot(t,y);
xlabel('时间/s');
ylabel('幅度');
title('(a)初始采样率');
subplot(312)
axis([0 3 -1 1]);
plot(t1,y1);
xlabel('时间/s');
ylabel('幅度');
```

```
title('(b)1/2 采样率');
subplot(313)
axis([0 3 -1 1]);
plot(t2,y2);
xlabel('时间/s');
ylabel('幅度');
title('(c)2 倍采样率');
```

## 2.2 语音编辑实验

### 2.2.1 实验目的

1）掌握语音信号线性叠加的方法，编写 MATLAB 程序实现非等长语音信号的叠加。

2）熟悉语音信号卷积原理，编写 MATLAB 程序实现两语音卷积。

3）熟悉语音信号升采样/降采样方法，并编写 MATLAB 程序实现。

### 2.2.2 实验原理

#### 1. 信号的叠加

两个信号 $x_1$ 和 $x_2$，通过短信号的补零使两语音信号有相同的长度，叠加信号为 $x_{new} = x_1 + x_2$。

实验中常通过生成随机信号的方法来叠加白噪声，随机信号的生成函数为 randn，其使用说明如下。

● 功能说明：

用于产生正态分布的随机信号。

● 函数语法：

```
Y = randn
Y = randn(n)
Y = randn(m,n)
Y = randn([m n])
```

● 参数解析：

Y = randn——返回一个伪随机数，其值来自于均值为 0，标准差为 1 的正态分布。

Y = randn(n)——返回一个 $n*n$ 的矩阵，其元素值如上描述。

Y = randn(m,n)或 Y = randn([m n])——返回一个 $m*n$ 的矩阵，元素值如上描述。

#### 2. 信号的卷积

两序列 $x_1$ 和 $x_2$ 的卷积 $y$ 定义为

$$y(n) = \sum_{k=-\infty}^{\infty} x_1(k)x_2(n-k) = x_1(n) * x_2(n) \qquad (2-1)$$

卷积运算满足交换律，即

$$y(n) = \sum_{k=-\infty}^{\infty} x_2(k)x_1(n-k) = x_2(n) * x_1(n) \tag{2-2}$$

注意：产生的序列 $y(n)$ 长度为 $x_1$ 和 $x_2$ 长度之和减 1。

MATLAB 中自带的卷积函数为 conv。

● 功能说明：

表示卷积和多项式乘法。

● 函数语法：

```
w = conv(u,v)
```

● 参数解析：

此函数将矢量 u 和 v 进行卷积运算。从代数上讲，卷积是与多项式相乘一致的操作。这些多项式的系数就是 u 和 v 的元素。

**3. 信号采样频率的变换**

采样率变换是多采样率信号处理的基础，主要由两个操作组成：抽取和内插。

抽取就是把原采样序列 $x(n)$ 每隔 $D-1$ 点取一个值，形成一个新的序列：

$$x_D(m) = x(mD) \tag{2-3}$$

其中，$D$ 为正整数。为了避免抽取序列频谱的混叠，通常需要在抽取前将信号通过一个抗混叠滤波器。

内插器和抽取器作用相反，它在两个原始序列的样点之间插入 $I-1$ 个值。设原始序列为 $x(n)$，则内插后的序列 $x_I(m)$ 为：

$$x_I(m) = \begin{cases} x\left(\dfrac{m}{I}\right), & m = 0, \pm I, \pm 2I \cdots \\ 0, & \text{others} \end{cases} \tag{2-4}$$

内插之后还要通过低通滤波器，抑制混叠信号。

MATLAB 中自带函数 resample 能实现采样率的变换。

● 功能说明：

对时间序列进行重采样。

● 函数语法：

```
y = resample(x,p,q)
y = resample(x,p,q,n)
y = resample(x,p,q,n,beta)
y = resample(x,p,q,b)
[y,b] = resample(x,p,q)
```

● 参数解析：

y = resample(x,p,q)——采用多相滤波器对时间序列进行重采样，得到的序列 y 的长度为原来的序列 x 的长度的 p/q 倍，p 和 q 都为正整数。此时，默认采用使用 FIR 方法设计的抗混叠的低通滤波器。

y = resample(x,p,q,n)——采用 chebyshev IIR 型低通滤波器对时间序列进行重采样，滤波器的长度与 n 成比例，n 默认值为 10。

y = resample(x,p,q,n,beta)——beta 为设置低通滤波器时使用 Kaiser 窗的参数，默认值为 5。

● 参考例程：

```
%对简单的线性序列进行为原采样率 3/2 倍的重采样
fs1 = 10;                                         % 初始采样率单位为 Hz
t1 = 0:1/fs1:1;                                   % 时间向量
x = t1;                                           %定义一个线性序列
y = resample(x,3,2);                              % 进行重采样
t2 = (0:(length(y) -1)) * 2/(3 * fs1);            % 新的时间向量
plot(t1,x','*',t2,y','o',-0.5:0.01:1.5,-0.5:0.01:1.5',':')
legend('original','resampled');xlabel('Time')
```

## 2.2.3 实验步骤

### 1. 实验步骤

运行 MATLAB→新建 m 文件→编写 m 程序→编译并调试。

### 2. 实验要求

1）录制或从 wav 文件中读取一段语音，并归一化。然后生成一段随机信号（长度与语音信号相同），归一化后幅度乘以 0.01。最后线性叠加两段语音，并用 plot 函数显示三种信号。要求：横轴和纵轴带有标注。横轴的单位为秒（s），纵轴显示的为归一化后的数值。图 2-3 为参考图例。

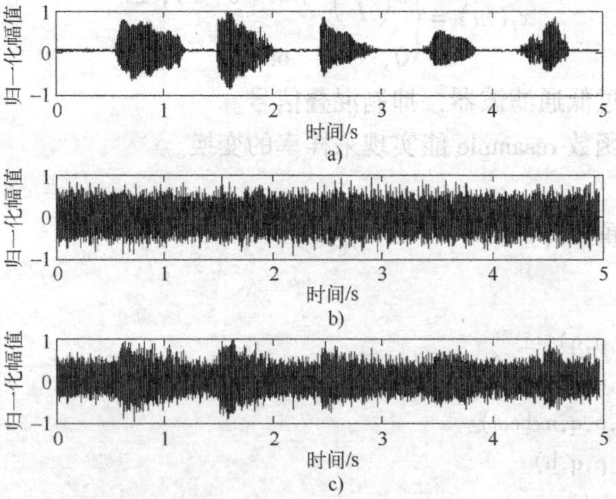


图 2-3 语音叠加示例

a）原始信号 b）随机序列 c）线性叠加

2）将录制或读取的语音信号与随机信号进行卷积，并用 plot 函数显示该信号，并对比线性叠加信号的区别。然后使用 wavplay 函数播放两种信号，并比较区别。图 2-4 为参考图例。

3）改变录制或读取的语音信号的采样频率，使用 plot 函数进行显示，如图 2-5 所示。

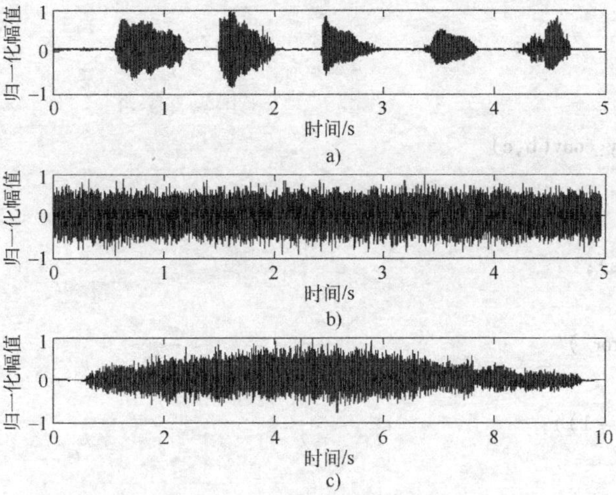


图 2-4　信号卷积示例

a）原始信号　b）随机序列　c）信号卷积

然后采用 wavplay 函数播放，比较采样频率改变对语音信号的影响。

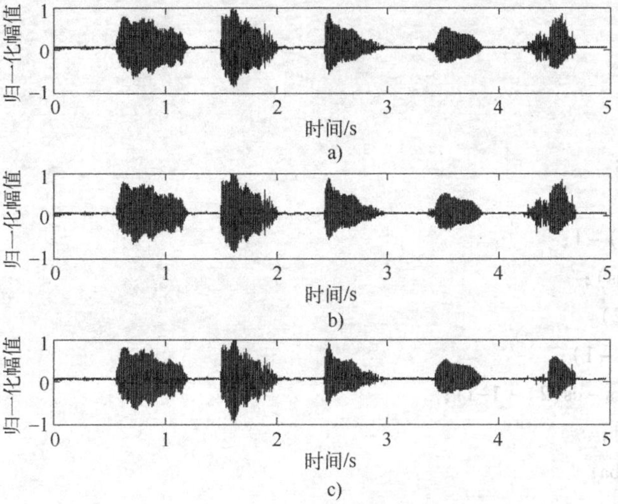


图 2-5　采样频率改变示例

a）原始信号　b）2 倍采样率　c）1/2 采样率

### 2.2.4　思考题

1. 编写 MATLAB 函数实现任意长度的两个信号的线性叠加，生成信号的长度为两个叠加信号的最大长度。

2. 改变实验要求 1）的随机信号幅度，重复实验并观察叠加信号的波形，感知语音质量，总结规律。

3. 自行编写 conv 函数，并编程同 MATLAB 函数进行比较。

### 2.2.5 参考例程

```
%卷积函数
function a = my_conv(b,c)
bs = size(b);
cs = size(c);
i = any(bs - cs);
if i
    error('error')
end
i = any( ~(bs - 1));
if ~i
    error('error')
end
ko = 0;
if bs(1) > bs(2)
    b = b';
    c = c';
    ko = 1;
end
bs = size(b);
cs = size(c);
ss = 2 * bs(2) - 1;
a = zeros(1,ss);
for i = 1:cs(2)
q = zeros(1,i - 1);
p = zeros(1,ss - cs(2) + 1-i);
ba = [q,c,p];
ma = b(i) * ba;
a = a + ma;
end
if ko
    a = a';
end
end
```

## 2.3 声强与响度实验

### 2.3.1 实验目的

1）掌握语音声强的计算方法，并编写 MATLAB 程序实现。

2）了解语音响度的含义，编写 MATLAB 程序实现响度计算。

3）了解等强度的概念，并学会绘制等响度曲线。

## 2.3.2　实验原理

### 1. 声压与声强

（1）声压

声压是定量描述声波的最基本的物理量，它是由于声扰动产生的逾量压强，是空间位置和时间的函数。由于声压的测量比较易于实现，而且通过声压的测量也可以间接求得质点振速等其他声学参量，因此，声压已成为人们最为普遍采用的定量描述声波性质的物理量。

（2）有效声压

通常讲的声压指的是有效声压，即在一定时间间隔内将瞬时声压对时间求方均根值所得。设语音长度为 $T$，离散点数为 $N$，则有效声压的计算公式为

$$p_e = \sqrt{\frac{1}{T}\sum_{n=1}^{N} x^2 \Delta t} = \sqrt{\frac{1}{N\Delta t}\sum_{n=1}^{N} x^2 \Delta t} = \sqrt{\frac{1}{N}\sum_{n=1}^{N} x^2} \tag{2-5}$$

其中，$x$ 表示语音信号的采样点。只要保证所取的点数 $N$ 足够大，即可保证计算准确性。

（3）声压级

声音的有效声压与基准声压之比，取以 10 为底的对数，再乘以 20，即为声压级，通常以符号 $L_p$ 表示，单位为 dB。

$$L_p = 20\lg \frac{p_e}{p_{ref}} (\mathrm{dB}) \tag{2-6}$$

式中，$p_e$ 为待测声压的有效值；$p_{ref}$为参考声压，在空气中参考声压一般取 $2\times10^{-5}$ Pa。

（4）声强

在物理学中，声波在单位时间内作用在与其传递方向垂直的单位面积上的能量称为声强。日常生活中能听到的声音其强度范围很大，最大和最小之间可达 $10^{12}$倍。

（5）声强级

用声强的物理学单位表示声音强弱很不方便。当人耳听到两个强度不同的声音时，感觉的大小大致上与两个声强比值的对数成比例。因此，用对数尺度来表示声音强度的等级，其单位为分贝（dB）。

$$L_I = 10\lg(I/I_0)(\mathrm{dB}) \tag{2-7}$$

在声学中用 $1\times10^{-12}$ W/m$^2$作为参考声强（$I_0$）。

（6）声压与声强的关系

对于球面波和平面波，声压与声强的关系是：

$$I = P^2/\rho\cdot c$$

式中，$\rho$ 为空气密度；$c$ 为声速。在标准大气压和 20℃的环境下，$\rho\cdot c = 408$ Pa · s/m。该数值为国际单位值，也叫瑞利，称为空气对声波的特性阻抗。

### 2. 响度

响度描述的是声音的响亮程度，表示人耳对声音的主观感受，其计量单位是宋。定义为声压级为 40 dB 的 1 kHz 纯音的响度为 1 Son（宋）。人耳对声音的感觉，不仅和声压有关，

还和频率有关。声压级相同，频率不同的声音，听起来响亮程度也不同。如空压机与电锯，同是 100 dB 声压级的噪声，听起来电锯声要响得多。按人耳对声音的感觉特性，依据声压和频率定出人对声音的主观音响感觉量，称为响度级，单位为方，符号 phon。根据国际协议规定，0 dB 声级的 1000 Hz 纯音的响度级定义为 0 phon。其他频率声音的声级与响度级的对应关系，要从等响度曲线才能查出。

**3. 等响度曲线**

人耳对不同频率的纯音有不同的敏感度。1 kHz 的纯音在 0 dB HL 时就可被察觉；而 20Hz 的纯音则在 70 dB HL 时才可被察觉。这种对不同频率的声音有不同的敏感也表现在听阈以上的情况。所以当不同频率的声音有同样响度的时候，它们的强度并不一定是一样的。这样就产生了等响度曲线，即把不同频率和不同强度的纯音和 1 kHz 的纯音做等响度的配对。

对于等响度曲线的研究，最早可追溯到 1927 年 Kingsbury 的工作，由于他是对单耳听觉条件下的等响度曲线进行的测量，因此受到了一定限制。虽然等响曲线的测量可以在自由声场、扩散声场或耳机听音情况下进行，但大多数发表的等响曲线都是在双耳听音或相对自由场条件下得到的。1961 年，Robinson 和 Dadson 的研究成果被国际标准化组织所采纳，并被制定成 ISO/R266。2003 年，Suzuki 和 Takeshima 根据新近的研究数据对标准等响度曲线进行了重新修订，公布了 ISO226—2003 版等响度曲线。

根据 ISO226—2003 标准，等响度曲线的定义如下。

假设频率为 $f$ 的纯音的响度级为 $L_N$，则其声压级 $L_p$ 为

$$L_p = \left(\frac{10}{\alpha_f} \cdot \lg A_f - L_U + 94\right)(\mathrm{dB}) \tag{2-8}$$

这里，

$$A_f = 4.47 \times 10^{-3} \times (10^{0.0025 L_N} - 1.15) + [0.4 \times 10^{\left(\frac{T_f + L_U}{10} - 9\right)}]^{\alpha_f}$$

$T_f$ 为听力阈值；$\alpha_f$ 为响度感知指数；$L_U$ 为以 1000Hz 为标准所计算的线性传输函数的幅值。参数的具体数值见表 2-5。

注：式（2-4）的适用范围为 20 ~ 80phon（5 ~ 12.5 kHz）或 90phon（20 Hz ~ 4 kHz）。

**表 2-5 等响度曲线参数表**

| 频率/Hz | $\alpha_f$ | $L_U$/dB | $T_f$/dB |
|---|---|---|---|
| 20 | 0.532 | −31.6 | 78.5 |
| 25 | 0.506 | −27.2 | 68.7 |
| 31.5 | 0.48 | −23.0 | 59.5 |
| 40 | 0.455 | −19.1 | 51.1 |
| 50 | 0.432 | −15.9 | 44 |
| 63 | 0.409 | −13.0 | 37.5 |
| 80 | 0.387 | −10.3 | 31.5 |
| 100 | 0.367 | −8.1 | 26.5 |

（续）

| 频率/Hz | $\alpha_f$ | $L_U$/dB | $T_f$/dB |
|---|---|---|---|
| 125 | 0.349 | -6.2 | 22.1 |
| 160 | 0.33 | -4.5 | 17.9 |
| 200 | 0.315 | -3.1 | 14.4 |
| 250 | 0.301 | -2.0 | 11.4 |
| 315 | 0.288 | -1.1 | 8.6 |
| 400 | 0.276 | -0.4 | 6.2 |
| 500 | 0.267 | 0 | 4.4 |
| 630 | 0.259 | 0.3 | 3 |
| 800 | 0.253 | 0.5 | 2.2 |
| 1000 | 0.25 | 0 | 2.4 |
| 1250 | 0.246 | -2.7 | 3.5 |
| 1600 | 0.244 | -4.1 | 1.7 |
| 2000 | 0.243 | -1.0 | -1.3 |
| 2500 | 0.243 | 1.7 | -4.2 |
| 3150 | 0.243 | 2.5 | -6.0 |
| 4000 | 0.242 | 1.2 | -5.4 |
| 5000 | 0.242 | -2.1 | -1.5 |
| 6300 | 0.245 | -7.1 | 6 |
| 8000 | 0.254 | -11.2 | 12.6 |
| 10000 | 0.271 | -10.7 | 13.9 |
| 12500 | 0.301 | -3.1 | 12.3 |

根据计算公式，可以绘制出等响度曲线。图 2-6 即为按照式（2-8）绘制的等响度曲线。

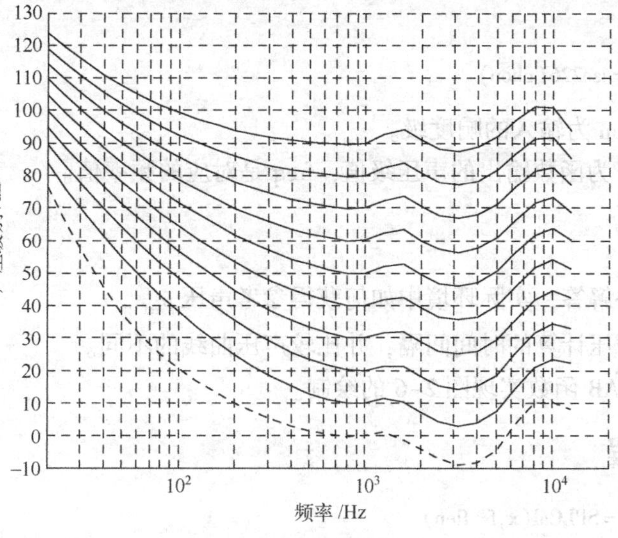


图 2-6　等响度曲线

曲线从低到高分别为 0phon 到 90phon 的响度曲线。从图上可知，当声压级在 80 dB 以上时，各个频率的声压级与响度级的数值就比较接近了，这表明当声压级较高时，人耳对各个频率的声音的感觉基本是一样的。

## 2.3.3 实验步骤及要求

**1. 实验步骤**

运行 MATLAB→新建 m 文件→编写 m 程序→编译并调试。

**2. 实验要求**

（1）编写计算有效声压的函数

录制或从 wav 文件中读取一段语音，调用该函数计算该语音的有效声压（要求每隔 30 ms计算一次声压级），并调用 plot 函数进行显示。要求：横轴和纵轴带有标注。

函数定义如下：

函数格式：

```
spl = SPLCal(x,fs,flen)
```

输入参数：x 为输入的语音信号，这里用 x 的值直接替代瞬时声压的值，理论上瞬时声压值跟 x 的值是成正比的，后期会对其进行修正；fs 为采样率，单位为 Hz；flen 为一帧信号的时间长度，单位为 ms。

输出参数：spl 为函数输出的声压级值。

（2）编写函数实现式（2-4）

要求可以输入任意非负响度级时，可得到该响度级对应的声压级曲线。然后仿照图 2-6 中的任意一条曲线，使用 plot 函数完成曲线的显示。

函数定义如下：

函数格式：

```
[spl,freq] = iso226(phon)
```

输入参数：phon 为输入的响度级。

输出参数：spl 为函数输出的声压级值，freq 是对应的频率值。

## 2.3.4 思考题

1. 查阅资料并解答，实际环境中如何获得参考声压 $p_{ref}$。
2. 修改有效声压计算的时间间隔，并比较声压曲线的不同。
3. 编写 MATLAB 函数实现图 2-6 的绘制。

## 2.3.5 参考例程

```
function spl = SPLCal(x,fs,flen)
% SPLCal 函数用于计算一帧语音信号的声压级值
% 输入参数 x 为输入的语音信号
% 这里用 x 的值直接替代瞬时声压的值,理论上瞬时声压值与 x 的值是成正比的
```

```
    %后期会对其进行修正
    %输入参数 fs 为采样率,单位为 Hz
    % flen 为一帧信号的时间长度,单位为 ms
    % spl 为函数输出的声压级值

    %输入的语音帧的长度
    Length = length(x);
    %每一帧信号的离散点数
    M = flen * fs/1000;
    if Length ~ = M
        error('输入信号长度与所定义帧长不等!');
    end
    %% ----------------------------计算有效声压----------------------------
    %根据定义计算有效声压,pa = sqrt((x(1)^2 + x(2)^2 + ... + x(M)^2)/M)
    %单位为 Pa
    pp = 0;
    for i = 1:M
        pp = pp + x(i)^2;
    end
    pa = sqrt(pp/M);
    %% ----------------------------计算声压级----------------------------
    %声压级值 spl = 20 * log10(pa/p0),单位为 dB
    %基准声压 p0,单位为 Pa
    p0 = 2 * 10^-5;
    spl = 20 * log10(pa/p0);
    end
```

## 2.4 语音信号生成的数学模型

### 2.4.1 实验目的

1）了解语音信号产生的基本原理。

2）熟悉常见的语音信号产生模型。

3）能编程实现语音信号产生模型，并分析其时频特性。

### 2.4.2 实验原理

从人类的发音器官的机理来看，发不同性质的声音时，声道的情况是不同的。此外，声门和声道的相互耦合会形成语音信号的非线性特性。但语音信号特性随着时间变化是很缓慢的，所以可以作出一些合理的假设，将语音信号分为一些相继的短段进行处理，在这些短段中可以认为语音信号特性是不随时间变化的平稳随机过程。通过对发音器官和语音产生机理的分析，语音生成系统理论上分成三个部分，在声门（声带）以下，称为“声门子系统”，它负责产生激励振动，是“激励系统”；从声门到嘴唇的呼气通道是声道，是“声道系统”；语音从嘴唇辐射出去，因此嘴唇以外部分称为“辐射系统”。

**1. 激励模型**

激励模型一般分成浊音激励和清音激励来讨论。发浊音时，由于声带不断张开和关闭，将产生间歇的脉冲波。这个脉冲波的波形类似于斜三角形的脉冲，如图 2-7a 所示。它的数学表达式如下：

$$g(n)=\begin{cases}(1/2)[1-\cos(\pi n/N_1)], & 0\leqslant n\leqslant N_1\\ \cos[\pi(n-N_1)/2N_2], & N_1\leqslant n\leqslant N_1+N_2\\ 0, & \text{其他}\end{cases} \tag{2-9}$$

式中，$N_1$ 为斜三角波上升部分的时间；$N_2$ 为其下降部分的时间。单个斜三角波波形的频谱 $G(\mathrm{e}^{\mathrm{j}w})$ 的图形如图 2-7b 所示。由图可见，这是一个低通滤波器，其 $z$ 变换的全极模型为

$$G(z)=\frac{1}{(1-\mathrm{e}^{-cT}z^{-1})^2} \tag{2-10}$$

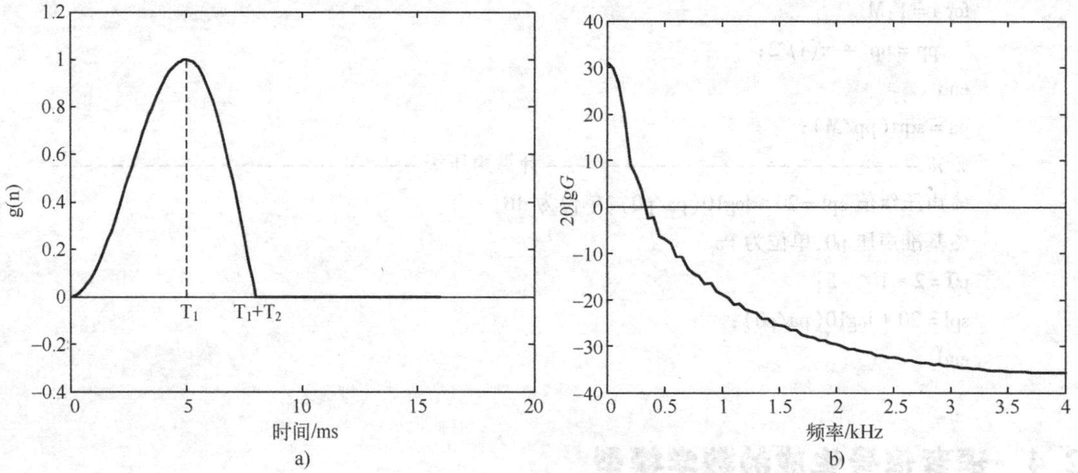


图 2-7　激励模型响应

a）时域波形　b）频域波形

这里，$c$ 是一个频率常数。由于 $G(z)$ 是一个二极点的模型，因此斜三角波形可视为加权的单位脉冲串激励上述单个斜三角波模型的结果。而单位脉冲串及幅值因子则可表示成下面的 $z$ 变换形式：

$$E(z)=\frac{A_v}{1-z^{-1}} \tag{2-11}$$

所以，整个浊音激励模型可表示为

$$U(z)=G(z)E(z)=\frac{A_v}{1-z^{-1}}\cdot\frac{1}{(1-\mathrm{e}^{-cT}z^{-1})^2} \tag{2-12}$$

即浊音激励波是一个以基音为周期的斜三角脉冲串。

发清音时，无论是发阻塞音或摩擦音，声道都被阻碍形成湍流。所以，可把清音激励模

拟成随机白噪声。实际情况一般使用均值为 0、方差为 1，并在时间或/和幅值上为白色分布的序列。

**2. 声道模型**

共振峰模型把声道视为一个谐振腔，共振峰就是这个腔体的谐振频率。由于人耳听觉的柯替氏器官的纤毛细胞是按频率感受而排列其位置的，所以这种共振峰的声道模型方法是非常有效的。一般来说，一个元音用前三个共振峰来表示就足够了；而对于较复杂的辅音或鼻音，大概要用到前五个以上的共振峰才行。

从物理声学观点，可以很容易推导出均匀断面的声管的共振频率。一般成人的声道约为 17cm 长，因此算出其开口时的共振频率为

$$F_i = \frac{(2i-1)c}{4L} \tag{2-13}$$

这里，$i=1,2,\cdots$为正整数，表示共振峰的序号；$c$ 为声速；$L$ 为声管长度。由此可算的元音 e[ə]的前三共振峰为 $F_1=500\,\text{Hz}$，$F_2=1500\,\text{Hz}$，$F_3=2500\,\text{Hz}$。另外，除了共振峰频率之外，共振峰模型还包括共振峰带宽和幅度等参数。

对于级联型的共振峰模型来说，声道可以视为一组串联的二阶谐振器。从共振峰理论来看，整个声道具有多个谐振频率和反谐振频率，所以可被模拟为一个包含零极点的数学模型；但对于一般元音，则用全极点模型即可，其传输函数可表示为

$$V(z) = \frac{G}{1-\sum_{k=1}^{N} a_k z^{-k}} \tag{2-14}$$

式中，$N$ 是极点个数；$G$ 是幅值因子；$a_k$ 是常系数。此时可将它分解为多个二阶极点的网络的串联，即

$$V(z) = \prod_{i=1}^{M} \frac{a_i}{1-b_i z^{-1} - c_i z^{-2}} \tag{2-15}$$

式中，

$$\begin{aligned} c_i &= -\exp(-2\pi B_i T) \\ b_i &= 2\exp(-\pi B_i T)\cos(2\pi F_i T) \\ a_i &= 1 - b_i - c_i, \\ G &= a_1 \cdot a_2 \cdot a_3 \cdots\cdots a_M \end{aligned} \tag{2-16}$$

并且 $M$ 是小于$(N+1)/2$ 的整数。若 $z_k$ 是第 $k$ 个极点，则有 $z_k = \mathrm{e}^{-B_k T}\mathrm{e}^{-2\pi F_k T}$，$T$ 是取样周期。根据式（2-15），则第一共振峰的二阶谐振器的幅频特性如图 2-8 所示。

**3. 辐射模型**

从声道模型输出的是速度波 $u_L(n)$，而语音信号是声压波 $p_L(n)$，二者之倒比称为辐射阻抗 $Z_L$。其既表征口唇的辐射效应，又包括圆形的头部的绕射效应等。从理论上推导这个阻抗是有困难的，但是如果认为口唇张开的面积远小于头部的表面积，则可近似地看成平板开槽辐射的情况。此时，辐射阻抗的公式如下：

$$Z_L(\Omega) = \frac{\mathrm{j}\Omega L_r R_r}{R_r + \mathrm{j}\Omega L_r} \tag{2-17}$$

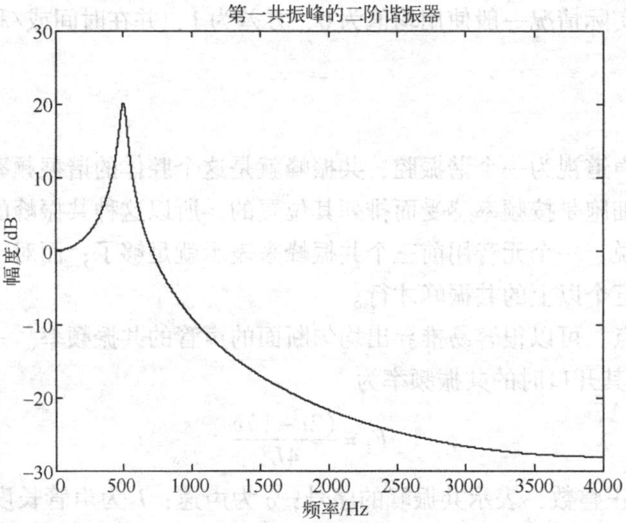


图 2–8 二阶谐振器

式中，$R_r=\dfrac{128}{9\pi^2}$，$L_r=\dfrac{8a}{3\pi c}$。这里，$a$ 是口唇张开时的开口半径；$c$ 是声波传播速度。

由辐射引起的能量损耗正比于辐射阻抗的实部，所以辐射模型是一阶类高通滤波器。不考虑冲激脉冲串模型 $E(z)$，斜三角波模型是二阶低通，而辐射模型是一阶高通。因此，在实际信号分析时，常用所谓“预加重技术”，即在取样之后，插入一个一阶的高通滤波器，从而只剩下声道部分，便于声道参数分析。在语音合成时再进行“去加重”处理，就可以恢复原来的语音。常用的预加重因子为 $[1-(R(1)z^{-1}/R(0))]$。这里，$R(n)$是信号 $s(n)$ 的自相关函数。通常对于浊音来说，$R(1)/R(0)\approx 1$；而对于清音来说，该值可取得很小。

**4. 语音信号的数字模型**

综上所述，完整的语音信号数字模型可用激励模型、声道模型和辐射模型的串联来表示，如图 2–9 所示。传输函数 $H(z)$可表示为：

$$H(z)=A\cdot U(z)V(z)R(z) \tag{2-18}$$

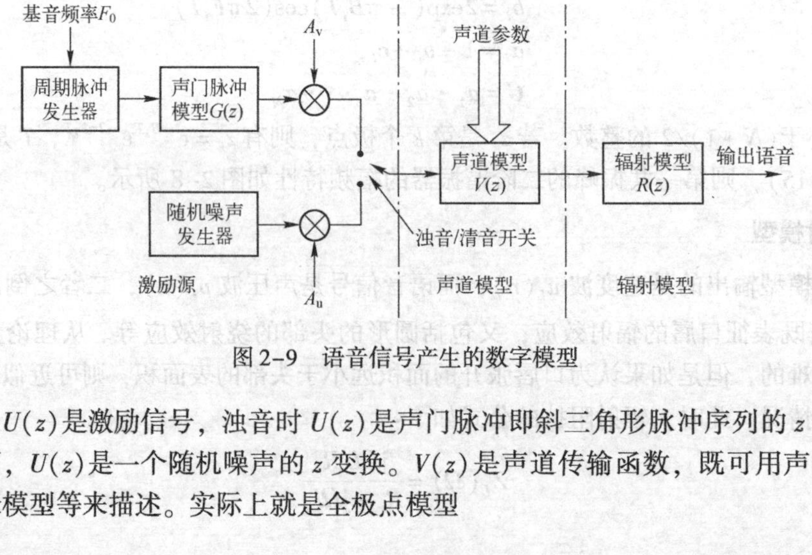


图 2–9 语音信号产生的数字模型

这里，$U(z)$是激励信号，浊音时 $U(z)$是声门脉冲即斜三角形脉冲序列的 $z$ 变换；在清音的情况下，$U(z)$是一个随机噪声的 $z$ 变换。$V(z)$是声道传输函数，既可用声管模型，也可以共振峰模型等来描述。实际上就是全极点模型

$$V(z) = \frac{1}{1 - \sum_{k=1}^{N} a_k z^{-k}} \tag{2-19}$$

而 $R(z)$ 可表示一阶高通的形式

$$R(z) = R_0(1 - z^{-1}) \tag{2-20}$$

应该指出，式（2-14）所示模型的内部结构并不和语音产生的物理过程相一致，但这种模型和真实模型在输出处是等效的。1）这种模型是“短时”的模型，因为一些语音信号的变化是缓慢的，例如元音在 10 ~ 20 ms 内其参数可假定不变。而声道转移函数 $V(z)$ 是一个参数随时间缓慢变化的模型；2）这一模型认为语音是声门激励源激励线性系统——声道所产生的；实际上，声带—声道相互作用的非线性特征还有待研究；3）模型中用浊音和清音进行简单划分的方法是有缺陷的，对于某些音是不适用的，例如浊音当中的摩擦音。这种音要有发浊音和发清音的两种激励，而且两者不是简单的叠加关系。对于这些音可用一些修正模型或更精确的模型来模拟。

### 2.4.3　实验步骤及要求

**1. 实验步骤**

运行 MATLAB→新建 m 文件→编写 m 程序→编译并调试。

**2. 实验要求**

1）编写激励模型函数。参考式（2-9）~（2-12），编写激励模型函数，实现时域和频域曲线。

2）编写共振峰模型函数。根据实验原理介绍的共振峰频率组（$F_1$ = 500 Hz、$F_2$ = 1500 Hz、$F_3$ = 2500 Hz），参考级联型共振峰模型，编写类似图 2-8 的二阶谐振器曲线。

### 2.4.4　思考题

已知英文字母 a 的前三共振峰频率分别为 730 Hz、1090 Hz、2440 Hz，试根据图 2-9 编写程序实现字母 a 的发音。

### 2.4.5　参考例程

```
%根据共振峰合成发音函数
function y = SpeechModelGen(len,pitch,sampleRate,f)
% SpeechModelGen(len,pitch,sampleRate,f)用来生成元音信号
%其中,len 为生成语音长度,pitch 是基音,sampleRate 是采样率,f1 是共振峰频率数组

if nargin < 4;f = [730 1090 2440];end;          %默认发音 a
if nargin < 3;sampleRate = 16000;end;
if nargin < 3;pitch = 100;end;
f1 = f(1);f2 = f(2);f3 = f(3);
%生成指定基音和采样率的声门脉冲,长度为 len
y = zeros(1,len);
```

```
points = 1:sampleRate/pitch:len;
indices = floor(points);

%使用三角近似,并保持幅度不变
y(indices) = (indices + 1) - points;
y(indices + 1) = points - indices;

%使用二阶滤波器(250Hz)模拟声门传输函数
a = exp( -250 * 2 * pi/sampleRate);
y = filter([1],[1,0, -a * a],y);
% y = filter([1],[1, -2 * a - 1,a * a + 2 * a, -a * a],y);

%根据指定的共振峰频率和带宽(50 Hz)建模语音信号中的共振峰
%第一共振峰
if f1 > 0
        cft = f1/sampleRate;
        bw = 50;
        q = f1/bw;
        rho = exp( -pi * cft / q);
        theta = 2 * pi * cft * sqrt(1-1/(4 * q * q));
        a2 = -2 * rho * cos(theta);
        a3 = rho * rho;
        y = filter([1 + a2 + a3],[1,a2,a3],y);
end;
%根据指定的共振峰频率和带宽(50 Hz)建模语音信号中的共振峰
%第二共振峰
if f2 > 0
        cft = f2/sampleRate;
        bw = 50;
        q = f2/bw;
        rho = exp( -pi * cft / q);
        theta = 2 * pi * cft * sqrt(1-1/(4 * q * q));
        a2 = -2 * rho * cos(theta);
        a3 = rho * rho;
        y = filter([1 + a2 + a3],[1,a2,a3],y);
end;

%根据指定的共振峰频率和带宽(50 Hz)建模语音信号中的共振峰
%第三共振峰
if f3 > 0
        cft = f3/sampleRate;
        bw = 50;
```

```
        q = f3/bw;
        rho = exp( - pi * cft / q);
        theta = 2 * pi * cft * sqrt(1-1/(4 * q * q));
        a2 = - 2 * rho * cos(theta);
        a3 = rho * rho;
        y = filter([1 + a2 + a3],[1,a2,a3],y);
    end;
```

## 2.5　语音信号的预处理

### 2.5.1　实验目的

1）掌握消除趋势项、直流项的方法。
2）掌握语音信号预加重的原理及方法。
3）掌握语音信号预滤波的目的和方法。
4）编程实现上述方法，并测试。

### 2.5.2　实验原理

**1. 消除趋势项和直流分量**

在采集语音信号数据的过程中，由于测试系统的某些原因在时间序列中会产生的一个线性的或者慢变的趋势误差，例如放大器随温度变化产生的零漂移，传声器低频性能的不稳定或传声器周围的环境干扰，总之使语音信号的零线偏离基线，甚至偏离基线的大小还会随时间变化。零线随时间偏离基线被称为信号的趋势项。趋势项误差的存在，会使相关函数、功率谱函数在处理计算中出现变形，甚至可能使低频段的谱估计完全失去真实性和正确性，所以应该将其去除。数据采集仪中信号放大器受环境温度、湿度、电磁场、噪声、振动冲击等外部环境的干扰，采集到的振动信号往往与真实信号发生了偏离，使信号信噪比降低、甚至信号完全失真。一般情况下测量被测物体的加速度比测量位移和速度方便得多。但由于信号中含有长周期趋势项，在对数据进行二次积分时得到的结果可能完全失真，因此消除长周期趋势项是振动信号预处理的一项重要任务。直流分量的消除比较简单，即减去语音信号的平均项即可。而对于线性趋势项或多项式趋势项，常用的消除趋势项的方法是用多项式最小二乘法。

设实测语音信号的采样数据为$\{x_k\}(k=1,2,3,\cdots,n)$，$n$ 为样本总数，由于采样数据是等时间间隔的，为简化起见，令采样时间间隔 $\Delta t=1$。用一个多项式函数 $\hat{x}_k$ 表示语音信号中的趋势项：

$$\hat{x}_k = a_0 + a_1k + a_2k^2 + \cdots + a_mk^m = \sum_{j=0}^{m} a_jk^j (k \in [1,n]) \tag{2-21}$$

为了确定各待定系数 $a_j$，令函数 $\hat{x}_k$ 与离散数据 $x_k$ 的误差二次方和为最小，即

$$E = \sum_{k=1}^{n} (\hat{x}_k - x_k)^2 = \sum_{k=1}^{n} \left(\sum_{j=0}^{m} a_jk^j - x_k\right)^2 \tag{2-22}$$

对 $E$ 求偏导，得

$$\frac{\partial E}{\partial a_i} = 2\sum_{k=1}^{n} k^i \left(\sum_{j=0}^{m} a_j k^j - x_k\right) = 0 \quad i \in [0,m] \tag{2-23}$$

依次对 $a_i$ 求偏导，可得 $m+1$ 元线性方程组

$$\sum_{k=1}^{n}\sum_{j=0}^{m} a_j k^{j+i} - \sum_{k=1}^{n} x_k k^i = 0 \quad i \in [0,m] \tag{2-24}$$

通过解方程组求出 $m+1$ 个待定系数 $a_j$。各式中，$m$ 为设定的多项式阶次。

当 $m=0$ 时求得的趋势项为常数，有

$$\sum_{k=1}^{n} a_0 k^0 - \sum_{k=1}^{n} x_k k^0 = 0 \tag{2-25}$$

解方程得

$$a_0 = \frac{1}{n}\sum_{k=1}^{n} x_k \tag{2-26}$$

由此可知，当 $m=0$ 时的趋势项为信号采样数据的算术平均值，即是直流分量。消除常数趋势项的计算公式为

$$y_k = x_k - \hat{x}_k = x_k - a_0 \tag{2-27}$$

当 $m=1$ 时为线性趋势项，有

$$\begin{cases} \sum_{k=1}^{n} a_0 k^0 + \sum_{k=1}^{n} a_1 k - \sum_{k=1}^{n} x_k k^0 = 0 \\ \sum_{k=1}^{n} a_0 k + \sum_{k=1}^{n} a_1 k^2 - \sum_{k=1}^{n} x_k k = 0 \end{cases} \tag{2-28}$$

解方程组得

$$\begin{cases} a_0 = \dfrac{2(2n+1)\sum_{k=1}^{n} x_k - 6\sum_{k=1}^{n} x_k k}{n(n-1)} \\ a_1 = \dfrac{12\sum_{k=1}^{n} x_k k - 6(n-1)\sum_{k=1}^{n} x_k}{n(n-1)(n+1)} \end{cases} \tag{2-29}$$

消除线性趋势项的计算公式为

$$y_k = x_k - \hat{x}_k = x_k - (a_0 + a_1 k) \tag{2-30}$$

当 $m \geqslant 2$ 时为曲线趋势项。在实际语音信号数据处理中，通常取 $m=1 \sim 3$ 来对采样数据进行多项式趋势项消除的处理。

在 MATLAB 里自带有消除线性趋势项的函数 detrend。

函数格式：

```
y = detrend(x)
```

输入参数：x 是带有线性趋势项的信号序列。

输出参数：y 是消除趋势项的序列。

**2. 数字滤波器**

在采集语音信号时，交流隔离不好常会将工频 50 Hz 的交流声混入到语音信号中，因此

需要采用低通滤波器滤除工频干扰；此外，由于基音的频率较低，通常位于 60 ~ 450 Hz 之间。因此，在基音提取算法中，为了抗干扰，常设计低通滤波器来提取低频段信号。

常用的经典 IIR 数字滤波器包含巴特沃斯滤波器、切比雪夫 I 型滤波器、切比雪夫 II 型滤波器和椭圆滤波器四类。基于 MATLAB 的数字滤波器设计步骤如下。

（1）根据设计指标确定滤波器参数

滤波器的设计指标包括：通带截止频率 Wp 和阻带截止频率 Ws，其取值范围为 0 至 1 之间，当其值为 1 时代表采样频率的一半。通带和阻带区的波纹系数分别是 Rp 和 Rs。

不同类型（高通、低通、带通和带阻）滤波器对应的 Wp 和 Ws 值遵循以下规则：

- 高通滤波器：Wp 和 Ws 为一元矢量且 Wp > Ws。
- 低通滤波器：Wp 和 Ws 为一元矢量且 Wp < Ws。
- 带通滤波器：Wp 和 Ws 为二元矢量且 Wp < Ws，如 Wp = [0.2,0.7]，Ws = [0.1, 0.8]。
- 带阻滤波器：Wp 和 Ws 为二元矢量且 Wp > Ws，如 Wp = [0.1,0.8]，Ws = [0.2, 0.7]。

常用的滤波器函数为：

- 巴特沃斯滤波器：[n,Wn] = buttord(Wp,Ws,Rp,Rs)。
- 切比雪夫 I 型滤波器：[n,Wn] = cheb1ord (Wp,Ws,Rp,Rs)。
- 切比雪夫 II 型滤波器：[n,Wn] = cheb2ord(Wp,Ws,Rp,Rs)。
- 椭圆滤波器：[n,Wn] = ellipord(Wp,Ws,Rp,Rs)。

其中，n 代表滤波器阶数；Wn 为滤波器的截止频率（无论高通、带通、带阻滤波器在设计中最终都等效于一个低通滤波器）。

（2）采用 MATLAB 函数设计数字滤波器

数字滤波器设计函数包括：

- 巴特沃斯滤波器：[n,Wn] = butter(n,Wn,' ftype ')。
- 切比雪夫 I 型滤波器（通带等波纹）：[n,Wn] = cheby1(n,Rp,Wn',ftype' )。
- 切比雪夫 II 型滤波器：[n,Wn] = cheby2(n,Rs,Wn',ftype' )。
- 椭圆滤波器（阻带等波纹）：[n,Wn] = ellip(n,Rp,Rs,Wn',ftype' )。

这里，ftype 的取值包括 high'，' low'，' stop'，分别指代高通、低通和带阻（通）。

参考例程：设计一个椭圆带通滤波器，通带衰减 3 dB，阻带衰减 80 dB，通带频率为[45 55] Hz，阻带频率为[40 60] Hz，并画出滤波器的幅频曲线和相频曲线。

参考程序：

```
%数字滤波器设计
clc
clear all
fs = 200;
%把截止频率转成弧度表示
wp = [45 55] * 2/fs;
ws = [40 60] * 2/fs;
rp = 3;
```

```
rs = 80;
Nn = 512;
[n,wn] = ellipord(wp,ws,rp,rs);
[b,a] = ellip(n,rp,rs,wn);
freqz(b,a,Nn,fs);
```

幅频曲线和相频曲线如图 2-10 所示。

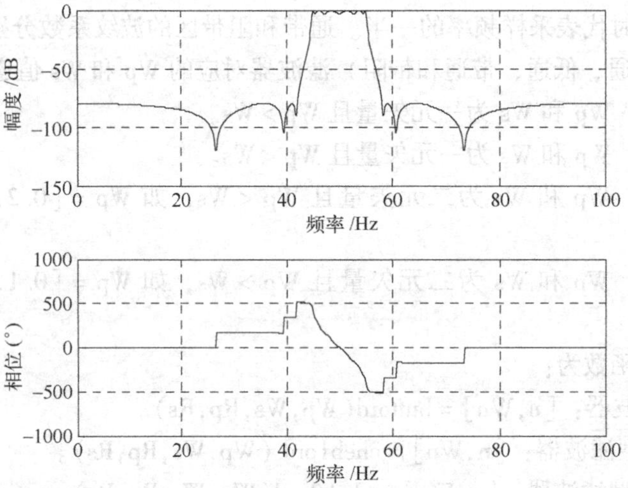


图 2-10　滤波器的幅频曲线和相频曲线

**3. 预加重与去加重**

语音和图像信号低频段能量大，高频段信号能量明显小；而鉴频器输出噪声的功率谱密度随频率的平方而增加（低频噪声小，高频噪声大），造成信号的低频信噪比很大，而高频信噪比明显不足，使高频传输困难。调频收发技术中，通常采用预加重和去加重技术来解决这一问题。预加重是发送端对输入信号高频分量的提升；去加重是解调后对高频分量的压低。

对于语言和音乐来说，其功率谱随频率的增加而减小，其大部分能量集中在低频范围内，这就造成消息信号高频端的信噪比可能降到不能容许的程度。但是由于消息信号中较高频率分量的能量小，很少有足以产生最大频偏的幅度，因此产生最大频偏的信号幅度多数是由信号的低频分量引起的。平均来说，幅度较小的高频分量产生的频偏小得多。因为调频系统的传输带宽是由需要传送的消息信号（调制信号）的最高有效频率和最大频偏决定的，所以调频信号并没有充分占用给予它的带宽。然而，接收端输入的噪声频谱却占据了整个调频带宽，也就是说，鉴频器输出端的噪声功率谱在较高频率上已被加重了。

为了抵消这种不希望有的现象，在调频系统中普遍采用一种叫作预加重和去加重的措施，其中心思想是利用信号特性和噪声特性的差别来有效地对信号进行处理。在噪声引入之前采用适当的网络（预加重网络），人为地加重（提升）发射机输入调制信号的高频分量。然后在接收机鉴频器的输出端，再进行相反的处理，即采用去加重网络把高频分量去加重，恢复原来的信号功率分布。在去加重过程中，同时也减小了噪声的高频分量，但是预加重对噪声并没有影响，因此有效地提高了输出信噪比。很多信号处理都使用这个方法，对高频分量电平提升（预加重），然后记录（调制、传输），播放（解调）时对高频分量衰减（去加重）。录音带系统中的杜比系统是个典型的例子。假设信号高频分量为 10，经记录后，再播放时，引入的磁带本底噪声为 1，那么还原出来信号高频段信噪比为 10:1；如果在记录前对信号的高频分量提升，假设提升为 20，经记录后再播放时，引入的磁带本底噪声为 1，此时依然是 10:1 的信噪比，但是此时的高频分量是被提升了的，在对高频分量进行衰减的同时，磁带本底噪声也被衰减，如果将信号高频分量衰减还原到原来的 10，则本底噪声就会被降低到 0.5。

常用的所谓“预加重技术”是在取样之后，插入一个一阶的高通滤波器，具体效果如图 2-11所示。常用的预加重因子为 $[1-R(1)z^{-1}/R(0)]$。这里，$R(n)$是信号 $s(n)$的自相关函数。通常对于浊音，$R(1)/R(0)\approx 1$；而对于清音，则该值可取得很小。在语音播放时再进行“去加重”处理，即预加重的反处理。

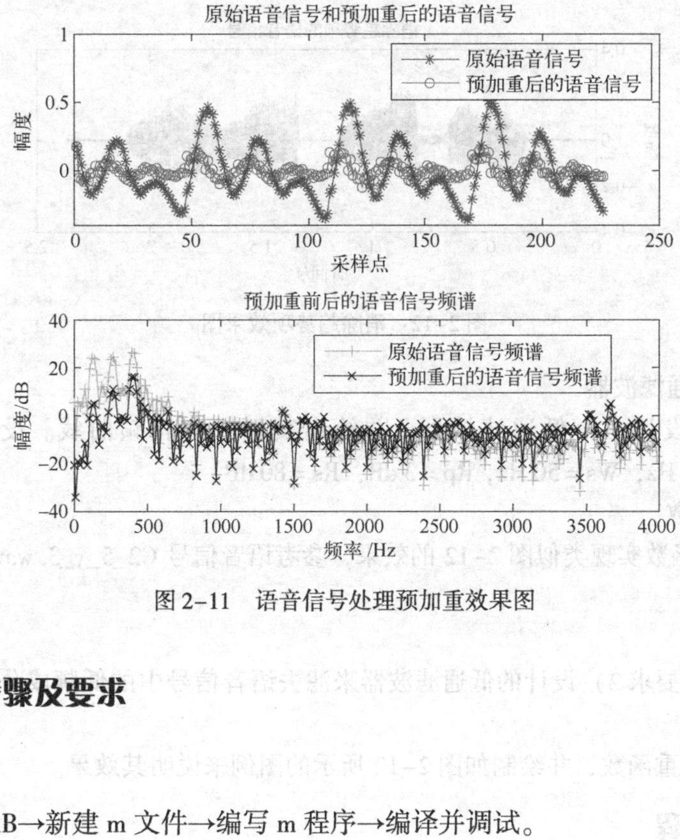


图 2-11　语音信号处理预加重效果图

## 2.5.3　实验步骤及要求

**1. 实验步骤**

运行 MATLAB→新建 m 文件→编写 m 程序→编译并调试。

**2. 实验要求**

（1）测试 MATLAB 的去线性趋势项函数 detrend 的作用

根据消除多项式趋势项的原理，编写消除多项式趋势项的函数 detrendN，并仿真测试，参考语音信号 C2_5_y_1. wav。

函数定义如下：

函数格式：

```
y = detrendN(x,fs,m)
```

输入参数：x 是带有趋势项的信号序列；fs 是采样频率；m 是多项式的阶次。

输出参数：y 是消除趋势项的序列。

仿真效果如图 2-12 所示。

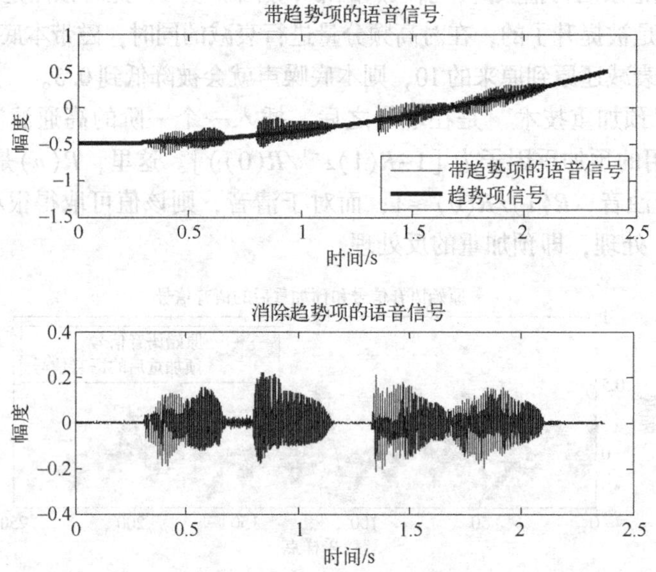


图 2-12　消除趋势项效果图

（2）设计低通滤波器

参考例程，设计一个低通滤波器，并绘出其幅频和相频曲线。设计指标为：fs = 8000 Hz，Wp = 60 Hz，Ws = 50 Hz，Rp = 3 dB，Rs = 80 dB。

（3）编写函数

编写预加重函数实现类似图 2-12 的效果，参考语音信号 C2_5_y_3. wav。

## 2.5.4　思考题

1）使用实验要求 2）设计的低通滤波器来滤去语音信号中的低频成分，并用 FFT 分析其频谱变化情况。

2）编写去加重函数，并绘制如图 2-12 所示的图例来说明其效果。

## 2.5.5　参考例程

```
%消除多项式趋势项函数
function [y,xtrend] = detrendN(x,fs,m)
x = x(:);                          %把语音信号 x 转换为列数据
N = length(x);                     %求出 x 的长度
t = (0:N-1)/fs;                    %按 x 的长度和采样频率设置时间序列
a = polyfit(t,x,m);                %用最小二乘法拟合语音信号 x 的多项式系数 a
xtrend = polyval(a,t);             %用系数 a 和时间序列 t 构成趋势项
y = x - xtrend;                    %从语音信号 x 中清除趋势项
```

# 第3章　语音信号分析实验

## 3.1　语音分帧与加窗

### 3.1.1　实验目的

1）了解语音信号分帧与加窗的重要性和必要性。

2）掌握常用的窗函数和加窗分帧处理的原理。

3）能编程实现分帧函数，并恢复。

### 3.1.2　实验原理

**1. 语音分帧**

贯穿于语音分析全过程的是"短时分析技术"。因为，语音信号从整体来看其特性及表征其本质特征的参数均是随时间而变化的，所以它是一个非平稳态过程，不能用处理平稳信号的数字信号处理技术对其进行分析处理。但是，由于不同的语音是由人的口腔肌肉运动构成声道某种形状而产生的响应，而这种口腔肌肉运动相对于语音频率来说是非常缓慢的，所以从另一方面看，虽然语音信号具有时变特性，但是在一个短时间范围内（一般认为在10～30 ms 的短时间内），其特性基本保持不变即相对稳定，因而可以将其看作是一个准稳态过程，即语音信号具有短时平稳性。所以任何语音信号的分析和处理必须建立在"短时"的基础上，即进行"短时分析"，将语音信号分为一段一段来分析其特征参数，其中每一段称为一"帧"，帧长一般即取为10～30 ms。这样，对于整体的语音信号来讲，分析出的是由每一帧特征参数组成的特征参数时间序列。

分帧示意图如图3-1 所示。一般每秒的帧数约为33～100 帧，视实际情况而定。分帧虽然可以采用连续分段的方法，但一般要采用如图3-1 所示的交叠分段的方法，这是为了使帧与帧之间平滑过渡，保持其连续性。前一帧和后一帧的交叠部分称为帧移。帧移与帧长的比值一般取为0～1/2。

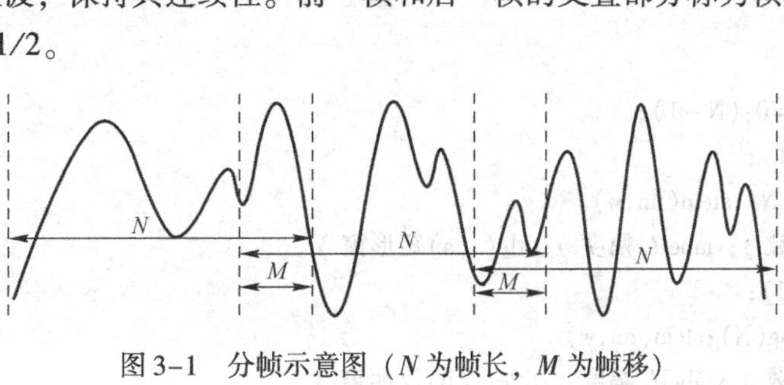


图3-1　分帧示意图（$N$ 为帧长，$M$ 为帧移）

**2. 窗函数**

分帧是用可移动的有限长度窗口进行加权的方法来实现的，这就是用一定的窗函数

$w(n)$来乘$s(n)$，从而形成加窗语音信号$s_w(n)=s(n)*w(n)$。窗函数$w(n)$的选择（形状和长度），对于短时分析参数的特性影响很大。为此应选择合适的窗口，使其短时参数更好地反映语音信号的特性变化。选择的依据有两类：

1）窗口的形状。一个好的窗函数的标准是：在时域因为是语音波形乘以窗函数，所以要减小时间窗两端的坡度，使窗口边缘两端不引起急剧变化而平滑过渡到零，这样可以使截取出的语音波形缓慢降为零，减小语音帧的截断效应；在频域要有较宽的3 dB带宽以及较小的边带最大值。

2）窗口的长度。如果长度很大，则它等效于很窄的低通滤波器，语音信号通过时，反映波形细节的高频部分被阻碍，短时能量随时间变化很小，不能真实地反映语音信号的幅度变化；反之，长度太小时，滤波器的通带变宽，短时能量随时间有急剧的变化，不能得到平滑的能量函数。通常认为在一个语音帧内应包含1~7个基音周期。然而不同人的基音周期变化很大，从女性和儿童的2 ms到老年男子的14 ms（即基音频率的变化范围为500~70 Hz），所以$N$的选择比较困难。通常在10 kHz取样频率下，$N$折中选择为100~200点为宜（即10~20 ms持续时间）。

在语音信号数字处理中常用的窗函数有三种：

1）矩形窗：

$$w(n)=\begin{cases}1, & 0\leqslant n\leqslant N-1\\0, & 其他\end{cases} \tag{3-1}$$

2）汉明窗：

$$w(n)=\begin{cases}0.54-0.46\cos[2\pi n/(N-1)], & 0\leqslant n\leqslant N-1\\0, & 其他\end{cases} \tag{3-2}$$

3）海宁窗：

$$\omega(n)=\begin{cases}0.5(1-\cos(2\pi n/(N-1))), & 0\leqslant n \ll N-1\\0, & 其他\end{cases} \tag{3-3}$$

三种窗函数对应的MATLAB函数为boxcar（N）、hanning（N）和hamming（N）。其中，$N$代表窗口长度。下面以矩形窗为例，编程观察其时域波形，如图3-2所示。

参考例程如下：

```
clc
clear all
close all
N=32;nn=0:(N-1);
subplot(311);
w=boxcar(N);stem(nn,w)
xlabel( 点数 );ylabel( 幅度 );title( (a)矩形窗 )
subplot(312);
w=hamming(N);stem(nn,w)
xlabel( 点数 );ylabel( 幅度 );title( (b)汉明窗 )
subplot(313)
w=hanning(N);stem(nn,w)
xlabel( 点数 );ylabel( 幅度 );title( (c)汉宁窗 )
```

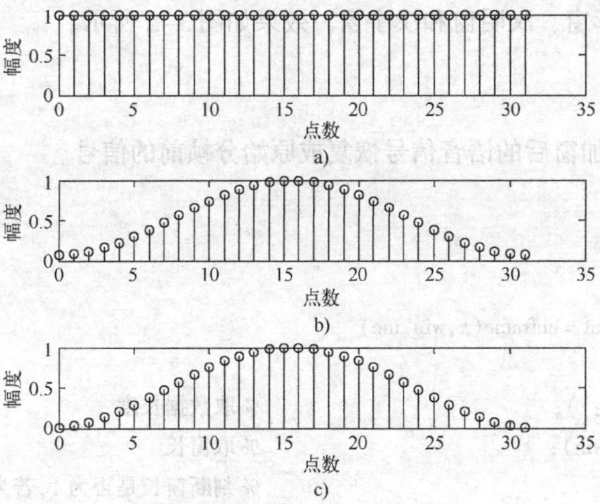


图 3-2 窗函数时域波形

a）矩形窗 b）汉明窗 c）汉宁窗

### 3.1.3 实验步骤及要求

**1. 实验步骤**

运行 MATLAB→新建 m 文件→编写 m 程序→编译并调试。

**2. 实验要求**

1）根据语音分帧的思想，编写分帧函数。函数定义如下：

函数格式：

```
frameout = enframe(x,win,inc)
```

输入参数：x 是语音信号；win 是帧长或窗函数，若为窗函数，帧长便取窗函数长；inc 是帧移。

输出参数：frameout 是分帧后的数组，长度为帧长和帧数的乘积。

根据分帧后的语音，绘制连续四帧语音信号（不用窗函数），效果如图 3-3 所示。

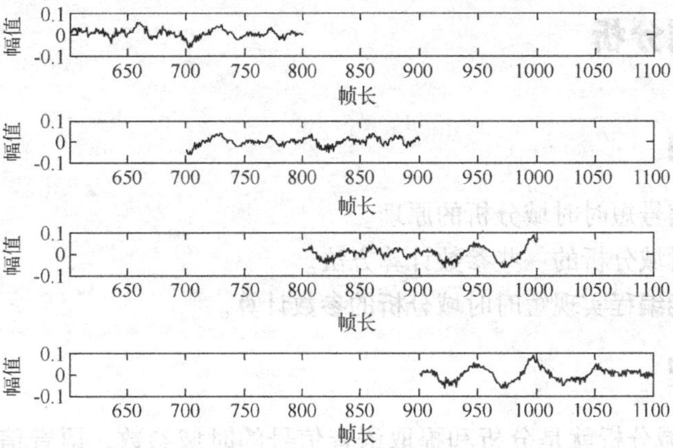


图 3-3 连续四帧语音信号

2）编程实现矩形窗、汉明窗和汉宁窗，效果如图 3-2 所示。

### 3.1.4 思考题

编程实现将分帧加窗后的语音信号恢复成原始分帧前的信号。

### 3.1.5 参考例程

```
%分帧函数
function frameout = enframe(x,win,inc)

nx = length(x(:));                          %取数据长度
nwin = length(win);                         %取窗长
if (nwin ==1)                               %判断窗长是否为 1,若为 1,即表示没有设窗函数
    len = win;                              %是,帧长 = win
else
    len = nwin;                             %否,帧长 = 窗长
end
if (nargin <3)                              %如果只有两个参数,设帧 inc = 帧长
    inc = len;
end
nf = fix((nx - len + inc)/inc);             %计算帧数
frameout = zeros(nf,len);                   %初始化
indf = inc * (0:(nf-1)).' ;                 %设置每帧在 x 中的位移量位置
inds = (1:len);                             %每帧数据对应 1:len
frameout(:) = x(indf(:,ones(1,len)) + inds(ones(nf,1),:));    %对数据分帧
if (nwin >1)                                %若参数中包括窗函数,把每帧乘以窗函数
    w = win(:) ;                            %把 win 转成行数据
    frameout = frameout . * w(ones(nf,1),:);  %乘窗函数
end
```

## 3.2 短时时域分析

### 3.2.1 实验目的

1）了解语音信号短时时域分析的原理。

2）掌握短时时域分析的一些参数计算方法。

3）根据原理能编程实现短时时域分析的参数计算。

### 3.2.2 实验原理

语音信号的时域分析就是分析和提取语音信号的时域参数。语音信号本身就是时域信号，因而时域分析是最早使用，也是应用最广泛的一种分析方法，这种方法直接利用语音信

号的时域波形。时域分析通常用于最基本的参数分析及应用，如语音的分割、预处理、分类等。语音信号的时域参数有短时能量、短时过零率、短时自相关函数和短时平均幅度差函数等。这些最基本的短时参数在各种语音信号数字处理技术中都有重要的应用。

**1. 短时能量与短时平均幅度**

设第 $n$ 帧语音信号 $x_n(m)$ 的短时能量用 $E_n$ 表示，则其计算公式如下：

$$E_n = \sum_{m=0}^{N-1} x_n^2(m) \tag{3-4}$$

$E_n$ 是一个度量语音信号幅度值变化的函数，但它有一个缺陷，即它对高电平非常敏感（因为它计算时用的是信号的平方）。为此，可采用另一个度量语音信号幅度值变化的函数，即短时平均幅度函数 $M_n$，它定义为

$$M_n = \sum_{m=0}^{N-1} |x_n(m)| \tag{3-5}$$

$M_n$ 也是一帧语音信号能量大小的表征，它与 $E_n$ 的区别在于计算时小取样值和大取样值不会因取平方而造成较大差异，在某些应用领域中会带来一些好处。

**2. 短时过零率**

短时过零率表示一帧语音中语音信号波形穿过横轴（零电平）的次数。对于连续语音信号，过零即意味着时域波形通过时间轴；而对于离散信号，如果相邻的取样值改变符号则称为过零。因此，过零率就是样本改变符号的次数。

定义语音信号 $x_n(m)$ 的短时过零率 $Z_n$ 为

$$Z_n = \frac{1}{2}\sum_{m=0}^{N-1} |\operatorname{sgn}[x_n(m)] - \operatorname{sgn}[x_n(m-1)]| \tag{3-6}$$

式中，sgn[ · ]是符号函数，即

$$\operatorname{sgn}[x] = \begin{cases} 1, & (x \geqslant 0) \\ -1, & (x < 0) \end{cases} \tag{3-7}$$

在实际中求过零率参数时，需要注意的一个问题是，如果输入信号中包含有50 Hz 的工频干扰或者 A/D 转换器的工作点有偏移（这等效于输入信号有直流偏移），往往会使计算的过零率参数很不准确。为了解决前一个问题，A/D 转换器前的防混叠带通滤波器的低端截频应高于50 Hz，以有效地抑制电源干扰。对于后一个问题除了可以采用低直流漂移器件外，也可以在软件上加以解决，这就是算出每一帧的直流分量并予以滤除。

这里应注意，在 MATLAB 编程中，实际上求短时平均过零率并不是按照上述公式计算，而是使用了另外一种方法。按上述过零的描述，即离散信号相邻的取样值改变符号，那它们的乘积一定为负数，即

$$x_i(m) * x_i(m+1) < 0 \tag{3-8}$$

**3. 短时自相关**

自相关函数具有一些性质（如它是偶函数；假设序列具有周期性，则其自相关函数也是同周期的周期函数等）。对于浊音语音可以用自相关函数求出语音波形序列的基音周期。此外，在进行语音信号的线性预测分析时，也要用到自相关函数。

语音信号 $x_n(m)$ 的短时自相关函数 $R_n(k)$ 的计算式如下：

$$R_n(k)=\sum_{m=0}^{N-1-k}x_n(m)x_n(m+k)\qquad(0\leqslant k\leqslant K)\tag{3-9}$$

这里 $K$ 是最大的延迟点数。

短时自相关函数具有以下性质：

1）如果 $x_n(m)$ 是周期的（设周期为 $N_p$），则自相关函数是同周期的周期函数，即 $R_n(k)=R_n(k+N_p)$。

2）$R_n(k)$ 是偶函数，即 $R_n(k)=R_n(-k)$。

3）当 $k=0$ 时，自相关函数具有最大值，即 $R_n(0)\geqslant|R_n(k)|$，并且 $R_n(0)$ 等于确定性信号序列的能量或随机性序列的平均功率。

**4. 短时平均幅度差**

短时自相关函数是语音信号时域分析的重要参量。但是，计算自相关函数的运算量很大，其原因是乘法运算所需要的时间较长。利用快速傅里叶变换（FFT）等简化计算方法都无法避免乘法运算。为了避免乘法，一个简单的方法就是利用差值。为此常常采用另一种与自相关函数有类似作用的参量，即短时平均幅度差函数。

平均幅度差函数能够代替自相关函数进行语音分析的原因在于：如果信号是完全的周期信号（设周期为 $N_p$），则相距为周期的整数倍的样点上的幅值是相等的，差值为零。即：

$$d(n)=x(n)-x(n+k)=0\quad(k=0,\ \pm N_p,\ \pm 2N_p,\cdots)\tag{3-10}$$

对于实际的语音信号，$d(n)$ 虽不为零，但其值很小。这些极小值将出现在整数倍周期的位置上。为此，可定义短时平均幅度差函数：

$$F_n(k)=\sum_{m=0}^{N-1-k}|x_n(m)-x_n(m+k)|\tag{3-11}$$

显然，如果 $x(n)$ 在窗口取值范围内具有周期性，则 $F_n(k)$ 在 $k=N_p,2N_p,\cdots$ 时将出现极小值。

平均幅度差函数和自相关函数有密切的关系，两者之间的关系可由下式表达：

$$F_n(k)=\sqrt{2}\beta(k)[R_n(0)-R_n(k)]^{1/2}\tag{3-12}$$

式中，$\beta(k)$ 对不同的语音段在 0.6～1.0 之间变化，但是对一个特定的语音段，它随 $k$ 值变化并不明显。

显然，计算 $F_n(k)$ 只需加、减法和取绝对值的运算，与自相关函数的加法与乘法相比，其运算量大大减少，尤其在用硬件实现语音信号分析时有很大好处。为此，平均幅度差已被用在许多实时语音处理系统中。

## 3.2.3 实验步骤及要求

**1. 实验步骤**

运行 MATLAB→新建 m 文件→编写 m 程序→编译并调试。

**2. 实验要求**

1）为了显示方便，编程实现 FrameTimeC 函数，函数功能为计算分帧后每帧语音中点处对应的时间。函数定义如下：

函数格式：

frametime = FrameTimeC(frameNum,framelen,inc,fs)

输入参数：frameNum 是帧的个数；framelen 是帧长；inc 是帧移；fs 是采样频率。

输出参数：frametime 是分帧后每帧对应的时间。

2）编程实现短时能量、短时平均幅度和短时过零率，显示例图如图 3-4 所示。参考测试语音为 C3_2_y. wav。

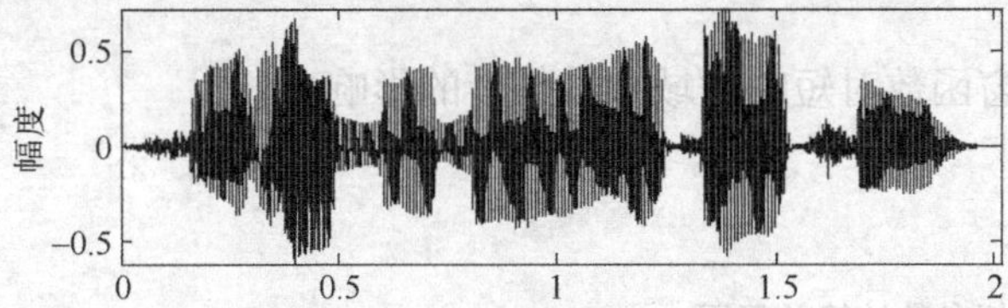


a)

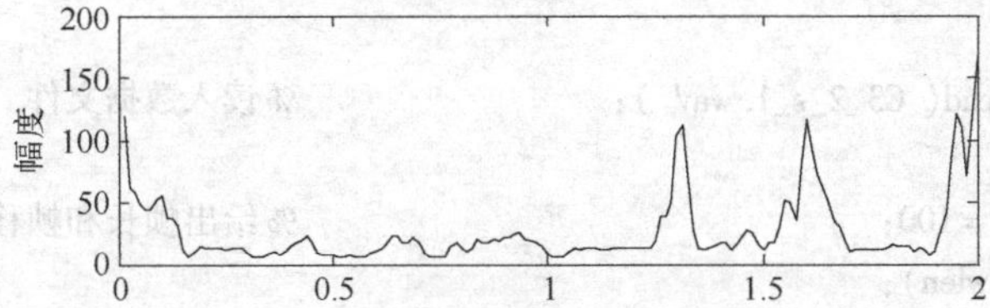


b)

图 3-4　短时过零率的显示例图

a）语音波形　b）短时过零率

每个参数的函数定义格式为：

funcvalue = funcname(x,win,inc)

其中 x 为语音信号，win 为窗函数或帧长，inc 为帧移，funcvalue 为[1,帧数]的向量。

3）编程实现短时自相关和短时平均幅度差，显示例图如图 3-5 所示。参考测试语音为 C3_2_y. wav。

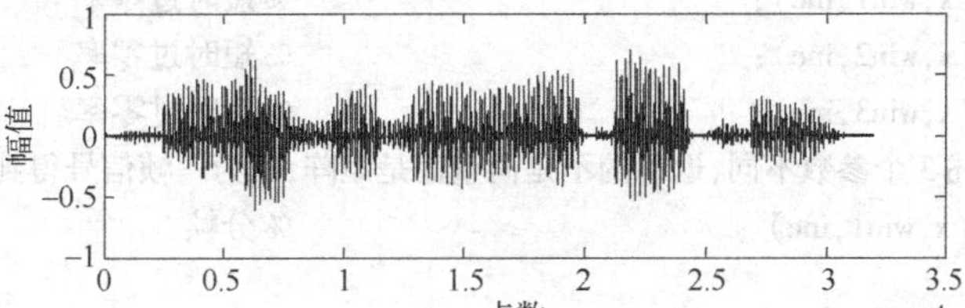


a)

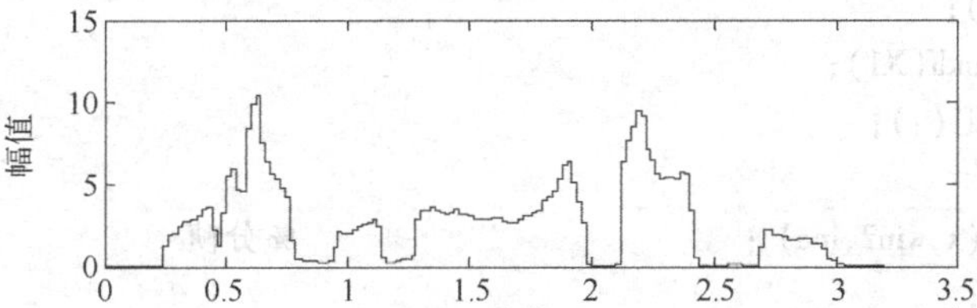


b)

图 3-5　短时自相关的显示例图

a）语音波形　b）短时自相关

每个参数的函数定义格式为：

funcvalue = funcname(x)

其中 x 为语音信号，funcvalue 为[帧长,帧数]的矩阵。这里显示的语音信号，是语音帧拼接而成，即没有去掉交叠项。

### 3.2.4 思考题

编程比较不同的窗函数对短时时域参数估计的影响。

### 3.2.5 参考例程

```
%短时时域分析参数计算并显示
clear all;clc;close all;

[x,Fs] = wavread('C3_2_s_1.wav');                    %读入数据文件

wlen = 200;inc = 100;                                 %给出帧长和帧移
win1 = boxcar(wlen);
win2 = hanning(wlen);                                 %给出海宁窗
win3 = hamming(wlen);
N = length(x);                                        %信号长度
time = (0:N-1)/Fs;                                    %计算出信号的时间刻度
En1 = STEn(x,win1,inc);                               %短时能量
En2 = STEn(x,win2,inc);                               %短时能量
En3 = STEn(x,win3,inc);                               %短时能量
Mn1 = STMn(x,win1,inc);                               %短时平均幅度
Mn2 = STMn(x,win2,inc);                               %短时平均幅度
Mn3 = STMn(x,win3,inc);                               %短时平均幅度
Zcr1 = STZcr(x,win1,inc);                             %短时过零率
Zcr2 = STZcr(x,win2,inc);                             %短时过零率
Zcr3 = STZcr(x,win3,inc);                             %短时过零率
%此处和上述3个参数不同,返回的不是向量而是矩阵,因为一帧信号得到的不是一个数值
X1 = enframe(x,win1,inc);                             %分帧
xn1 = X1(:);
Ac1 = STAc(X1);
Ac1 = Ac1(:);
Amdf1 = STAmdf(X1);
Amdf1 = Amdf1(:);

X2 = enframe(x,win2,inc);                             %分帧
xn2 = X2(:);
Ac2 = STAc(X2);
Ac2 = Ac2(:);
Amdf2 = STAmdf(X2);
Amdf2 = Amdf2(:);
```

```
X3 = enframe(x,win3,inc) ;                                %分帧
xn = X3(:);
Ac3 = STAc(X3);
Ac3 = Ac3(:);
Amdf3 = STAmdf(X3);
Amdf3 = Amdf3(:);

fn = length(En1);                                         %求出帧数

figure
subplot 311;plot(Mn1','b')
title('(a)短时幅度(矩形窗)');
ylabel('幅值');xlabel('帧数');
subplot 312;plot(Mn2','b')
title('(b)短时幅度(汉宁窗)');
ylabel('幅值');xlabel('帧数');
subplot 313;plot(Mn3','b')
title('(b)短时幅度(汉明窗)');
ylabel('幅值');xlabel('帧数');

figure
subplot 311;plot(En1','b')
title('(a)短时能量(矩形窗)');
ylabel('幅值');xlabel('帧数');
subplot 312;plot(En2','b')
title('(b)短时能量(汉宁窗)');
ylabel('幅值');xlabel('帧数');
subplot 313;plot(En3','b')
title('(b)短时能量(汉明窗)');
ylabel('幅值');xlabel('帧数');

figure
subplot 311;plot(Zcr1','b')
title('(a)短时过零率(矩形窗)');
ylabel('幅值');xlabel('帧数');
subplot 312;plot(Zcr2','b')
title('(b)短时过零率(汉宁窗)');
ylabel('幅值');xlabel('帧数');
subplot 313;plot(Zcr3','b')
title('(b)短时过零率(汉明窗)');
ylabel('幅值');xlabel('帧数');

figure
subplot 311;plot(Ac1','b')
```

```
title('(a)短时自相关图(矩形窗)');
ylabel('幅值');xlabel('点数');
subplot 312;plot(Ac2','b')
title('(b)短时自相关图(汉宁窗)');
ylabel('幅值');xlabel('点数');
subplot 313;plot(Ac3','b')
title('(b)短时自相关图(汉明窗)');
ylabel('幅值');xlabel('点数');

figure
subplot 311;plot(Amdf1','b')
title('(a)短时幅度差(矩形窗)');
ylabel('幅值');xlabel('帧数');
subplot 312;plot(Amdf2','b')
title('(b)短时幅度差(汉宁窗)');
ylabel('幅值');xlabel('帧数');
subplot 313;plot(Amdf3','b')
title('(b)短时幅度差(汉明窗)');
ylabel('幅值');xlabel('帧数');
```

## 3.3 短时频域分析

### 3.3.1 实验目的

1）了解短时傅里叶变换的原理，并编程实现短时傅里叶函数。

2）了解语谱图的意义和表现方法，并编程实现。

### 3.3.2 实验原理

**1. 短时傅里叶变换**

语音信号是一种典型的非平稳信号，但是其非平稳性是由发音器官的物理运动过程而产生的，此过程与声波振动的速度相比较缓慢，可以假定在 10～30 ms 这样的短时间内是平稳的。傅里叶分析是分析线性系统和平稳信号稳态特性的强有力手段，而短时傅里叶分析，也叫时间依赖傅立叶变换，就是在短时平稳的假定下，用稳态分析方法处理非平稳信号的一种方法。

设语音波形时域信号为 $x(l)$、加窗分帧处理后得到的第 $n$ 帧语音信号为 $x_n(m)$，则 $x_n(m)$ 满足下式：

$$x_n(m)=w(m)x(n+m) \qquad 0\leqslant m\leqslant N-1 \tag{3-13}$$

设离散时域采样信号为 $x(n)$，$n=0,1,\cdots,N-1$，其中 $n$ 为时域采样点序号，$N-1$ 是信号长度。然后对信号进行分帧处理，则 $x(n)$ 表示为 $x_n(m)$，$m=0,1,\cdots,N-1$，其中 $n$ 是帧序号，$m$ 是帧同步的时间序号。信号 $x(n)$ 的短时傅里叶变换为

$$X_n(\mathrm{e}^{\mathrm{j}w})=\sum_{m=0}^{N-1}x_n(m)\mathrm{e}^{-\mathrm{j}wm} \tag{3-14}$$

定义角频率 $w=2\pi k/N$，则得离散的短时傅里叶变换（DFT），它实际上是 $X_n(e^{jw})$ 在频域的取样，如下所示：

$$X_n(e^{j\frac{2\pi k}{N}}) = X_n(k) = \sum_{m=0}^{N-1} x_n(m) e^{-j\frac{2\pi km}{N}} \quad (0 \leqslant k \leqslant N-1) \tag{3-15}$$

在语音信号数字处理中，都是采用 $x_n(m)$ 的离散傅里叶变换 $X_n(k)$ 来替代 $X_n(e^{jw})$，并且可以用高效的快速傅里叶变换（FFT）算法完成由 $x_n(m)$ 至 $X_n(k)$ 的转换。当然，这时窗长 $N$ 必须是 2 的倍数 $2^L$（$L$ 是整数）。

**2. 语谱图表示与实现方法**

一般定义 $|X_n(k)|$ 为 $x(n)$ 的短时幅度谱估计，而时间处频谱能量密度函数（或功率谱函数）$P(n,k)$ 为

$$P(n,k) = |X_n(k)|^2 \tag{3-16}$$

则 $P(n,k)$ 是二维的非负实值函数，并且不难证明它是信号 $x(n)$ 的短时自相关函数的傅里叶变换。用时间 $n$ 作为横坐标，$k$ 作为纵坐标，将 $P(n,k)$ 的值表示为灰度级所构成的二维图像就是语谱图。如果通过变换 $10\log_{10}P(n,k)$ 后，得到语谱图就是采用 dB 进行表示的。将经过变换后的矩阵精细图像和色彩的映射后，就可得到彩色的语谱图，如图 3-6 所示。

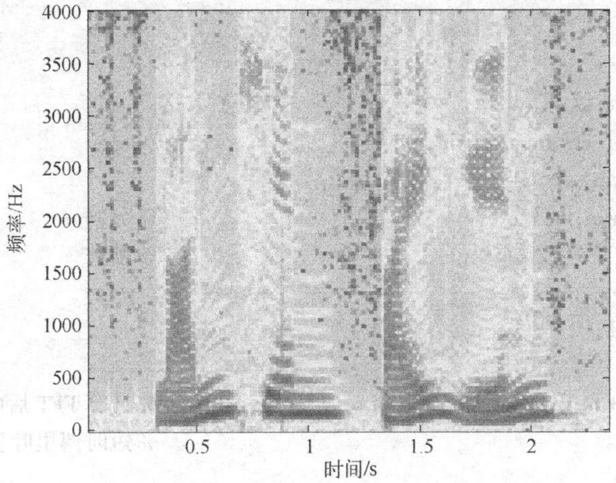


图 3-6 语谱图显示

需要用到的 MATLAB 函数主要有两个：

1）频谱图显示函数：imagesc（t，f，L）。其中 t 是时间坐标，f 是频率坐标，L 则是从功率谱值经伪彩色映射后的彩色电平值，即 $10\log_{10}P(n,k)$。

2）伪彩色映射函数：colormap（MAP）。其中 MAP 是所采用的伪彩色映射矩阵，默认值为 JET，即大值为红色，小值为蓝色。可以通过 MAP = colormap 获得当前的伪彩色映射矩阵，它可以是一个任意行的矩阵，但其必须有且只有三列，并分别表示红色、绿色和蓝色的饱和度。

语谱图中的花纹有横杠、乱纹和竖直条等。横杠是与时间轴平行的几条深黑色带纹，它们是共振峰。从横杠对应的频率和宽度可以确定相应的共振峰频率和带宽。在一个语音段的语谱图中，有没有横杠出现是判断它是否是浊音的重要标志。竖直条（又叫冲直条）是语谱图中出现与时间轴垂直的一条窄黑条。每个竖直条相当于一个基音，条纹的起点相当于声门脉冲的起点，条纹之间的距离表示基音周期。条纹越密表示基音频率越高。

### 3.3.3 实验步骤及要求

**1. 实验步骤**

运行 MATLAB→新建 m 文件→编写 m 程序→编译并调试。

**2. 实验要求**

1）根据短时傅里叶变换的原理，编写其函数。函数定义如下：

函数格式：

```
d = STFFT(x,win,nfft,inc)
```

输入参数：x 是语音信号；win 是帧长或窗函数，若为窗函数，帧长便取窗函数长；inc 是帧移；nfft 是快速傅里叶的点数。

输出参数：d 是得到的语谱图矩阵。

2）根据语谱图的显示原理，编程实现语谱图的计算和显示，显示效果如图 3-6 所示。

### 3.3.4 思考题

编程实现将语谱图矩阵还原为原始的语音信号。

### 3.3.5 参考例程

```
%语谱图实现函数
function Y = NSpectrogram(x,win,inc,fs)
wlen = length(win);
y = enframe(x,win,inc) ;                                  %分帧
fn = size(y,2);                                            %帧数

W2 = wlen/2 + 1;
n2 = 1:W2;
freq = (n2-1) * fs/wlen;                                   %计算 FFT 后的频率刻度
Y = fft(y);                                                %短时傅里叶变换
Yn = Y(n2,:);
clf                                                        %初始化图形
%画出语谱图
frameTime = FrameTimeC(fn,wlen,inc,fs);                   %计算每帧对应的时间
imagesc(frameTime,freq,20 * log10(abs(Yn) + eps));         %画出 Y 的图像
axis xy;ylabel('频率/Hz');xlabel('时间/s');
title('语谱图');
colormap(jet)
```

## 3.4 倒谱分析与 MFCC 系数

### 3.4.1 实验目的

1）了解语音信号倒谱分析的意义。

2）掌握语音信号倒谱和复倒谱分析的原理。

3）编程实现倒谱和复倒谱计算函数。

## 3.4.2　实验原理

### 1. 倒谱分析

根据对语音产生的机理的研究可知，语音信号 $x(n)$ 可看作是声门激励信号 $x_1(n)$ 和声道冲激响应信号 $x_2(n)$ 的卷积，即

$$x(n)=x_1(n)*x_2(n) \tag{3-17}$$

为了便于处理各卷积信号，系统通常采用同态处理的方法进行解卷积，即将卷积关系变为求和关系，分离参与卷积的各个信号。一般同态系统可分解为三个部分，如图 3-7 所示。

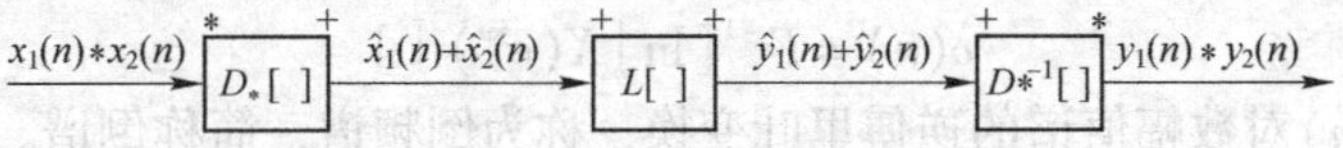


图 3-7　同态系统的组成

如图 3-7 所示，系统包含两个特征子系统（取决于信号的组合规则）和一个线性子系统（取决于处理的要求）。图中，符号 *、+ 和 · 分别表示卷积、加法和乘法运算。

第一个子系统 $D_*[\ ]$ 完成将卷积性信号转化为加性信号的运算，即对于信号 $x(n)=x_1(n)*x_2(n)$ 进行如下运算处理：

$$\begin{cases}Z[x(n)]=X(z)=X_1(z)\cdot X_2(z)\\ \ln X(z)=\ln X_1(z)+\ln X_2(z)=\hat{X}_1(z)+\hat{X}_2(z)=\hat{X}(z)\\ Z^{-1}[\hat{X}(z)]=Z^{-1}[\hat{X}_1(z)+\hat{X}_2(z)]=\hat{x}_1(n)+\hat{x}_2(n)=\hat{x}(n)\end{cases} \tag{3-18}$$

第二个子系统是一个普通线性系统，满足线性叠加原理，用于对加性信号进行线性变换。由于 $\hat{x}(n)$ 为加性信号，所以第二个子系统可对其进行需要的线性处理得到 $\hat{y}(n)$。

第三个子系统是逆特征系统 $D_*^{-1}[\ ]$，它对 $\hat{y}(n)=\hat{y}_1(n)+\hat{y}_2(n)$ 进行逆变换，使其恢复为卷积性信号，处理如下：

$$\begin{cases}Z[\hat{y}(n)]=\hat{Y}(z)=\hat{Y}_1(z)+\hat{Y}_2(z)\\ \exp\hat{Y}(z)=Y(z)=Y_1(z)\cdot Y_2(z)\\ y(n)=Z^{-1}[Y_1(z)\cdot Y_2(z)]=y_1(n)*y_2(n)\end{cases} \tag{3-19}$$

由此可知，通过第一个子系统 $D_*[\ ]$，可以将 $x(n)=x_1(n)*x_2(n)$ 变换为 $\hat{x}(n)=\hat{x}_1(n)+\hat{x}_2(n)$。此时，如果 $\hat{x}_1(n)$ 与 $\hat{x}_2(n)$ 处于不同的位置并且互不交替，那么适当地设计线性系统，便可将 $x_1(n)$ 与 $x_2(n)$ 分离开来。

在 $D_*[\ ]$ 和 $D_*^{-1}[\ ]$ 系统中，$\hat{x}(n)$ 和 $\hat{y}(n)$ 信号也是时域序列，但是它们与 $x(n)$ 和 $y(n)$ 所处的离散时域不同，称为复倒频谱域。$\hat{x}(n)$ 是 $x(n)$ 的复倒频谱域，简称复倒谱。其表达式如下：

$$\hat{x}(n)=Z^{-1}[\ln Z[x(n)]] \tag{3-20}$$

在绝大多数数字信号处理中，$X(z)$，$\hat{X}(z)$，$Y(z)$，$\hat{Y}(z)$ 的收敛域均包含单位圆，因而 $D_*[\ ]$ 和 $D_*^{-1}[\ ]$ 系统有如下形式：

$$D_*[\;]:\begin{cases}F[x(n)]=X(e^{j\omega})\\ \hat{X}(e^{j\omega})=\ln[X(e^{j\omega})]\\ \hat{x}(n)=F^{-1}[\hat{X}(e^{j\omega})]\end{cases} \tag{3-21}$$

$$D_*^{-1}[\;]:\begin{cases}\hat{Y}(e^{j\omega})=F[\hat{y}(n)]\\ Y(e^{j\omega})=\exp[\hat{Y}(e^{j\omega})]\\ y(n)=F^{-1}[Y(e^{j\omega})]\end{cases} \tag{3-22}$$

设 $X(e^{j\omega})=|X(e^{j\omega})|e^{j\arg[X(e^{j\omega})]}$，则对其取对数得

$$\hat{X}(e^{j\omega})=\ln|X(e^{j\omega})|+j\arg[X(e^{j\omega})] \tag{3-23}$$

如果只考虑 $\hat{X}(e^{j\omega})$ 的实部，得

$$c(n)=F^{-1}[\ln|X(e^{j\omega})|] \tag{3-24}$$

式中，$c(n)$ 是 $x(n)$ 对数幅值谱的逆傅里叶变换，称为倒频谱，简称倒谱。

由于浊音信号的倒谱中存在着峰值，出现位置等于该语音段的基音周期，而清音的倒谱中则不存在峰值。由这个特性可以进行清浊音的判断，并且可以估计浊音的基音周期。

MATLAB 工具箱为倒谱计算提供了三个函数：

1）cceps 函数——计算复倒谱

调用格式：

```
[xhat,nd] = cceps(x)
```

说明：x 是被测信号序列；xhat 是实信号序列 x 的复倒谱；nd 是为了保证频率 π 处具有零相位特性而对信号 x 所做的单位圆延迟。

2）rceps 函数——计算实倒谱

调用格式：

```
[xh,yh] = rceps(x)
```

说明：x 是被测信号序列；xh 是实信号序列 x 的实倒谱；yh 是最小相位重构序列。

3）icceps 函数——计算逆复倒谱

调用格式：

```
xh = icceps(xhat,nd)
```

说明：xh 是复倒谱 xhat 的逆变换；nd 为所要去除的时间延迟。

**2. 离散余弦变换**

离散余弦变换（Discrete Cosine Transform，DCT）具有信号谱分量丰富、能量集中，且不需要对语音相位进行估算等优点，能在较低的运算复杂度下取得较好的语音增强效果。

设 $x(n)$ 是 $N$ 个有限值的一维实数信号序列，$n=0,1,\cdots,N-1$，DCT 的完备正交归一函数是：

$$\begin{cases}X(k)=a(k)\sum_{n=0}^{N-1}x(n)\cos\left(\frac{(2n+1)k\pi}{2N}\right)\\ x(n)=\sum_{k=0}^{N-1}a(k)X(k)\cos\left(\frac{(2n+1)k\pi}{2N}\right)\end{cases} \tag{3-25}$$

式中，$a(k)$ 的定义为

$$a(k)=\begin{cases}\sqrt{1/N}, & k=0\\ \sqrt{2/N}, & k\in[1,N-1]\end{cases} \tag{3-26}$$

式中，$n=0,1,\cdots,N-1$；$k=0,1,\cdots,N-1$。

将式（3-25）略作变形，可得到 DCT 的另一表示形式

$$X(k)=\sqrt{\frac{2}{N}}\sum_{n=0}^{N-1}C(k)x(n)\cos\left(\frac{(2n+1)k\pi}{2N}\right)\quad k=0,1,\cdots,N-1 \tag{3-27}$$

式中，$C(k)$是正交因子。

$$C(k)=\begin{cases}\sqrt{2}/2, & k=0\\ 1, & k\in[1,N-1]\end{cases} \tag{3-28}$$

则 DCT 的逆变换为

$$x(n)=\sqrt{\frac{2}{N}}\sum_{k=0}^{N-1}C(k)X(k)\cos\left(\frac{(2n+1)k\pi}{2N}\right)\quad n=0,1,\cdots,N-1 \tag{3-29}$$

在 MATLAB 工具箱中有 dct 和 idct 函数，其使用方法如下：

1）dct 函数——离散余弦变换

调用格式：

```
X = dct(x,N)
```

说明：x 是原始信号；X 是离散余弦变换后的序列；N 是离散余弦变换的长度。

2）idct 函数——离散余弦逆变换

调用格式：

```
x = idct(X,N)
```

说明：x 是原始信号；X 是离散余弦变换后的序列；N 是离散余弦变换的长度。

**3. 美尔频率倒谱系数**

美尔频率倒谱系数（Mel – Frequency Cepstral Coefficients，MFCC）的分析是基于人的听觉特性机理，即根据人的听觉实验结果来分析语音的频谱。因为人耳所听到的声音的高低与声音的频率并不成线性正比关系，所以用 Mel 频率尺度更符合人耳的听觉特性。美尔频率尺度的值大体上对应于实际频率的对数分布关系，其与实际频率的具体关系可用下式表示：

$$F_{Mel}(f)=1125\ln(1+f/700) \tag{3-30}$$

式中，$F_{Mel}$是以美尔（Mel）为单位的感知频率；$f$是以 Hz 为单位的实际频率。临界频率带宽随着频率的变化而变化，并与 Mel 频率的增长一致，在 1000 Hz 以下，大致呈线性分布，带宽为 100 Hz 左右；在 1000 Hz 以上呈对数增长。类似于临界频带的划分，可以将语音频率划分成一系列三角形的滤波器序列，即美尔滤波器组，如图 3-8 所示。

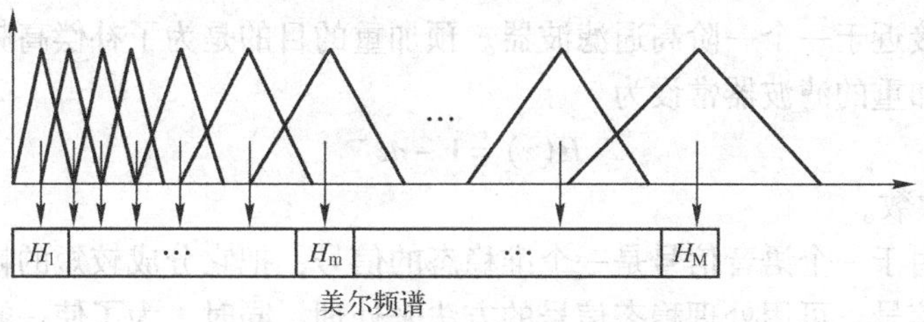


图 3-8　美尔频率尺度滤波器组

在语音的频谱范围内设置若干带通滤波器 $H_m(k)$，$0\leqslant m\leqslant M$，$M$ 为滤波器的个数。每个滤波器具有三角形滤波特性，其中心频率为 $f(m)$，在 Mel 频率范围内，这些滤波器是等带宽的。每个带通滤波器的传递函数为

$$H_m(k)=\begin{cases}0 & k<f(m-1)\\ \dfrac{k-f(m-1)}{f(m)-f(m-1)} & f(m-1)\leqslant k\leqslant f(m)\\ \dfrac{f(m+1)-k}{f(m+1)-f(m)} & f(m)\leqslant k\leqslant f(m+1)\\ 0 & k>f(m+1)\end{cases}\tag{3-31}$$

其中，$\sum\limits_{m}^{M-1}H_m(k)=1$。

美尔滤波器的中心频率 $f(m)$ 定义为

$$f(m)=\frac{N}{f_s}F_{Mel}{}^{-1}\left(F_{Mel}(f_l)+m\frac{F_{Mel}(f_h)-F_{Mel}(f_l)}{M+1}\right)\tag{3-32}$$

其中，$f_h$ 和 $f_l$ 分别为滤波器组的最高频率和最低频率；$f_s$ 为采样频率；单位为 Hz。$M$ 是滤波器组的数目；$N$ 为 FFT 变换的点数，式中 $F_{Mel}{}^{-1}(b)=700(e^{\frac{b}{1125}}-1)$。

在 MATLAB 中，melbankm 函数可用于计算 Mel 滤波器组。函数定义如下：

调用格式：

```
h = melbankm(p,n,fs,fl,fh,w)
```

输入参数：fs 是采样频率；fl 是设计的滤波器的最低频率；fh 是设计的滤波器的最高频率（fl 和 fh 都需要用 fs 进行归一化）；p 是设计的 Mel 滤波器的个数；n 是一帧 FFT 后数据的长度；w 是窗函数（'t' 代表三角窗；'n' 代表汉宁窗；'m' 代表汉明窗）。

输出参数：h 是滤波器的频域响应，是一个 $p\times(n/2+1)$ 的数组，p 为滤波器个数，每个滤波器的响应曲线长 n/2 +1，相当于取正频率的部分。

**4. MFCC 系数的计算**

MFCC 特征参数提取原理框图如图 3-9 所示。

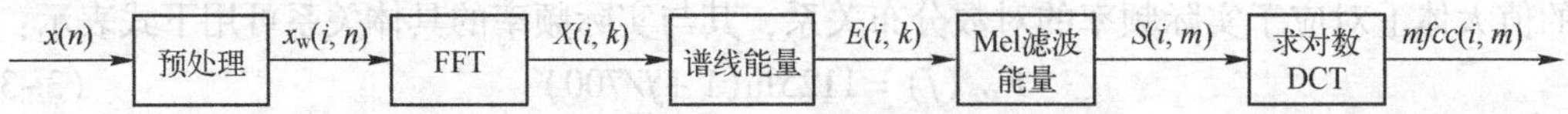


图 3-9　MFCC 特征参数提取原理框图

（1）预处理

预处理包括预加重、分帧、加窗函数。

预加重：在第 1 章中已指出声门脉冲的频率响应曲线接近于一个二阶低通滤波器，而口腔的辐射响应也接近于一个一阶高通滤波器。预加重的目的是为了补偿高频分量的损失，提升高频分量。预加重的滤波器常设为

$$H(z)=1-az^{-1}\tag{3-33}$$

式中，$a$ 为一个常数。

分帧处理：由于一个语音信号是一个准稳态的信号，把它分成较短的帧，在每帧信号中可将其看作稳态信号，可用处理稳态信号的方法来处理。同时，为了使一帧与另一帧之间的参数能较平稳地过渡，在相邻两帧之间互相有部分重叠。

加窗函数：加窗函数的目的是减少频域中的泄漏，将对每一帧语音乘以汉明窗或海宁窗。语音信号 $x(n)$ 经预处理后为 $x_i(m)$，其中下标 $i$ 表示分帧后的第 $i$ 帧。

（2）快速傅里叶变换

对每一帧信号进行 FFT 变换，从时域数据转变为频域数据：

$$X(i,k) = \mathrm{FFT}[x_i(m)] \tag{3-34}$$

（3）计算谱线能量

对每一帧 FFT 后的数据计算谱线的能量：

$$E(i,k) = [X_i(k)]^2 \tag{3-35}$$

（4）计算通过美尔滤波器的能量

把求出的每帧谱线能量谱通过美尔滤波器，并计算在该美尔滤波器中的能量。在频域中相当于把每帧的能量谱 $E(i,k)$（其中 $i$ 表示第 $i$ 帧，$k$ 表示频域中的第 $k$ 条谱线）与美尔滤波器的频域响应 $H_m(k)$ 相乘并相加：

$$S(i,m) = \sum_{k=0}^{N-1} E(i,k)H_m(k), 0 \leqslant m < M \tag{3-36}$$

（5）计算 DCT 倒谱

序列 $x(n)$ 的 FFT 倒谱 $\hat{x}(n)$ 为

$$\hat{x}(n) = \mathrm{FT}^{-1}[\hat{X}(k)] \tag{3-37}$$

式中，$\hat{X}(k) = \ln\{\mathrm{FT}[x(n)]\} = \ln\{X(k)\}$，FT 和 $\mathrm{FT}^{-1}$ 表示傅里叶变换和傅里叶逆变换。序列 $x(n)$ 的 DCT 为

$$X(k) = \sqrt{\frac{2}{N}} \sum_{n=0}^{N-1} C(k)x(n) \cos\left[\frac{\pi(2n+1)k}{2N}\right], k = 0,1,\cdots,N-1 \tag{3-38}$$

式中，参数 $N$ 是序列 $x(n)$ 的长度；$C(k)$ 是正交因子，可表示为

$$C(k) = \begin{cases} \sqrt{2}/2 & k=0 \\ 1 & k=1,2,\cdots,N-1 \end{cases} \tag{3-39}$$

在式（3-37）中求取 FFT 的倒谱是把 $X(k)$ 取对数后计算 FFT 的逆变换。而这里求 DCT 的倒谱和求 FFT 的倒谱相类似，把美尔滤波器的能量取对数后计算 DCT：

$$mfcc(i,n) = \sqrt{\frac{2}{M}} \sum_{m=0}^{M-1} \log[S(i,m)] \cos\left[\frac{\pi n(2m-1)}{2M}\right] \tag{3-40}$$

式中，$S(i,m)$ 是由式（3-36）求出的美尔滤波器能量；$m$ 是指第 $m$ 个美尔滤波器（共有 $M$ 个）；$i$ 是指第 $i$ 帧；$n$ 是 DCT 后的谱线。

### 3.4.3 实验步骤及要求

**1. 实验步骤**

运行 MATLAB→新建 m 文件→编写 m 程序→编译并调试。

**2. 实验要求**

1）根据倒谱计算的原理，编程实现 MATLAB 的 rceps 函数，函数定义为

```
xh = Nrceps(x)
```

然后调用 MATLAB 的 cceps 函数和 icceps 函数以及设计的 rceps 函数对一段较短语音进

行复倒谱的计算与恢复，图例如图 3-10 所示。

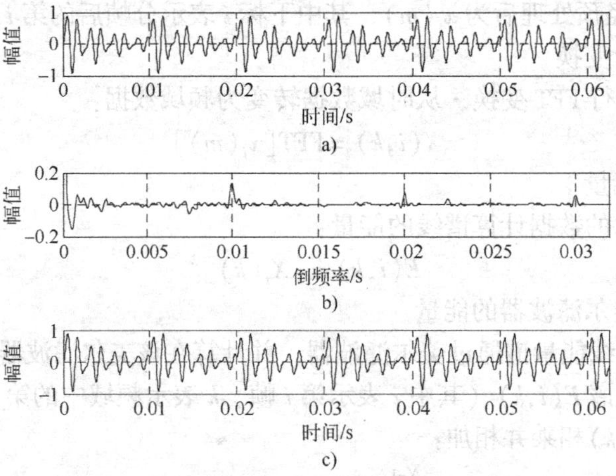


图 3-10　倒谱程序例图

a）信号波形　b）信号倒谱图　c）还原信号

2）调用 MATLAB 的 DCT 函数求序列 $x(n)=\cos(2\pi fn/f_s)$ 的 DCT 系数（其中，$n\in[0,1000)$，$f_s=1000\,\text{Hz}$，$f=50\,\text{Hz}$），然后仅用幅值大于 5 的系数进行信号重建，并比较重建前后信号的差异。

3）调用 MATLAB 的 melbankm 函数设计 24 个美尔滤波器，其中采样频率为 8000 Hz，最低频率参数为 0，最高频率参数为 0.5（即 8000 Hz * 0.5 = 4000 Hz），使用三角函数，图例如图 3-11 所示。

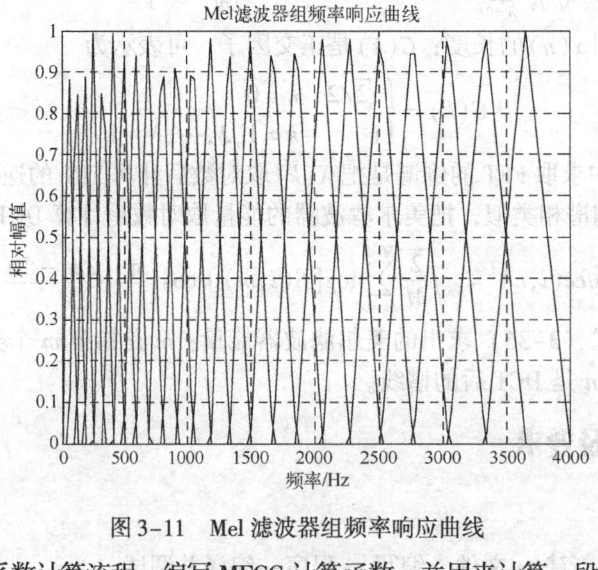


图 3-11　Mel 滤波器组频率响应曲线

4）根据 MFCC 系数计算流程，编写 MFCC 计算函数，并用来计算一段语音的 MFCC 系数。函数定义如下：

```
ccc = Nmfcc(x,fs,p,frameSize,inc);
```

其中，x 是输入语音序列；Mel 滤波器的个数为 p；采样频率为 fs；frameSize 为帧长和 FFT 点数；inc 为帧移；ccc 为 MFCC 参数。

### 3.4.4 思考题

编写离散余弦变换和离散余弦逆变换函数，并与 MATLAB 自带函数进行比较，函数名称为 Ndct 和 Nidct。

### 3.4.5 参考例程

```
%MFCC 系数计算函数
function ccc = Nmfcc(x,fs,p,frameSize,inc)
% x 是输入语音序列,Mel 滤波器的个数为 p,采样频率为 fs,frameSize 为帧长和 FFT 点数,inc 为帧
移;ccc 为 MFCC 参数

%按帧长为 frameSize,Mel 滤波器的个数为 p,采样频率为 fs
%提取 Mel 滤波器参数,用汉明窗函数
bank = melbankm(p,frameSize,fs,0,0.5','m');
%归一化 Mel 滤波器组系数
bank = full(bank);
bank = bank/max(bank(:));

% DCT 系数,12 * p
for k = 1:12
   n = 0:p - 1;
   dctcoef(k,:) = cos((2 * n + 1) * k * pi/(2 * p));
end

%归一化倒谱提升窗口
w = 1 + 6 * sin(pi * [1:12] ./12);
w = w/max(w);

%预加重滤波器
xx = double(x);
xx = filter([1 -0.9375],1,xx);

%语音信号分帧
xx = enframe(xx,frameSize,inc);
n2 = fix(frameSize/2) + 1;
%计算每帧的 MFCC 参数
for i = 1:size(xx,1)
   y = xx(i,:);
   s = y' .* hamming(frameSize);
   t = abs(fft(s));
   t = t.^2;
   c1 = dctcoef * log(bank * t(1:n2));
   c2 = c1. * w';
   m(i,:) = c2';
```

```
end

%差分系数
dtm = zeros(size(m));
for i = 3:size(m,1) - 2
    dtm(i,:) = -2 * m(i-2,:) - m(i-1,:) + m(i+1,:) + 2 * m(i+2,:);
end
dtm = dtm / 3;
%合并 MFCC 参数和一阶差分 MFCC 参数
ccc = [m dtm];
%去除首尾两帧,因为这两帧的一阶差分参数为0
ccc = ccc(3:size(m,1) - 2,:);
```

## 3.5 线性预测分析

### 3.5.1 实验目的

1）了解线性预测分析在语音信号处理中的重要性和必要性。

2）掌握线性预测分析的基本思想。

3）掌握 MATLAB 进行线性预测分析的流程。

### 3.5.2 实验原理

#### 1. 语音信号线性预测分析

图3-12 是简化的语音产生模型，将辐射、声道以及声门激励的全部效应简化为一个时变的数字滤波器来等效，其传递函数为

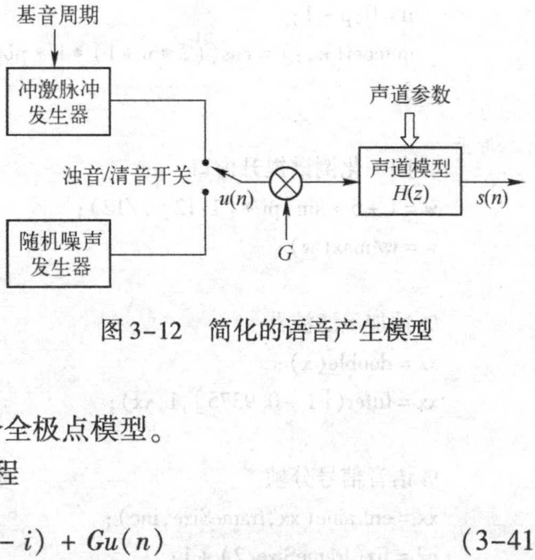


图 3-12 简化的语音产生模型

$$H(z) = \frac{S(z)}{U(z)} = \frac{G}{1 - \sum_{i=1}^{p} a_i z^{-i}}$$

这种表现形式称为 $p$ 阶线性预测模型，这是一个全极点模型。

此时，$s(n)$和 $u(n)$间的关系可以用差分方程

$$s(n) = \sum_{i=1}^{p} a_i s(n-i) + Gu(n) \tag{3-41}$$

表示，称系统

$$\hat{s}(n) = \sum_{i=1}^{p} a_i s(n-i) \tag{3-42}$$

为线性预测器。$\hat{s}(n)$是 $s(n)$的估计值，它由过去 $p$ 个值线性组合得到的，即由 $s(n)$过去的值来预测或估计当前值 $s(n)$。式中，$a_i(i=1,2,\cdots,p)$是线性预测系数。线性预测系数可以通过在某个准则下使预测误差 $e(n)$达到最小值的方法来决定，预测误差的表示形式如下：

$$e(n) = s(n) - \hat{s}(n) = s(n) - \sum_{i=1}^{p} a_i s(n-i) \tag{3-43}$$

预测的二次方误差为

$$E = \sum_n e^2(n) = \sum_n [s(n) - \hat{s}(n)]^2 = \sum_n \left[s(n) - \sum_{i=1}^{p} a_i s(n-i)\right]^2 \quad (3-44)$$

为使 $E$ 最小，求 $E$ 对 $a_i$ 的偏导为0，即

$$\frac{\partial E}{\partial a_j} = 0 \quad (1 \leqslant j \leqslant p) \quad (3-45)$$

则有，

$$\frac{\partial E}{\partial a_j} = 2\sum_n s(n)s(n-j) - 2\sum_{i=1}^{p} a_i \sum_n s(n-i)s(n-j) = 0 \quad (1 \leqslant j \leqslant p) \quad (3-46)$$

定义 $\varphi(j,i) = \sum_n s(n-i)s(n-j)$，则式（3-46）可简化为

$$\varphi(j,0) = \sum_{i=1}^{p} a_i \varphi(j,i) \quad (1 \leqslant j \leqslant p) \quad (3-47)$$

联立式（3-44）、式（3-46）和式（3-47），可得最小方均误差表示为

$$E = \varphi(0,0) - \sum_{i=1}^{p} a_i \varphi(0,i) \quad (3-48)$$

因此，最小误差由一个固定分量 $\varphi(0,0)$ 和一个依赖于预测系数的分量 $\sum_{i=1}^{p} a_i \varphi(0,i)$ 构成。为求解最佳预测器系数，必须首先求出 $\varphi(j,i)$ $(i,j \in [1,p])$，然后可按照式（3-47）进行求解。很显然，$\varphi(j,i)$ 的计算及方程组的求解都是十分复杂的。

**2. 线性预测分析的自相关解法**

为了有效地进行线性预测分析，求得线性预测系数，有必要用一种高效的方法来求解线性方程组。虽然可以用各种各样的方法来解包含 $p$ 个未知数的 $p$ 个线性方程，但是系数矩阵的特殊性质使得解方程的效率比普通解法的效率要高得多。自相关法是经典解法之一，其原理是在整个时间范围内使误差最小，即设 $s(n)$ 在 $0 \leqslant n \leqslant N-1$ 以外等于0，等同于假设 $s(n)$ 经过有限长度的窗（如矩形窗、海宁窗或汉明窗）的处理。

通常，$s(n)$ 的加窗自相关函数定义为

$$r(j) = \sum_{n=0}^{N-1} s(n)s(n-j) \quad 1 \leqslant j \leqslant p \quad (3-49)$$

同式（3-47）比较可知，$\varphi(j,i)$ 等效为 $r(j-i)$。但是由于 $r(j)$ 为偶函数，因此 $\varphi(j,i)$ 可表示为

$$\varphi(j,i) = r(|j-i|) \quad (3-50)$$

此时式（3-47）可表示为

$$\sum_{i=1}^{p} a_i r(|j-i|) = r(j) \quad 1 \leqslant j \leqslant p \quad (3-51)$$

则最小均方误差改写为

$$E = r(0) - \sum_{i=1}^{p} a_i r(i) \quad (3-52)$$

展开式（3-50），可得方程组为

$$\begin{bmatrix} r(0) & r(1) & r(2) & \cdots & r(p-1) \\ r(1) & r(0) & r(1) & \cdots & r(p-2) \\ r(2) & r(1) & r(0) & \cdots & r(p-3) \\ \vdots & \vdots & \vdots & \cdots & \vdots \\ r(p-1) & r(p-2) & r(p-3) & \cdots & r(0) \end{bmatrix} \begin{bmatrix} a_1 \\ a_2 \\ a_3 \\ \vdots \\ a_p \end{bmatrix} = \begin{bmatrix} r(1) \\ r(2) \\ r(3) \\ \vdots \\ r(p) \end{bmatrix} \tag{3-53}$$

式（3-53）左边为相关函数的矩阵，以对角线为对称，其主对角线以及和主对角线平行的任何一条斜线上所有的元素相等。这种矩阵称为托普利兹（Toeplitz）矩阵，而这种方程称为 Yule - Walker 方程。对于式（3-53）的矩阵方程无需像求解一般矩阵方程那样进行大量的计算，利用托普利兹矩阵的性质可以得到求解这种方程的一种高效方法。

这种矩阵方程组可以采用递归方法求解，其基本思想是递归解法分布进行。在递推算法中，最常用的是莱文逊 - 杜宾（Levinson - Durbin）算法（如图 3-13 所示）。

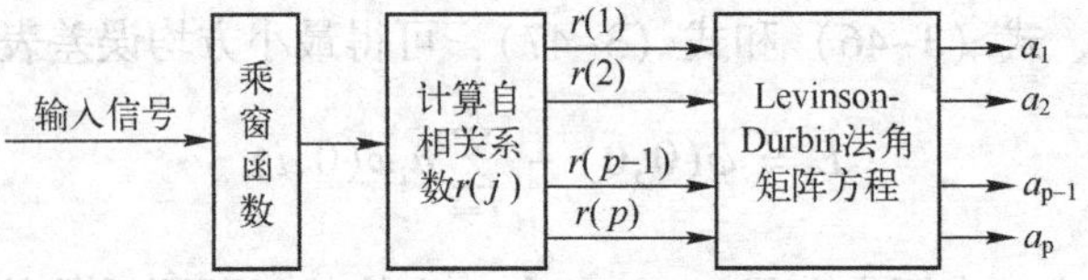


图 3-13　自相关解法

算法的过程和步骤为：

① 当 $i=0$ 时，$E_0=r(0)$，$a_0=1$；

② 对于第 $i$ 次递归$(i=1,2,\cdots,p)$：

$$k_i = \frac{1}{E_{i-1}}\left[r(i) - \sum_{j=1}^{i-1} a_j^{i-1} r(j-i)\right] \tag{3-54}$$

$$ia_i^{(i)} = k_i \tag{3-55}$$

对于 $j=1$ 到 $i-1$

$$a_j^{(i)} = a_j^{(i-1)} - k_i a_{i-j}^{(i-1)} \tag{3-56}$$

$$E_i = (1-k_i^2)E_{i-1} \tag{3-57}$$

③ 增益 $G$ 为

$$G = \sqrt{E_p} \tag{3-58}$$

通过对式（3-54）~式（3-56）进行递推求解，可获得最终解为

$$a_i = a_j^{(p)} \quad 1 \leqslant j \leqslant p \tag{3-59}$$

由式（3-57）可得

$$E_p = r(0)\prod_{i=1}^{p}(1-k_i^2) \tag{3-60}$$

由式（3-60）可知，最小均方误差 $E_p$ 一定大于 0，且随着预测器阶数的增加而减小。因此每一步算出的预测误差总是小于前一步的预测误差。这就表明，虽然预测器的精度会随着阶数的增加而提高，但误差永远不会消除。由式（3-60）还可知，参数 $k_i$ 一定满足

$$|k_i| < 1, \quad 1 \leqslant i \leqslant p \tag{3-61}$$

由递归算法可知，每一步计算都与 $k_i$ 有关，说明这个系数具有特殊的意义，通常称之为反射系数或偏相关系数。可以证明，它就是多项式 $A(z)$ 的根在单位圆内的充分必要条件，

因此它可以保证系统 $H(k)$ 的稳定性。

在 MATLAB 工具箱中有 lpc 函数，是用莱文逊－杜宾的自相关方法计算预测系数的。其函数说明如下：

名称：lpc

功能：是 MATLAB 中自带的用莱文逊－杜宾自相关法计算线性预测系数。

调用格式：

```
[ar,r] = lpc(x,p)
```

说明：输入参数 x 是一帧数据；p 是线性预测阶数。输出参数 ar 是按下式计算得到的预测系数 $\{a_i\}(i=1,2,\cdots,p)$：

$$A(z) = 1 + \sum_{i=1}^{p} a_i z^{-i} = \sum_{i=0}^{p} a_i z^{-i} \quad a_0 = 1 \tag{3-62}$$

求得的预测系数 $a_i$ 有 $p+1$ 个，且第1个 $a_0$ 永远为1；$e$ 是预测计算中的最小方均方程。

**3. 线性预测的其他参数**

用线性预测分析法求得的是一个全极点模型的传递函数。在语音产生模型中，这一全极点模型与声道滤波器的假设相符合，而形式上是一自回归滤波器。用全极点模型所表征的声道滤波器，除预测系数 $\{a_i\}$ 外，还有其他不同形式的滤波器参数。这些参数一般可由线性预测系数推导得到，但各有不同的物理意义和特性。在对语音信号做进一步处理时，为了达到不同的应用目的，往往按照这些特性来选择某种合适的参数来描述语音信号。

（1）预测误差及其自相关函数

由式（3-43）可知，预测误差为

$$e(n) = s(n) - \sum_{i=1}^{p} a_i s(n-i) \tag{3-63}$$

而预测误差的自相关函数为

$$R_e(m) = \sum_{n=0}^{N-1-m} e(n)e(n+m) \tag{3-64}$$

（2）反射系数和声道面积

反射系数 $\{k_i\}$ 在低速率语音编码、语音合成、语音识别和说话人识别等许多领域都是非常重要的特征参数。由式（3-56）可得

$$\begin{cases} a_j^{(i)} = a_j^{(i-1)} - k_i a_{i-j}^{(i-1)} \\ a_{i-j}^{(i)} = a_{i-j}^{(i-1)} - k_i a_j^{(i-1)} \end{cases} \quad j=1,\cdots,i-1 \tag{3-65}$$

进一步推导，可得

$$a_j^{(i-1)} = (a_j^{(i)} + a_j^{(i)} a_{i-j}^{(i)})/(1-k_i^2) \quad j=1,\cdots,i-1 \tag{3-66}$$

由线性预测系数 $\{a_i\}$ 可递推出反射系数 $\{k_i\}$，即

$$\begin{cases} a_j^{(p)} = a_j & j=1,2,\cdots,p \\ k_i = a_i^{(i)} & \\ a_j^{(i-1)} = (a_j^{(i)} + a_j^{(i)} a_{i-j}^{(i)})/(1-k_i^2) & j=1,\cdots,i-1 \end{cases} \tag{3-67}$$

反射系数的取值范围为[ -1,1]，这是保证相应的系统函数稳定的充分必要条件。从声

学理论可知，声道可以被模拟成一系列截面积不等的无损声道的级联。反射系数 $\{k_i\}$ 反映了声波在各管道边界处的反射量，有

$$k_i = \frac{A_{i+1} - A_i}{A_{i+1} + A_i} \tag{3-68}$$

式中，$A_i$ 是第 $i$ 节声管的面积函数。式（3-68）经变换后，可得声管模型各节的面积比为

$$\frac{A_i}{A_{i+1}} = \frac{(1 - k_i)}{(1 + k_i)} \tag{3-69}$$

（3）线性预测的频谱

由式（3-40）可知，一帧语音信号 $x(n)$ 模型可化为一个 $p$ 阶的线性预测模型。当 $z = e^{j\omega}$ 时，能得到线性预测系数的频谱（令 $G=1$）：

$$H(e^{j\omega}) = \frac{1}{1 - \sum_{n=1}^{p} a_n z^{-j\omega n}} \tag{3-70}$$

根据语音信号的数字模型，在不考虑激励和辐射时，$H(e^{j\omega})$ 即 $X(e^{j\omega})$ 的频谱的包络谱。线性预测系数的频谱勾画出了 FFT 频谱的包络，反映了声道的共振峰的结构。

（4）线性预测倒谱

语音信号的倒谱可以通过对信号做傅里叶变换，取模的对数，再求傅里叶逆变换得到。由于频率响应 $H(e^{j\omega})$ 反映声道的频率响应和被分析信号的谱包络，因此用 $\log|H(e^{j\omega})|$ 做傅里叶逆变换求出的线性预测倒谱系数（Linear Prediction Cepstrum Coefficient，LPCC），其可看做是原始信号短时倒谱的一种近似。

通过线性预测分析得到的合成滤波器的系统函数为 $H(z) = 1\Big/\left(1 - \sum_{i=1}^{p} a_i z^{-i}\right)$，其冲激响应为 $h(n)$。下面求 $h(n)$ 的倒谱 $\hat{h}(n)$，首先根据同态处理法，有

$$\hat{H}(z) = \log H(z) \tag{3-71}$$

因为 $H(z)$ 是最小相位的，即在单位圆内是解析的，所以 $\hat{H}(z)$ 可以展开成级数形式，即

$$\hat{H}(z) = \sum_{n=1}^{+\infty} \hat{h}(n) z^{-n} \tag{3-72}$$

也就是说，$\hat{H}(z)$ 的逆变换 $\hat{h}(n)$ 是存在的。设 $\hat{h}(0)=0$，将式（3-72）两边同时对 $z^{-1}$ 求导，得

$$\frac{\partial}{\partial z^{-1}} \log \frac{1}{1 - \sum_{i=1}^{p} a_i z^{-i}} = \frac{\partial}{\partial z^{-1}} \sum_{n=1}^{+\infty} \hat{h}(n) z^{-n} \tag{3-73}$$

得到

$$\sum_{n=1}^{+\infty} n\,\hat{h}(n) z^{-n+1} = \frac{\sum_{i=1}^{p} i a_i z^{-i+1}}{1 - \sum_{i=1}^{p} a_i z^{-i}} \tag{3-74}$$

有

$$\left(1 - \sum_{i=1}^{p} a_i z^{-i}\right) \sum_{n=1}^{+\infty} n\,\hat{h}(n) z^{-n+1} = \sum_{i=1}^{+\infty} i a_i z^{-i+1} \tag{3-75}$$

令式（3-75）等号两边 $z$ 的各次幂前系数分别相等，得到 $\hat{h}(n)$ 和 $a_i$ 间的递推关系：

$$\hat{h}(1) = a_1 \tag{3-76}$$

$$\hat{h}(n) = a_n + \sum_{i=1}^{n-1}\left(1 - \frac{i}{n}\right)a_i\,\hat{h}(n-i) \quad 1 < n \leqslant p \tag{3-77}$$

$$\hat{h}(n) = \sum_{i=1}^{p}\left(1 - \frac{i}{n}\right)a_i\,\hat{h}(n-i) \quad n > p \tag{3-78}$$

按式（3-76）~式（3-78）可直接从预测系数 $\{a_i\}$ 求得倒谱 $\hat{h}(n)$。这个倒谱系数是根据线性预测模型得到的，又利用线性预测中声道系统函数 $H(z)$ 的最小相位特性，因此避免了一般同态处理中求复对数的麻烦。

## 3.5.3 实验步骤及要求

**1. 实验步骤**

运行 MATLAB→新建 m 文件→编写 m 程序→编译并调试。

**2. 实验要求**

1）根据莱文逊-杜宾自相关法求线性预测系数的原理，编写 MATLAB 函数，并与 MATLAB 自带的 LPC 函数进行比较，测试效果如图 3-14 所示，测试语音文件为 C3_5_y. wav。

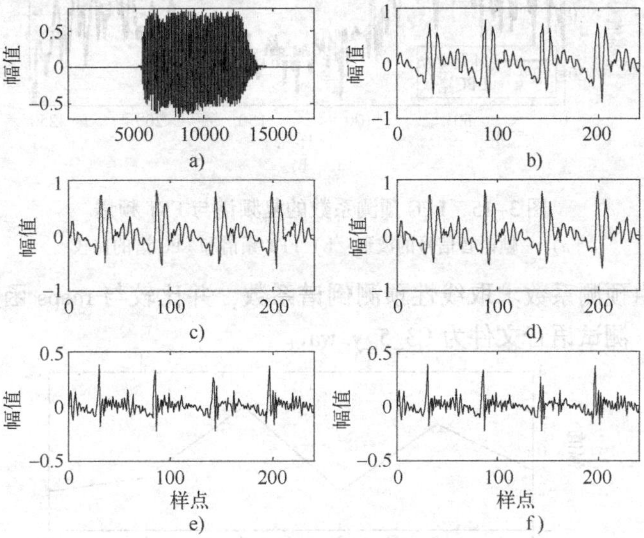


图 3-14 线性预测系数对比

a）元音/a/波形 b）一帧数据 c）LPC 预测值 d）lpc_coeff 预测值 e）LPC 预测误差 f）lpc_coeff 预测误差

函数定义如下：

名称：lpc_coeff

功能：用莱文逊-杜宾自相关法计算线性预测系数。

调用格式：

```
[ar,G] = lpc_coeff(s,p)
```

说明：输入参数 s 是一帧数据；p 是线性预测阶数。输出参数 ar 是按式（3-57）计算得到的预测系数$\{a_i\}(i=1,2,\cdots,p)$，共得 p 个预测系数；G 是按式（3-58）计算得到的增益系数。

2）编写求取 LPC 预测系数的复频谱函数，并与 FFT 频谱进行对比，测试效果如图 3-15 所示，测试语音文件为 C3_5_y. wav。LPC 预测系数的复频谱函数的定义如下：

名称：lpcff

功能：计算线性预测系数的复频谱。

调用格式：

```
ff = lpcff(ar,np)
```

说明：ar 是线性预测系数，np 是 FFT 阶数；输出 ff 是线性预测系数的复频谱。

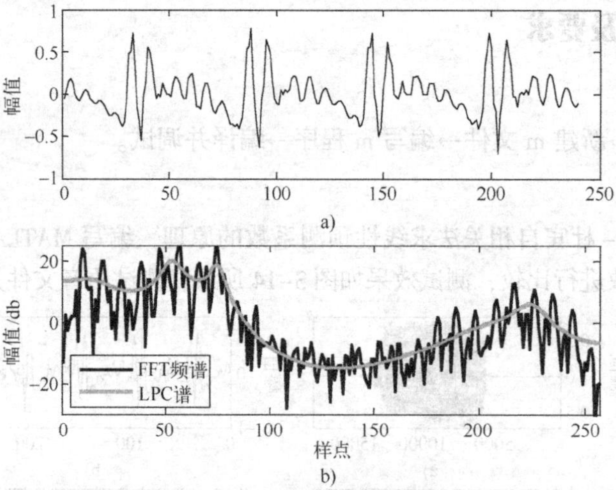


图 3-15　LPC 预测系数的复频谱与 FFT 频谱

a）一帧语音信号的波形　b）FFT 频谱和 LPC 谱的比较

3）编程实现由预测系数求取线性预测倒谱系数，并比较与 rceps 函数的区别，测试效果如图 3-16 所示，测试语音文件为 C3_5_y. wav。

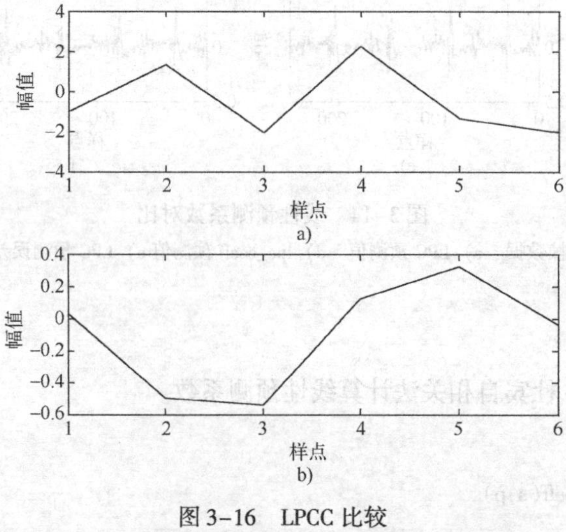


图 3-16　LPCC 比较

a）线性预测系数求 LPCC　b）直接求 LPCC

名称：lpc_lpccm

功能：由预测系数 ai 求 LPCC。

调用格式：

```
lpcc = lpc_lpccm(ar,n_lpc,n_lpcc)
```

说明：输入参数 ar 是线性预测系数；n_lpc 是预测系数的长度；n_lpcc 是 LPC 倒谱的长度；输出参数 lpcc 是线性预测倒谱系数。

### 3.5.4 思考题

编程实现预测系数与反射系数间的转换和反射系数与声管面积间的转换。函数定义如下。

(1) 由预测系数求反射系数

名称：lpcar2rf

功能：已知预测系数计算出反射系数

调用格式：

```
rf = lpcar2rf(ar)
```

说明：ar 是预测系数；rf 是反射系数。

(2) 由反射系数求出预测系数

名称：lpcrf2ar

功能：已知反射系数计算出预测系数

调用格式：

```
[ar,arp,aru,g] = lpcrf2ar(rf)
```

说明：rf 是反射系数；ar 是预测系数；arp 是压力传递函数；aru 是体积速度的传递函数；g 是增益。

(3) 由反射系数求声管面积比

名称：lpcrf2ao

功能：已知反射系数计算出归正化的声管面积。

调用格式：

```
ao = lpcrf2ao(rf)
```

说明：rf 是反射系数；ao 是声管面积比。

(4) 由声管面积求反射系数

名称：lpcao2rf

功能：已知归正化的声管面积比计算出反射系数。

调用格式：

```
rf = lpcao2rf(ao)
```

说明：ao 是声管面积比；rf 是反射系数。

### 3.5.5 参考例程

```
% 从 LPC 计算线性预测倒谱系数
function lpcc = lpc_lpccm(ar,n_lpc,n_lpcc)
```

```
lpcc = zeros(n_lpcc,1);
lpcc(1) = ar(1);                          %计算 n=1 的 lpcc
for n = 2:n_lpc                           %计算 n=2,…,p 的 lpcc
    lpcc(n) = ar(n);
    for l = 1:n-1
        lpcc(n) = lpcc(n) + ar(l) * lpcc(n-l) * (n-l)/n;
    end
end

for n = n_lpc+1:n_lpcc                    %计算 n>p 的 lpcc
    lpcc(n) = 0;
    for l = 1:n_lpc
        lpcc(n) = lpcc(n) + ar(l) * lpcc(n-l) * (n-l)/n;
    end
end
lpcc = -lpcc;
```

## 3.6 线谱对转换实验

### 3.6.1 实验目的

1）了解线谱对的定义和特点。

2）掌握线性预测与线谱对转换的基本思想。

3）能编程实现线性预测系数与线谱对的相互转换。

### 3.6.2 实验原理

#### 1. 线谱对的定义与特点

根据线性预测的原理可知，$A(z)=1-\sum_{i=1}^{p}a_iz^{-i}$ 为线性预测误差滤波器，其倒数 $H(z)=1/A(z)$ 为线性预测合成滤波器。该滤波器常被用于重建语音，但是当直接对线性预测系数 $a_i$ 进行编码时，$H(z)$ 的稳定性就不能得到保证。由此引出了许多与线性预测等价的表示方法，以提高线性预测的鲁棒性，如线谱对（Line Spectrum Pair，LSP）就是线性预测的一种等价表示形式。LSP 最早由 Itakura 引入，但是直到人们发现利用 LSP 在频域对语音进行编码，比其他变换技术更能改善编码效率时，LSP 才被重视。由于 LSP 能够保证线性预测滤波器的稳定性，其小的系数偏差带来的谱误差也只是局部的，且 LSP 具有良好的量化特性和内插特性，因而已经在许多编码系统中得到成功的应用。LSP 分析的主要缺点是运算量较大。

LSP 作为线性预测参数的一种表示形式，可通过求解 $p+1$ 阶对称和反对称多项式的共轭复根得到。其中，$p+1$ 阶对称和反对称多项式表示如下：

$$P(z)=A(z)+z^{-(p+1)}A(z^{-1}) \tag{3-79}$$

$$Q(z)=A(z)-z^{-(p+1)}A(z^{-1}) \tag{3-80}$$

其中，

$$z^{-(p+1)}A(z^{-1})=z^{-(p+1)}-a_1z^{-p}-a_2z^{-p+1}-\cdots-a_pz^{-1} \tag{3-81}$$

可以推出：

$$P(z)=1-(a_1+a_p)z^{-1}-(a_2+a_{p-1})z^{-2}-\cdots-(a_p+a_1)z^{-p}+z^{-(p+1)} \tag{3-82}$$

$$Q(z)=1-(a_1-a_p)z^{-1}-(a_2-a_{p-1})z^{-2}-\cdots-(a_p-a_1)z^{-p}-z^{-(p+1)} \tag{3-83}$$

$P(z)$、$Q(z)$分别为对称和反对称的实系数多项式，它们都有共轭复根。可以证明，当$A(z)$的根位于单位圆内时，$P(z)$和$Q(z)$的根都位于单位圆上，而且相互交替出现。如果阶数$P$是偶数，则$P(z)$和$Q(z)$各有一个实根，其中$P(z)$有一个根$z=-1$，$Q(z)$有一个根$z=1$。如果阶数$p$是奇数，则$P(z)$有两个根$z=-1$，$z=1$，$Q(z)$没有实根。此处假定$p$是偶数，这样$P(z)$和$Q(z)$各有$p/2$个共轭复根位于单位圆上，共轭复根的形式为$z_i=\mathrm{e}^{\pm \mathrm{j}w_i}$，设$p(z)$的零点为$\mathrm{e}^{\pm \mathrm{j}w_i}$，$Q(z)$的零点为$\mathrm{e}^{\pm \mathrm{j}\theta_i}$，则满足

$$0<\omega_1<\theta_1<\cdots<\omega_{p/2}<\theta_{p/2}<\pi \tag{3-84}$$

其中，$\omega_i$和$\theta_i$分别为$P(z)$和$Q(z)$的第$i$个根。

$$\begin{aligned} P(z) &= (1+z^{-1})\prod_{i=1}^{p/2}(1-z^{-1}\mathrm{e}^{\mathrm{j}\omega_i})(1-z^{-1}\mathrm{e}^{-\mathrm{j}\omega_i}) \\ &= (1+z^{-1})\prod_{i=1}^{p/2}(1-2\cos\omega_i z^{-1}+z^{-2}) \end{aligned} \tag{3-85}$$

$$\begin{aligned} Q(z) &= (1-z^{-1})\prod_{i=1}^{p/2}(1-z^{-1}\mathrm{e}^{\mathrm{j}\theta_i})(1-z^{-1}\mathrm{e}^{-\mathrm{j}\theta_i}) \\ &= (1-z^{-1})\prod_{i=1}^{p/2}(1-2\cos\theta_i z^{-1}+z^{-2}) \end{aligned} \tag{3-86}$$

式中，$\cos\omega_i$和$\cos\theta_i(i=1,2,\cdots,p/2)$是LSP系数在余弦域的表示；$\omega_i$和$\theta_i$则是与LSP系数对应的线谱频率（Line Spectrum Frequency，LSF）。

由于LSP参数成对出现，且反应信号的频谱特性，因此称为线谱对。LSF就是线谱对分析所要求解的参数。

LSP参数的特性包括：

1）LSP参数都在单位圆上且降序排列。

2）与LSP参数对应的LSF升序排列，且$P(z)$和$Q(z)$的根相互交替出现，这可使与LSP参数对应的LPC滤波器的稳定性得到保证。上述特性保证了在单位圆上，任何时候$P(z)$和$Q(z)$不可能同时为零。

3）LSP参数具有相对独立的性质。如果某个特定的LSP参数中只移动其中任意一个线谱频率的位置，那么它所对应的频谱只在附近与原始语音频谱有差异，而在其他LSP频率上则变化很小。这样有利于LSP参数的量化和内插。

4）LSP参数能够反映声道幅度谱的特点，在幅度大的地方分布较密，反之较疏。这样就相当于反映出了幅度谱中的共振峰特性。

按照线性预测分析的原理，语音信号的谱特性可以由LPC模型谱来估计，将式（3-79）和式（3-80）相加，可得

$$A(z)=\frac{1}{2}[P(z)+Q(z)] \tag{3-87}$$

此时，功率谱可以表示为

$$|H(\mathrm{e}^{\mathrm{j}\omega})|^2=\frac{1}{|A(\mathrm{e}^{\mathrm{j}\omega})|^2}=4\,|P(\mathrm{e}^{\mathrm{j}\omega})+Q(\mathrm{e}^{\mathrm{j}\omega})|^{-2}$$

$$= 2^{-p}\left[\sin^2(\omega/2)\prod_{i=1}^{p/2}(\cos\omega - \cos\theta_i)^2 + \cos^2(\omega/2)\prod_{i=1}^{p/2}(\cos\omega - \cos\omega_i)^2\right]^{-1} \tag{3-88}$$

由此可见，LSP 分析是用 $p$ 个离散频率的分布密度来表示语音信号谱特性的一种方法，即在语音信号幅度谱较大的地方 LSP 分布较密，反之较疏。

5）相邻帧 LSP 参数之间都具有较强的相关性，便于语音编码时帧间参数的内插。

**2. LPC 到 LSP 参数的转换**

在进行语音编码时，要对 LPC 进行量化和内插，就需要将 LPC 转换为 LSP 参数，为计算方便，可将 LSP 参数无关的两个实根去掉，得到如下多项式：

$$P'(z) = \frac{P(z)}{(1+z^{-1})} = \prod_{i=1}^{p/2}(1 - z^{-1}e^{j\omega})(1 - z^{-1}e^{-j\omega})$$

$$= \prod_{i=1}^{p/2}(1 - 2\cos\omega_i z^{-1} + z^{-2}) \tag{3-89}$$

$$Q'(z) = \frac{Q(z)}{(1-z^{-1})} = \prod_{i=1}^{p/2}(1 - z^{-1}e^{j\theta_i})(1 - z^{-1}e^{-j\theta_i})$$

$$= \prod_{i=1}^{p/2}(1 - 2\cos\theta_i z^{-1} + z^{-2}) \tag{3-90}$$

从 LPC 到 LSP 参数的转换过程，其实就是求解式（3-79）和式（3-80）等于零时的 $\cos\omega_i$ 和 $\cos\theta_i$ 的值，可采用下述几种方法求解：

（1）代数方程式求解

由式（3-89）可知，等式右边可进一步表示为

$$1 - 2\cos\omega_i z^{-1} + z^{-2} = 2z^{-1}(0.5z - \cos\omega_i + 0.5z^{-1})$$

$$= 2z^{-1}[0.5(z + z^{-1}) - \cos\omega_i] \tag{3-91}$$

令 $z = e^{j\omega}$，则由 $e^{j\omega} = \cos\omega + j\sin\omega$，可得 $z + z^{-1} = 2\cos\omega = 2x$。因此，式（3-79）和式（3-80）就是关于 $x$ 的一对 $p/2$ 次代数方程式，其系数取决于 $a_i(i=1,2,\cdots,p)$，且 $a_i$ 是已知的，可以用牛顿迭代法来求解。

（2）离散傅里叶变换方法

对 $P'(z)$ 和 $Q'(z)$ 的系数求离散傅里叶变换，得到 $z_k = \exp\left(-\frac{jk\pi}{N}\right)$，$(k=0,1,\cdots,N-1)$ 各点的值，搜索最小值的位置，即是零点所在。由于除了 0 和π之外，总共有 $p$ 个零点，而且 $P'(z)$ 和 $Q'(z)$ 的根是相互交替出现的，因此只要很少的计算量即可解得，其中 $N$ 的值取 64 ~ 128 就可以。

（3）切比雪夫多项式求解

用切比雪夫多项式估计 LSP 系数，可直接在余弦域得到。$z = e^{j\omega}$ 时，$P'(z)$ 和 $Q'(z)$ 可写为

$$P'(z) = 2e^{-j\frac{p}{2}\omega}C(x) \tag{3-92}$$

$$Q'(z) = 2e^{-j\frac{p}{2}\theta}C(x) \tag{3-93}$$

此处，

$$C(x)=T_{\frac{p}{2}}(x)+f(1)T_{\frac{p}{2}-1}(x)+f(2)T_{\frac{p}{2}-2}(x)+\cdots+f\left(\frac{p}{2}-1\right)T_1(x)+f\left(\frac{p}{2}\right)\bigg/2 \tag{3-94}$$

其中，$T_m(x)=\cos mx$ 是 $m$ 阶的切比雪夫多项式；$f(i)$是由递推关系计算得到的 $P'(z)$和 $Q'(z)$的每个系数。由于，$P'(z)$和 $Q'(z)$是对称和反对称的，所以每个多项式只计算前 5 个系数即可。用下面的递推关系可得

$$\begin{cases}f_1(i+1)=a_{i+1}+a_{p-i}-f_1(i)\\ f_2(i+1)=a_{i+1}-a_{p-i}+f_2(i)\end{cases}\quad i=0,1,\cdots,p/2 \tag{3-95}$$

其中，$f_1(0)=f_2(0)=1.0$。

多项式 $C(x)$在 $x=\cos\omega$ 时的递推关系是

$$\text{for}\quad k=\frac{p}{2}-1\quad\text{to}\quad 1$$

$$\lambda_k=2x\lambda_{k+1}-\lambda_{k+2}+f\left(\frac{p}{2}-k\right)$$

$$\text{end}$$

$$C(x)=x\lambda_1-\lambda_2+f\left(\frac{p}{2}\right)\bigg/2$$

其中，初始值 $\lambda_{\frac{p}{2}}=1$，$\lambda_{\frac{p}{2}+1}=0$。

（4）其他方法

将 0 ~ π之间均分为 60 个点，以这 60 个点的频率值代入式（3-79）和式（3-80），检查它们的符号变化，在符号变化的两点之间均分为 4 份，再将这三个点频率值代入式（3-79）和式（3-80），符号变化的点即为所求的解。这种方法误差略大，计算量较大，但程序实现容易。

**3. LSP 参数到 LPC 的转换**

LSP 系数被量化和内插后，应再转换为预测系数 $a_i(i=1,2,\cdots,p)$。已知量化和内插的 LSP 参数 $q_i(i=1,2,\cdots,p)$，可用式（3-79）和式（3-80）来计算 $P'(z)$和 $Q'(z)$的系数 $p'(i)$和 $q'(i)$。其中，$p'(i)$可通过以下的递推关系获得：

$$\begin{aligned}&\text{for}\quad i=1\quad\text{to}\quad p/2\\ &\qquad p'(i)=-2q_{2i-1}p'(i-1)+2p'(i-2)\\ &\qquad \text{for}\quad j=i-1\quad\text{to}\quad 1\\ &\qquad p'(j)=p'(j)-2q_{2i-1}p'(j-1)+p'(j-2)\\ &\qquad \text{end}\\ &\text{end}\end{aligned}$$

其中，$q_{2i-1}=\cos\omega_{2i-1}$，初始值 $p'(0)=1$，$p'(-1)=0$。把上面递推关系中的 $q_{2i-1}$ 替换为 $q_{2i}$，就可以得到 $q'(i)$。

一旦得出系数 $p'(i)$和 $q'(i)$，就可以得到 $P'(z)$和 $Q'(z)$，$P'(z)$乘以$(1+z^{-1})$得到 $P(z)$，$Q'(z)$乘以$(1-z^{-1})$得到 $Q(z)$，即

$$\begin{cases}p_1(i)=p'(i)+p'(i-1),i=1,2,\cdots,p/2\\ q_1(i)=q'(i)+q'(i-1),i=1,2,\cdots,p/2\end{cases} \tag{3-96}$$

最后得到预测系数为

$$a_i=\begin{cases}0.5p_i(i)+0.5q_1(i) & i=1,2,\cdots,p/2\\ 0.5p_i(p+1-i)-0.5q_1(p+1-i) & i=p/2+1,\cdots,p\end{cases}\tag{3-97}$$

### 3.6.3 实验步骤及要求

**1. 实验步骤**

运行 MATLAB→新建 m 文件→编写 m 程序→编译并调试。

**2. 实验要求**

根据 LPC 到 LSP 参数和 LSP 参数到 LPC 的转换原理，编写 MATLAB 函数，并基于测试语音 C3_6_y. wav 比较转换前后的线性预测谱。函数定义如下：

名称：lpctolsf

功能：把 LPC 系数转换成线谱频率 LSF。

调用格式：

```
lsf = lpctolsf(a)
```

说明：a 是预测系数，当预测为 p 阶时，要输入 p + 1 个值；lsf 是 LSP 的参数，将得到 p 个数值，奇数项是 $P(z)$的根，偶数项式是 $Q(z)$的根，所得 lsf 是角频率。

名称：lsftolpc

功能：将线谱频率 LSF 转换为 LPC 系数。

调用格式：

```
a = lsftolpc(lsf)
```

说明：lsf 是 LSP 的参数，预测为 p 阶时要输入 p 个值，奇数项是 $P(z)$的根，偶数项是 $Q(z)$的根，lsf 单位是角频率；a 是预测系数，将输出 p + 1 个 a 值。

仿真效果如图 3-17 所示。

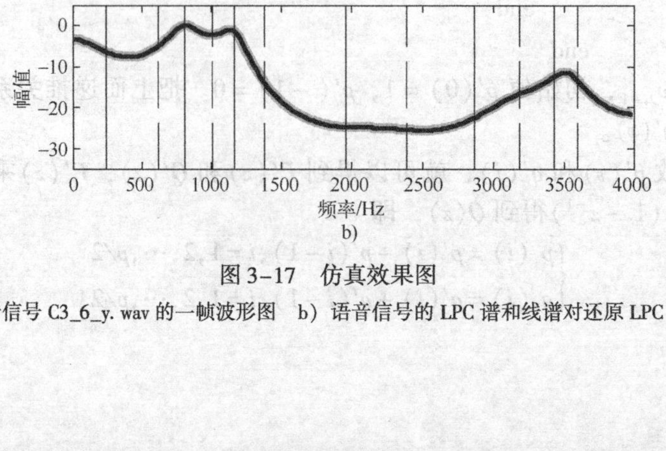


图 3-17 仿真效果图

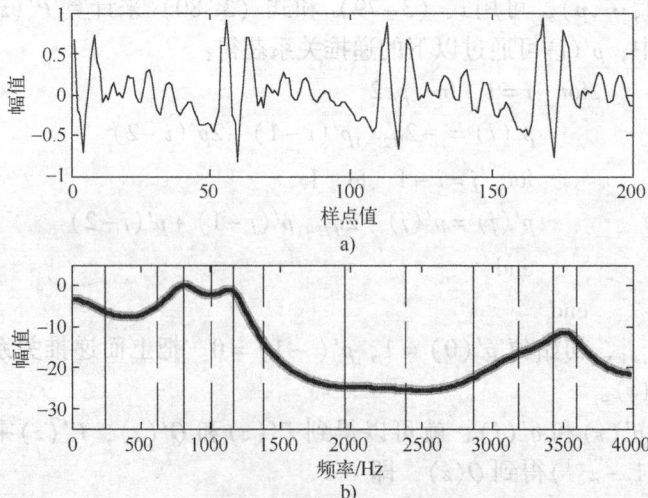

a）语音信号 C3_6_y. wav 的一帧波形图 b）语音信号的 LPC 谱和线谱对还原 LPC 的频谱

### 3.6.4 思考题

添加适当噪声，观察参数转换的效果。

### 3.6.5 参考例程

```
%将线谱频率 LSF 转换为 LPC 系数
function a = lsftolpc(lsf)
%如果线谱频率 lsf 是复数,则返回错误信息
if( ~isreal(lsf)),
      error('Line spectral frequencies must be real.');
end
%如果线谱频率 lsf 不在 0 ~ pi 范围,则返回错误信息
if(max(lsf) > pi || min(lsf) < 0),
      error('Line spectral frequencies must be between 0 and pi.' );
end
lsf = lsf(:);                    %将 lsf 转换为列向量
p = length(lsf);                 % lsf 阶次为 p
%用 lsf 形成零点
z = exp(j * lsf);
rP = z(1:2:end);                 %把奇次 z(1)、z(3)到 z(p-1)赋给 rP
rQ = z(2:2:end);                 %把偶次 z(2)、z(4)到 z(p)赋给 rQ
%考虑共轭复根
rQ = [rQ;conj(rQ)];              %把 rQ 的共轭复根赋上
rP = [rP;conj(rP)];              %把 rP 的共轭复根赋上
%构成多项式 P 和 Q,注意必须是实系数
Q = poly(rQ);
P = poly(rP);
%考虑 z = 1 和 z = -1 以形成对称和反对称多项式
if rem(p,2),
%如果是奇数阶次,则 z = +1 和 z = -1 都是 Q1(z)的根
      Q1 = conv(Q,[1 0 -1]);
      P1 = P;
else
%如果是偶数阶次,z = -1 是对称多项式 P1(z)的根,z = 1 是反对称多项式 Q1(z)的根
Q1 = conv(Q,[1 -1]);
      P1 = conv(P,[1 1]);
end
%按式(4-5-8)由 P1 和 Q1 求解 LPC 系数
a = .5 * (P1 + Q1);
a(end) = [];                     %最后一个系数是 0,不返回
```

# 第4章　语音信号特征提取实验

## 4.1　语音端点检测实验

### 4.1.1　实验目的

1）了解语音端点检测的重要性和必要性。

2）掌握基于双门限法、相关法、谱熵法、比例法的语音端点检测原理。

3）编程实现基于双门限法、相关法、谱熵法、比例法的语音端点检测函数。

### 4.1.2　实验原理

**1. 基于双门限法的端点检测原理**

语音端点检测本质上是根据语音和噪声的相同参数所表现出的不同特征来进行区分。传统的短时能量和过零率相结合的语音端点检测算法利用短时过零率来检测清音，用短时能量来检测浊音，两者相配合便实现了信号信噪比较大情况下的端点检测。算法以短时能量检测为主，短时过零率检测为辅。根据语音的统计特性，可以把语音段分为清音、浊音以及静音（包括背景噪声）三种。

（1）短时能量

设第 $n$ 帧语音信号 $x_n(m)$ 的短时能量用 $E_n$ 表示，则其计算公式如下：

$$E_n = \sum_{m=0}^{N-1} x_n^2(m) \tag{4-1}$$

$E_n$ 是一个度量语音信号幅度值变化的函数，但它有一个缺陷，即对高电平非常敏感（因为它计算时用的是信号的平方）。

（2）短时过零率

短时过零率表示一帧语音中语音信号波形穿过横轴（零电平）的次数。对于连续语音信号，过零即意味着时域波形通过时间轴；而对于离散信号，如果相邻的取样值改变符号则称为过零。因此，过零率就是样本改变符号的次数。

定义语音信号 $x_n(m)$ 的短时过零率 $Z_n$ 为

$$Z_n = \frac{1}{2}\sum_{m=0}^{N-1} |\operatorname{sgn}[x_n(m)] - \operatorname{sgn}[x_n(m-1)]| \tag{4-2}$$

式中，$\operatorname{sgn}[\cdot]$是符号函数，即

$$\operatorname{sgn}[x] = \begin{cases} 1, & (x \geqslant 0) \\ -1, & (x < 0) \end{cases} \tag{4-3}$$

（3）双门限法

在双门限算法中，短时能量检测可以较好地区分出浊音和静音。对于清音，由于其能量较小，在短时能量检测中会因为低于能量门限而被误判为静音；短时过零率则可以从语音中

区分出静音和清音。将两种检测结合起来，就可以检测出语音段（清音和浊音）及静音段。在基于短时能量和过零率的双门限端点检测算法中首先为短时能量和过零率分别确定两个门限，一个为较低的门限，对信号的变化比较敏感，另一个是较高的门限。当低门限被超过时，很有可能是由于很小的噪声所引起的，未必是语音的开始，当高门限被超过并且在接下来的时间段内一直超过低门限时，则意味着语音信号的开始。双门限法是利用二级判决来实现端点检测的，如图 4-1 所示。

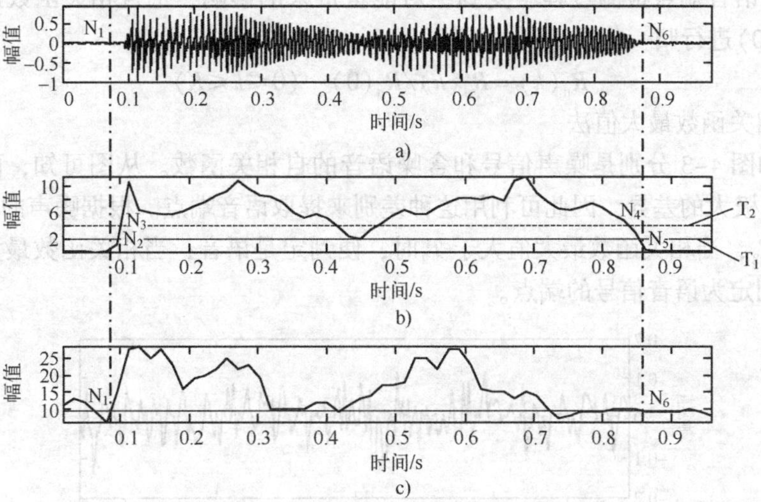


图 4-1　双门限法端点检测的二级判决示意图

a）语音波形　b）短时能量　c）短时过零率

双门限法进行端点检测步骤如下：

1）计算信号的短时能量和短时平均过零率。

2）根据语音能量的轮廓选取一个较高的门限 $T_2$，语音信号的能量包络大部分都在此门限之上，这样可以进行一次初判。语音起止点位于该门限与短时能量包络交点 $N_3$ 和 $N_4$ 所对应的时间间隔之外。

3）根据背景噪声的能量确定一个较低的门限 $T_1$，并从初判起点往左，从初判终点往右搜索，分别找到能零比曲线第一次与门限 $T_1$ 相交的 2 个点 $N_2$ 和 $N_5$，于是 $N_2N_5$ 段就是用双门限法所判定的语音段。

4）以短时平均过零率为准，从 $N_2$ 点往左和 $N_5$ 往右搜索，找到短时平均过零率低于某阈值 $T_3$ 的两点 $N_1$ 和 $N_6$，这便是语音段的起止点。

注意：门限值要通过多次实验来确定，门限都是由背景噪声特性确定的。语音起始段的复杂度特征与结束时的有差异，起始时幅度变化比较大，结束时幅度变化比较缓慢。在进行起止点判决前，通常都要采集若干帧背景噪声并计算其短时能量和短时平均过零率，作为选择 $M_1$ 和 $M_2$ 的依据。

**2. 基于相关法的端点检测原理**

（1）短时自相关

自相关函数具有一些性质（如它是偶函数；假设序列具有周期性，则其自相关函数也是同周期的周期函数等)。对于浊音语音可以用自相关函数求出语音波形序列的基音周期。此外，在进行语音信号的线性预测分析时，也要用到自相关函数。

语音信号 $x_n(m)$ 的短时自相关函数 $R_n(k)$ 的计算式如下：

$$R_n(k) = \sum_{m=0}^{N-1-k} x_n(m)x_n(m+k) \quad (0 \leqslant k \leqslant K) \tag{4-4}$$

这里 $K$ 是最大的延迟点数。

为了避免语音端点检测过程中受到绝对能量带来的影响，把自相关函数进行归一化处理，即用 $R_n(0)$ 进行归一化，得到

$$R_n(k) = R_n(k)/R_n(0) \quad (0 \leqslant k \leqslant K) \tag{4-5}$$

(2) 自相关函数最大值法

图 4-2 和图 4-3 分别是噪声信号和含噪语音的自相关函数。从图可知，两种信号的自相关函数存在极大的差异，因此可利用这种差别来提取语音端点。根据噪声的情况，设置两个阈值 $T_1$ 和 $T_2$，当相关函数最大值大于 $T_2$ 时，便判定是语音；当相关函数最大值大于或小于 $T_1$ 时，则判定为语音信号的端点。

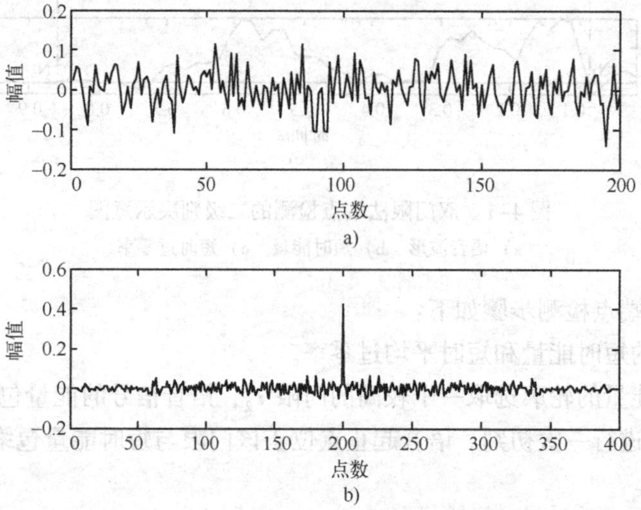


图 4-2 噪声信号的自相关函数

a) 噪声波形 b) 噪声的自相关函数

**3. 基于谱熵的语音端点检测**

(1) 谱熵特征

所谓熵就是表示信息的有序程度。在信息论中，熵描述了随机事件结局的不确定性，即一个信息源发出的信号以信息熵作为信息选择和不确定性的度量，是由 Shannon 引用到信息理论中来的。1998 年，Shne JL 首次提出基于熵的语音端点检测方法，Shne 在实验中发现语音的熵和噪声的熵存在较大的差异，谱熵这一特征具有一定的可选性，它体现了语音和噪声在整个信号段中的分布概率。

谱熵语音端点检测方法是通过检测谱的平坦程度，从而达到语音端点检测的目的，经实验研究可知谱熵具有如下特征：

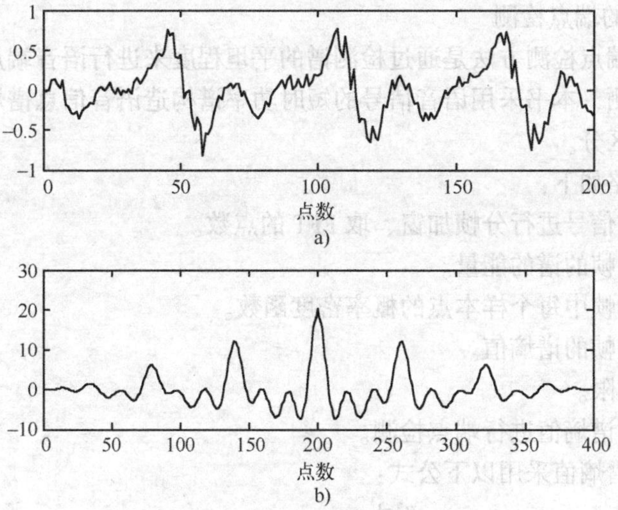


图 4-3　含噪语音的自相关函数

a）语音波形　b）含噪语音的自相关函数

1）语音信号的谱熵不同于噪声信号的谱熵。

2）理论上，如果谱的分布保持不变，语音信号幅值的大小不会影响归一化。但实际上，语音谱熵随语音随机性而变化，与能量特征相比，谱熵的变化是很小的。

3）在某种程度上讲，谱熵对噪声具有一定的稳健性，在相同的语音信号当信噪比降低时，语音信号的谱熵值的形状大体保持不变，这说明谱熵是一个比较稳健性的特征参数。

4）语音谱熵只与语音信号的随机性有关，而与语音信号的幅度无关，理论上认为只要语音信号的分布不发生变化，那么语音谱熵不会受到语音幅度的影响。另外，由于每个频率分量在求其概率密度函数的时候都经过了归一化处理，所以从这一方面也证明了语音信号的谱熵只会与语音分布有关，而不会与幅度大小有关。

（2）谱熵定义

设语音信号时域波形为 $x(i)$，加窗分帧处理后得到的第 $n$ 帧语音信号为 $x_n(m)$，其 FFT 变换表示为 $X_n(k)$，其中下标 $n$ 表示为第 $n$ 帧，而 $k$ 表示为第 $k$ 条谱线。该语音帧在频域中的短时能量为

$$E_n = \sum_{k=0}^{N/2} X_n(k) X_n^*(k) \tag{4-6}$$

式中，$N$ 为 FFT 的长度，只取正频率部分。

而对于某一谱线 $k$ 的能量谱为 $Y_n(k) = X_n(k) X_n^*(k)$，则每个频率分量的归一化谱概率密度函数定义为

$$p_n(k) = \frac{Y_n(k)}{\sum_{l=0}^{N/2} Y_n(l)} = \frac{Y_n(k)}{E_n} \tag{4-7}$$

该语音帧的短时谱熵定义为

$$H_n = -\sum_{l=0}^{N/2} p_n(k) \lg p_n(k) \tag{4-8}$$

(3) 基于谱熵的端点检测

由于谱熵语音端点检测方法是通过检测谱的平坦程度来进行语音端点检测的，为了更好地进行语音端点检测，本书采用语音信号的短时功率谱构造语音信息谱熵，从而更好地对语音段和噪声段进行区分。

其大概检测思路如下：

1）首先对语音信号进行分帧加窗、取 FFT 的点数。

2）计算出每一帧的谱的能量。

3）计算出每一帧中每个样本点的概率密度函数。

4）计算出每一帧的谱熵值。

5）设置判决门限。

6）根据各帧的谱熵值进行端点检测。

计算每一帧的谱熵值采用以下公式：

$$H(i) = \sum_{i=0}^{N/2-1} P(n,i) * \lg[1/P(n,i)] \tag{4-9}$$

$H(i)$是第 $i$ 帧的谱熵，$H(i)$计算是基于谱的能量变化而不是谱的能量，所以在不同水平噪声环境下谱熵参数具有一定的稳健性，但每一谱点的幅值易受噪声的污染进而影响端点检测的稳健性。

**4. 比例法端点检测**

(1) 能零比的端点检测

在噪声情况下，信号的短时能量和短时过零率会发生一定变化，严重时会影响端点检测性能。图 4-4 是含噪情况下的短时能量和短时过零率显示图。从图中可知，在语音中的说

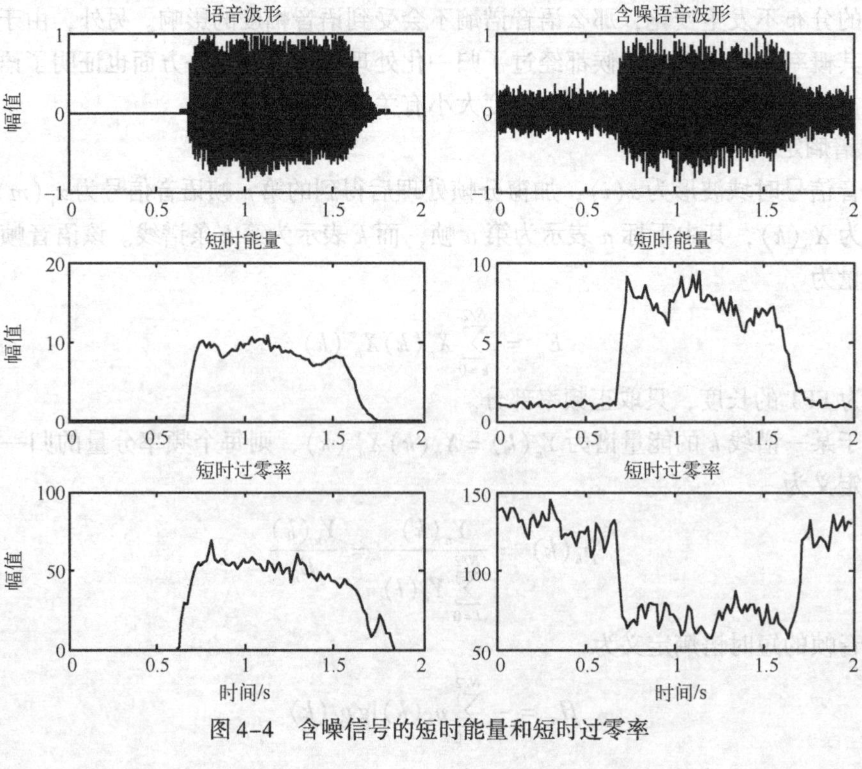


图 4-4 含噪信号的短时能量和短时过零率

话区间能量是向上凸起的，而过零率则相反，在说话区间向下凹陷。这表明，说话区间能量的数值大，而过零率数值小；在噪声区间能量的数值小，而过零率数值大，所以把能量值除以过零率的值，则可以更突出说话区间，从而更容易检测出语音端点。

改进式（4-1）的能量表示为

$$\mathrm{LE}_n = \lg(1 + E_n/a) \tag{4-10}$$

这里，$a$ 为常数，适当的数值有助于区分噪声和清音。

过零率的计算基本同式（4-2）和式（4-3）。不过，这里 $x_n(m)$ 需要先进行限幅处理，即

$$\tilde{x}_n(m) = \begin{cases} x_n(m) & |x_n(m)| > \sigma \\ 0 & |x_n(m)| < \sigma \end{cases} \tag{4-11}$$

此时，能零比可表示为

$$\mathrm{EZR}_n = \mathrm{LE}_n/(\mathrm{ZCR}_n + b) \tag{4-12}$$

此处，$b$ 为一较小的常数，用于防止 $\mathrm{ZCR}_n$ 为零时溢出。

（2）能熵比的端点检测

谱熵值类似于过零率值，在说话区间内的谱熵值小于噪声段的谱熵值，所以同能零比，能熵比的表示为

$$\mathrm{EEF}_n = \sqrt{1 + |\mathrm{LE}_n/H_n|} \tag{4-13}$$

**5. 基于对数频谱距离的端点检测**

设含噪语音信号为 $x(n)$，加窗分帧处理后得到第 $i$ 帧语音信号为 $x_i(m)$，帧长为 $N$。任何一帧语音信号 $x_i(m)$ 做 FFT 后为

$$X_i(k) = \sum_{m=0}^{N-1} x_i(m)\exp\left(\mathrm{j}\frac{2\pi mk}{N}\right) \quad k = 0,1,\cdots,N-1 \tag{4-14}$$

对频谱 $X_i(k)$ 取模值后再取对数，得

$$\hat{X}_i(k) = 20\lg|X_i(k)| \tag{4-15}$$

两个信号 $x_1(n)$ 和 $x_2(n)$ 的对数频谱距离定义为

$$d_{spec}(i) = \frac{1}{N_2}\sum_{k=0}^{N_2-1}(\hat{X}_i^1(k) - \hat{X}_i^1(k))^2 \tag{4-16}$$

式中，$N_2$ 表示只取正频率部分，即 $N_2 = N/2 + 1$。

当采用对数谱距离进行端点检测时，对数谱距离的两个信号分别是语音信号和噪声信号。其中，噪声信号的平均频谱由下式获得：

$$X_{noise}(k) = \frac{1}{\mathrm{NIS}}\sum_{i=1}^{NIS} X_i(k) \tag{4-17}$$

这里，NIS 表示前导的无语帧。

基于对数谱距离的语音帧和噪声帧判别流程图如图 4-5 所示。通过判断一段语音信号中的语音帧和噪声帧，即可以实现基于对数谱距离的端点检测。

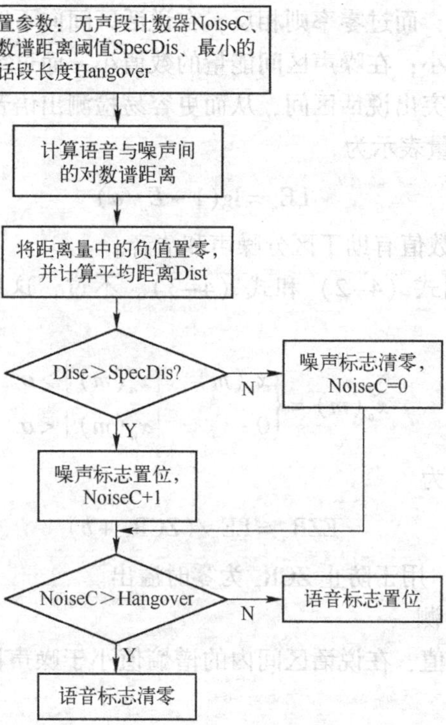
设置参数：无声段计数器NoiseC、对数谱距离阈值SpecDis、最小的无话段长度Hangover
计算语音与噪声间的对数谱距离
将距离量中的负值置零，并计算平均距离Dist
Dise＞SpecDis?
N
噪声标志清零，NoiseC=0
Y
噪声标志置位，NoiseC+1
NoiseC＞Hangover
N
语音标志置位
Y
语音标志清零

图 4-5　基于对数频谱距离的语音帧和噪声帧判别流程图

## 4.1.3 实验步骤及要求

**1. 实验步骤**

运行 MATLAB→新建 m 文件→编写 m 程序→编译并调试。

**2. 实验要求**

注：实验中用到的噪声添加函数 awgn 说明。

名称：awgn

功能：在信号中加入高斯白噪声。

调用格式：

```
y = awgn(x,SNR)
```

说明：在信号 x 中加入高斯白噪声。信噪比 SNR 以 dB 为单位；y 为叠加噪声后的信号。

1）根据双门限法的原理，编写 MATLAB 函数，并基于测试语音 C4_1_y. wav 实现端点检测效果图 4-5。函数定义如下：

名称：vad_TwoThr

功能：用双门限法进行端点检测。

调用格式：

```
[voiceseg,vsl,SF,NF,amp,zcr] = vad_TwoThr(x,wlen,inc,NIS)
```

说明：输入参数 x 是输入的语音数据；wlen 是帧长；inc 是帧移；NIS 是无声段的帧数，用来计算阈值。输出参数 voiceseg 是一个数据结构，记录了语音端点的信息；vsl 是 voiceseg 的长度；SF 是语音帧标志（SF = 1 表示该帧是语音段）；NF 是噪声/无声帧标志（NF = 1 表示该帧是噪声/无声段）；amp 是返回的短时能量，zcr 是返回的短时过零率。

效果图：如图 4-6 所示。

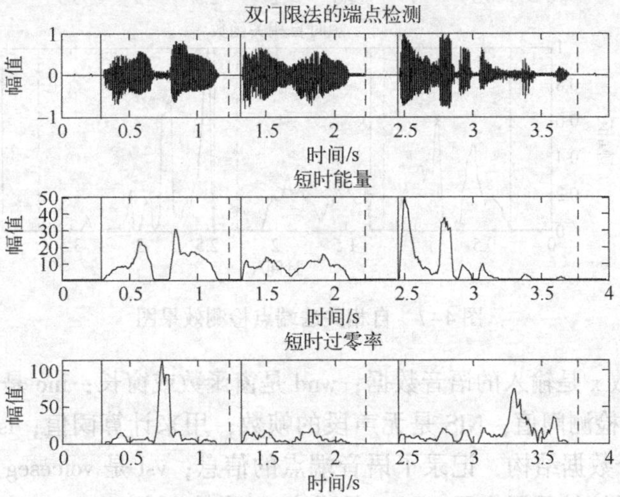


图 4-6　双门限法端点检测效果图

2）根据相关法的原理，编写 MATLAB 函数，并基于测试语音 C4_1_y. wav 实现端点检测效果图 4-7。函数定义如下：

名称：vad_corr

功能：用自相关函数最大值法进行端点检测。

调用格式：

```
[voiceseg,vsl,SF,NF,Rum] = vad_corr(x,wnd,inc,NIS,th1,th2)
```

说明：输入参数 x 是输入的语音数据；wnd 是窗函数或窗长；inc 是帧移；th1 是端点检测阈值；th2 是语音检测阈值；NIS 是无声段的帧数，用来计算阈值。输出参数 voiceseg 是一个数据结构，记录了语音端点的信息；vsl 是 voiceseg 的长度；SF 是语音帧标志（SF = 1 表示该帧是语音段）；NF 是噪声/无声帧标志（NF = 1 表示该帧是噪声/无声段）；Rum 是返回的短时自相关序列的最大值。

效果图：如图 4-7 所示。

3）根据谱熵法的原理，编写 MATLAB 函数，并基于测试语音 C4_1_y. wav 实现端点检测效果图 4-8。函数定义如下：

名称：vad_specEn

功能：用谱熵法进行端点检测。

调用格式：

```
[voiceseg,vsl,SF,NF,Enm] = vad_specEn(x,wnd,inc,NIS,th1,th2,fs)
```

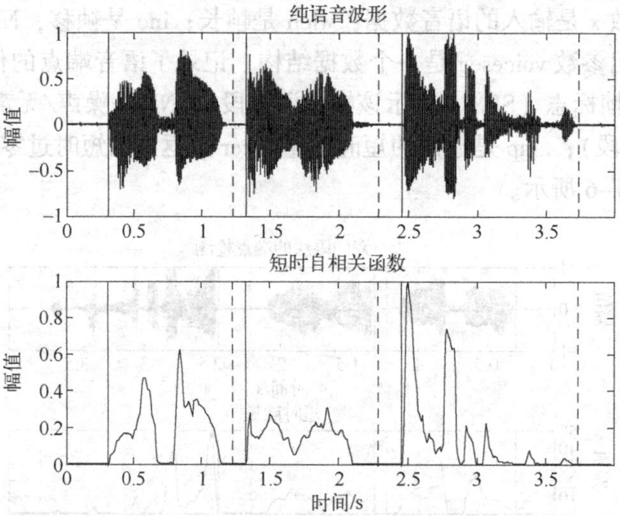


图 4-7　自相关法端点检测效果图

说明：输入参数 x 是输入的语音数据；wnd 是窗函数或窗长；inc 是帧移；th1 是端点检测阈值；th2 是语音检测阈值；NIS 是无声段的帧数，用来计算阈值；fs 是采样频率。输出参数 voiceseg 是一个数据结构，记录了语音端点的信息；vsl 是 voiceseg 的长度；SF 是语音帧标志（SF = 1 表示该帧是语音段）；NF 是噪声/无声帧标志（NF = 1 表示该帧是噪声/无声段）；Enm 是计算的谱熵。

效果图：如图 4-8 所示。

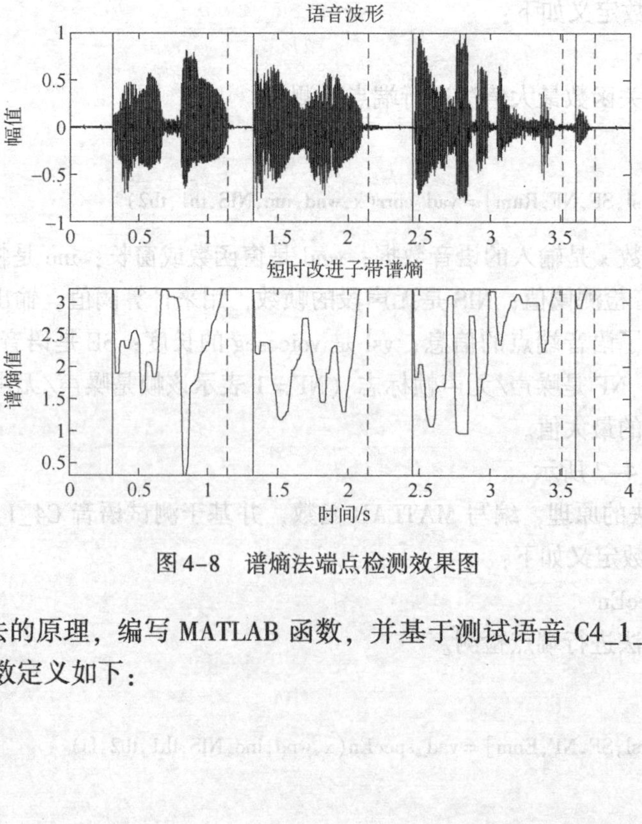


图 4-8　谱熵法端点检测效果图

4）根据比例法的原理，编写 MATLAB 函数，并基于测试语音 C4_1_y. wav 实现端点检测效果图 4-9。函数定义如下：

名称：vad_pro

功能：用比例法进行端点检测。

调用格式：

```
[voiceseg,vsl,SF,NF,Epara] = vad_pro(x,wnd,inc,NIS,th1,th2,mode);
```

说明：输入参数 x 是输入的语音数据；wnd 是窗函数或窗长；inc 是帧移；th1 是端点检测阈值；th2 是语音检测阈值；NIS 是无声段的帧数，用来计算阈值；mode 是算法模式，1 代表能零比，2 代表能熵比。输出参数 voiceseg 是一个数据结构，记录了语音端点的信息；vsl 是 voiceseg 的长度；SF 是语音帧标志（SF =1 表示该帧是语音段）；NF 是噪声/无声帧标志（NF =1 表示该帧是噪声/无声段）；Epara 是计算的能零比或能熵比。

效果图：如图 4-9 所示。

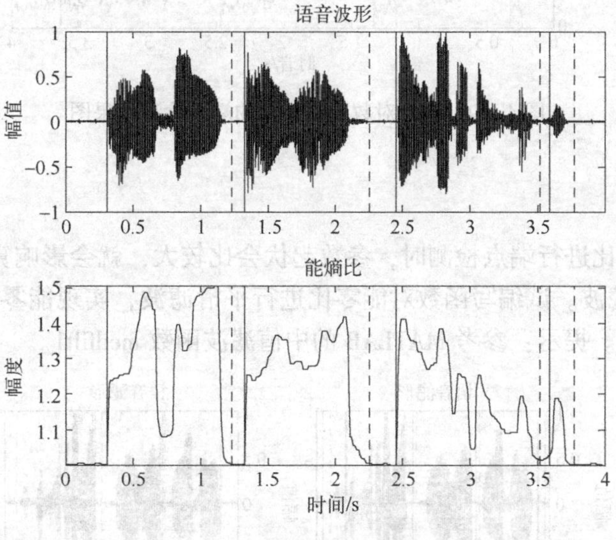


图 4-9　比例法端点检测效果图

5）根据基于对数频谱距离的语音帧和噪声帧判别的原理，编写 MATLAB 函数，并基于测试语音 C4_1_y. wav 实现端点检测效果图 4-10。函数定义如下：

名称：vad_LogSpec

功能：用比例法进行端点检测。

调用格式：

```
[NoiseFlag,SpeechFlag,NoiseCounter,Dist] =
      vad_LogSpec(signal,noise,NoiseCounter,NoiseMargin,Hangover)
```

说明：输入参数 signal 是输入的一帧语音数据；noise 是一帧噪声信号；NoiseCounter 是无声段长度；NoiseMargin 是对数谱距离阈值；Hangover 是最小无声段长度。输出参数 NoiseFlag 是噪声/无声帧标志（1 表示该帧是噪声/无声段）；SpeechFlag 是语音帧标志（1 表示该帧是语音段）；NoiseCounter 是无声段长度；Dist 是计算的对数谱距离。

效果图：如图 4-10 所示。

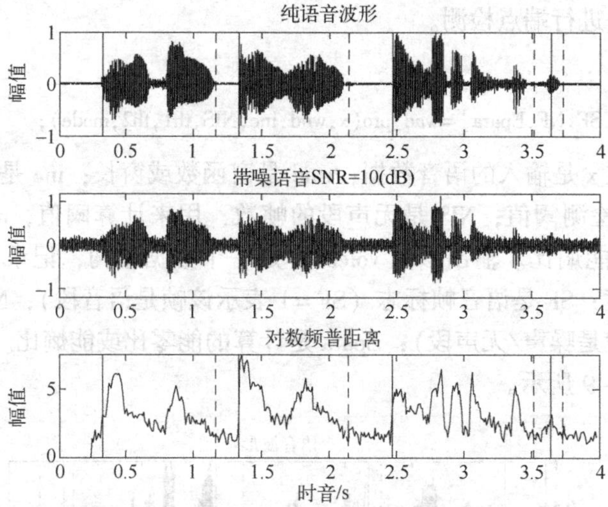


图 4-10　基于对数频谱距离的端点检测效果图

## 4.1.4　思考题

1）当使用能零比进行端点检测时，参数起伏会比较大，就会影响算法的精度，此时就需要平滑处理进行滤波。试编写函数对能零比进行平滑滤波，实现能零比端点检测的改善，效果如图 4-11 所示。提示：参考 MATLAB 的中值滤波函数 medfilt1。

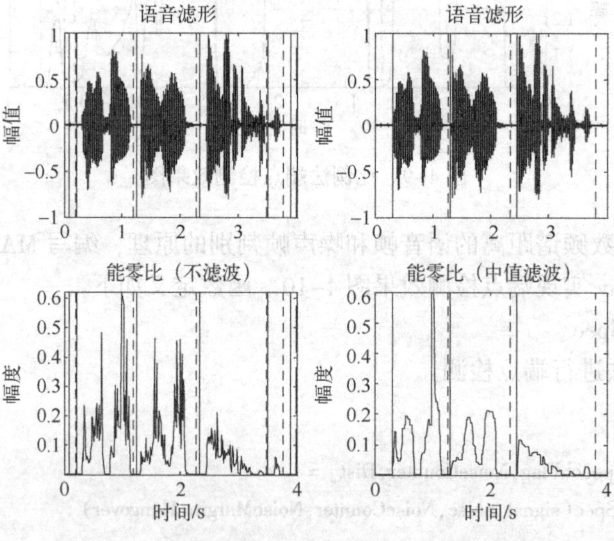


图 4-11　滤波前后的能零比法端点检测效果图

2）使用 awgn 函数，往语音中添加不同信噪比的白噪声，观察端点检测效果，并考虑如何改进算法性能。

## 4.1.5　参考例程

```
%基于对数频谱距离的语音帧和噪声帧判别
```

```
function [NoiseFlag,SpeechFlag,NoiseCounter,Dist] = vad_LogSpec(signal,noise,NoiseCounter,NoiseMargin,Hangover)

%设置默认值
if nargin<4
    NoiseMargin=3;
end
if nargin<5
    Hangover=8;
end
if nargin<3
    NoiseCounter=0;
end

%本帧语音幅值对数频谱和噪声对数频谱之差值
SpectralDist=20*(log10(signal)-log10(noise));
SpectralDist(find(SpectralDist<0))=0;          %寻找差值小于0值置为0

Dist=mean(SpectralDist);                       %用平均求出Dist
if(Dist<NoiseMargin)                           %Dist是否小于NoiseMargin
    NoiseFlag=1;                               %是,NoiseFlag设为1
    NoiseCounter=NoiseCounter+1;               %NoiseCounter加1
else
    NoiseFlag=0;                               %否,NoiseFlag设为0
    NoiseCounter=0;                            %NoiseCounter清零
end

%是否NoiseCounter已超出无话段最小长度Hangover
if(NoiseCounter>Hangover)                      %NoiseCounter大于Hangover
    SpeechFlag=0;                              %是,SpeechFlag为0
else
    SpeechFlag=1;                              %否,SpeechFlag为1
end
```

## 4.2　基音周期检测实验

### 4.2.1　实验目的

1）了解语音基音周期检测的意义。

2）了解基音周期检测预处理的意义。

3）掌握基于倒谱法、短时自相关法和线性预测法的语音基音周期检测原理。

4）编写基于倒谱法、短时自相关法和线性预测法的语音基音周期检测函数，并仿真验证。

### 4.2.2 实验原理

人在发音时，根据声带是否振动可以将语音信号分为清音跟浊音两种。浊音又称有声语言，携带语言中大部分的能量，浊音在时域上呈现出明显的周期性；而清音类似于白噪声，没有明显的周期性。发浊音时，气流通过声门使声带产生张弛振荡式振动，产生准周期的激励脉冲串。这种声带振动的频率称为基音频率，相应的周期就称为基音周期。

通常，基音频率与个人声带的长短、薄厚、韧性、劲度和发音习惯等有关系，在很大程度上反映了个人的特征。此外，基音频率还随着人的性别、年龄不同而有所不同。一般来说，男性说话者的基音频率较低，大部分在 70 ~ 200 Hz 的范围内，而女性说话者和小孩的基音频率相对较高，在 200 ~ 450 Hz 之间。

基音周期的估计称为基音检测，基音检测的最终目的是为了找出和声带振动频率完全一致或尽可能相吻合的轨迹曲线。

基音周期作为语音信号处理中描述激励源的重要参数之一，在语音合成、语音压缩编码、语音识别和说话人确认等领域都有着广泛而重要的问题，尤其对汉语更是如此。汉语是一种有调语言，而基音周期的变化称为声调，声调对于汉语语音的理解极为重要。因为在汉语的相互交谈中，不但要凭借不同的元音、辅音来辨别这些字词的意义，还需要从不同的声调来区别它，也就是说声调具有辨义作用；另外，汉语中存在着多音字现象，同一个字的不同的语气或不同的词义下具有不同的声调。因此准确可靠地进行基音检测对汉语语音信号的处理显得尤为重要。

自进行语音信号分析研究以来，基音检测一直是一个重点研究的课题。尽管目前基音检测的方法有很多种，然而这些方法都有其局限性。迄今为止仍然没有一种检测方法能够适用不同的说话人、不同的要求和环境，究其原因，可归纳为如下几个方面：

1）语音信号变化十分复杂，声门激励的波形并不是完全的周期脉冲串，在语音的头、尾部并不具有声带振动那样的周期性，对于有些清浊音的过渡帧很难判定其应属于周期性或非周期性，从而也就无法估计出基音周期。

2）声道共振峰有时会严重影响激励信号的谐波结构，使得想要从语音信号中去除声道影响，直接取出仅和声带振动有关的声源信息并不容易。

3）在浊音语音段很难对每个基音周期的开始和结束位置进行精确的判断，一方面因为语音信号本身是准周期的。另一方面因为语音信号的波形受共振峰、噪声等因素的影响。

4）在实际应用中，语音信号常常混有噪声，而噪声的存在对于基音检测算法的性能会产生严重影响。

5）基音频率变化范围大，从低音男声的 70 Hz 到儿童女性的 450 Hz，接近 3 个倍频程，给基音检测带来了一定的困难。

尽管语音检测面临着很多困难，然而由于基音周期在语音信号处理领域的重要性，使得语音基音周期检测一直是不断研究改进的重要课题之一。数十年来，国内外众多学者对如何准确地从语音波形中提取出基音周期做出了不懈的努力，提出了多种有效的基音周期检测方法。我国基音检测方面的研究起步要比国外发达国家晚一点，但是进步很大，特别是对汉语的基音检测取得的成果尤为突出。目前的基音检测算法大致可分为两大类：非基于事件检测方法和基于事件检测方法，这里的事件是指声门闭合。

非基于事件的检测方法主要有：自相关函数法、平均幅度差函数法、倒谱法，以及在以上算法基础上的一些改进算法。语音信号是一种典型的时变、非平稳信号，但是，由于语音的形成过程是和发音器官的运动密切相关的，而这种物理运动比起声音振动速度来讲要缓慢得多，因此语音信号常常可假定为短时平稳的，即在短时间内，其频谱特性和某些物理特征参量可近似地看作是不变的。非基于事件的检测方法正是利用语音信号短时平稳性这一特点，先将语音信号分为长度一定的语音帧，然后对每一帧语音求基音周期。相比基于事件的基音周期检测方法来说，它的优点是算法简单，运算量小，然而从本质上说这些方法无法检测帧内基音周期的非平稳变化，检测精度不高。

基于事件的检测方法是通过定位声门闭合时刻来对基音周期进行估计，而不需要对语音信号进行短时平稳假设，主要有小波变换和 Hilbert – Huang 变换两种方法。在时域和频域上这两种方法又具有良好的局部特性，能够跟踪基音周期的变化，并可以将微小的基音周期变化检测出来，因此检测精度较高，但是计算量较大。

**1. 基音检测预处理**

由于语音的头部和尾部并不具有声带振动那样的周期性，因此为了提高基音检测的准确性，基音检测也需要进行端点检测，但是基音检测中的端点检测更严格。本节主要采用谱熵比法进行端点检测。

如 4.1 节所述，能熵比的定义为

$$\mathrm{EEF}_n = \sqrt{1 + |LE_n / H_n|} \tag{4-18}$$

不同的是，这里只用一个门限 $T_1$ 作判断，判断能熵比值是否大于 $T_1$，把大于 $T_1$ 的部分作为有话段的候选值，再进一步判断该段的长度是否大于最小值 $L_{\min}$，只有大于最小值的才作为有话段。此处，$L_{\min}$ 一般设定为 10 帧。

此外，为了减少共振峰的干扰，基音检测的预滤波器选择带宽一般为 60 ~ 500 Hz。这里，选择 60 Hz 是为了减少工频和低频噪声的干扰；选择 500 Hz 是因为基频区间的高端在这个区域中。当采样频率为 $f_s$ 时，在 60 Hz 处对应的基音周期（样本点值）为 $P_{\max} = f_s/60$，而 500 Hz 对应的基音周期（样本点值）为 $P_{\min} = f_s/500$。

考虑到语音信号对相位不敏感，因此选择运算量少的椭圆 IIR 滤波器。因为在相同过渡带和带宽条件下，椭圆滤波器需要的阶数较小。当采样频率为 8000 Hz 时，通带是 60 ~ 500 Hz，通带波纹为 1 dB；阻带分别为 30 Hz 和 2000 Hz，阻带衰减为 40 dB。此时的滤波器频响如图 4–12 所示。

**2. 倒谱法基音检测**

由于语音 $x(i)$ 是由声门脉冲激励 $u(i)$ 经声道响应 $v(i)$ 滤波而得，即

$$x(i) = u(i) * v(i) \tag{4-19}$$

设这三个量的倒谱分别为 $\hat{x}(i)$、$\hat{u}(i)$、$\hat{v}(i)$，则有

$$\hat{x}(i) = \hat{u}(i) + \hat{v}(i) \tag{4-20}$$

由于在倒谱域中 $\hat{u}(i)$ 和 $\hat{v}(i)$ 是相对分离的，说明包含有基音信息的声脉冲倒谱可与声道响应倒谱分离，因此从倒频谱域分离 $\hat{u}(i)$ 后恢复出 $u(i)$，可从中求出基音周期。在计算出倒谱后，就在倒频率为 $P_{\min} \sim P_{\max}$ 之间寻找倒谱函数的最大值，倒谱函数最大值对应的样本

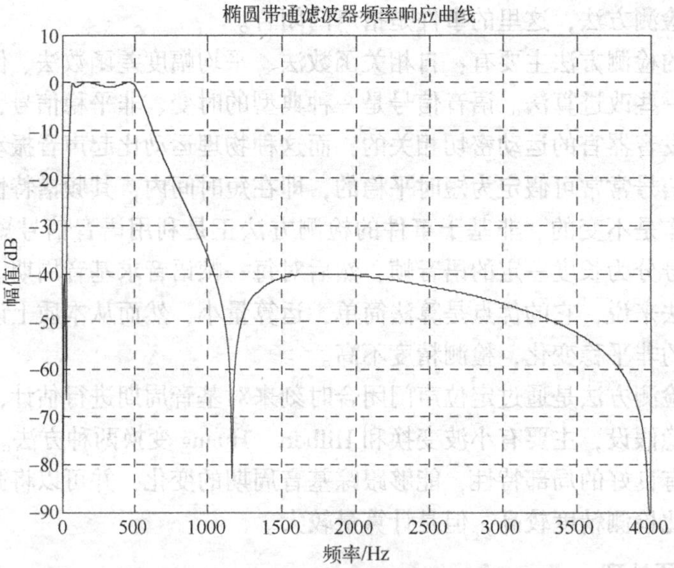


图 4-12 带通椭圆滤波器频响曲线

点数就是当前帧语音信号的基音周期 $T_0(n)$，基音频率为 $F_0(n)=f_s/T_0(n)$。

图 4-13 为倒谱法检测的基音周期图。

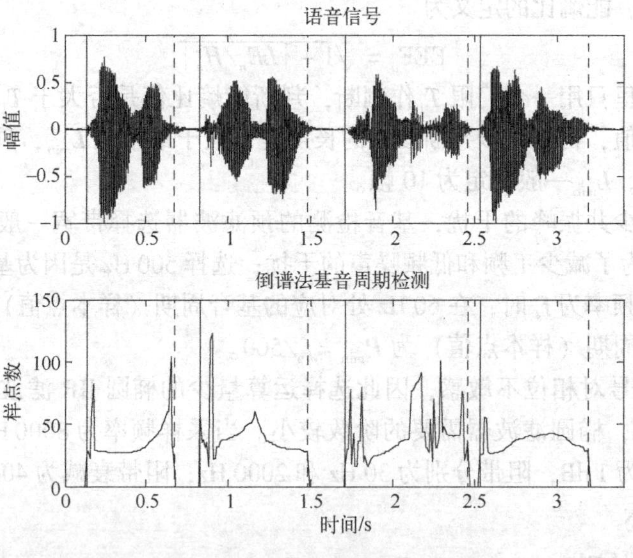


图 4-13 倒谱法检测的基音周期图

### 3. 短时自相关法基音检测

短时自相关法基音检测主要是利用短时自相关函数的性质，通过比较原始信号及其延迟后信号间的类似性来确定基音周期。如图 4-14 所示，归一化自相关函数的最大幅值是 1，其他延迟量时，幅值都小于 1。如果延迟量等于基音周期，那两个信号具有最大类似性；或直接找出短时自相关函数的两个最大值间的距离，即作为基音周期的初估值。

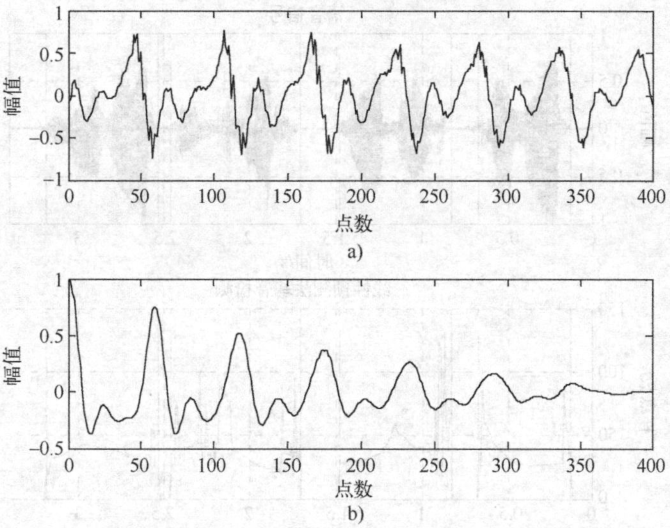


图 4-14　语音的自相关函数特性
a）一帧语音波形　b）一帧语音的归一化自相关函数

和倒谱法寻找最大值一样，用相关函数法时也在 $P_{\min} \sim P_{\max}$ 间寻找归一化相关函数的最大值，最大值对应的延迟量就是基音周期。图 4-15 为自相关法检测的基音周期图。

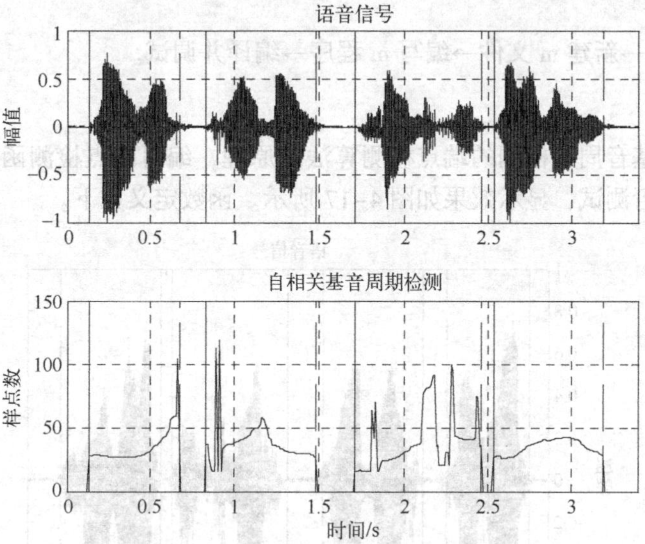


图 4-15　自相关法检测的基音周期图

**4. 线性预测法基音检测**

信号值 $x_n(m)$ 与线性预测值 $\hat{x}_n(m)$ 之差称为线性预测误差，用 $e_n(m)$ 表示，即

$$e_n(m) = x_n(m) - \hat{x}_n(m) = x_n(m) - \sum_{l=1}^{p} a_l^n x_n(m-n) \tag{4-21}$$

由于线性预测误差已经去除了共振峰的响应，其倒谱能把声道的影响减到最小。所以，将线性预测误差 $e_n(m)$ 表示通过倒谱运算也可以提取基音周期。检测效果如图 4-16 所示。

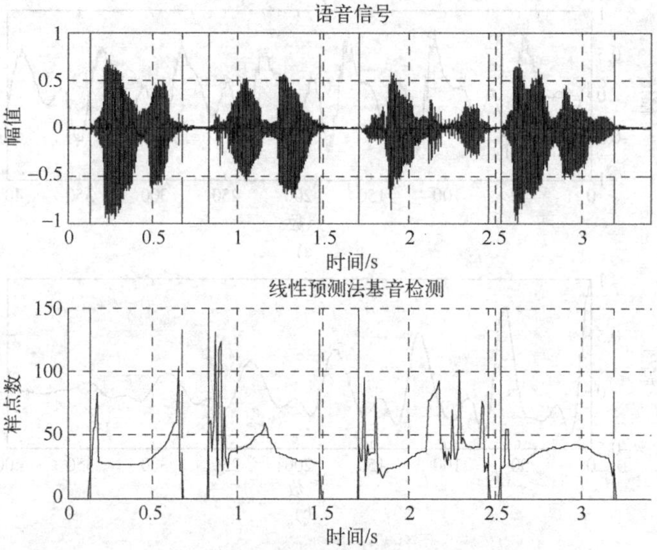


图 4-16　线性预测法检测的基音周期图

## 4.2.3 实验步骤及要求

**1. 实验步骤**

运行 MATLAB→新建 m 文件→编写 m 程序→编译并调试。

**2. 实验要求**

1）根据用于基音周期检测的端点检测算法的原理，编写端点检测函数，并基于测试语音 C4_2_y. wav 进行测试，显示效果如图 4-17 所示。函数定义如下。

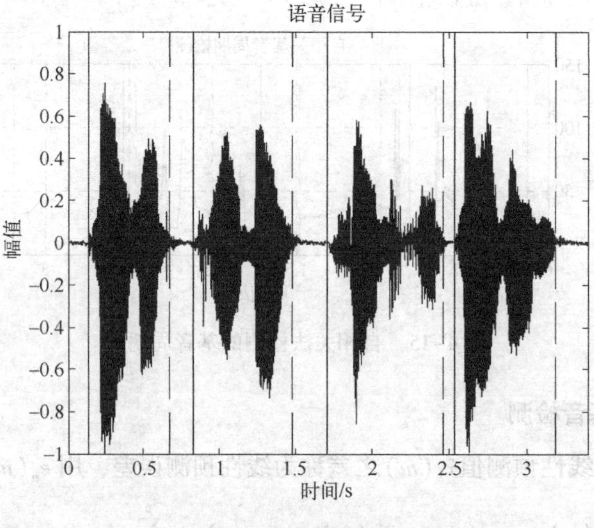


图 4-17　端点检测效果图

名称：pitch_vad

功能：用谱熵比法进行端点检测。

调用格式：

[voiceseg,vosl,SF,Ef] = pitch_vad(x,wnd,inc,T1,miniL)

说明：输入参数 x 是输入的语音数据；wnd 是窗函数或窗长；inc 是帧移；T1 是端点检测阈值；miniL 是语音段的最小帧数。输出参数 voiceseg 是一个数据结构，记录了语音端点的信息；vsl 是 voiceseg 的长度；SF 是语音帧标志（SF = 1 表示该帧是语音段）；EF 是噪声/无声帧标志（EF = 1 表示该帧是噪声/无声段）。

2）设计根据实验原理中提出的带通滤波器参数，编写程序实现该带通滤波器，并求出如图 4-11 所示的频响曲线。

3）根据倒谱法的原理，编写 MATLAB 函数，并基于测试语音 C4_2_y. wav 实现基音周期检测，效果如图 4-12 所示。函数定义如下。

名称：pitch_Ceps

功能：用倒谱法进行基音周期检测。

调用格式：

[voiceseg,vsl,SF,Ef,period] = pitch_Ceps(x,wnd,inc,T1,fs,miniL)

说明：输入参数 x 是输入的语音数据；wlen 是帧长；inc 是帧移；NIS 是无声段的帧数，用来计算阈值；fs 是采样频率。输出参数 voiceseg 是一个数据结构，记录了语音端点的信息；vsl 是 voiceseg 的长度；SF 是语音帧标志（SF = 1 表示该帧是语音段）；EF 是噪声/无声帧标志（EF = 1 表示该帧是噪声/无声段）；period 是返回的基音周期。

4）根据短时自相关法的原理，编写 MATLAB 函数，并基于测试语音 C4_2_y. wav 实现基音周期检测，效果如图 4-14 所示。函数定义如下。

名称：pitch_Corr

功能：用短时自相关法进行基音周期检测。

调用格式：

[voiceseg,vsl,SF,Ef,period] = pitch_Corr(x,wnd,inc,T1,fs,miniL)

说明：输入参数 x 是输入的语音数据；wlen 是帧长；inc 是帧移；NIS 是无声段的帧数，用来计算阈值；fs 是采样频率。输出参数 voiceseg 是一个数据结构，记录了语音端点的信息；vsl 是 voiceseg 的长度；SF 是语音帧标志（SF = 1 表示该帧是语音段）；EF 是噪声/无声帧标志（EF = 1 表示该帧是噪声/无声段）；period 是返回的基音周期。

5）根据线性预测法的原理，编写 MATLAB 函数，并基于测试语音 C4_2_y. wav 实现基音周期检测，效果如图 4-15 所示。函数定义如下。

名称：pitch_Lpc

功能：用线性预测法进行基音周期检测。

调用格式：

[voiceseg,vsl,SF,Ef,period] = pitch_Lpc(x,wnd,inc,T1,fs,p,miniL)

说明：输入参数 x 是输入的语音数据；wlen 是帧长；inc 是帧移；NIS 是无声段的帧数，用来计算阈值；fs 是采样频率；p 是线性预测阶数。输出参数 voiceseg 是一个数据结构，记录了语音端点的信息；vsl 是 voiceseg 的长度；SF 是语音帧标志（SF = 1 表示该帧是语音段）；EF 是噪声/无声帧标志（EF = 1 表示该帧是噪声/无声段）；period 是返回的基音周期。

## 4.2.4 思考题

当基音周期检测中，常会产生基音检测错误，使求得的基音周期轨迹中有一个或几个基音周期的估算值出现偏差（通常是偏离到实际值的整数倍），如图 4-12 所示。试结合中值滤波和线性平滑法对基音周期进行滤波处理。

其中，线性平滑是用滑动窗进行线性滤波处理，其原理为

$$y(m) = \sum_{l=-L}^{L} x(m-l)w(l) \tag{4-22}$$

式中，$w(l)$ 为 $2L+1$ 点平滑窗，满足 $\sum_{l=-L}^{L} w(l) = 1$。

试编写函数对检测的基音周期进行平滑滤波，改善效果如图 4-18 所示。

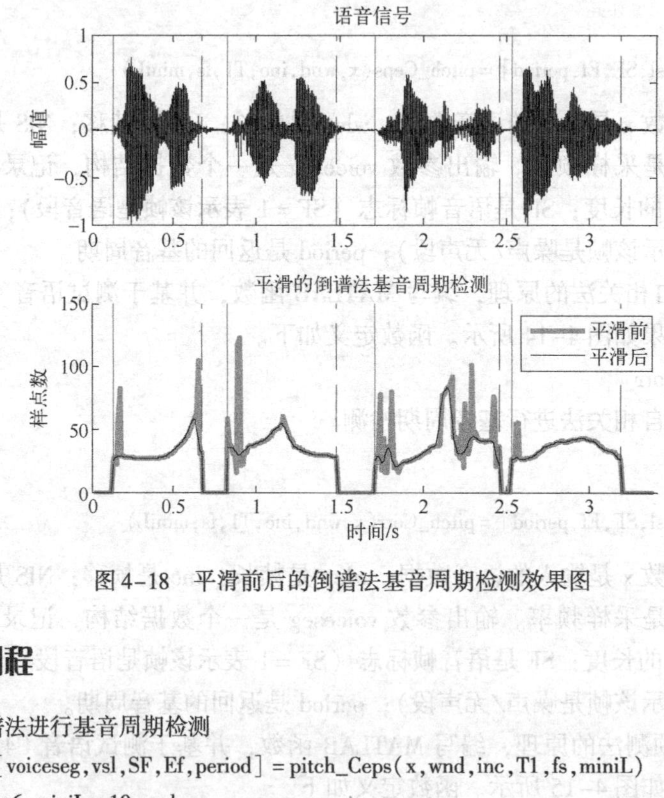


图 4-18 平滑前后的倒谱法基音周期检测效果图

## 4.2.5 参考例程

```
%用倒谱法进行基音周期检测
function [voiceseg,vsl,SF,Ef,period] = pitch_Ceps(x,wnd,inc,T1,fs,miniL)
if nargin <6,miniL = 10;end
if length(wnd) ==1
    wlen = wnd;                                    %求出帧长
else
    wlen = length(wnd);
end
y = enframe(x,wnd,inc)';                           %分帧
[voiceseg,vsl,SF,Ef] = pitch_vad(x,wnd,inc,T1,miniL);   %基音的端点检测
```

```
fn = length(SF);
lmin = fix(fs/500);                              %基音周期的最小值
lmax = fix(fs/60);                               %基音周期的最大值
period = zeros(1,fn);                            %基音周期初始化
for k = 1:fn
    if SF(k) == 1                                %是否在有话帧中
        y1 = y(:,k).*hamming(wlen);              %取来一帧数据加窗函数
        xx = fft(y1); % FFT
        a = 2*log(abs(xx) + eps);                %取模值和对数
        b = ifft(a);                             %求取倒谱
        [R(k),Lc(k)] = max(b(lmin:lmax));        %在 lmin 和 lmax 区间中寻找最大值
        period(k) = Lc(k) + lmin - 1;            %给出基音周期
    end
end
```

## 4.3　共振峰估计实验

### 4.3.1　实验目的

1）了解共振峰估计的意义。
2）了解共振峰估计预处理的方法与意义。
3）掌握基于倒谱法和线性预测法的共振峰检测原理。
4）编写基于倒谱法和线性预测法的共振峰检测函数，并仿真验证。

### 4.3.2　实验原理

声道可以被看成一根具有非均匀截面的声管，在发音时将起共鸣器的作用。当声门处准周期脉冲激励进入声道时会引起共振特性，产生一组共振频率，这一组共振频率称为共振峰频率或简称为共振峰。共振峰参数包括共振峰频率、频带宽度和幅值，共振峰信息包含在语音频谱的包络中。因此共振峰参数提取的关键是估计语音频谱包络，并认为谱包络中的最大值就是共振峰。利用语音频谱傅里叶变换相应的低频部分进行逆变换，就可以得到语音频谱的包络曲线。依据频谱包络线各峰值能量的大小确定出第 1 ~4 共振峰，如图 4-19 所示。

在经典的语音信号模型中，共振峰等效为声道传输函数的复数极点对。对平均长度约为 17 cm 声道（男性），在 3 kHz 范围内大致包含三个或四个共振峰，而在 5 kHz 范围内包含四个或五个共振峰。高于 5 kHz 的语音信号，能量很小。根据语音信号合成的研究表明，表示浊音信号最主要的是前三个共振峰。一个语音信号的共振峰模型，只用前三个时变共振峰频率就可以得到可懂度很好的合成浊音。共振峰信息包含在语音信号的频谱包络中，谱包络的峰值基本上对应于共振峰频率。因此一切共振峰估计都是直接或间接地对频谱包络进行考察，关键是估计语音频谱包络，并认为谱包络中的最大值就是共振峰。与基音提取相似，共振峰估计也是表面看很容易但实际上又被许多问题所困扰。包括：虚假峰值、共振峰合并、高基音语音。语音信号共振峰估计在语音信号合成、语音信号自动识别和低传输率语音信号

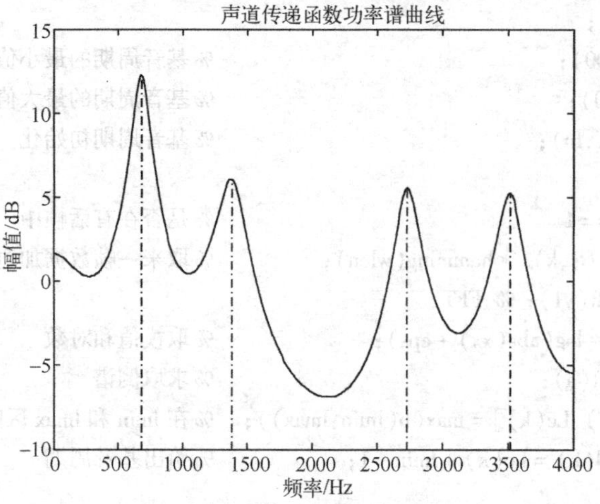


图 4-19　声道传递函数功率谱曲线

传输等方面都起着重要作用。

**1. 共振峰估计预处理**

声门的激励源发出斜三角脉冲串，其 $Z$ 变换相当于一个二阶低通的模型，而辐射模型是一个一阶高通。所以，实际信号分析中，常采用预加重技术使声门脉冲的影响减到最小，只剩下声道部分，以便对声道参数进行分析。

预加重是一个一阶高通滤波器，用来对语音信号进行高频提升，用一阶 FIR 滤波器表示为

$$s'(n)=s(n)-a\cdot s(n-1) \tag{4-23}$$

预加重有两个作用：

1）增加一个零点，抵消声门脉冲引起的高端频谱幅度下跌，使信号频谱变得平坦且各共振峰幅度相接近；语音中只剩下声道部分的影响，所提取的特征更加符合原声道的模型。

2）会削减低频信息，使有些基频幅值变大时，通过预加重后降低基频对共振峰检测的干扰，有利于共振峰的检测；同时减少频谱的动态范围。

此外，由于共振峰检测一般是分析韵母部分，所以需要进行端点检测。此处，可采用同 4.2 节基音周期检测相同的端点检测算法。

**2. 倒谱法共振峰估计**

由于语音 $x(n)$ 是由声门脉冲激励 $u(n)$ 经声道响应 $v(n)$ 滤波而得，即

$$x(n)=u(n)*v(n) \tag{4-24}$$

设这三个量的倒谱分别为 $\hat{x}(n)$、$\hat{u}(n)$、$\hat{v}(n)$，则有

$$\hat{x}(n)=\hat{u}(n)+\hat{v}(n) \tag{4-25}$$

由于在倒谱域中 $\hat{u}(n)$ 和 $\hat{v}(n)$ 是相对分离的，说明包含有基音信息的声脉冲倒谱可与声道响应倒谱分离，因此从倒频谱域分离 $\hat{u}(n)$ 后恢复出 $u(n)$，可从中求出基音周期。因此，求取共振峰时，则是把由倒谱域 $\hat{v}(n)$ 中分离出的恢复出 $v(n)$。具体步骤如下。

1）对语音信号 $x(i)$ 进行预加重，并进行加窗和分帧，然后做傅里叶变换：

$$X_i(k) = \sum_{n=0}^{N-1} x_i(n) \mathrm{e}^{-\mathrm{j}2\pi kn/N} \tag{4-26}$$

这里，$i$ 代表第 $i$ 帧。

2）求取 $X_i(k)$ 的倒谱：

$$\hat{x}_i(n) = \frac{1}{N}\sum_{k=0}^{N-1} \log_{10} |\hat{X}_i(k)| \mathrm{e}^{\mathrm{j}2\pi kn/N} \tag{4-27}$$

3）给倒谱信号 $\hat{x}_i(n)$ 加窗 $h(n)$，得

$$h_i(n) = \hat{x}_i(n) \times h(n) \tag{4-28}$$

此处的窗函数和倒频率的分辨率有关，即和采样频率及 FFT 长度有关。其定义为

$$h(n) = \begin{cases} 1 & n \leqslant n_0 - 1 \ \& \ n \geqslant N - n_0 + 1 \\ 0 & n_0 - 1 < n < N - n_0 + 1 \end{cases}, n \in [0, N-1] \tag{4-29}$$

4）求取 $h_i(n)$ 的包络线：

$$H_i(k) = \sum_{n=0}^{N-1} h_i(n) \mathrm{e}^{-\mathrm{j}2\pi kn/N} \tag{4-30}$$

5）在包络线上寻找极大值，获得相应的共振峰参数。

### 3. LPC 法共振峰估计

简化的语音产生模型是将辐射、声道以及声门激励的全部效应简化为一个时变的数字滤波器来等效，其传递函数为

$$H(z) = \frac{S(z)}{U(z)} = \frac{G}{1 - \sum_{i=1}^{p} a_i z^{-i}} \tag{4-31}$$

这种表现形式称为 $p$ 阶线性预测模型，这是一个全极点模型。

令 $z^{-1} = \exp(-\mathrm{j}2\pi f/f_s)$，则功率谱 $P(f)$ 可表示为

$$P(f) = |H(f)|^2 = \frac{G^2}{\left|1 - \sum_{i=1}^{p} a_i \exp(-\mathrm{j}2\pi i f/f_s)\right|^2} \tag{4-32}$$

利用 FFT 方法可对任意频率求得其功率谱幅值响应，并从幅值响应中找到共振峰，相应的求解方法有两种：抛物线内插法和线性预测系数求复数根法。

（1）抛物线内插法

任何一个共振峰频率都可以用抛物线内插法更精确地计算共振峰频率及其带宽。如图 4-20 所示，任一共振峰频率 $F_i$ 的局部峰值频率为 $m\Delta f$（$\Delta f$ 为谱图的频率间隔），其邻近的两个频率点分别为 $(m-1)\Delta f$ 和 $(m+1)\Delta f$，这三个点在功率谱中的幅值分别为 $H(m-1)$，$H(m)$，$H(m+1)$。此时，可用二次方程组 $a\lambda^2 + b\lambda + c$ 来拟合，以求出更精确的中心频率 $F_i$ 和带宽 $B_i$。

令局部峰值频率 $m\Delta f$ 处为零，则对应于 $-\Delta f$，0，$+\Delta f$ 处的功率谱分别为 $H(m-1)$，$H(m)$，$H(m+1)$，由 $H = a\lambda^2 + b\lambda + c$，可得方程组

$$\begin{cases} H(m-1) = a\Delta f^2 - b\Delta f + c \\ H(m) = c \\ H(m+1) = a\Delta f^2 + b\Delta f + c \end{cases} \tag{4-33}$$

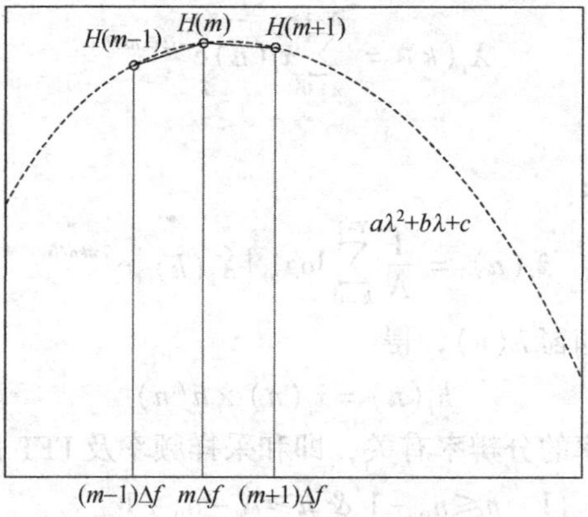


图 4-20　共振峰频率的抛物线内插图

假设 $\Delta f = 1$，则计算的系数为

$$\begin{cases} a = \dfrac{H(m-1) + H(m+1)}{2} - H(m) \\ b = \dfrac{H(m+1) - H(m-1)}{2} \\ c = H(m) \end{cases} \tag{4-34}$$

求导数 $\partial H / \partial \lambda = \partial (a\lambda^2 + b\lambda + c) / \partial \lambda = 0$，得极大值为

$$\lambda_{\max} = -b/2a \tag{4-35}$$

考虑到实际频率间隔，则共振峰的中心频率为

$$F_i = \lambda_{\max} \Delta f + m\Delta f \tag{4-36}$$

中心频率对应的功率谱 $H_p$ 为

$$H_p = a\lambda_p^2 + b\lambda_p + c = -\frac{b^2}{4a} + c \tag{4-37}$$

带宽 $B_i$ 的求法如图 4-21 所示。在某一个 $\lambda$ 处，其谱值为 $H_p$ 值的一半，即有

$$\frac{a\lambda^2 + b\lambda + c}{H_p} = \frac{1}{2} \tag{4-38}$$

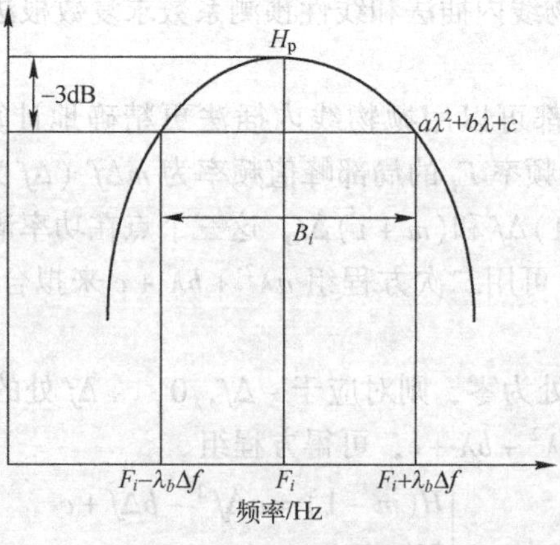


图 4-21　带宽求法的示意图

可以导出

$$a\lambda^2 + b\lambda + c - 0.5H_p = 0 \tag{4-39}$$

其根为

$$\lambda_{\text{root}} = \frac{-b \pm \sqrt{b^2 - 4a(c - 0.5H_p)}}{2a} \tag{4-40}$$

而半带宽 $B_i/2$ 是根值与峰值位置的差值

$$\lambda_b = \lambda_{\text{root}} - \lambda_p \tag{4-41}$$

可得

$$\lambda_b = -\frac{\sqrt{b^2 - 4a(c - 0.5H_p)}}{2a} \tag{4-42}$$

因为抛物线是下凹的，所以 $\lambda_b$ 取正值。考虑到实际频率间隔 $\Delta f$，则带宽 $B_i$ 为

$$B_i = 2\lambda_b \Delta f \tag{4-43}$$

(2) 线性预测系数求根法

预测误差滤波器 $A(z)$ 的表示为

$$A(z) = 1 - \sum_{i=1}^{p} a_i z^{-i} \tag{4-44}$$

求其多项式复根可精确地确定共振峰的中心频率和带宽。

设 $z_i = r_i e^{j\theta_i}$ 为任意复根值，则其共轭值 $z_i^* = r_i e^{-j\theta_i}$ 也是一个根。设与 $z_i$ 对应的共振峰频率为 $F_i$，3 dB 带宽为 $B_i$，则 $F_i$ 及 $B_i$ 与 $z_i$ 之间的关系为

$$\begin{cases} 2\pi F_i / f_s = \theta_i \\ e^{-B_i \pi / f_s} = r_i \end{cases} \tag{4-45}$$

其中，$f_s$ 为采样频率，所以

$$\begin{cases} F_i = \theta_i f_s / 2\pi \\ B_i = -\ln r_i \cdot f_s / \pi \end{cases} \tag{4-46}$$

因为预测误差滤波器阶数 $p$ 是预先设定的，所以复共轭对的数量最多是 $p/2$。因为不属于共振峰的额外极点的带宽远大于共振峰带宽，所以比较容易剔除非共振峰极点。

## 4.3.3　实验步骤及要求

### 1. 实验步骤

运行 MATLAB→新建 m 文件→编写 m 程序→编译并调试。

### 2. 实验要求

1）根据基于倒谱法的共振峰估计的原理，编写基于倒谱法的共振峰估计函数，并基于测试语音 C4_3_y. wav 进行测试，显示效果如图 4-22 所示。

函数定义为：

名称：Formant_Cepst

功能：用倒谱法估计共振峰。

调用格式：

[Val,Loc,spect] = Formant_Cepst(u,cepstL)

说明：输入参数 u 是一帧语音输入数据；cepstL 是倒频率上的窗函数宽度。输出参数 Val 是共振峰的幅值；Loc 是共振峰的位置；spect 是求得的包络线。

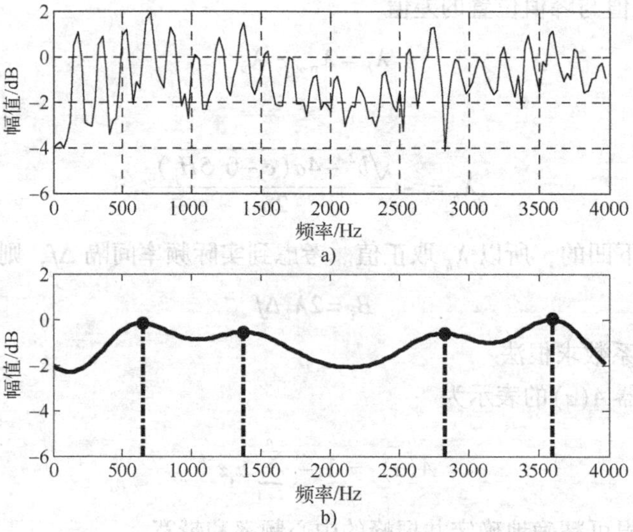


图 4-22　基于倒谱法的共振峰估计

a）信号对数谱 $X_{i(k)}$　b）包络线和共振峰值

2）根据基于 LPC 内插法的共振峰估计的原理，编写基于 LPC 内插法的共振峰估计函数，并基于测试语音 C4_3_y. wav 进行测试，显示效果如图 4-23 所示。

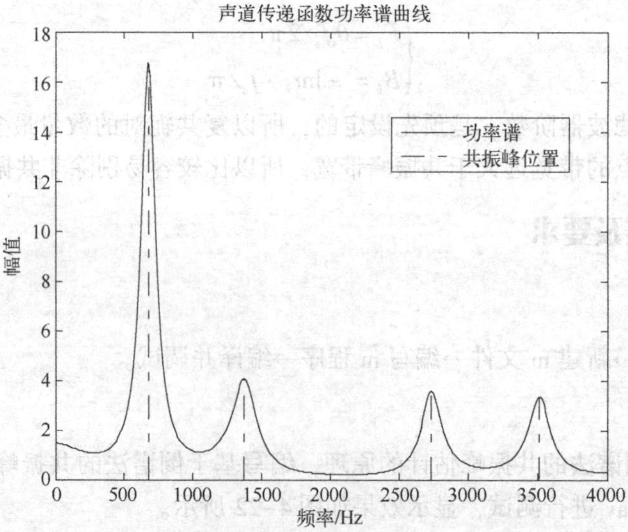


图 4-23　基于 LPC 内插法的共振峰估计

函数定义如下：

名称：Formant_Interpolation

功能：用 LPC 内插法进行共振峰估计。

调用格式：

[F,Bw,pp,U] = Formant_Interpolation(u,p,fs)

说明：输入参数 u 是一帧语音输入数据；p 是 LPC 阶数；fs 是采样频率。输出参数 F 是共振峰频率；Bw 是共振峰带宽；pp 是共振峰的幅值；U 是功率谱包络。

3）根据基于 LPC 求根法的共振峰估计的原理，编写基于 LPC 求根法的共振峰估计函数，并基于测试语音 C4_3_y. wav 进行测试，显示效果如图 4-24 所示。

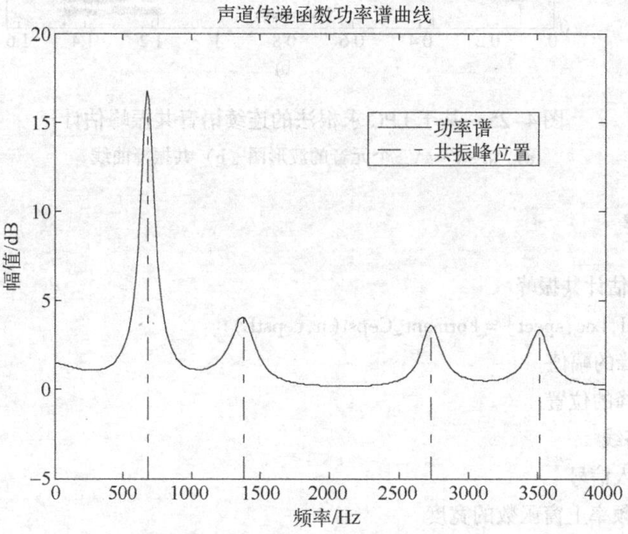


图 4-24　基于 LPC 求根法的共振峰估计

函数定义如下：

名称：Formant_Root

功能：用 LPC 求根法进行共振峰估计。

调用格式：

[F,Bw,pp,U] = Formant_Root(u,p,fs,n_frmnt)

说明：输入参数 u 是一帧语音输入数据；p 是 LPC 阶数；fs 是采样频率；n_frmnt 是待求的共振峰个数。输出参数 F 是共振峰频率；Bw 是共振峰带宽；pp 是共振峰的幅值；U 是功率谱包络。

### 4.3.4　思考题

思考连续语音的共振峰求取问题，并基于 LPC 求根法编程实现连续语音的共振峰估计。测试语音为 C4_3_s. wav，效果如图 4-25 所示。

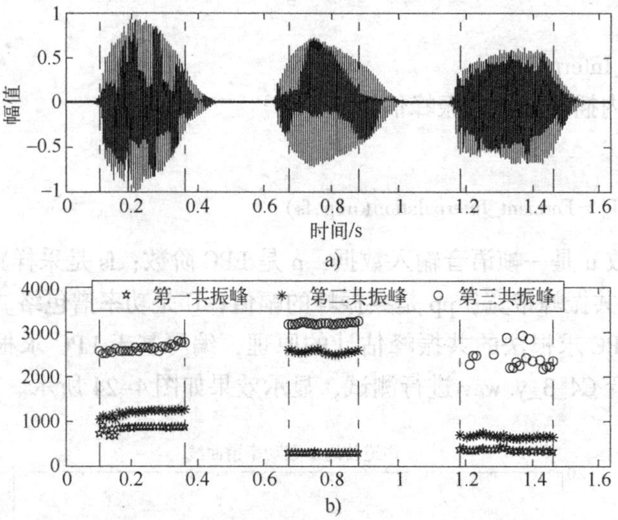


图 4-25 基于 LPC 求根法的连续语音共振峰估计

a) \a - i - u\三个元音的波形图 b) 共振峰曲线

### 4.3.5 参考例程

```
%用倒谱法估计共振峰
function [Val,Loc,spect] = Formant_Cepst(u,cepstL)
%Val 共振峰的幅值
%Loc 共振峰的位置
%spect 包络线
%u 一帧输入信号
%cepstL 倒频率上窗函数的宽度
U = fft(u);                                 %按式(4-26)计算
wlen2 = length(u)/2;                        %帧长
U_abs = log(abs(U(1:wlen2)));               %按式(4-27)计算
Cepst = ifft(U_abs);                        %按式(4-28)计算
cepst = zeros(1,wlen2);
cepst(1:cepstL) = Cepst(1:cepstL);          %按式(4-29)计算
cepst(end - cepstL + 2:end) = Cepst(end - cepstL + 2:end);
spect = real(fft(cepst));                   %按式(4-31)计算
[Val,Loc] = findpeaks(spect);               %寻找峰值
```

# 第5章　语音增强实验

## 5.1　基于自适应滤波器法的语音降噪实验

### 5.1.1　实验目的

1）了解语音降噪的重要性和必要性。

2）熟练掌握语音降噪的仿真方法。

3）掌握自适应滤波器设计的原理。

4）编程实现基于自适应滤波器的语音降噪函数，并仿真验证。

### 5.1.2　实验原理

**1. 语音降噪的意义**

语音降噪主要研究如何利用信号处理技术消除信号中的强噪声干扰，从而提高输出信噪比以提取出有用信号的技术。消除信号中噪声污染的通常方法是让受污染的信号通过一个能抑制噪声而让信号相对不变的滤波器，此滤波器从信号不可检测的噪声场中取得输入，将此输入加以滤波，抵消其中的原始噪声，从而达到提高信噪比的目的。

然而，由于干扰通常都是随机的，从带噪语音中提取完全纯净的语音几乎不可能。在这种情况下，语音增强的目的主要有两个：一是改进语音质量，消除背景噪声，使听者乐于接受，不感觉疲劳，这是一种主观度量；二是提高语音可懂度，这是一种客观度量。这两个目的往往不能兼得，所以实际应用中总是视具体情况而有所侧重的。

根据语音和噪声的特点，出现了很多种语音增强算法。比较常用的有谱减法、维纳滤波法、卡尔曼滤波法、自适应滤波法等。此外，随着科学技术的发展又出现了一些新的增强技术，如基于神经网络的语音增强、基于 HMM 的语音增强、基于听觉感知的语音增强、基于多分辨率分析的语音增强、基于语音产生模型的线性滤波法、基于小波变换的语音增强方法、梳状滤波法、自相关法、基于语音模型的语音增强方法等。

**2. 带噪语音模型**

一般噪声都假设其是加性的、局部平稳的，噪声与语音统计独立或不相关。因此，带噪语音模型表达式如下：

$$y(n)=s(n)+d(n) \tag{5-1}$$

其中，$s(n)$表示纯净语音；$d(n)$表示噪声；$y(n)$表示带噪语音。带噪语音模型如图 5-1 所示。

而通常所说噪声是局部平稳的，是指一段带噪语音中的噪声，具有和语音段开始前那段噪声相同的统计特性，且在整个语音段中保持不变。也就是说，可以根据语音开始前那段噪

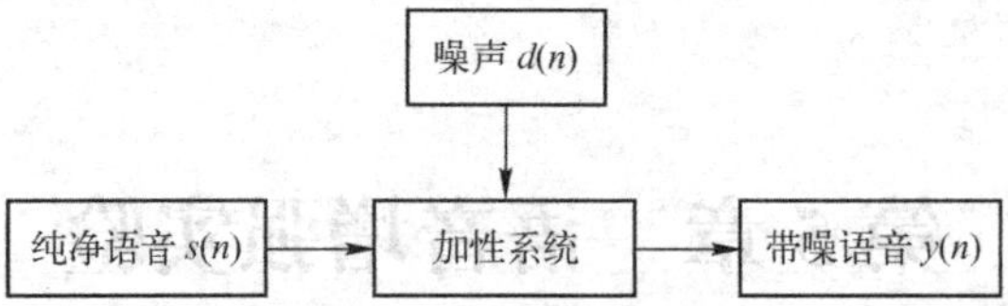


图 5-1　带噪语音模型

声来估计语音中所叠加的噪声统计特性。仿真实验中采用白噪声作为测试噪声源。

**3. LMS 自适应滤波器原理**

在信号处理中，对一个受到加性噪声污染的信号通常采用自适应滤波器进行降噪。自适应滤波器具有自动调节自身参数的能力，故它的设计要求，或对信号和噪声的先验知识需求较少。

所谓自适应滤波器就是利用前一时刻已获得的滤波器参数等结果，自动地调节现时刻的滤波器参数，以适应信号和噪声未知的随机变化的统计特性，从而实现最优滤波。因此，无论在信噪比（Signal to Noise Ratio，SNR）方面还是在语音可懂度方面，自适应滤波器都能获得较大的提高。

最小方均（LMS）自适应算法就是以已知期望响应和滤波器输出信号之间误差的方均值最小为准的，依据输入信号在迭代过程中估计梯度矢量，并更新权系数以达到最优的自适应迭代算法。LMS 算法是一种梯度最速下降方法，其显著的优点是它的简单性，这种算法不需要计算相应的相关函数，也不需要进行矩阵运算。最简单的 LMS 滤波器结构如图 5-2 所示，该结构最简单且易于实现而应用广泛。

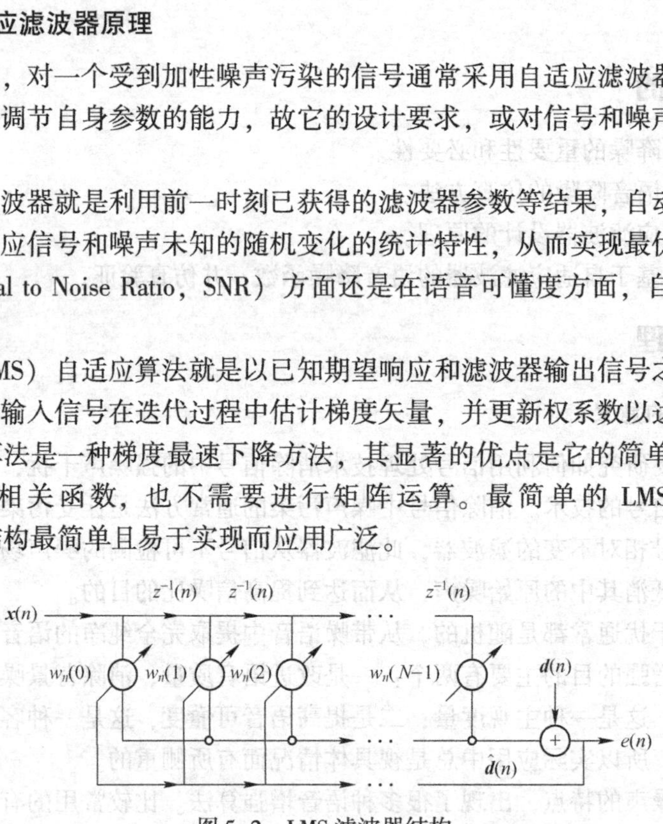


图 5-2　LMS 滤波器结构

滤波器的输出 $y(n)$ 表示为

$$\boldsymbol{y}(n) = \boldsymbol{W}^{\mathrm{T}}(n)\boldsymbol{X}(n) = \sum_{i=0}^{N-1} w_i(n)\boldsymbol{x}(n-i) \tag{5-2}$$

其中，$\boldsymbol{X}(n)$ 为输入矢量，$\boldsymbol{X}(n)=[\boldsymbol{x}(n),\boldsymbol{x}(n-1),\cdots,\boldsymbol{x}(n-N+1)]^{\mathrm{T}}$，T 为转置符，$n$ 为时间序列，$\boldsymbol{W}(n)$ 为权系数矢量，$\boldsymbol{W}(n)=[w_0(n),w_1(n-1),\cdots w_{N-1}(n)]^{\mathrm{T}}$，$N$ 为滤波器阶数。

因此，对于 LMS 滤波结构，其误差为

$$\boldsymbol{e}(n) = \boldsymbol{d}(n) - \boldsymbol{y}(n) \tag{5-3}$$

方均误差 $\varepsilon$ 表示为

$$\boldsymbol{\varepsilon} = E[\boldsymbol{e}^2(n)] = E[\boldsymbol{d}(n) - \boldsymbol{y}(n)]^2 \tag{5-4}$$

代入 $y(n)$ 到式（5-4），有

$$\boldsymbol{\varepsilon} = E[\boldsymbol{d}^2(n)] + \boldsymbol{W}^{\mathrm{T}}(n)\boldsymbol{R}\boldsymbol{W}(n) - 2\boldsymbol{P}\boldsymbol{W}(n) \tag{5-5}$$

其中，$\boldsymbol{R}(n)=E[\boldsymbol{X}(n)+\boldsymbol{X}^{\mathrm{T}}(n)]$ 是 $N\times N$ 的自相关矩阵，它是输入信号采样值间的自相关矩阵；$\boldsymbol{P}=E[\boldsymbol{d}(n)\boldsymbol{X}^{\mathrm{T}}(n)]$ 为互相关矢量，代表理想信号 $\boldsymbol{d}(n)$ 与输入矢量 $\boldsymbol{X}(n)$ 的相关性。

在均方误差 $\varepsilon$ 达到最小时，得到最佳权系数 $\boldsymbol{W}^*=[w_0^*,w_1^*,\cdots,w_{N-1}^*]^{\mathrm{T}}$。它满足下列方程

$$\left.\frac{\partial\boldsymbol{\varepsilon}}{\partial\boldsymbol{W}(n)}\right|_{\boldsymbol{W}(n)=\boldsymbol{W}^*}=0 \tag{5-6}$$

即

$$\boldsymbol{R}\boldsymbol{W}^*-\boldsymbol{P}=0 \tag{5-7}$$

如果矩阵 $\boldsymbol{R}$ 是满秩的，$\boldsymbol{R}^{-1}$ 存在，可得到权系数的最佳值满足

$$\boldsymbol{W}^*=\boldsymbol{R}^{-1}\boldsymbol{P} \tag{5-8}$$

其完整的矩阵表示式为

$$\begin{bmatrix} w_0^* \\ w_1^* \\ \vdots \\ w_{N-1}^* \end{bmatrix}=\begin{bmatrix} \varphi_x(0) & \varphi_x(1) & \cdots & \varphi_x(N-1) \\ \varphi_x(1) & \varphi_x(0) & \cdots & \varphi_x(N-1) \\ \cdots & \cdots & & \vdots \\ \varphi_x(N-1) & \varphi_x(N-2) & \cdots & \varphi_x(0) \end{bmatrix}^{-1}\begin{bmatrix} \varphi_{xd}(0) \\ \varphi_{xd}(1) \\ \vdots \\ \varphi_{xd}(N-1) \end{bmatrix} \tag{5-9}$$

显然，$\varphi_x(m)=E[x(n)x(n-m)]$ 是 $\boldsymbol{x}(n)$ 的自相关值，$\varphi_{xd}(R)=E[\boldsymbol{x}(n)(n-k)]$ 是 $\boldsymbol{x}(n)$ 与 $\boldsymbol{d}(n)$ 的互相关值。$\boldsymbol{R}$ 和 $\boldsymbol{P}$ 的计算，要求出期望值 $E[\cdot]$，在实际运算中不易实现。为此，对于一些在线或实时应用场合，多使用迭代算法，对每次采样值求出较佳权系数，称为采样值对采样值迭代算法。迭代算法可以避免复杂的 $\boldsymbol{R}^{-1}$ 和 $\boldsymbol{P}$ 的运算，又能实时求得式（5-8）的近似解，因而切实可行。

LMS 算法是以最快下降法为原则的迭代算法，即 $\boldsymbol{W}(n+1)$ 矢量是 $\boldsymbol{W}(n)$ 矢量按均方误差性能平面的负斜率大小调节相应一个增量

$$\boldsymbol{W}(n+1)=\boldsymbol{W}(n)-\mu\nabla(n) \tag{5-10}$$

这里 $\mu$ 是由系统稳定性和迭代运算收敛速度来决定的自适应步长。$\nabla(n)$ 为 $n$ 次迭代的梯度。对于 LMS 算法，$\nabla(n)$ 是式（5-4）中 $E[\boldsymbol{e}^2(n)]$ 的斜率，即

$$\nabla(n)=\frac{\partial E[\boldsymbol{e}^2(n)]}{\partial\boldsymbol{W}(n)}=-2E[\boldsymbol{e}(n)\boldsymbol{x}(n)] \tag{5-11}$$

如果用瞬时 $-2\boldsymbol{e}(n)\boldsymbol{x}(n)$ 来代替上式对 $-2E[\boldsymbol{e}(n)\boldsymbol{x}(n)]$ 的估计运算，即 Widrow - Hoff 的 LMS 算法。此时迭代公式为

$$\boldsymbol{W}(n+1)=\boldsymbol{W}(n)+2\mu\boldsymbol{e}(n)\boldsymbol{x}(n) \tag{5-12}$$

其中，$\mu$ 是步长因子。由式（5-2）、式（5-3）和式（5-12）便构成了 LMS 的基本算法。LMS 算法的两个优点是：实现简单；不依赖模型，性能稳健。LMS 算法的基本设置如表 5-1 所示。

**表 5-1 LMS 算法的基本设置**

| 名称 | | 说明 |
|---|---|---|
| 算法参数 | $M$ | 滤波器抽头数 |
| | $\mu$ | 步长因子，$0<\mu<2/\lambda_{\max}$，$\lambda_{\max}$ 是输入信号自相关矩阵 $\boldsymbol{R}$ 的最大特征值 |
| | $\boldsymbol{W}(0)$ | $\boldsymbol{W}(0)=0$ 或由先验知识确定 |

（续）

| | 名 称 | 说 明 |
|---|---|---|
| 计算步骤 | 对于 $n=1,2,3\cdots$，迭代执行步骤（1）~（4） | （1）获得信号序列 $\boldsymbol{x}(n)$ 和 $\boldsymbol{d}(n)$ |
| | | （2）计算 $\boldsymbol{y}(n)=\boldsymbol{W}^{\mathrm{H}}(n)\boldsymbol{x}(n)$ |
| | | （3）误差估计 $\boldsymbol{e}(n)=\boldsymbol{d}(n)-\boldsymbol{y}(n)$ |
| | | （4）更新权系数 $\boldsymbol{W}(n+1)=\boldsymbol{W}(n)+2\mu\boldsymbol{e}(n)\boldsymbol{x}(n)$ |

**4. 语音质量性能指标**

语音质量包括两方面内容：可懂度和自然度。前者对应语音的辨识水平。而后者则是衡量语音中字、单词和句的自然流畅程度。总体上看可以将语音质量评价分为两大类：主观评价和客观评价。

（1）主观评价

主观评价以人为主体来评价语音的质量。主观评价方法的优点是符合人类听话时对语音质量的感觉，目前得到了广泛的应用。常用的方法有平均意见得分（Mean Opinion Score，MOS）、诊断韵字测试（Diagnostic Rhyme Test，DRT）、诊断满意度测量（Diagnostic Acceptability Measure，DAM）等。语音质量的主观评价要求大量的人、大量次数的测听实验，以便能得到普遍接受的结果。但是由于主观评价耗费大、经历时间长，因此语音质量的主观评价不容易实现。

为了克服主观评价缺点，人们寻求一种能够方便、快捷地给出语音质量评价的客观评价方法。不过值得注意的是，研究语音客观评价的目的不是要用客观评价来完全替代主观评价，而是使客观评价成为一种既方便快捷又能够准确预测出主观评价价值的语音质量评价手段。尽管客观评价具有省时省力等优点，但它还不能反映人对语音质量的全部感觉，而且当前的大多客观评价方法都是以语音信号的时域、频域及变换域等特征参量作为评价依据，没有涉及语义、语法、语调等影响语音质量主观评价的重要因素。

（2）客观评价

语音质量客观评价方法采用某个特定的参数去表征语音通过增强或编码系统后的失真程度，并以此来评估处理系统的性能优劣。

1）信噪比（Signal－to－Noise Ratio，SNR）

SNR 一直是衡量针对宽带噪声失真的语音增强计算的常规方法，其定义如下：

$$\mathrm{SNR}=10\lg\frac{\sum\limits_{n=0}^{N-1}s^2(n)}{\sum\limits_{n=0}^{N-1}d^2(n)} \tag{5-13}$$

式中，$\sum\limits_{n=0}^{N-1}s^2(n)$ 表示信号的能量；$\sum\limits_{n=0}^{N-1}d^2(n)$ 表示噪声的能量。

但要计算信噪比必须知道纯净语音信号，但在实际应用中这是不可能的。因此，SNR 主要用于纯净语音信号和噪声信号都是已知的算法的仿真中。信噪比计算整个时间轴上的语音信号与噪声信号的平均功率之比。由于语音信号是一种缓慢变化的短时平稳信号，因而在不同时间段上的信噪比也应不一样。为了改善上面的问题，可以采用分段信噪比。

2）PESQ（Perceptual Evaluation of Speech Quality）

2001 年 2 月，ITU－T 推出了 P. 862 标准《窄带电话网络端到端语音质量和话音编解码器质量的客观评价方法》，推荐使用语音质量感知评价（PESQ）算法，该建议是基于输入－输出方式的典型算法，效果良好。

PESQ 算法需要带噪的衰减信号和一个原始的参考信号。开始时将两个待比较的语音信号经过电平调整、输入滤波器滤波、时间对准和补偿、听觉变换之后，分别提取两路信号的参数，综合其时频特性，得到 PESQ 分数，最终将这个分数映射到主观平均意见分（MOS）。PESQ 得分范围在－0.5～4.5 之间。得分越高表示语音质量越好。

## 5.1.3　实验步骤及要求

### 1. 实验步骤

运行 MATLAB→新建 m 文件→编写 m 程序→编译并调试。

### 2. 实验要求

1）根据信噪比计算公式，编写 MATLAB 函数计算信噪比。函数定义如下。

名称：SNR_Calc

功能：计算信噪比。

调用格式：

```
snr = SNR_Calc(x,xn)
```

说明：输入信号 x 是输入的纯净语音信号；xn 是输入的含噪信号。输出参数 snr 是计算的信噪比。

2）根据 LMS 自适应滤波器的原理，编写 MATLAB 函数，并基于测试语音 C5_1_y. wav 叠加不同信噪比的噪声，进行降噪测试，效果如图 5-3 所示。函数定义如下。

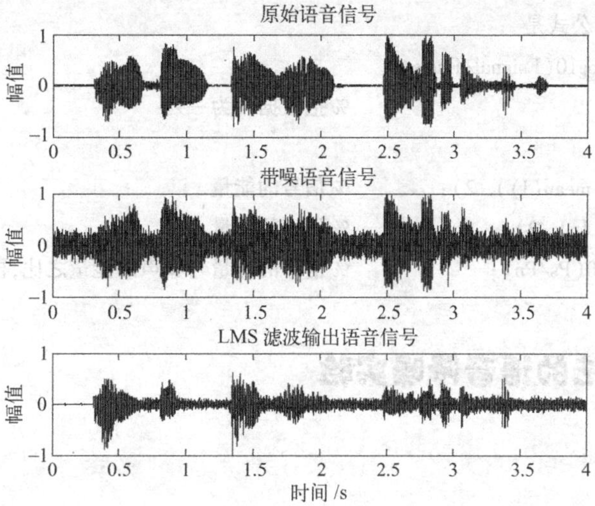


图 5-3　LMS 滤波器降噪效果图

名称：LMS

功能：自适应滤波器。

调用格式：

[yn,W,en] = LMS(xn,dn,M,mu,itr)

说明：输入参数 xn 是输入的含噪语音信号；dn 是期望的语音信号；M 是滤波器的阶数；mu 是 LMS 滤波器步长；itr 是迭代次数，默认为 xn 的长度（M < itr < length(xn)）。W 是滤波器的权值矩阵，大小为 M x itr；en 是误差序列；yn 是实际输出序列。

效果图：如图 5-3 所示。

### 5.1.4 思考题

在 LMS 的更新方程中，由于 $W(n)$ 的修正量正比于输入矢量，当输入矢量较大时，存在梯度估计噪声放大的问题。为了改进这一问题，NLMS 算法被提出。其主要改进为算法的步长用输入信号能量进行归一化。修正后的 NLMS 算法最终更新方程为

$$W(n+1) = W(n) + \beta \frac{x^{*}(n)}{\varepsilon + \| x(n) \|^{2}} e(n) \tag{5-14}$$

其中，$\varepsilon$ 是一个很小的正数；$\beta$ 是归一化步长控制因子。在计算量上 NLMS 算法与 LMS 算法相当，但解决了 LMS 梯度噪声放大以及收敛条件受自相关阵影响的缺点，因此应用广泛。

根据 NLMS 原理，试编写 NLMS 函数，并重新完成实验要求 2)。

### 5.1.5 参考例程

```
%信噪比计算函数
function snr = SNR_Calc(I,In)
%计算带噪语音信号的信噪比
% I 是纯语音信号
% In 是带噪的语音信号
%信噪比计算公式是
% snr = 10 * log10(Esignal/Enoise)
I = I(:)';                          %把数据转为一列
In = In(:)';
Ps = sum((I - mean(I)).^2);         %信号的能量
Pn = sum((I - In).^2);              %噪声的能量
snr = 10 * log10(Ps/Pn);            %信号的能量与噪声的能量之比,再求分贝值
```

## 5.2 基于谱减法的语音降噪实验

### 5.2.1 实验目的

1）了解一般谱减法的基本原理。
2）掌握基于谱减法的语音降噪原理。
3）编程实现基于谱减法的语音降噪函数，并仿真验证。

## 5.2.2 实验原理

### 1. 基本谱减法

设语音信号的时间序列为 $x(n)$，加窗分帧处理后得到第 $i$ 帧语音信号为 $x_i(m)$，帧长为 $N$。任何一帧语音信号 $x_i(m)$ 做 FFT 后为

$$X_i(k) = \sum_{m=0}^{N-1} x_i(m)\exp\left(\mathrm{j}\frac{2\pi mk}{N}\right) \quad k = 0,1,\cdots,N-1 \tag{5-15}$$

对 $X_i(k)$ 求出每个分量的幅值和相角，幅值是 $|X_i(k)|$，相角为

$$X_{\text{angle}}^{i}(k) = \arctan\left[\frac{\operatorname{Im}(X_i(k))}{\operatorname{Re}(X_i(k))}\right] \tag{5-16}$$

已知前导无话段（噪声段）时长为 IS，对应的帧数为 NIS，可以求出该噪声段的平均能量为

$$D(k) = \frac{1}{\text{NIS}}\sum_{i=1}^{NIS} |X_i(k)|^2 \tag{5-17}$$

谱减公式为

$$|\hat{X}_i(k)|^2 = \begin{cases} |X_i(k)|^2 - a\times D(k) & |X_i(k)|^2 \geqslant a\times D(k) \\ b\times D(k) & |X_i(k)|^2 < a\times D(k) \end{cases} \tag{5-18}$$

式中，$a$ 和 $b$ 是两个常数，$a$ 称为过减因子；$b$ 称为增益补偿因子。

谱减后的幅值为 $|\hat{X}_i(k)|$，结合原先的相角 $X_{\text{angle}}^{i}(k)$，就可利用快速傅里叶逆变换求出增强后的语音序列 $\hat{x}_i(m)$。

整个算法的原理如图 5-4 所示。

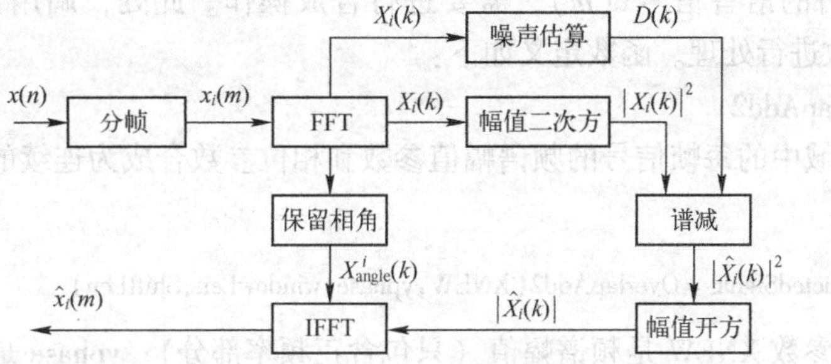


图 5-4 基本谱减法原理图

### 2. Boll 的改进谱减法

1979 年，S. F. Boll 提出一种改进的谱减法。主要的改进点如下。

（1）在谱减法中使用信号的频谱幅值或功率谱

改进的谱减公式为

$$|\hat{X}_i(k)|^{\gamma} = \begin{cases} |X_i(k)|^{\gamma} - \alpha\times D(k) & |X_i(k)|^{\gamma} \geqslant \alpha\times D(k) \\ \beta\times D(k) & |X_i(k)|^{\gamma} < \alpha\times D(k) \end{cases} \tag{5-19}$$

噪声段的平均谱值为

$$D(k) = \frac{1}{\text{NIS}} \sum_{i=1}^{NIS} |X_i(k)|^\gamma \tag{5-20}$$

当 $\gamma=1$ 时，算法相当于用谱幅值做谱减法；当 $\gamma=2$ 时，算法相当于用功率谱做谱减法。式中，$\alpha$ 为过减因子；$\beta$ 为增益补偿因子。

(2) 计算平均谱值

在相邻帧之间计算平均值：

$$Y_i(k) = \frac{1}{2M+1} \sum_{j=-M}^{M} X_{i+j}(k) \tag{5-21}$$

利用 $Y_i(k)$ 取代 $X_i(k)$，可以得到较小的谱估算方差。

(3) 减少噪声残留

在减噪过程中保留噪声的最大值，从而在谱减法中尽可能地减少噪声残留，从而削弱"音乐噪声"。

$$D_i(k) = \begin{cases} D_i(k) & D_i(k) \geqslant \max|N_R(k)| \\ \min\{D_j(k) \mid j \in [i-1, i, i+1]\} & D_i(k) < \max|N_R(k)| \end{cases} \tag{5-22}$$

此处，$\max|N_R(k)|$ 代表最大噪声残余。

### 5.2.3 实验步骤及要求

**1. 实验步骤**

运行 MATLAB→新建 m 文件→编写 m 程序→编译并调试。

**2. 实验要求**

由实验内容可知，谱减法是以帧为单位进行计算的。为此，如果从增强后的语音序列 $\hat{x}_i(m)$ 获得增强后的语音信号 $\hat{x}(m)$，需要进行合成操作。此处，调用 E. Zavarehei 编写的 OverlapAdd2 函数进行处理。函数定义如下：

名称：OverlapAdd2

功能：把频域中的每帧信号的频谱幅值参数和相位参数合成为连续的语音信号。

调用格式：

```
ReconstructedSignal = OverlapAdd2(XNEW, yphase, windowLen, ShiftLen)
```

说明：输入参数 XNEW 是频谱幅值（只包含正频率部分）；yphase 是频谱相角（只包含正频率部分）；windowLen 为帧长；ShiftLen 是帧移。函数输出是合成后的连续语音信号。

1）根据基本谱减法的原理，编写 MATLAB 函数，并基于测试语音 C5_2_y. wav 叠加不同信噪比的噪声，进行降噪测试，效果如图 5-5 所示。函数定义如下。

名称：SpectralSub

功能：谱减法语音降噪。

调用格式：

```
output = SpectralSub(signal, wlen, inc, NIS, a, b)
```

说明：输入参数 signal 是输入的含噪语音信号；wlen 为窗函数或窗长；inc 是帧移；NIS 是前导无话段帧数；a 为过减因子；b 为增益补偿因子。output 是降噪后的信号。

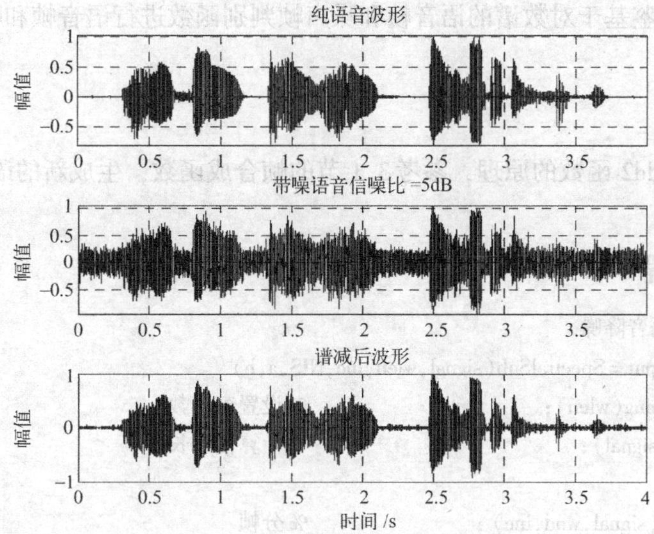


图 5-5 基本谱减法降噪效果图

效果图：如图 5-5 所示。

2）根据 Boll 的改进谱减法的原理，编写 MATLAB 函数，并基于测试语音 C5_2_y. wav 叠加不同信噪比的噪声，进行降噪测试，效果如图 5-6 所示。函数定义如下。

名称：SpectralSubIm

功能：基于 Boll 的改进谱减法语音降噪。

调用格式：

```
output = SpectralSubIm( signal, wind, inc, NIS, Gamma, Beta)
```

说明：输入参数 signal 是输入的含噪语音信号；wind 为窗函数或窗长；inc 是帧移；NIS 是前导无话段帧数；Gamma 和 Beta 是算法参数。output 是降噪后的信号。

效果图：如图 5-6 所示。

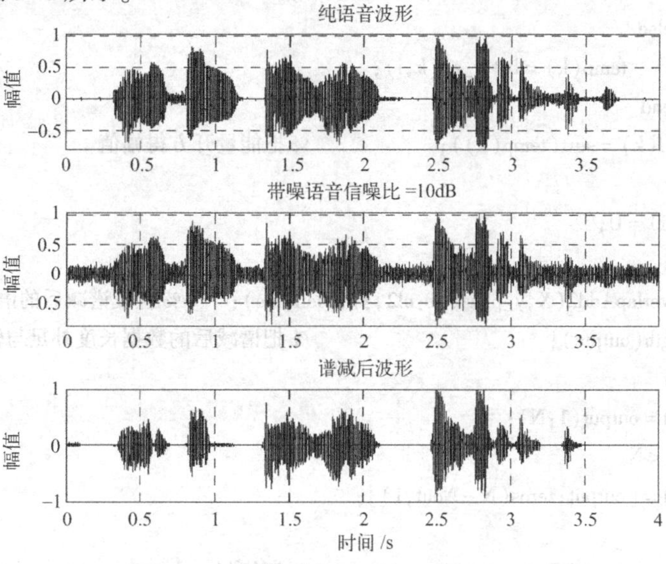


图 5-6 改进谱减法降噪效果图

提示：可以借鉴基于对数谱的语音帧和噪声帧判别函数进行语音帧和噪声帧的判断，从而更新噪声谱。

### 5.2.4 思考题

根据 OverlapAdd2 函数的原理，参考 3.1 节的帧合成函数，生成新的语音合成函数 OverlapAddN。

### 5.2.5 参考例程

```
%谱减法语音降噪
function output = SpectralSub(signal,wlen,inc,NIS,a,b)
wnd = hamming(wlen);                          %设置窗函数
N = length(signal);                           %计算信号长度

y = enframe(signal,wnd,inc)';                 %分帧
fn = size(y,2);                               %求帧数

y_fft = fft(y);                               % FFT
y_a = abs(y_fft);                             %求取幅值
y_phase = angle(y_fft);                       %求取相位角
y_a2 = y_a.^2;                                %求能量
Nt = mean(y_a2(:,1:NIS),2);                   %计算噪声段平均能量
nl2 = wlen/2 + 1;                             %求出正频率的区间

for i = 1:fn;                                 %进行谱减
    for k = 1:nl2
        if y_a2(k,i) > a * Nt(k)
            temp(k) = y_a2(k,i) - a * Nt(k);
        else
            temp(k) = b * y_a2(k,i);
        end
        U(k) = sqrt(temp(k));                 %把能量开方得幅值
    end
    X(:,i) = U;
end;
output = OverlapAdd2(X,y_phase(1:nl2,:),wlen,inc);     %合成谱减后的语音
Nout = length(output);                        %把谱减后的数据长度补足与输入等长
if Nout > N
    output = output(1:N);
elseif Nout < N
    output = [output;zeros(N - Nout,1)];
end
output = output/max(abs(output));             %幅值归一
```

## 5.3 基于维纳滤波的语音降噪实验

### 5.3.1 实验目的

1）了解维纳滤波的意义。

2）掌握基于维纳滤波的语音降噪原理。

3）编程实现基于维纳滤波的语音降噪函数，并仿真验证。

### 5.3.2 实验原理

#### 1. 维纳滤波的基本原理

基本维纳滤波就是用来解决从噪声中提取信号问题的一种过滤（或滤波）方法。它基于平稳随机过程模型，且假设退化模型为线性空间不变系统的。实际上这种线性滤波问题，可以看成是一种估计问题或一种线性估计问题。基本的维纳滤波是根据全部过去的和当前的观察数据来估计信号的当前值，它的解是以均方误差最小条件下所得到的系统的传递函数 $H(z)$ 或单位样本响应 $h(n)$ 的形式给出的，因此更常称这种系统为最佳线性过滤器或滤波器。设计维纳滤波器的过程就是寻求在最小均方误差下滤波器的单位样本响应 $h(n)$ 或传递函数 $H(z)$ 的表达式，其实质是解维纳 - 霍夫（Wiener - Hopf）方程。

设带噪语音信号为

$$x(n)=s(n)+v(n) \tag{5-23}$$

其中，$x(n)$ 表示带噪信号；$v(n)$ 表示噪声。则经过维纳滤波器 $h(n)$ 的输出响应 $y(n)$ 为

$$y(n) = x(n) * h(n) = \sum_m h(m)x(n-m) \tag{5-24}$$

理论上，$x(n)$ 通过线性系统 $h(n)$ 后得到的 $y(n)$ 应尽量接近于 $s(n)$，因此 $y(n)$ 为 $s(n)$ 的估计值，可用 $\hat{s}(n)$ 表示，即

$$y(n)=\hat{s}(n) \tag{5-25}$$

从式（5-24）可知，卷积形式可以理解为从当前和过去的观察值 $x(n)$，$x(n-1)$，$x(n-2)\cdots x(n-m)$，…来估计信号的当前值 $\hat{s}(n)$。因此，用 $h(n)$ 进行滤波实际上是一种统计估计问题。

$\hat{s}(n)$ 按最小均方误差准则使 $\hat{s}(n)$ 和 $s(n)$ 的均方误差 $\xi=E[e^2(n)]=E[\{s(n)-\hat{s}(n)\}^2]$ 达到最小。使 $\xi$ 最小的充要条件是 $\xi$ 对于 $h(n)$ 的偏导数为零，即

$$\frac{\partial\xi}{\partial h(n)}=\frac{\partial E\{e^2(n)\}}{\partial h(n)}=E\left[2e(n)\frac{\partial e(n)}{\partial w(n)}\right]=-E[2e(n)x(n-m)]=0 \tag{5-26}$$

上式整理可得

$$E[\{s(n)-\hat{s}(n)\}x(n-m)]=0 \tag{5-27}$$

这就是正交性原理或投影原理。将式（5-24）代入式（5-27）可得

$$E[s(n)x(n-m) - \sum_l h(l)E\{x(n-l)x(n-m)\}] = 0 \tag{5-28}$$

已知，$s(n)$ 和 $d(n)$ 是联合宽平稳的，因此令 $x(n)$ 的自相关函数 $R_x(m-l)=E\{x(n-m)x(n-l)\}$，$s(n)$ 与 $x(n)$ 的互相关函数 $R_{sx}(m)=E\{s(n)x(n-m)\}$ 则式（5-28）可变为

$$\sum_{l} h(l)R_x(m-l) = R_{sx}(m) \tag{5-29}$$

式（5-29）称为维纳滤波器的标准方程或维纳-霍夫（Wiener-Hopf）方程。如果已知 $R_{sx}(m)$ 和 $R_x(m-l)$，那么解此方程即可求得维纳滤波器的冲激响应。

当 $l$ 从 0 到 $N-1$ 取有限个整数值时，设滤波器冲激响应序列的长度为 $N$，冲激响应矢量为

$$\boldsymbol{h} = [h(0)h(1)\cdots.h(N-1)]^{\mathrm{T}} \tag{5-30}$$

滤波器输入数据矢量为

$$\boldsymbol{x}(n) = [x(n)x(n-1)\cdots x(n-N+1)]^{\mathrm{T}} \tag{5-31}$$

则滤波器的输出为

$$\boldsymbol{y}(n) = \hat{s}(n) = x^{\mathrm{T}}(n)h = h^{\mathrm{T}}x(n) \tag{5-32}$$

这样，式（5-29）所示的维纳-霍夫方程可写成

$$\boldsymbol{Q} = Rh \tag{5-33}$$

其中，$\boldsymbol{Q} = E[\boldsymbol{x}(n)\boldsymbol{s}(n)]$ 是 $\boldsymbol{s}(n)$ 与 $\boldsymbol{x}(n)$ 的互相关函数，它是一个 $N$ 维列矢量；$\boldsymbol{R}$ 是 $x(n)$ 的自相关函数，是 $N$ 阶方阵 $\boldsymbol{R} = E[\boldsymbol{x}(n)\boldsymbol{x}^{\mathrm{T}}(n)]$，则最优的维纳滤波器的冲激响应为

$$\boldsymbol{h}_{opt} = \boldsymbol{R}^{-1}\boldsymbol{Q} \tag{5-34}$$

如果对式（5-29）进行傅里叶变换可得

$$\boldsymbol{H}(k) = \frac{\boldsymbol{P}_{sx}(k)}{\boldsymbol{P}_x(k)} \tag{5-35}$$

式中，$\boldsymbol{P}_x(k)$ 为 $\boldsymbol{x}(n)$ 的功率谱密度；$\boldsymbol{P}_{sx}(k)$ 为 $\boldsymbol{x}(n)$ 与 $\boldsymbol{s}(n)$ 的互功率谱密度。

由于 $\boldsymbol{v}(n)$ 与 $\boldsymbol{s}(n)$ 互不相关，即 $\boldsymbol{R}_{sv}(k)=0$，则可得

$$\boldsymbol{P}_{sx}(k) = \boldsymbol{P}_s(k) \tag{5-36}$$

$$\boldsymbol{P}_x(k) = \boldsymbol{P}_s(k) + \boldsymbol{P}_v(k) \tag{5-37}$$

此时，式（5-35）可变为

$$\boldsymbol{H}(k) = \frac{\boldsymbol{P}_s(k)}{\boldsymbol{P}_s(k) + \boldsymbol{P}_v(k)} \tag{5-38}$$

该式为维纳滤波器的谱估计器。此时，$\hat{\boldsymbol{s}}(n)$ 的频谱估计值为

$$\hat{\boldsymbol{S}}(k) = \boldsymbol{H}(k) \cdot \boldsymbol{X}(k) \tag{5-39}$$

此外，$\boldsymbol{H}(k)$ 还可以写为

$$\boldsymbol{H}(k) = \frac{\boldsymbol{\lambda}_s(k)}{\boldsymbol{\lambda}_s(k) + \boldsymbol{\lambda}_v(k)} \tag{5-40}$$

式中，$\boldsymbol{\lambda}_s(k)$ 和 $\boldsymbol{\lambda}_v(k)$ 分别为第 $k$ 个频点上的信号和噪声的功率谱。

传统的维纳滤波法需要估计出纯净语音信号的功率谱，一般用类似谱减法的方法得到，即用带噪语音功率谱减去估计到的噪声功率谱，这种方法会存在残留噪声大的问题。

**2. 基于先验信噪比的维纳滤波基本原理**

改进的维纳滤波器为基于先验信噪比的维纳滤波器，其原理框图如图 5-7 所示。

对于第 $m$ 帧带噪语音信号

$$y_m(n) = s_m(n) + n_m(n) \tag{5-41}$$

式中，$s_m(n)$ 是第 $m$ 帧纯净语音信号；$n_m(n)$ 为第 $m$ 帧噪声信号。维纳滤波器就是在最小方

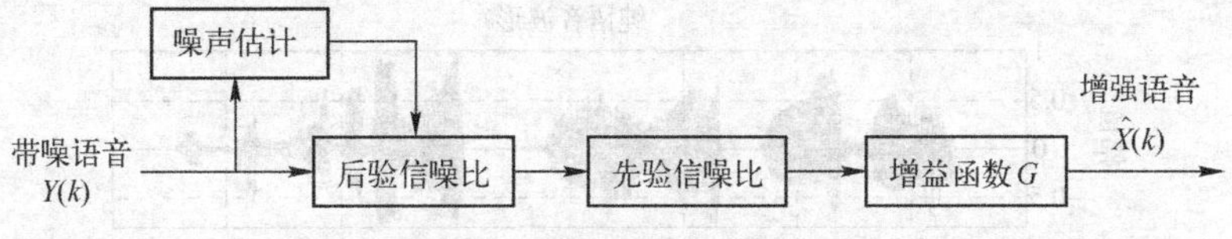


图 5-7　维纳滤波原理框图

均误差准则（MSE）下实现对语音信号 $s_m(n)$ 的估计。在 $s_m(n)$ 与 $n_m(n)$ 不相关且均为平稳随机过程条件下，对式（5-41）进行离散傅里叶变换，得

$$Y(m,k)=S(m,k)+N(m,k) \tag{5-42}$$

谱增益函数为

$$G(m,k)=\frac{\zeta(m,k)}{1+\zeta(m,k)}=\frac{\mathrm{SNR}_{\mathrm{prio}}(m,k)}{1+\mathrm{SNR}_{\mathrm{prio}}(m,k)} \tag{5-43}$$

式中，$\zeta(m,k)$（$\mathrm{SNR}_{\mathrm{prio}}$）为先验信噪比；$m$ 为帧号；$k$ 为频点。
则第 $m$ 帧增强语音可表示为

$$\hat{S}(m,k)=G(m,k)\cdot Y(m,k) \tag{5-44}$$

采用直接判决（Decision - Directed）法来估计先验信噪比 $\mathrm{SNR}_{\mathrm{prio}}$，即

$$\mathrm{SNR}_{\mathrm{prio}}(m,k)=\alpha\cdot \mathrm{SNR}_{\mathrm{prio}}(m-1,k)+(1-\alpha)\cdot \max(\mathrm{SNR}_{\mathrm{post}}(m,k)-1,0) \tag{5-45}$$

$$\mathrm{SNR}_{\mathrm{post}}(m,k)=\frac{|Y(m,k)|^2}{|\hat{N}(m,k)|} \tag{5-46}$$

式中，$\mathrm{SNR}_{\mathrm{post}}$ 表示后验信噪比；$Y(m,k)$ 表示估计的第 $m$ 帧信号的功率谱；$\hat{N}(m,k)$ 表示估计的第 $m$ 帧噪声功率谱。

### 5.3.3　实验步骤及要求

**1. 实验步骤**

运行 MATLAB→新建 m 文件→编写 m 程序→编译并调试。

**2. 实验要求**

1）根据基本维纳滤波法的原理，编写 MATLAB 函数，并基于测试语音 C5_3_y. wav 叠加不同信噪比的噪声，进行降噪测试，效果如图 5-8。函数定义如下。

名称：Weina_Norm

功能：基本维纳滤波算法。

调用格式：

```
enhanced = Weina_Norm(x,wind,inc,NIS,alpha,beta)
```

说明：输入参数 x 是输入的含噪语音信号；wlen 为窗函数或窗长；inc 是帧移；NIS 是前导无话段帧数；alpha 和 beta 是谱减法的参数。enhanced 是降噪后的信号。

效果图：如图 5-8 所示。

2）根据基于先验信噪比的维纳滤波法的原理，编写 MATLAB 函数，并基于测试语音 C5_3_y. wav 叠加不同信噪比的噪声，进行降噪测试，效果如图 5-9。函数定义如下：

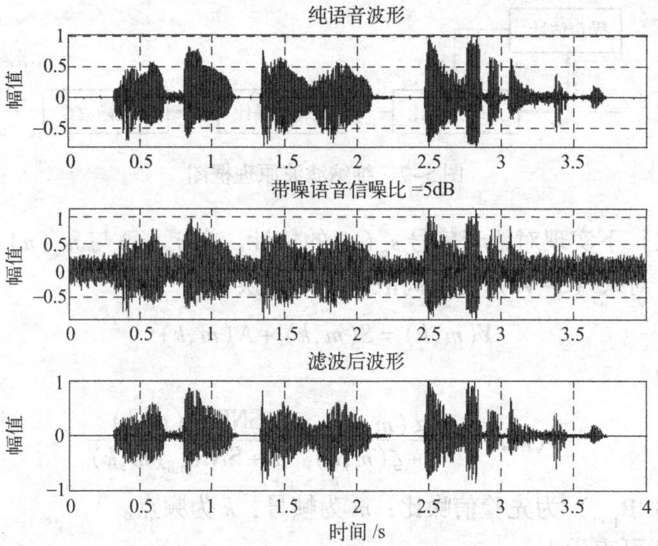


图 5-8 基本维纳滤波降噪效果图

名称：Weina_Im

功能：基于先验信噪比的维纳滤波算法。

调用格式：

```
enhanced = Weina_Im(x,wind,inc,NIS,alpha)
```

说明：输入参数 x 是输入的含噪语音信号；wlen 为窗函数或窗长；inc 是帧移；NIS 是前导无话段帧数；alpha 是信噪比平滑参数。enhanced 是降噪后的信号。

效果图：如图 5-9 所示。

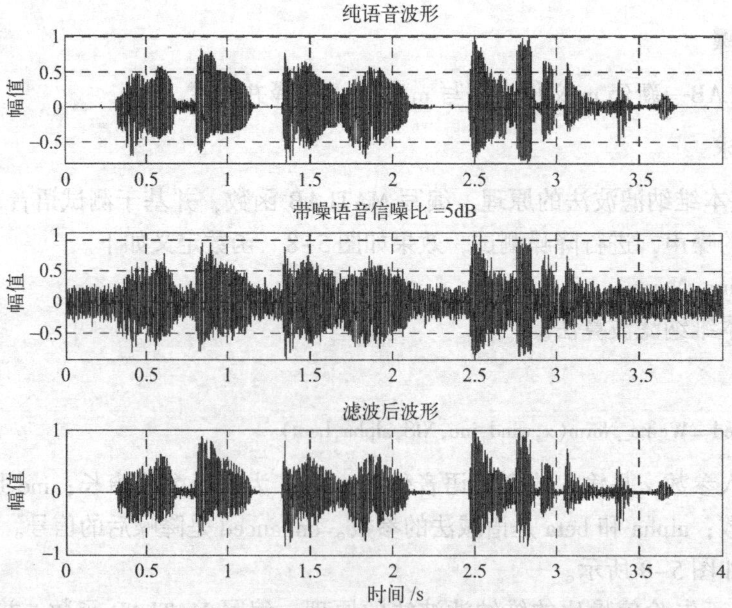


图 5-9 改进维纳滤波降噪效果图

### 5.3.4 思考题

结合上节的端点检测算法，尝试改善上述函数，只在语音段进行维纳滤波。

函数定义如下。

名称：Wiener_Vad

调用格式：

```
output = Wiener_Vad(signal,wind,inc,NIS,alpha)
```

说明：输入参数 signal 是输入的含噪语音信号；wind 为窗函数或窗长；inc 是帧移；NIS 是前导无话段帧数；alpha 是信噪比平滑参数。enhanced 是降噪后的信号。

### 5.3.5 参考例程

```
%基本维纳滤波算法
%函数定义 enhanced = Weina_Norm(x,wind,inc,NIS,alpha,beta)
% x:输入语音信号
% wind:帧长
% inc:帧重叠长度
% NIS:无声帧帧数
% alpha,beta:抑制参数
% enhanced:滤波后返回信号
function enhanced = Weina_Norm(x,wind,inc,NIS,alpha,beta)
    nwin = length(wind);                    %取窗长
    if(nwin ==1)                            %判断窗长是否为1,若为1,即表示没有设窗函数
      framesize = wind;                     %是,帧长 = win
      wnd = hamming(framesize);             %设置窗函数
    else
      framesize = nwin;                     %否,帧长 = 窗长
      wnd = wind;
    end

    y = enframe(x,wnd,inc)';                %分帧
    framenum = size(y,2);                   %求帧数
    y_fft = fft(y); % FFT
    y_a = abs(y_fft);                       %求取幅值
    y_phase = angle(y_fft);                 %求取相位角
    y_a2 = y_a.^2;                          %求能量
    noise = mean(y_a2(:,1:NIS),2);          %计算噪声段平均能量
    signal = zeros(framesize,1);
    for i = 1:framenum
        frame = y(:,i);                     %取一帧数据
        y_fft = fft(frame);          %对信号帧 y_ham 进行短时傅立叶变换,得到频域信号 y_fft
```

```
    y_fft2 = abs(y_fft).^2;    %计算频域信号 y_fft 每帧的功率谱 y_w

    %带噪语音谱减去噪声谱
    for k = 1:framesize
            if    abs(y_fft2(k))    > = alpha * noise(k)%(k,i)
                  signal(k) = y_fft2(k) - alpha * noise(k);%(k,i);
                  if signal(k) <0
                      signal(k) =0;
                  end
            else
                  signal(k) = beta * noise(k);% *0.01;
            end


    end
    %计算 H(W)
    Hw = (signal./(signal +1 * noise)).^1 ;
    %维纳滤波器输出
    yw(:,i) = Hw. * y_fft;
    yt(:,i) = ifft(yw(:,i));
end
enhanced = filpframe(yt ,wnd,inc);
```

## 5.4 基于小波分解的语音降噪实验

### 5.4.1 实验目的

1）了解小波分解滤波的意义。

2）掌握基于小波滤波的语音降噪原理。

3）编程实现基于小波滤波的语音降噪函数，并仿真验证。

### 5.4.2 实验原理

**1. 小波分析的意义**

在传统的傅里叶分析中，信号完全是在频域展开的，不包含任何时频的信息。因为丢弃的时域信息对某些应用同样重要，所以出现很多能表征时域和频域信息的信号分析方法，如短时傅里叶变换、Gabor 变换、时频分析、小波变换等。其中，短时傅里叶变换是在傅里叶分析基础上引入时域信息的最初尝试，在假定一定长度时间窗内的信号是平稳的前提下，短时傅里叶变换可以通过将每个时间窗内的信号展开到频域的方法来获得局部的频域信息。但是，短时傅里叶变换的时域区分度只能依赖于大小不变的时间窗，对某些瞬态信号来说还是粒度太大。所以，对很多应用来说不够精确，短时傅里叶变换仍存在很大的缺陷。

而小波分析克服了短时傅里叶变换在单分辨率上的缺陷，具有多分辨率分析的特点，在时域和频域都有表征信号局部信息的能力，时间窗和频率窗都可以根据信号的具体形态动态调整。在一般情况下，在低频部分（信号较平稳）可以采用较低的时间分辨率来提高频率的分辨率，在高频情况下（频率变化不大）可以用较低的频率分辨率来换取精确的时间定位。因为这些特性，小波分析可以探测正常信号中的瞬态，并展示其频率成分，被称为数学显微镜，广泛应用于各个时频分析领域。

**2. 小波分析的基本原理**

小波是函数空间 $L^2(R)$ 中满足下述条件的一个函数或者信号 $\psi(x)$：

$$C_\psi = \int_{R^*} \frac{|\hat{\psi}(\omega)|^2}{|\omega|} \mathrm{d}\omega < \infty \tag{5-47}$$

式中，$R^* = R - \{0\}$ 表示非零实数全体；$\hat{\psi}(\omega)$ 是 $\psi(x)$ 的傅里叶变换；$\psi(x)$ 称为小波母函数。

对于实数对 $(a,b)$，参数 $a$ 为非零实数，函数

$$\psi(a,b)(x) = \frac{1}{\sqrt{|a|}} \psi\left(\frac{x-b}{a}\right) \tag{5-48}$$

称为由小波母函数 $\psi(x)$ 生成的依赖于参数对 $(a,b)$ 的连续小波函数，简称小波。其中：$a$ 称为伸缩因子；$b$ 称为平移因子。

对信号 $f(x)$ 的连续小波变换则定义为

$$W_f(a,b) = \frac{1}{\sqrt{|a|}} \int_R f(x) \psi\left(\frac{x-b}{a}\right) \mathrm{d}x = \langle f(x), \psi_{a,b}(x) \rangle \tag{5-49}$$

其逆变换为

$$f(x) = \frac{1}{C_\psi} \iint_{R \times R^*} W_f(a,b) \psi\left(\frac{x-b}{a}\right) \mathrm{d}a\mathrm{d}b \tag{5-50}$$

信号 $f(x)$ 的离散小波变换定义为

$$W_f(2^j, 2^j k) = 2^{-j/2} \int_{-\infty}^{+\infty} f(x) \psi(2^{-j}x - k) \mathrm{d}x \tag{5-51}$$

其逆变换（恢复信号或重构信号）为

$$f(t) = C \sum_{j=-\infty}^{+\infty} \sum_{k=-\infty}^{+\infty} W_f(2^j, 2^j k) \psi_{(2j,2jk)}(x) \tag{5-52}$$

其中，$C$ 是一个与信号无关的常数。在 MATLAB 小波工具箱中提供了多种小波、包括 Harr 小波、Daubecheies（dbN）小波系、Symlets（symN）小波系、ReverseBior（rbio）小波系、Meyer（meyer）小波、Dmeyer（dmey）小波、Morlet（morl）小波、Complex Gaussian（cgau）小波系、Complex morlet（cmor）小波系、Lemarie（lem）小波系等。实际应用中应根据支撑长度、对称性、正则性等标准选择合适的小波函数。

**3. 小波降噪的基本原理**

小波降噪是 Donoho 和 Johnstone 提出的，其主要理论依据是，小波变换具有很强的去数据相关性，它能够使信号的能量在小波域集中在一些大的小波系数中；而噪声的能量却分布于整个小波域内。因此，经小波分解后，信号的小波系数幅值要大于噪声的系数幅值。因此，幅值比较大的小波系数一般以信号为主，而幅值比较小的系数在很大程度上是噪声。于是，采用阈值的办法可以把信号系数保留，而使大部分噪声系数减小至零。小波降噪的具体处理过程为：将含噪信号在各尺度上进行小波分解，设定一个阈值，幅值低于该阈值的小波

系数置为0，高于该阈值的小波系数或者完全保留，或者做相应的“收缩（shrinkage）”处理。最后，将处理后获得的小波系数用逆小波变换进行重构，得到去噪后的信号。

阈值去噪中，阈值函数体现了对超过和低于阈值的小波系数不同处理策略，是阈值去噪中关键的一步。设 $w$ 表示小波系数，$T$ 为给定阈值，sgn( $*$ )为符号函数，常见的阈值函数主要有以下两种。

硬阈值函数：

$$w_{new}=\begin{cases}w, & |w|\geqslant T\\ 0, & |w|<T\end{cases} \tag{5-53}$$

软阈值函数：

$$w_{new}=\begin{cases}\mathrm{sgn}(w)(|w|-T), & |w|\geqslant T\\ 0, & |w|<T\end{cases} \tag{5-54}$$

**4. 其他阈值函数**

传统的软、硬阈值函数在实际应用中还需进一步改进和提高。国内外在这方面也作了很多相关的研究，并提出了一些改进方法。此处列举两类。

1）软硬折中的阈值：

$$w_{new}=\begin{cases}sgn(w)(|w|-\alpha T), & |w|\geqslant T\\ 0, & |w|<T\end{cases},\quad \alpha\in(0,1] \tag{5-55}$$

2）加权平均法构造的阈值：

$$w_{new}=\begin{cases}(1-\mu)w+\mu\cdot sgn(w)(|w|-T), & |w|\geqslant T\\ 0, & |w|<T\end{cases} \tag{5-56}$$

门限 $T$ 的选取有很多方法，此处列出一种：

$$T=\frac{median(w)}{0.6745}\sqrt{2\log[(j+1)/j]} \tag{5-57}$$

这里，$median(*)$代表中值估计器，$j$ 代表当前分解层数。

**5. 相关的 MATLAB 函数**

（1）wavedec 函数

名称：wavedec

功能：多尺度一维小波分解。

调用格式：

```
[C,L] = wavedec(X,N,'wname')
[C,L] = wavedec(X,N,Lo_D,Hi_D)
```

说明：wavedec 使用给定的小波 'wname' 或者小波分解滤波器(X,N,Lo_D,Hi_D)进行一维多尺度小波分析；N 为小波分解级数。输出参数 C 为分解的小波系数；L 为对应小波系数的长度。

（2）waverec 函数

名称：waverec

功能：多尺度一维小波重构。

调用格式：

```
X = waverec(C,L', wname' )
X = waverec(C,L,Lo_R,Hi_R)
```

说明：waverec 使用给定的小波 wname' 或者小波分解滤波器(X,N,Lo_D,Hi_D)进行一维多尺度小波重构；C 为分解的小波系数；L 为对应小波系数的长度。输出参数 X 为重构信号。

### 5.4.3 实验步骤及要求

**1. 实验步骤**

运行 MATLAB→新建 m 文件→编写 m 程序→编译并调试。

**2. 实验要求**

1）根据小波降噪的软阈值法的原理，编写 MATLAB 函数，并基于测试语音 C5_4_y.wav 叠加不同信噪比的噪声，进行降噪测试，效果如图 5-10 所示。函数定义如下。

名称：Wavelet_Soft

功能：基于小波分解的软阈值法语音降噪。

调用格式：

```
signal = Wavelet_Soft(s,jN,wname)
```

说明：输入参数 s 是输入的含噪语音信号；jN 为小波分解层数；wname 是小波基名称。signal 是降噪后的信号。

效果图：如图 5-10 所示。

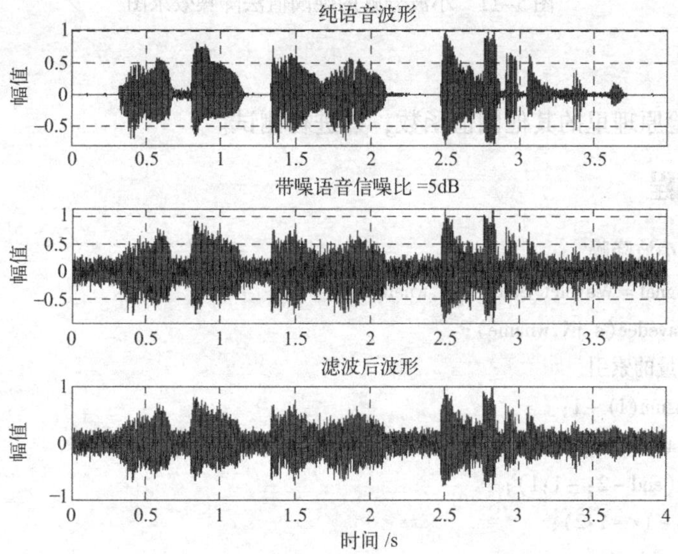


图 5-10 小波分解的软阈值法降噪效果图

2）根据小波降噪的软阈值法的原理，编写 MATLAB 函数，并基于测试语音 C5_4_y.wav 叠加不同信噪比的噪声，进行降噪测试，效果如图 5-11。函数定义如下。

名称：Wavelet_Hard

功能：基于小波分解的硬阈值法语音降噪。

调用格式：

```
signal = Wavelet_ Hard(s,jN,wname)
```

说明：输入参数 s 是输入的含噪语音信号；jN 为小波分解层数；wname 是小波基名称。signal 是降噪后的信号。

效果图：如图 5-11 所示。

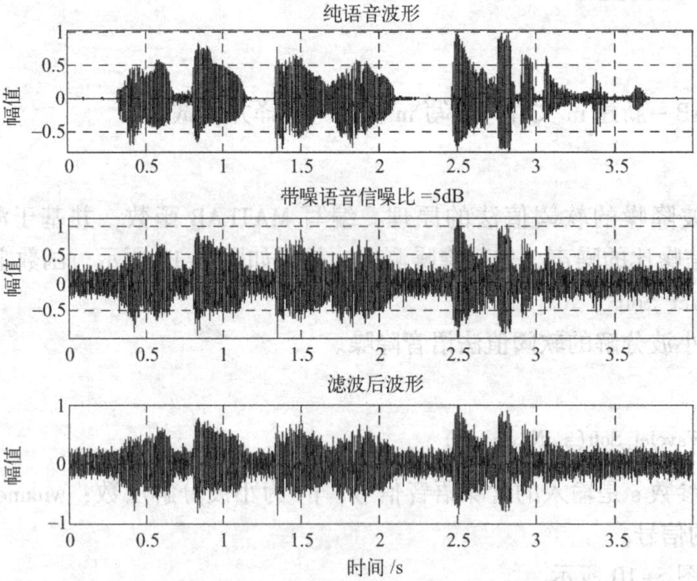


图 5-11　小波分解的硬阈值法降噪效果图

## 5.4.4　思考题

尝试实现实验原理里的其他阈值函数，并进行测试。

## 5.4.5　参考例程

```
%软阈值小波降噪
function signal = Wavelet_Soft(s,jN,wname)
[c,l] = wavedec(s,jN,wname);
%高频分量的索引
first = cumsum(l) +1;
first1 = first;
first = first(end -2: -1:1);
ld = l(end -1: -1:2);
last = first + ld -1;
% ---------------------------------------------------
%软阈值
cxdsoft = c;
```

```
for j = 1:jN                                  % j 是分解尺度
    flk = first(j):last(j);                   % flk 是 di 在 c 中的索引
%       thr(j) = sqrt(log(length(flk)))/log(j+1);
    thr(j) = sqrt(2 * log((j+1)/j)) * median(c(flk))/0.6745;
    for k = 0:(length(flk) - 1)               % k 是位移尺度
        djk = c(first(j) + k);                % 为了简化程序
        absdjk = abs(djk);
        thr1 = thr(j);
        if absdjk < thr1
            djk = 0;
        else
            djk = sign(djk) * (absdjk - thr1);
        end
        cxdsoft(first(j) + k) = djk;
    end
end
signal = waverec(cxdsoft,l,wname);
```

# 第 6 章　语音编码实验

## 6.1　PCM 编解码实验

### 6.1.1　实验目的

1）了解语音信号 PCM 编码的原理。

2）掌握 PCM 编解码的步骤流程。

3）根据原理能编程实现 PCM 编码和解码的计算。

### 6.1.2　实验原理

脉冲编码调制（Pulse Code Modulation，PCM）是语音信号的重要编码方式之一。语音编码是将模拟信号转为数字信号的语音通信技术，分为波形编码、参量编码和混合编码等类型。波形编码针对语音波形进行，在降低量化样本比特数的同时保持了良好的语音质量。PCM 编码就是一种波形编码方法，通过每隔一段时间对模拟语音信号采样，将其取整量化，用二进制码表示抽样量化的幅值，实现将语音数字化的编码调制。

PCM 是现代数字传输系统普遍采用的调制方式。PCM 可以向用户提供多种业务，包括 2M～155 Mbit/s 速率的数字数据专线业务和语音、图像、远程教学等业务，适用于传输速率要求高、需要更高带宽的应用，在语音信号处理中有着广泛的运用。

PCM 分为抽样、量化和编码三个步骤，如图 6-1 所示。下面对此过程进行介绍。

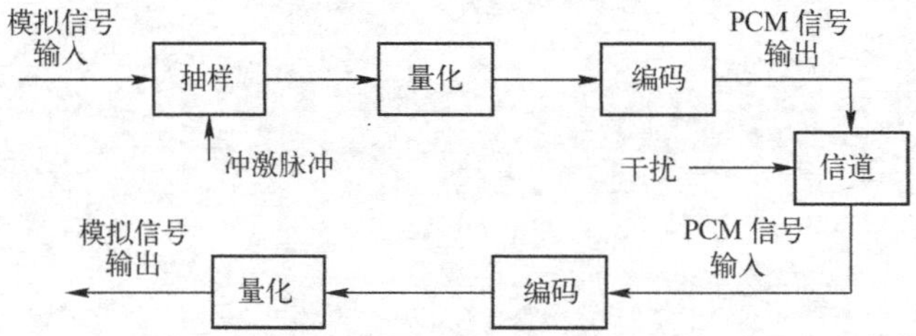


图 6-1　PCM 编解码流程

**1. 抽样**

语音信号具有频率和振幅特征，频率对应于时间轴，振幅对应于电平轴，而由于存储空间有限，数字编码过程中，必须对正弦信号进行抽样。抽样是把模拟信号以其信号带宽 2 倍以上的频率提取样值，变为在时间轴上离散的抽样信号的过程。对一个正弦信号进行抽样获得的抽样信号是一个脉冲幅度调制信号，对抽样信号进行检波和平滑滤波，即可还原出原来的模拟信号。

抽样过程就是抽取某点的频率值的过程。显然，在 1 s 内抽取的点越多，获取的频率信息越丰富。为了复原波形，一次振动中必须有 2 个点的采样，人耳能够感觉到的最高频率为 20 kHz，因此要满足人耳的听觉要求，则需要至少每秒进行 40000 次采样，即采样率为

44.1 kHz。光有频率信息是不够的，还必须获得该频率的能量值并量化，用于表示信号强度。量化电平数为 2 的整数次幂，常用 16 bit 的采样大小即 $2^{16}$。例如对一个语音信号进行 8 次采样，采样点分别对应的能量值分别为 A1 ~ A8，使用 2 bit 的采样大小只能保留 A1 ~ A8 中 4 个点，而进行 3 bit 的采样则刚好记录下 8 点的所有信息。采样率和采样大小的值越大，记录的波形越接近原始信号。

抽样可以看作是周期性单位冲激脉冲和语音模拟信号的相乘，结果为一系列的周期性冲激脉冲，脉冲的高度与模拟信号的取值成正比。若抽样速率足够大，则离散的冲激脉冲可以完全代替模拟信号，即由这些离散信号可恢复出原信号。

抽样定理表述为：设有最高频率小于 $f_H$ 的信号 $m(t)$，将周期为 $T \leqslant 1/2f_H$ 的冲激脉冲信号 $\delta_T(t)$ 与其相乘进行抽样，则 $m(t)$ 被抽样信号完全确定。

$$m_s(t) = m(t)\delta_T(t) \tag{6-1}$$

则 $m(t)$ 的傅里叶变换为

$$M_s(f) = M(f) * \Delta_\Omega(f) \tag{6-2}$$

其中，

$$\Delta_\Omega(f) = \frac{1}{T}\sum_{n=-\infty}^{\infty}\delta(f - nf_s), \quad f_s = \frac{1}{T} \tag{6-3}$$

$$M_s(f) = \frac{1}{T}\left[M(f) * \sum_{n=-\infty}^{\infty}\delta(f - nf_s)\right] = \frac{1}{T}\sum_{n=-\infty}^{\infty}M(f - nf_s) \tag{6-4}$$

由上可见，当频率间隔 $f_s \geqslant 2f_H$ 时，$M_s(f)$ 包含的每个原信号频谱间不重叠，这样就能用低通滤波器从抽样信号中恢复原信号。

由于实际的滤波器不够理想，边缘不够陡峭，因此实际抽样频率需要比 $2f_H$ 大些，如典型的电话信号最高频率限制在 3400 Hz，而抽样频率一般取为 8 kHz。

**2. 量化**

抽样信号虽然是时间轴上离散的信号，但仍是模拟信号，其值在一定的取值范围内可有无限多个值。显然，对无限个样值给出数字码组来对应是不可能的。为了实现以数字码表示样值，必须采用四舍五入的方法把样值分级取整，使一定取值范围内的样值由无限多个值变为有限个值。这一过程称为量化。

量化后的抽样信号与量化前相比较有所失真，且不再是模拟信号。这种量化失真在接收端还原模拟信号时表现为噪声，称为量化噪声。量化噪声的大小取决于把样值分级取整的方式，分的级数越多，即量化级差或间隔越小，量化噪声也越小。

设模拟抽样信号为 $m(kT)$，抽样值仍为取值连续的变量。用 $N$ 个不同的二进制数字码元来表示抽样值大小，则共有 $M = 2^N$ 个不同的抽样值。

将抽样范围划分为 $M$ 个区间，每个区间用一个电平表示。这样，共有 $M$ 个离散电平，成为量化电平。$M$ 个抽样区间等间隔划分，为均匀量化，否则为非均匀量化。量化信号表示为

$$m_q(kT) = q_i, \quad m_{i-1} \leqslant m(kT) < m_i \tag{6-5}$$

若为均匀量化，量化值可取量化间隔的中点：

$$q_i = (m_i + m_{i-1})/2, \quad i = 0,1,\cdots M \tag{6-6}$$

**3. 编码**

量化后的抽样信号在一定范围内仅有有限个可取的样值，且信号正负幅度分布的对称性

使正负样值个数相等，正负向的量化级对称分布。若将有限个量化样值绝对值从小到大排列，依次赋予十进制数字，以+、-号为前缀，则量化后的抽样信号就转化为按时序排列的十进制数字码流。将数字转换为二进制编码，根据十进制代码总个数确定二进制位数，即字长。这样把量化的抽样信号变换成给定字长的二进制码流的过程称为编码。

二进制码可经受较高的噪声电平的干扰，并且易于再生，因此 PCM 一般采用二进制码。对于 $Q$ 个量化电平，可以用 $k$ 位二进制码表示，其中每一种组合为一个码字。在点对点通信或短距离通信中，采用 $k=7$ 位码已基本满足质量要求，而对于干线远程的全网通信，一般需要经过多次转接，有较高的质量要求，目前多采用 8 位编码 PCM 设备。

## 6.1.3 实验步骤及要求

**1. 实验步骤**

运行 MATLAB→新建 m 文件→编写 m 程序→编译并调试。

**2. 实验要求**

1）为了显示方便，分别编写编码、解码函数程序 pcm_encode. m、pcm_decode. m，pcm_encode. m 对输入的原模拟信号进行编码，pcm_decode. m 对生成的 PCM 码进行解码恢复出原信号。具体函数定义如下。

函数格式：

```
out = pcm_encode(x)
```

输入参数：x 是待编码的原模拟信号。

输出参数：out 是经 PCM 编码得到的二进制数字采样信号。

函数格式：

```
out = pcm_decode(ins,v)
```

输入参数：ins 是 8 位 PCM 采样信号；v 是量化级电平。

输出参数：out 是解码恢复出的原模拟信号。

2）编程实现对信号的编码和解码过程。取不同幅度的正弦信号作为输入，基于测试语音 C6_1_y. wav 依次调用函数进行 PCM 编码、PCM 解码，对解码后恢复的各信号与原信号作对比，如图 6-2 所示。

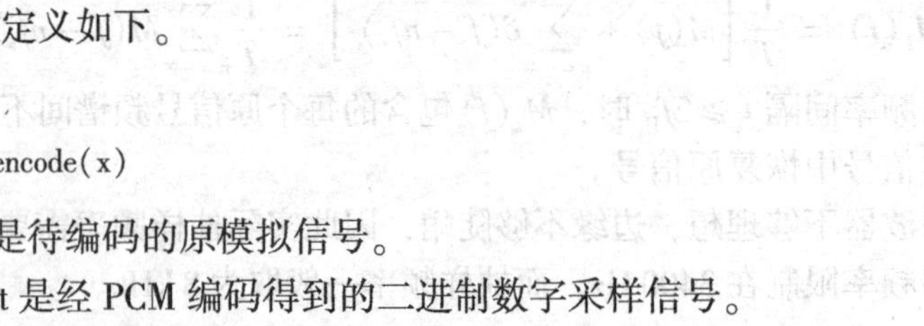


a)

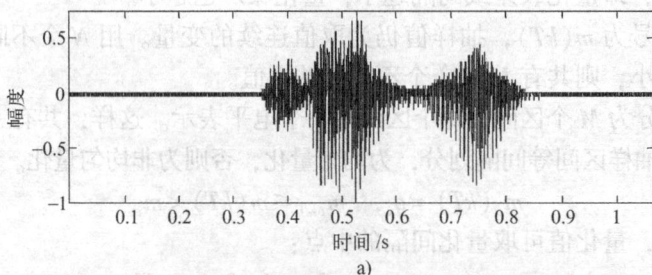

图 6-2 PCM 编解码前后对比图

a）编码前语音

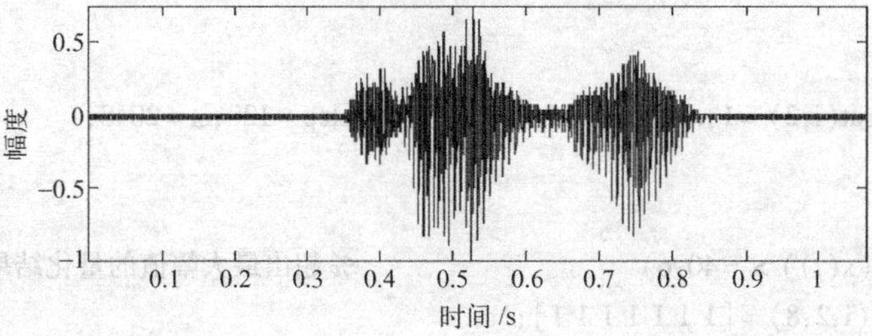

b)

图 6-2 PCM 编解码前后对比图（续）

b）编码后语音

## 6.1.4 思考题

编程比较不同的信号分辨率对 PCM 编码的量化噪声的影响。

## 6.1.5 参考例程

```
%PCM 解码程序
function[out] = pcm_encode(x)
%PCM 编码函数实现
n = length(x);                                          % -4096 < x < 4096
for i = 1:n
    if x(i) > 0
        out(i,1) = 1;                                   %根据符号输出第 1 位量化结果
    else
        out(i,1) = 0;
    end
    if abs(x(i)) >= 0 & abs(x(i)) < 32                  %根据输入范围输出后 2 ~ 4 位
        out(i,2) = 0;out(i,3) = 0;out(i,4) = 0;step = 2;st = 0;
    elseif 32 <= abs(x(i)) & abs(x(i)) < 64
        out(i,2) = 0;out(i,3) = 0;out(i,4) = 1;step = 2;st = 32;
    elseif 64 <= abs(x(i)) & abs(x(i)) < 128
        out(i,2) = 0;out(i,3) = 1;out(i,4) = 0;step = 4;st = 64;
    elseif 128 <= abs(x(i)) & abs(x(i)) < 256
        out(i,2) = 0;out(i,3) = 1;out(i,4) = 1;step = 8;st = 128;
    elseif 256 <= abs(x(i)) & abs(x(i)) < 512
        out(i,2) = 1;out(i,3) = 0;out(i,4) = 0;step = 16;st = 256;
    elseif 512 <= abs(x(i)) & abs(x(i)) < 1024
        out(i,2) = 1;out(i,3) = 0;out(i,4) = 1;step = 32;st = 512;
    elseif 1024 <= abs(x(i)) & abs(x(i)) < 2048
        out(i,2) = 1;out(i,3) = 1;out(i,4) = 0;step = 64;st = 1024;
    elseif 2048 <= abs(x(i)) & abs(x(i)) < 4096
        out(i,2) = 1;out(i,3) = 1;out(i,4) = 1;step = 128;st = 2048;
```

```
    else
        out(i,2) =1;out(i,3) =1;out(i,4) =1;step =128;st =2048;
    end

    if(abs(x(i)) > =4096)                    %超出最大幅值的量化结果
       out(i,2:8) =[1 1 1 1 1 1 1];
    else                                     %未超出,计算后4位
        tmp = floor((abs(x(i)) - st)/step);
        t = dec2bin(tmp,4) -48;              %十进制转为4位二进制字符串
        out(i,5:8) = t(1:4);
    end
end
out = reshape(out ,1,8 * n);                 %调整为长为8n的行向量
```

## 6.2 LPC编解码实验

### 6.2.1 实验目的

1）了解语音信号LPC编码的原理。

2）掌握LPC编解码的步骤流程。

3）根据原理能编程实现LPC编码和解码的计算。

### 6.2.2 实验原理

线性预测编码（linear predictive coding，LPC）是运用于音频信号处理与语音处理的压缩编码方式，根据线性预测模型的信息表示数字语音信号谱包络。它是最有效的语音分析技术之一，也是低位速高质量语音编码的最有用的方法之一，能够提供非常精确的语音参数预测。线性预测编码通过估计共振峰剔除它们在语音信号中的作用，估计保留的蜂鸣音强度与频率来分析语音信号；同时，使用蜂鸣参数与残余信号生成源信号，使用共振峰生成表示声道的滤波器，源信号经过滤波器的处理来逆向合成语音信号。由于语音信号随着时间变化，这个过程是在一段段的语音信号帧上进行处理的，通常每秒30～50帧就能对可理解的信号进行很好的压缩。

线性预测编码通常用于语音的重新合成，它是电话公司使用的声音压缩格式，如GSM标准就在使用LPC编码格式。它还用作安全无线通信中的格式，在安全的无线通信中，声音必须进行数字化、加密然后通过狭窄的语音信道传输。

线性预测分析的基本思想是：由于语音样点之间存在相关性，所以可以用过去的样点值来预测现在或将来的样点值，即一个语音抽样可以用过去若干个语音抽样或它们的线性组合来逼近。通过使实现语音抽样与线性预测抽样之间的误差在某个准则（通常为最小均方误差准则）下达到最小值来决定一组预测系数。这一组预测系数就反映了语音信号的特性，可以作为语音信号的特征参数用于语音合成和语音识别等。

下面对LPC的基本原理和计算过程作介绍。

**1. 线性预测基本原理**

线性预测分析对语音的产生过程有一个基本的假设，即认为语音是由一个激励信号通过一个滤波器（响应函数）得到。通过对声道模型的研究，可以认为系统的传递函数符合全极点数字滤波器的形式。系统的传递函数如下：

$$H(z) = \frac{G}{1 - \sum_{k=1}^{p} a_k z^{-k}} \tag{6-7}$$

式中，$p$ 是极点个数；$G$ 是幅值因子；$a_k$ 是模型系数。由 $p$ 和 $a_k$ 决定了声道特性，描述了说话人的特征。对于一个线性预测系统，采样点的输出 $s(n)$ 可以用前面 $p$ 个样本的线性组合来表示，定义系统输出的估计值为

$$\tilde{s}(n) = \sum_{i=1}^{p} a_i s(n-i) \tag{6-8}$$

式中，系数 $a_i$ 为预测系数；$p$ 为预测阶数。预测误差表示如下：

$$e(n) = s(n) - \tilde{s}(n) = s(n) - \sum_{i=1}^{p} a_i s(n-i) \tag{6-9}$$

定义短时预测均方误差为

$$E_n = \sum_n e^2(n) = \sum_{i=1}^{n} \left[ s(n) - \sum_{i=1}^{p} a_i s(n-i) \right]^2 \tag{6-10}$$

显然，均方误差越接近于 0，预测的准确度在均方误差最小的意义上为最佳。因此，应满足 $E_n$ 对于各系数 $a_i$ 的偏微分为 0，这样计算可得到线性预测的标准方程为

$$\sum_n s(n)s(n-j) = \sum_{i=1}^{p} a_i s(n-i)s(n-j), \quad 1 \leqslant j \leqslant p \tag{6-11}$$

可定义

$$\varphi(j,i) = \sum_n s(n-j)s(n-i) \tag{6-12}$$

则上式可简写为

$$\sum_{i=1}^{p} a_i \varphi(j,i) = \varphi(j,0) \tag{6-13}$$

求解含有 $p$ 个未知数的方程组可得到各预测系数，利用上式，可得最小均方误差为

$$E_n = \sum_n s^2(n) - \sum_{i=1}^{p} a_i \sum_n s(n)s(n-i) \tag{6-14}$$

因此，最小误差由一个固定分量和一个依赖于预测系数的分量组成，求解最佳预测系数，需要首先计算 $\varphi(i,j)$，然后可按上式求出 $a_i$。

**2. 线性预测系数的计算**

一般来说，可以采用莱文逊 – 杜宾（Levinson – Durbin）递归算法来求解线性预测系数，假设 $s(n)$ 在 $[0,N-1]$ 外等于 0，即 $s(n)$ 经过有限长度的窗处理。

$s(n)$ 的自相关函数为

$$r(j) = \sum_{n=-\infty}^{\infty} s(n)s(n-j) = \sum_{n=0}^{N-1} s(n)s(n-j) \tag{6-15}$$

由上可知，$\varphi(j,i)$ 即为 $r(j-i)$。$r(j-i)$ 只与 $j$ 和 $i$ 的相对大小有关，与 $i$、$j$ 的取值无

关，因此有

$$\varphi(j,i)=r(|j-i|) \tag{6-16}$$

这是一个含 Toeplitz 矩阵的 Yule - Walker 方程。利用 Toeplitz 矩阵的性质可得到求解 Yule - Walker 方程的高效解法——杜宾算法。其迭代过程如下：

1）计算自相关系数 $r_n(j)$。

2）$E^{(0)}=r_n(0)$。

3）$i=1$。

4）开始按公式 $k_i=\dfrac{r_n(i)-\sum\limits_{j=1}^{i-1}a_j^{(i-1)}r_n(i-j)}{E^{i-1}}$ 进行递推计算。

5）使 $i=i+1$，$i>p$，则算法结束退出，否则返回 4)，按上式进行递推。

递推的最终解为

$$a_j=a_j^{(p)},\quad 1\leqslant j\leqslant p \tag{6-17}$$

$$E^{(p)}=r_n(0)\prod_{i=1}^{p}(1-k_i^2) \tag{6-18}$$

通过 LPC 分析，由若干帧语音可得到若干组 LPC 参数，每组参数形成一个描绘该帧语音特征的矢量，即 LPC 矢量。

LPC 参数是模拟人的发声器官的，是一种基于语音合成的参数模型，每段声管对应一个 LPC 模型的极点。一般情况下，极点个数在 12 ~ 16 之间，就可以足够清晰地描述语音信号的特征了。选择 $p=12$ 可以对绝大多数的语音信号声道模型取得足够近似的逼近。$p$ 值选择过大虽可以改善逼近效果，但会增大计算量，且可能增添一些不必要的细节，导致用声道模型谱进行共振峰分析时效果变差等。

## 6.2.3 实验步骤及要求

### 1. 实验步骤

运行 MATLAB→新建 m 文件→编写 m 程序→编译并调试。

### 2. 实验要求

1）为了显示方便，分别编写编码、解码函数程序 encode1. m、decode1. m。encode1. m 对输入的原模拟信号进行线性预测编码，decode1. m 对生成的 LPC 码进行解码恢复出原信号。具体函数定义如下。

函数格式：

```
[ipitch,irms,irc] = encode1(pitcha,rms,kk)
```

输入参数：pitcha 是基音频率，rms 表示均方误差，kk 表示预测系数。

输出参数：ipitch 为已编码的基音频率，irms 为量化的均方误差，irc 为量化的预测系数。

函数格式：

```
[voice,pitcha,rms,kk] = decode1(ipitch,irms,irc,rcn)
```

输入参数：ipitch 为已编码的基音频率，irms 为量化的均方误差，irc 为量化的预测系数，rcn 为系数阶数。

输出参数：voice 为半帧音频信号，pitcha 为解码得到的基音频率，rms 为得到的均方误差，kk 为预测系数。

2）编程实现对信号的编码和解码过程，输入测试语音 C6_2_y. wav，波形如图 6-3 所示。

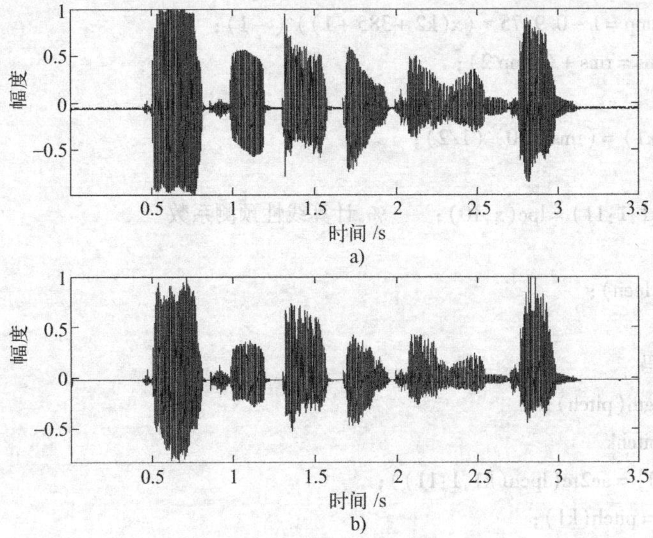


图 6-3　LPC 编解码对比图

a）编码前语音　b）编码后语音

## 6.2.4　思考题

编程比较不同的线性预测阶数对 LPC 编解码后语音恢复的影响。

## 6.2.5　参考例程

```
%LPC 编解码例程
clc
clear all
[wavebuf,fs,nbits] = wavread('C6_2_y');
lenth = length(wavebuf);                    % 时域分析
t = (0:lenth - 1)/fs;
a = fft(wavebuf,2 * lenth);                 % 频域分析
b = 20 * log10(abs(a));
f = (0:lenth - 1)/(lenth - 1) * (fs/2);
w = kaiser(256,5);                          % 生成窗函数
% 基音检测
pitch = pitchesdetect(wavebuf,fs);

% 10 阶 LPC
```

```
pitchk = length(pitch);
for k1 = 1:pitchk
    x = wavebuf((k1 - 1) * 300 + 1:k1 * 300 + 600);
    x = filter(1,[1 1/2 1/3 1/4 1/5,1/6 1/7 1/8 1/9 1/10],x);     % 滤波处理

    rms = 0;  % 计算均方差
    for k2 = 1:130
        temp = 1 - 0.9375 * (x(k2 + 385 + 1))^(-1);
        rms = rms + (temp^2);
    end
    rmsn(k1) = (rms/130)^(1/2);

    lpcn(k1,1:11) = lpc(x,10);      % 计算线性预测系数
end
lpcn = real(lpcn);

% LPC 编码
pitchk = length(pitch);
for k1 = 1:pitchk
    [kk,r0] = ac2rc(lpcn(k1,1:11));
    pitcha = pitch(k1);
    [ipitch,irms,irc] = encode1(pitcha,rms,kk);

% LPC 解码
    rcn = length(kk);
    [voice,pitcha,rms,kk] = decode1(ipitch,irms,irc,rcn);
    pitch(k1) = pitcha;
    lpca = rc2ac(kk,r0);
    lpcn(k1,1:11) = lpca';
    rms(k1) = rms;
end

waveoutbuf = filter(1,[1 1/2 1/3 1/4 1/5,1/6 1/7 1/8 1/9 1/10],wavebuf);

subplot(211)
plot(t,wavebuf/max(abs(wavebuf)))
axis tight
title('(a)编码前语音')
xlabel('时间/s')
ylabel('幅度')
subplot(212)
plot(t,waveoutbuf/max(abs(waveoutbuf)))
axis tight
```

```
title('(b)解码后语音')
xlabel('时间/s')
ylabel('幅度')
```

## 6.3 ADPCM编解码实验

### 6.3.1 实验目的

1）了解语音信号 ADPCM 编码的原理。

2）掌握 ADPCM 编解码的步骤流程。

3）根据原理能编程实现 ADPCM 编码和解码的计算。

### 6.3.2 实验原理

自适应差分脉冲编码调制（Adaptive Differential Pulse Code Modulation，ADPCM）结合了 ADM 的差分信号与 PCM 的二进制码的方法，采用预测编码来压缩数据量。ADPCM 的基本原理是利用自适应的思想改变量化阶的大小，即使用小的量化阶（step－size）去编码小的差值，使用大的量化阶去编码大的差值；同时，使用过去的样本值估算下一个输入样本的预测值，使实际样本值和预测值之间的差值总是最小。自适应差分脉冲编码具有算法复杂度低、压缩比大（CD 音质 >400 kbit/s）、编解码延时最短的优点，是一种低空间消耗、获取高质量声音的好途径。

ADPCM 是在差值脉冲编码调制（DPCM）基础上逐步发展起来的。它在实现上采用预测技术减少量化编码器输入信号的冗余度，将差值信号编码以提高效率、降低编码信号速率，这广泛应用于语音和图像信号数字化。CCITT 近几年确定了 32～64 kbit/s 的变换体制，将标准的 PCM 码变换为 32 kbit/s 的 ADPCM 码，传输后再恢复为 64 kbit/s 的 PCM 信号，从而使 64 kbit/s 数字语音速率压缩一倍，使传输信道的容量扩大一倍。

ADPCM 中的量化器与预测器均采用自适应方式，即量化器与预测器的参数能根据输入信号的统计特性自适应于最佳参数状态。通常，人们把低于 64 kbit/s 数据传输速率的语音编码方法称为语音压缩编码技术，语音压缩编码方法很多，自适应差值脉冲调制（ADPCM）是语音压缩编码中复杂程度较低的一种方法。它能在 32 kbit/s 数据传输速率上达到符合 64 kbit/s 数据传输速率的语音质量要求，也就是符合长途电话的质量要求。与 PCM 系统相比，ADPCM 的量化器和预测器都是根据前面出现的 PCM 抽样值，并对下一个抽样值进行预测，将当前的抽样值和预测值进行求差，然后对差值进行编码。对差值编码需要的位数要比直接对原始语音信号编码所需的位数少，从而达到对信号压缩的目的，在这里编码所包含的信息从原来的原始语音信号变为语音信号之间的变化。

下面对自适应量化、差值脉冲编码调制以及 ADPCM 原理作介绍。

**1. 自适应量化**

在语音信号量化器中，为了适应信号的动态范围，需要把量化阶距选得足够大；另一方面，为了减小量化噪声，又希望减小量化阶距。这是由语音信号和语音通信过程的不平稳性造成的。随着讲话者或通信环境的改变以及在一给定讲话内容中由浊音段变为清音段，语音信号幅度会在很宽范围内变化。适应这些幅度起伏的一种方法是采用非均匀量化器，另一种更好的方法是采用自适应量化器，使量化器的量化阶距自动适应输入电平的变化。

自适应量化的基本思想就是让量化阶距与输入信号幅度变化相匹配，即量化阶距应当随着输入信号幅度变化而增减，从而进一步改善量化效果。另外，可以在一个固定的量化器前加一个自适应的增益控制，使进入量化器的输入信号方差保持为固定的常数。这两种方法是等效的。这两种方法中，都需随时估计输入信号的时变幅值，以修正量化阶距$\Delta(n)$或者增益$G(n)$的值。

根据对$\Delta(n)$和$G(n)$的估计方法不同，自适应量化可以分为两类：一类是其输入幅度或方差由输入本身估算，这种方案称为前馈自适应量化器（AQF）；另一类是其量化阶距根据量化器输出$\hat{x}(n)$来进行自适应调整，或等效地用输出码字$c(n)$进行自适应调整，这类自适应量化方案称为反馈自适应量化器（AQB）。

**2. 差值脉冲编码调制**

差值脉冲编码调制器（DPCM）是指量化器具有两个以上电平的差值量化系统。与直接量化 PCM 相比，带固定预测器的 DPCM 系统在信噪比方面可以有 4 ~ 11 dB 的改善。在从没有预测到一阶预测时，预测阶数一直增到 4 或 5 得到较小的附加增益，信噪比上的增益意味着可用较少位数得到给定的 SNR，其位数少于在使用同样量化器直接对语音波形进行量化时所需要的值。例如对于带均匀固定量化器的差值 PCM 系统来说，与直接作用在输入端的电平数目相同的量化器相比，差值 PCM 系统信噪比大约要改善 6 dB。差值方案具有如 PCM 那样的性能，即每增加一位码 SNR 提高 6 dB，并且信噪比同样依赖于信号电平。类似地，在差值结构中采用 p 律量化器可使 SNR 改善 6 dB，同时其信噪比特性对输入信号也是不敏感的。

由于讲话者和语音内容不同以及语音通信中固有的信号电平变化，若要使输入信号电平在很宽范围内变化时系统仍然能达到最好的性能，需要采用自适应预测和自适应量化，这种系统因而被称为 ADPCM。

**3. 自适应差值脉冲编码调制**

前面的固定预测表明，即使在高阶预测时，最好情况下差值量化也有 10 ~ 12 dB 左右的改善，且改善量与讲话者和讲话内容有关。为了有效地避免语音通信过程的不平稳性，考虑使预测器和量化器自适应匹配于语音信号的瞬时变化。量化器自适应和预测器自适应的算法可以前馈或反馈。若采用前馈控制，为了表示语音信号，除码字$c(n)$外还需要$\Delta(n)$或预测系数。此时预测器系数与时间有关，故预测值为

$$\tilde{x}(n) = \sum_{k=1}^{p} a_k(n)\, \hat{x}(n-k) \tag{6-19}$$

预测器系数自适应时，通常假设短时间内语音信号的性质保持恒定。因此，采用短时间内方均预测误差最小的准则选择预测器系数。可证明最佳预测器系数满足如下方程：

$$R_n(j) = \sum_{k=1}^{p} a_k(n) R_n(j-k),\quad j = 1,2,\cdots,p \tag{6-20}$$

$R_n(j)$为短时自相关函数：

$$R_n(j) = \sum_{m=-\infty}^{\infty} x(m)w(n-m)x(j+m)w(n-m-j), \quad 0 \leqslant j \leqslant p \tag{6-21}$$

$w(n-m)$是输入序列第$n$个样值的窗函数，可用矩形窗或者用数据剧变较小的窗函数，如长为$N$的哈明窗。由于语音参数变化较缓慢，缓慢地调整预测器参数$a(n)$是合理的。例如，可以每隔10～20 ms计算一个新的估计，在两次估计之间其值保持固定不变，窗的宽度可以等于两次估计之间的时间间隔或者稍大一些。

## 6.3.3 实验步骤及要求

### 1. 实验步骤

运行MATLAB→新建m文件→编写m程序→编译并调试。

### 2. 实验要求

1）分别编写编码、解码程序adpcm_encoder.m、adpcm_decoder.m，adpcm_encoder.m对输入的原模拟信号进行编码，adpcm_decoder.m对生成的ADPCM码进行解码恢复出原信号。程序中变量具体定义如下。

函数名称：adpcm_encoder

函数功能：ADPCM编码函数。

函数格式：

```
code = adpcm_encoder(x,sign_bit)
```

输入参数：x是语音信号；sign_bit是ADPCM的位数。

输出参数：code是编码后信号。

函数名称：adpcm_decoder

函数功能：ADPCM解码函数。

函数格式：

```
y = adpcm_decoder(code,sign_bit)
```

输入参数：code是ADPCM编码信号；sign_bit是ADPCM的位数。

输出参数：y是解码后信号。

2）编程实现对信号的编码和解码过程，输入测试语音文件C6_3_y.wav，得到解码前后的语音波形如图6-4所示。

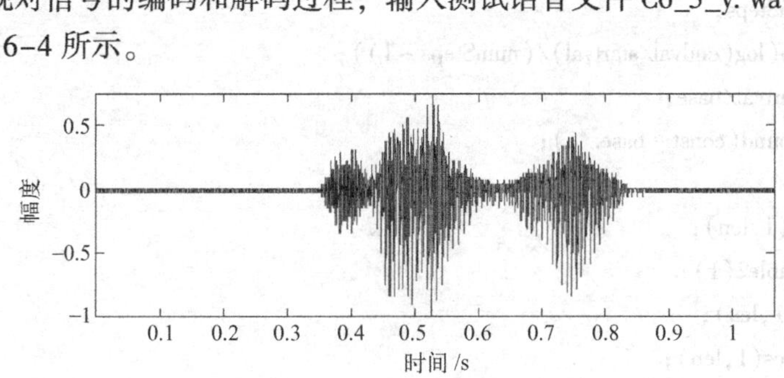


a)

图6-4 解码前后的语音波形图

a）解码前语音

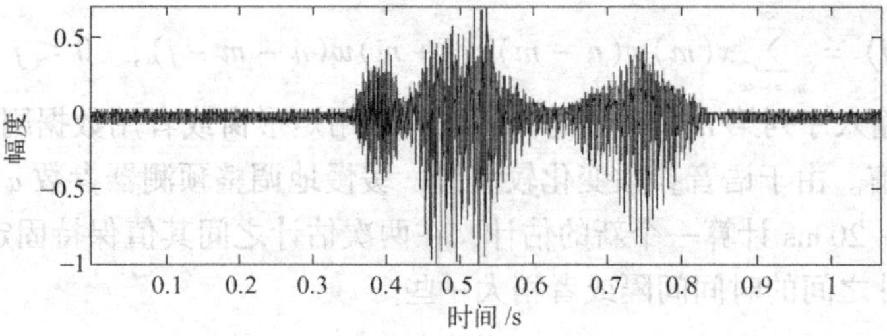

b)

图 6-4　解码前后的语音波形图（续）

b）解码后语音

### 6.3.4　思考题

编程比较不同的量化范围对 ADPCM 编码的量化 SNR 的影响。

### 6.3.5　参考例程

```
% APDCM 编码器
function code = adpcm_encoder( x,sign_bit)
x = x * 128;
len = length( x) ;

% 生成步长查找表
index = [ -1 4];
currentIndex = 2;
startval = 1;
endval = 127;
base = exp( log(2)/8) ;

const = startval/base;
numSteps = round( log( endval/const)/ log( base) ) ;
n = 1:numSteps;
base = exp( log( endval/startval)/( numSteps - 1) ) ;
const = startval/base;
table2 = round( const * base. ^n) ;

ss = zeros(1,len) ;
ss(1) = table2(1) ;
z = zeros(1,len) ;
code = zeros(1,len) ;
neg = 0;

for n = 2:len
```

```
        d(n) = x(n) - z(n-1);

        if(d(n) <0)
            neg =1;
            code(n) = code(n) + sign_bit;
            d(n) = -d(n);
        else
            neg =0;
        end

        if(d(n) > =ss(n-1))
            code(n) = code(n) +1;
        end
        %计算量化距离
        if(neg)
            temp = code(n) - sign_bit;
        else
            temp = code(n);
        end

        temp2 = (temp +5) * ss(n-1);
        if(neg)
            temp2 = -temp2;
        end
        z(n) = z(n-1) +temp2;
        if(z(n) >127)
            z(n) =127;
        elseif(z(n) < -127)
            z(n) = -127;
        end

        % 计算新的步长
        temp = temp +1;
        currentIndex = currentIndex + index(temp);
        if(currentIndex <1)
            currentIndex =1;
        elseif(currentIndex > numSteps)
            currentIndex = numSteps;
        end
        ss(n) = table2(currentIndex);
    end
```

# 第7章 语音合成与转换实验

## 7.1 帧合并实验

### 7.1.1 实验目的

1）复习语音信号分帧与加窗的原理。

2）了解语音合成的意义和方法。

3）掌握帧合并的原理。

4）能编程实现帧合并函数，并仿真验证。

### 7.1.2 实验原理

**1. 语音合成概述**

语音合成研究的目的是制造一种会说话的机器，使一些以其他方式表示或存储的信息能转换为语音，让人们能通过听觉方便地获得这些信息。语音合成的研究已有多年的历史，现在研究出的语音合成方法的分类，从技术方式讲可分为波形合成法、参数合成法和规则合成方法。

（1）波形合成法

波形合成法一般有如下两种形式：

1）波形编码合成形式，它类似于语音编码中的波形编解码方法，该方法直接把要合成的语音的发音波形进行存储或者进行波形编码压缩后存储，合成重放时再解码组合输出。这种语音合成器只是语音存储和重放的器件。其中最简单的就是直接进行 A/D 变换和 D/A 反变换，或称为 PCM 波形合成法。显然，用这种方法合成出语音，词汇量不可能很大，因为所需的存储容量太大了，虽然可以使用波形编码技术（如 ADPCM、APC 等）压缩一些存储量，但为此在合成时要进行译码处理。

2）波形编辑合成形式，它把波形编辑技术用于语音合成，通过选取音库中采取自然语言的合成单元的波形，对这些波形进行编辑拼接后输出。它采用语音编码技术，存储适当的语音基元，合成时，经解码、波形编辑拼接、平滑处理等输出所需的短语、语句或段落。和规则合成方法不同，这类方法在合成语音段时所用的基元是不做大的修改的，最多只是对相对强度和时长做一些简单的调整。因此这类方法必须选择比较大的语音单位作为合成基元，例如选择词、词组、短语、甚至语句作为合成基元，这样在合成语音段时基元之间的相互影响很小，容易达到很高的合成语音质量。波形语音合成法是一种相对简单的语音合成技术，通常只能合成有限词汇的语音段。目前许多专门用途的语音合成器都采用这种方式，如自动报时、报站和报警等。

（2）参数合成法

参数合成法也称为分析合成法，是一种比较复杂的方法。为了节约存储容量，必须先对语音信号进行分析，提取出语音的参数，以压缩存储量，然后由人工控制这些参数的合成。参数合成法一般又分为发音器官参数合成法和声道模型参数合成法。发音器官参数合成法是对人的发音过程直接进行模拟。它定义了唇、舌、声带的相关参数，如唇开口度、舌高度、舌位置、声带张力等，由发音参数估计声道截面积函数，进而计算声波。由于人的发音生理过程的复杂性和理论计算与物理模拟的差别，合成语音的质量暂时还不理想。声道模型参数语音合成是基于声道截面积函数或声道谐振特性合成语音的。早期语音合成系统的声学模型，多通过模拟人的口腔的声道特性来产生。其中比较著名的有 Klatt 的共振峰（Formant）合成系统，后来又产生了基于 LPC、LSP 和 LMA 等声学参数的合成系统。这些方法用来建立声学模型的过程为：首先录制声音，这些声音涵盖了人发音过程中所有可能出现的读音；提取出这些声音的声学参数，并整合成一个完整的音库。在发音过程中，首先根据需要发的音，从音库中选择合适的声学参数，然后根据韵律模型中得到的韵律参数，通过合成算法产生语音。参数合成方法的优点，是其音库一般较小，并且整个系统能适应的韵律特征的范围较宽，这类合成器传输速率低，音质适中；缺点是参数合成技术的算法复杂、参数多，并且在压缩比较大时，信息丢失亦大，合成出的语音总是不够自然、清晰。为了改善激励信号的质量，近几年，混合编码技术逐渐兴起，相应地，其传输速率也有所增大。

（3）规则合成法

这是一种高级的合成方法。规则合成方法通过语音学规则产生语音。合成的词汇表不是事先确定的，系统中存储的是最小的语音单位的声学参数，以及由音素组成音节、由音节组成词、由词组成句子和控制音调、轻重音等韵律的各种规则。给出待合成的字母或文字后，合成系统利用规则自动地将它们转换成连续的语音声波。这种方法可以合成无限词汇的语句。在这种算法中，用于波形拼接和韵律控制的较有代表性的算法是基音同步叠加技术（PSOLA），该方法既能保持所发音的主要音段特征，又能在拼接时灵活调整其基频、时长和强度等超音段特征。其核心思想是，直接对存储于音库的语音运用 PSOLA 算法来进行拼接，从而整合成完整的语音。有别于传统概念上只是将不同的语音单元进行简单拼接的波形编辑合成，规则合成系统首先要在大量语音库中，选择最合适的语音单元来用于拼接，并在选音过程中采用多种复杂的技术，最后在拼接时，要使用如 PSOLA 算法等，对其合成语音的韵律特征进行修改，从而使合成的语音能达到很高的音质。

**2. 帧合成**

贯穿于语音分析全过程的是“短时分析技术”。从整体来看，因为语音信号特性及表征其本质特征的参数均是随时间而变化的，所以它是一个非平稳态过程，不能用处理平稳信号的数字信号处理技术对其进行分析处理。所以任何语音信号的分析和处理必须建立在“短时”的基础上，即进行“短时分析”，将语音信号分为一段一段来分析其特征参数，其中每一段称为一“帧”，帧长一般取为 10 ~ 30 ms。

因此，要想将以帧为单位的语音片段合成为连续的语音，必须进行帧合成处理。涉及的操作包括去窗函数和去交叠操作等。常见的语音信号参数合成基本包含如下两种情况：

1）通过 IFFT 把一帧频域数据转变成时域数据。

2）将一组激励脉冲通过一个滤波器。

常用的三种数据叠加方法为重叠相加法、重叠存储法和线性比例重叠相加法。

**3. 重叠相加法**

设有两个时间序列 $h(n)$ 和 $x(n)$，其中 $h(n)$ 的长度为 $N$，$x(n)$ 的长度为 $N_1$，而 $N_1 \gg N$；将 $x(n)$ 分为许多帧 $x_i(m)$，每帧长与 $h(n)$ 的长度相接近，然后将每帧 $x_i(m)$ 与 $h(n)$ 做卷积，最后在相邻两帧之间把时间重叠的部分相加，因此该方法称为重叠相加法。

假设 $h(n)$ 不随时间变化，将 $x(n)$ 分帧后为 $x_i(m)$，相邻两帧无交叠，每帧长为 $M$，则有

$$x_i(m)=\begin{cases}x(n)\\0\end{cases},m\in[1,M],i=1,2,\cdots \tag{7-1}$$

且

$$x(n)=\sum_{i=1}^{p}x_i(m),m\in[1,M],n=(i-1)M+m \tag{7-2}$$

式中，$p$ 是分帧后的总帧数，$p=N_1/M$。

把每帧数据 $x_i(m)$ 和 $h(n)$ 进行补零，使其长度都为 $N+M-1$：

$$\tilde{x}_i(m)=\begin{cases}x_i(m) & m\in[1,M]\\0 & m\in[M+1,N+M-1]\end{cases} \tag{7-3}$$

$$\tilde{h}(m)=\begin{cases}h(m) & m\in[1,M]\\0 & m\in[M+1,N+M-1]\end{cases} \tag{7-4}$$

对 $\tilde{x}_i(n)$ 和 $\tilde{h}(n)$ 进行卷积，得到

$$y_i(n)=\tilde{x}_i(n)*\tilde{h}(n) \tag{7-5}$$

利用 DFT 和 IDFT 对 $y_i(n)$ 进行卷积计算，得

$$\begin{cases}\tilde{X}_i(k)=\mathrm{DFT}(\tilde{x}_i(n))\\ \tilde{H}(k)=\mathrm{DFT}(\tilde{h}(n))\end{cases} \tag{7-6}$$

$$Y_i(k)=\tilde{X}_i(k)*\tilde{H}(k) \tag{7-7}$$

$$y_i(n)=\mathrm{IDFT}(Y_i(k)) \tag{7-8}$$

因此，$y_i(n)$ 长为 $N+M-1$，而 $\tilde{x}_i(n)$ 的有效长度为 $M$，故相邻两帧 $y_i(n)$ 之间有 $N-1$ 长度的数据在时间上相互重叠，把重叠部分相加，与不重叠部分共同构成输出：

$$y(n)=x(n)*h(n)=\sum_{i=1}^{p}x_i(n)*h(n) \tag{7-9}$$

重叠相加法计算的示意图如图 7-1 所示。

在实际应用中已把重叠相加法推广到从频域转换到时域的过程中。信号 $x(n)$ 是分帧的，每一帧 $x_i(m)$ 为

$$x_i(m)=\begin{cases}x(n) & (i-1)\Delta L+1\leqslant n\leqslant i\Delta L+L\\0 & 其他\end{cases},m\in[1,L],i=1,2,\cdots \tag{7-10}$$

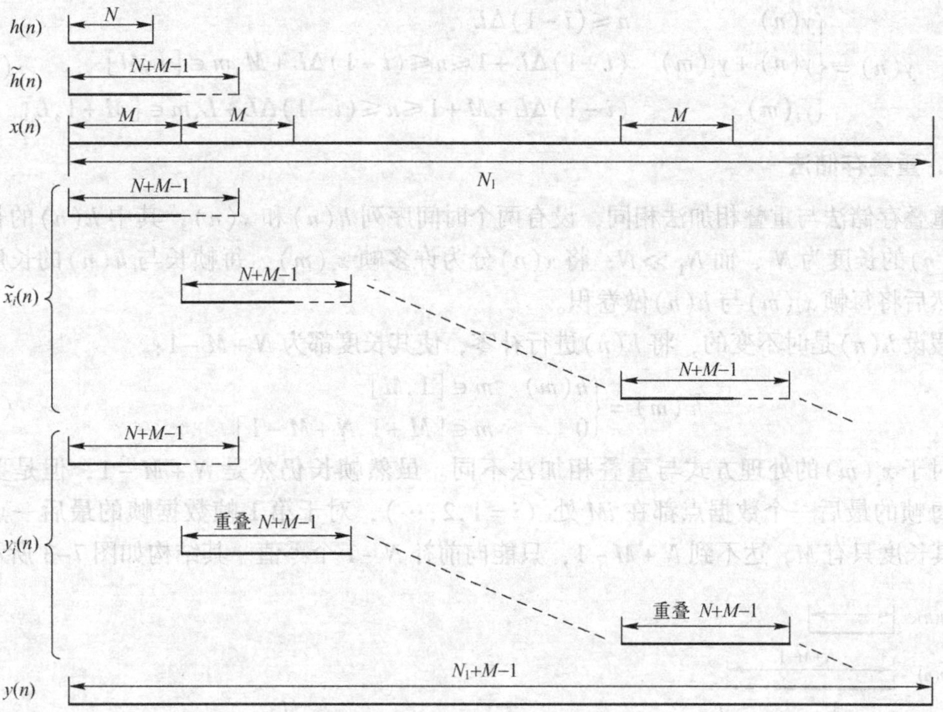


图 7-1　重叠相加法示意图

式中，$L$ 为帧长；$\Delta L$ 为帧移；$i$ 为帧号。重叠部分长为 $M = L - \Delta L$。

$x_i(m)$的信号经 DFT 变为 $X_i(k)$，在频域中对信号进行处理后得到 $Y_i(k)$，经 IDFT 得到 $y_i(m)$。而 $y_{i-1}(m)$与 $y_i(m)$之间有 $M$ 个样点相重叠，如图 7-2 所示。由图可知，$y_{i-1}(m)$在 $y(n)$中对应的样点位置是$(i-2)\Delta L + 1 \sim (i-2)\Delta L + L$，其中重叠的部分为$(i-1)\Delta L + 1 \sim (i-1)\Delta L + M$，$y_i(m)$对应 $y_{i-1}(m)$的重叠部分的位置是 $1 \sim M$。因此可得

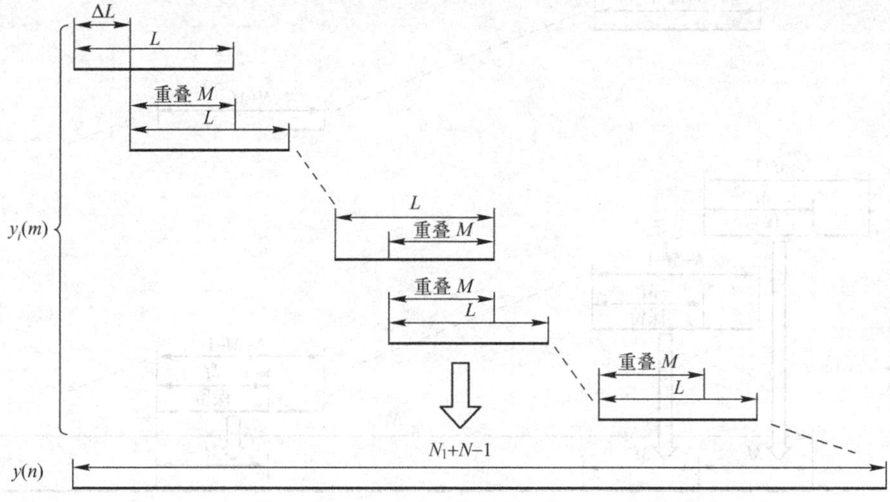


图 7-2　$y_i(m)$和 $y(n)$的重叠相加法示意图

$$y(n)=\begin{cases}y(n) & n\leqslant(i-1)\Delta L\\ y(n)+y_i(m) & (i-1)\Delta L+1\leqslant n\leqslant(i-1)\Delta L+M, m\in[1,M]\\ y_i(m) & (i-1)\Delta L+M+1\leqslant n\leqslant(i-1)\Delta L+L, m\in[M+1,L]\end{cases}\tag{7-11}$$

**4. 重叠存储法**

重叠存储法与重叠相加法相同，设有两个时间序列 $h(n)$ 和 $x(n)$，其中 $h(n)$ 的长度为 $N$，$x(n)$ 的长度为 $N_1$，而 $N_1\gg N$；将 $x(n)$ 分为许多帧 $x_i(m)$，每帧长与 $h(n)$ 的长度相接近，然后将每帧 $x_i(m)$ 与 $h(n)$ 做卷积。

假设 $h(n)$ 是时不变的，将 $h(n)$ 进行补零，使其长度都为 $N+M-1$：

$$\tilde{h}(m)=\begin{cases}h(m) & m\in[1,M]\\ 0 & m\in[M+1,N+M-1]\end{cases}\tag{7-12}$$

对于 $x_i(m)$ 的处理方式与重叠相加法不同。虽然帧长仍然是 $N+M-1$，但是要求分帧后每帧的最后一个数据点都在 $iM$ 处（$i=1,2,\cdots$），对于第 1 帧数据帧的最后一点在 $M$ 处，其长度只有 $M$，达不到 $N+M-1$，只能向前补 $N-1$ 个零值。其结构如图 7-3 所示。

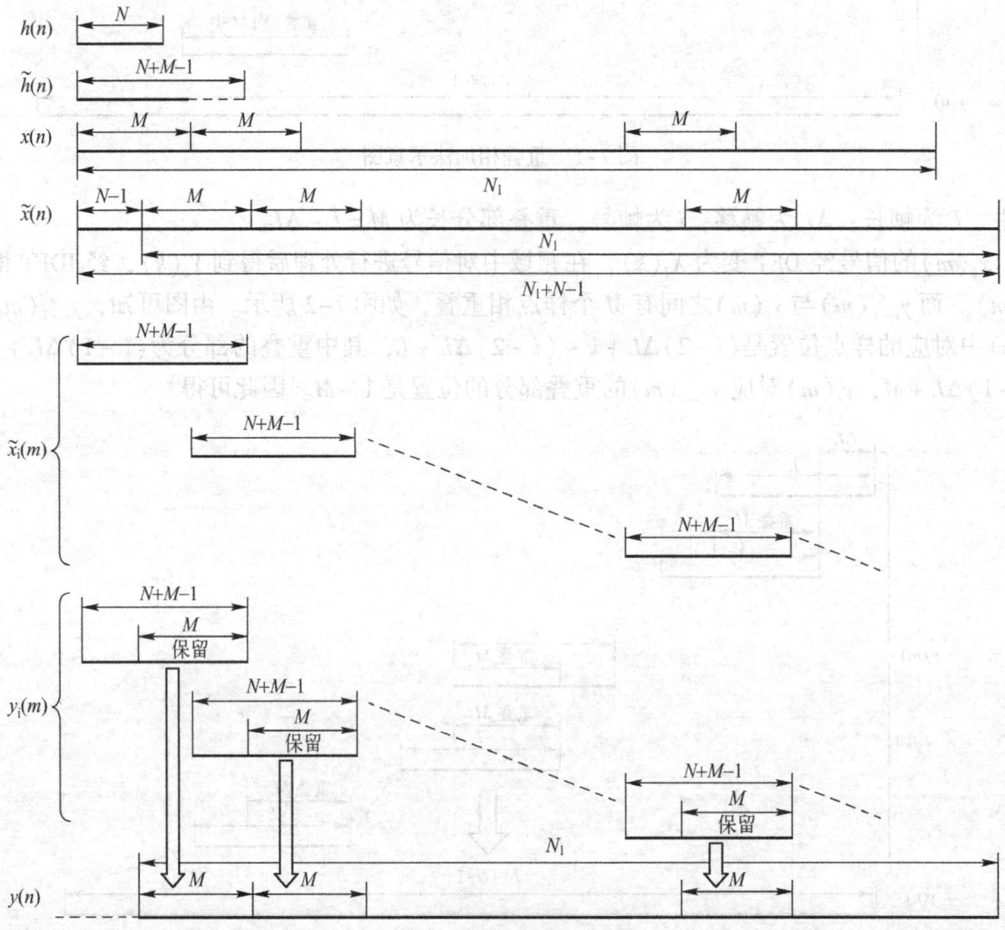


图 7-3　重叠存储法示意图

此时，前向补零后的序列 $\tilde{x}(n)$ 可表示为

$$\tilde{x}(n)=\begin{cases}0 & 1\leqslant n\leqslant N-1\\ x(n-N+1) & N\leqslant n\leqslant N+N_1-1\end{cases} \tag{7-13}$$

将 $\tilde{x}(n)$ 进行分帧，则每帧 $x_i(m)$ 可表示为

$$x_i(m)=\tilde{x}(n)\quad (i-1)M+1\leqslant n\leqslant iM+N-1, m\in[1,N+M-1] \tag{7-14}$$

对 $x_i(n)$ 与 $\tilde{h}(n)$ 计算卷积，得

$$y_i(n)=x_i(n)*\tilde{h}(n) \tag{7-15}$$

对于 DFT 的结果，每帧数据舍去前 $N-1$ 个点，而只保留最后 $M$ 个值，即每次卷积只取最后 $M$ 个值：

$$\tilde{y}_i(n)=y_i(m)\ m\in[N,N+M-1], n\in[(i-1)M+1,iM], i=1,2,\cdots \tag{7-16}$$

此时输出序列为

$$y(n)=\sum\tilde{y}_i(n) \tag{7-17}$$

在实际应用中，重叠存储法也可以推广到时域里。设 $L$ 为帧长，$\Delta L$ 为帧移，$i$ 为帧号，重叠部分长为 $M=L-\Delta L$。每一帧的 $y_i(m)$ 是由频域 $Y_i(k)$ 经 IDFT 变换过来的，可得

$$y(n)=\begin{cases}y(n) & n\leqslant(i-1)\Delta L\\ y_i(m) & (i-1)\Delta L+1\leqslant n\leqslant(i-1)\Delta L, m\in[1,\Delta L]\end{cases} \tag{7-18}$$

这里，把每帧 $y_i(m)$ 的前部 $\Delta L$ 个样点保存在 $y(n)$ 中，形成过程如图 7-4 所示。

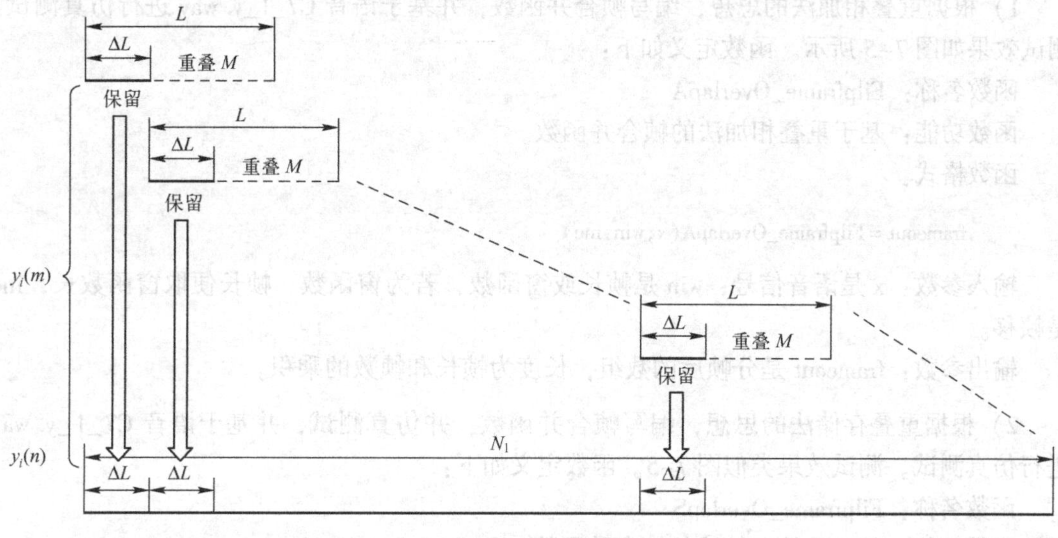


图 7-4　$y_i(m)$ 和 $y(n)$ 的重叠存储法示意图

### 5. 线性比例重叠相加法

当 $h(n)$ 是时不变的或缓慢变化的，采用重叠相加法可以获得满意的结果。但是，如果当前帧 $h_i(n)$ 和下一帧 $h_{i+1}(n)$ 变化较大，或不确定相邻两帧间是否会有较大的变化时，常采用线性比例重叠相加法。线性比例重叠相加法是重叠相加法的一种修正，把重叠部分用一个线性比例计权后再相加。

设重叠部分长为 $M$，两个斜三角的窗函数 $w_1$ 和 $w_2$：

$$\begin{cases} w_1(n)=(n-1)/M \\ w_2(n)=(M-n)/M \end{cases}, n\in[1,M] \tag{7-19}$$

设前一帧的重叠部分为 $y_1$，后一帧的重叠部分为 $y_2$，则重叠部分的数值 $y$ 是由 $y_1$ 和 $y_2$ 经线性比例重叠相加法构成的，即

$$y(n)=y_1(n)w_2(n)+y_2(n)w_1(n) \tag{7-20}$$

此时，线性比例重叠相加法可表示为

$$y(n)=\begin{cases} y(n) & n\leqslant(i-1)\Delta L \\ y(n)w_2(n)+y_i(m)w_1(n) & (i-1)\Delta L+1\leqslant n\leqslant(i-1)\Delta L+M, m\in[1,M] \\ y_i(m) & (i-1)\Delta L+M+1\leqslant n\leqslant(i-1)\Delta L+L, m\in[M+1,L] \end{cases} \tag{7-21}$$

线性比例重叠相加法的优点在于重叠部分用了线性比例的窗函数，使两帧之间的叠加部分能平滑地过渡。

### 7.1.3 实验步骤及要求

**1. 实验步骤**

运行 MATLAB→新建 m 文件→编写 m 程序→编译并调试。

**2. 实验要求**

1）根据重叠相加法的思想，编写帧合并函数，并基于语音 C7_1_y. wav 进行仿真测试。测试效果如图 7-5 所示。函数定义如下：

函数名称：Filpframe_OverlapA

函数功能：基于重叠相加法的帧合并函数。

函数格式：

```
frameout = Filpframe_OverlapA(x,win,inc)
```

输入参数：x 是语音信号；win 是帧长或窗函数，若为窗函数，帧长便取窗函数长；inc 是帧移。

输出参数：frameout 是分帧后的数组，长度为帧长和帧数的乘积。

2）根据重叠存储法的思想，编写帧合并函数，并仿真测试，并基于语音 C7_1_y. wav 进行仿真测试。测试效果类似图 7-5。函数定义如下：

函数名称：Filpframe_OverlapS

函数功能：基于重叠存储法的帧合并函数。

函数格式：

```
frameout = Filpframe_OverlapS(x,win,inc)
```

输入参数：x 是语音信号；win 是帧长或窗函数，若为窗函数，帧长便取窗函数长；inc 是帧移。

输出参数：frameout 是分帧后的数组，长度为帧长和帧数的乘积。

3）根据线性比例重叠相加法的思想，编写帧合并函数，并仿真测试，并基于语音 C7_1

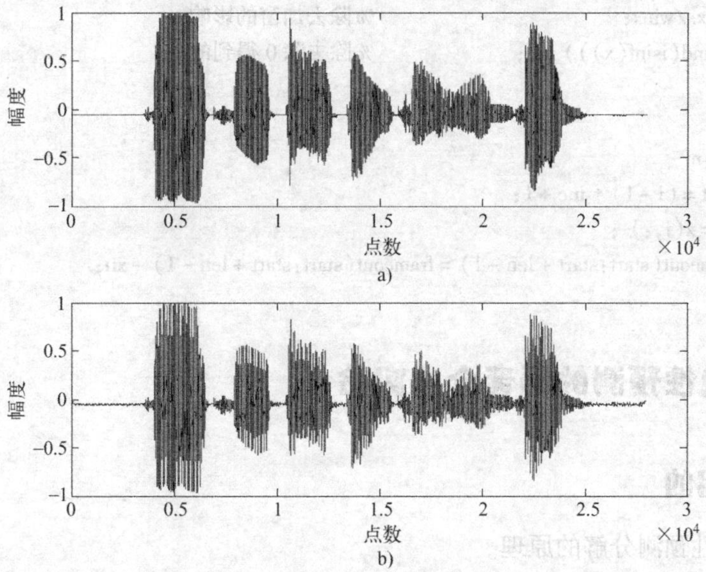


图 7-5　信号的分帧、加窗与还原效果图
a）原始信号　b）还原信号

_y. wav 进行仿真测试。测试效果类似图 7-5。函数定义如下：

函数名称：Filpframe_LinearA

函数功能：基于线性比例重叠相加法的帧合并函数。

函数格式：

```
frameout = Filpframe_LinearA(x,win,inc)
```

输入参数：x 是语音信号；win 是帧长或窗函数，若为窗函数，帧长便取窗函数长；inc 是帧移。

输出参数：frameout 是分帧后的数组，长度为帧长和帧数的乘积。

## 7.1.4　思考题

根据重叠相加法原理可知，合成的语音信号在幅度上明显大于原始信号，试思考这种幅度上的差异如何消除。

## 7.1.5　参考例程

```
%基于重叠相加法的帧合并函数
function frameout = Filpframe_OverlapA(x,win,inc)

[nf,len] = size(x);
nx = (nf - 1) * inc + len;                  %原信号长度
frameout = zeros(nx,1);
nwin = length(win);                         %取窗长
if (nwin ~ =1)                              %判断窗长是否为1,若为1,即表示没有设窗函数
    winx = repmat(win' ,nf,1);
```

```
        x = x./winx;                          %除去加窗的影响
        x(find(isinf(x))) =0;                 %除去除0得到的Inf
    end

    for i = 1:nf
        start = (i-1) * inc +1;
        xn = x(i,:)';
        frameout(start:start + len - 1) = frameout(start:start + len - 1) + xn;
    end
```

## 7.2 基于线性预测的语音合成实验

### 7.2.1 实验目的

1）复习线性预测分解的原理。

2）掌握基于线性预测系数和预测误差的语音合成原理。

3）掌握基于线性预测系数和基音参数的语音合成原理。

4）能编程实现语音合成算法，并仿真验证。

### 7.2.2 实验原理

**1. 基于线性预测系数和预测误差的语音合成原理**

由线性预测理论可知，模型输出信号 $s(n)$ 和输入信号 $u(n)$ 间的关系可以用差分方程

$$s(n) = \sum_{i=1}^{p} a_i s(n-i) + Gu(n) \tag{7-22}$$

表示，称系统

$$\hat{s}(n) = \sum_{i=1}^{p} a_i s(n-i) \tag{7-23}$$

为线性预测器。$\hat{s}(n)$ 是 $s(n)$ 的估计值，它由过去 $p$ 个值线性组合得到的，即由 $s(n)$ 过去的值来预测或估计当前值 $s(n)$。式中，$a_i(i=1,2,\cdots,p)$ 是线性预测系数。线性预测系数可以通过在某个准则下使预测误差 $e(n)$ 达到最小值的方法来决定，预测误差的表示形式如下：

$$e(n) = s(n) - \hat{s}(n) = s(n) - \sum_{i=1}^{p} a_i s(n-i) \tag{7-24}$$

在已知预测误差 $e(n)$ 和预测系数 $a_i$ 时，可求出合成语音

$$\tilde{s}(n) = e(n) + \sum_{i=1}^{p} a_i \tilde{s}(n-i) \tag{7-25}$$

**2. 基于线性预测系数和基音参数的语音合成原理**

线性预测合成模型可以设计成一种滤波器模型，即由白噪声序列和周期性激励脉冲序列构成的激励源信号，经过选通、放大并通过时变数字滤波器（由语音参数控制的声道模型），获得合成语音信号。系统示意图如图 7-6 所示。

这里的时变数字滤波器可直接用预测器系数 $a_i$ 构成的递归型合成滤波器，其结构如

图 7-7所示。递归型合成滤波器结构的优点是简单和易于实现；缺点是合成的语音样本需要较高的计算精度。

对于激励脉冲发生器来说，需要注意的是帧和帧之间的连续，帧和帧之间的帧移是固定的。这要求本帧的第一个脉冲与上一帧的帧移区间内最后一个脉冲之间的间隔要等于本帧的基音周期，即上一帧余留的不够一个基音周期的零点需要补充到下一帧。

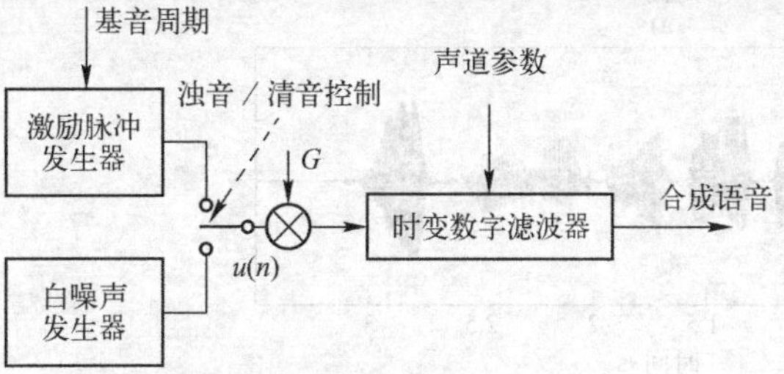


图 7-6　线性预测合成语音系统示意图

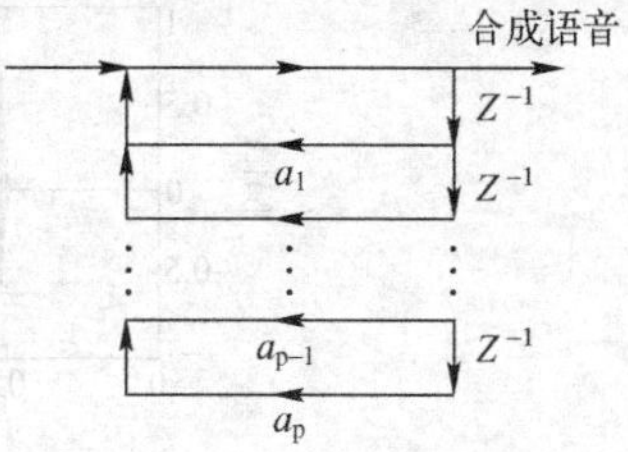


图 7-7　递归型合成滤波器结构

## 7.2.3　实验步骤及要求

### 1. 实验步骤

运行 MATLAB→新建 m 文件→编写 m 程序→编译并调试。

### 2. 实验要求

1）基于线性预测系数和预测误差的语音合成原理，结合以前所学的内容，基于测试语音 C7_2_y. wav，编程实现语音合成。效果如图 7-8 所示。

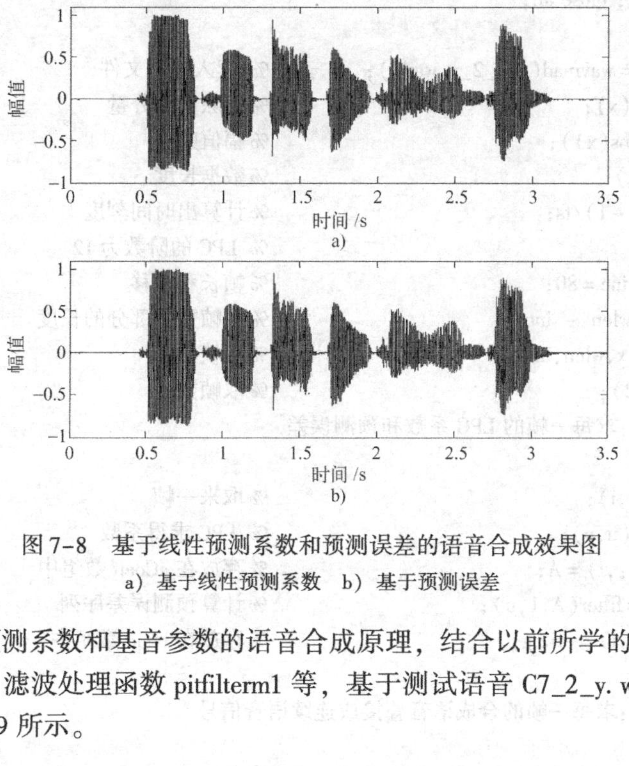


图 7-8　基于线性预测系数和预测误差的语音合成效果图

a）基于线性预测系数　b）基于预测误差

2）基于线性预测系数和基音参数的语音合成原理，结合以前所学的内容，调用基音检测函数 pitch_Ceps、滤波处理函数 pitfilterm1 等，基于测试语音 C7_2_y. wav，编程实现语音合成。效果如图 7-9 所示。

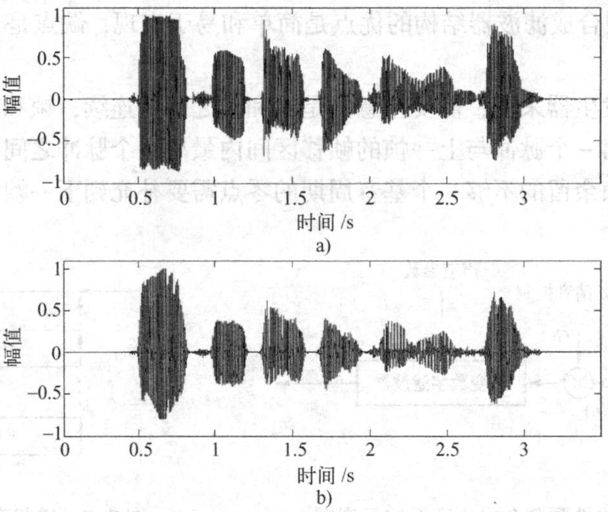


图 7-9 基于线性预测系数和基音参数的语音合成效果图

a) 基于线性预测系数 b) 基于基音参数

## 7.2.4 思考题

调用不同的基音检测函数，并比较语音合成的效果。

## 7.2.5 参考例程

```
%基于线性预测系数和预测误差的语音合成实验
clear all; clc; close all;

[x,fs,bits] = wavread('C7_2_y.wav');          % 读入数据文件
x = x - mean(x);                               %消除直流分量
x = x/max(abs(x));                             %幅值归一
xl = length(x);                                %数据长度
time = (0:xl-1)/fs;                            %计算出时间刻度
p = 12;                                        % LPC 的阶数为 12
wlen = 200; inc = 80;                          %帧长和帧移
msoverlap = wlen - inc;                        %每帧重叠部分的长度
y = enframe(x,wlen,inc);                       %分帧
fn = size(y,2);                                %取帧数
%语音分析:求每一帧的 LPC 系数和预测误差
for i = 1:fn
    u = y(:,i);                                %取来一帧
    A = lpc(u,p);                              % LPC 求得系数
    aCoeff(:,i) = A;                           %存放在 aCoeff 数组中
    errSig = filter(A,1,u);                    %计算预测误差序列
    resid(:,i) = errSig;                       %存放在 resid 数组中
end
%语音合成:求每一帧的合成语音叠接成连续语音信号
for i = 1:fn
```

```
        A = aCoeff(:,i);                                  %取得该帧的预测系数
        residFrame = resid(:,i);                          %取得该帧的预测误差
        synFrame(i,:) = filter(1,A',residFrame);          %预测误差激励,合成语音
    end;
    outspeech = Filpframe_OverlapS(synFrame,wlen,inc);
    ol = length(outspeech);
    if ol < xl                                            %把 outspeech 补零,使与 x 等长
        outspeech = [outspeech zeros(1,xl - ol)];
    else
        outspeech = outspeech(1:xl);
    end

    %作图
    subplot 211; plot(time,x','k');
    xlabel('时间/s'); ylabel('幅值'); ylim([-1 1.1]);
    title('(a)原始语音信号')
    subplot 212; plot(time,outspeech','k');
    xlabel('时间/s'); ylabel('幅值'); ylim([-1 1.1]);
    title('(b)合成的语音信号')
```

## 7.3　基于共振峰检测和基音参数的语音合成实验

### 7.3.1　实验目的

1）复习共振峰检测的原理。
2）掌握共振峰检测和基音参数的语音合成原理。
3）能编程实现语音合成算法，并仿真验证。

### 7.3.2　实验原理

#### 1. 基于共振峰检测和基音参数的语音合成原理

共振峰的信息反映了声道的响应，它和基音结合能合成语音信号。共振峰语音合成模型如图 7-10 所示。

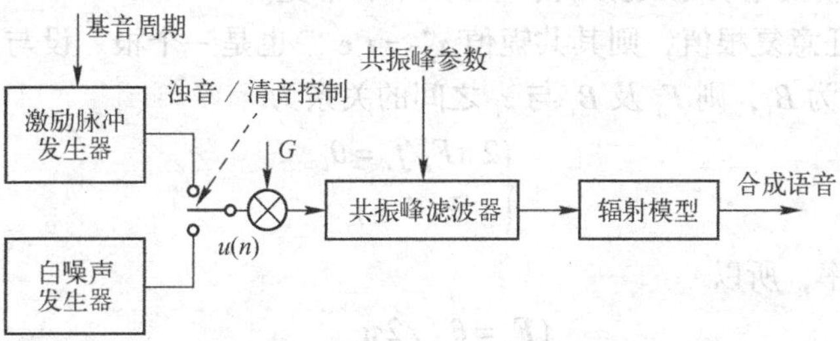


图 7-10　基于共振峰检测和基音参数的语音合成模型

获得了共振峰参数后，可以把每个共振峰频率和带宽都构成一个二阶数字带通滤波器，激励源将通过并联的时变共振峰频率滤波器合成语音。系统结构如图 7-11 所示。

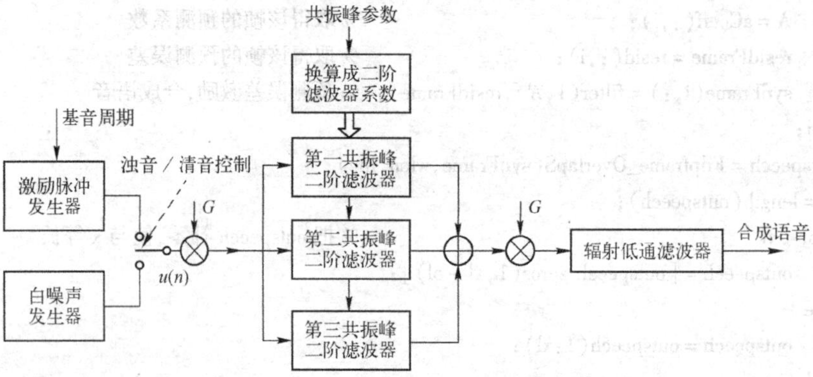


图 7-11　并联型时变共振峰与基音参数的语音合成模型

**2. 基于倒谱的共振峰检测**

在前面的章节里，已经介绍了共振峰的检测方法，如基于线性预测系数的方法、基于倒谱的方法等。这里，简要回顾一下基于线性预测系数的共振峰检测方法。

简化的语音产生模型是将辐射、声道以及声门激励的全部效应简化为一个时变的数字滤波器来等效，其传递函数为

$$H(z)=\frac{S(z)}{U(z)}=\frac{G}{1-\sum_{i=1}^{p}a_i z^{-i}} \tag{7-26}$$

这种表现形式称为 $p$ 阶线性预测模型，这是一个全极点模型。

令 $z^{-1}=\exp(-\mathrm{j}2\pi f/f_s)$，则功率谱 $P(f)$ 可表示为

$$P(f)=|H(f)|^2=\frac{G^2}{\left|1-\sum_{i=1}^{p}a_i\exp(-\mathrm{j}2\pi if/f_s)\right|^2} \tag{7-27}$$

利用 FFT 方法可对任意频率求得其功率谱幅值响应，并从幅值响应中找到共振峰，相应的求解方法有两种：抛物线内插法和线性预测系数求复数根法。线性预测系数求复数根法的计算原理如下。

已知预测误差滤波器 $A(z)$ 的表示为

$$A(z)=1-\sum_{i=1}^{p}a_i z^{-i} \tag{7-28}$$

求其多项式复根可精确地确定共振峰的中心频率和带宽。

设 $z_i=r_i\mathrm{e}^{\mathrm{j}\theta_i}$ 为任意复根值，则其共轭值 $z_i^*=r_i\mathrm{e}^{-\mathrm{j}\theta_i}$ 也是一个根。设与 $z_i$ 对应的共振峰频率为 $F_i$，3 dB 带宽为 $B_i$，则 $F_i$ 及 $B_i$ 与 $z_i$ 之间的关系为

$$\begin{cases}2\pi F_i/f_s=\theta_i\\ \mathrm{e}^{-B_i\pi/f_s}=r_i\end{cases} \tag{7-29}$$

其中，$f_s$ 为采样频率，所以

$$\begin{cases}F_i=\theta_i f_s/2\pi\\ B_i=-\ln r_i\cdot f_s/\pi\end{cases} \tag{7-30}$$

因为预测误差滤波器阶数 $p$ 是预先设定的，所以复共轭对的数量最多是 $p/2$。因为不属于共振峰的额外极点的带宽远大于共振峰带宽，所以比较容易剔除非共振峰极点。

在共振峰频率的初选参数中，假设某一共振峰 $F_j$ 的初选的峰值频率为 $m\Delta f$（$\Delta f$ 是频谱中谱线间频率的间隔或称为频率分辨率），它邻近的两个频率点分别为 $(m-1)\Delta f$ 和 $(m+1)\Delta f$。这三个点在功率谱包络线上的幅值分别为 $H_i(m-1)$，$H_i(m)$，$H_i(m+1)$。

此时，可以得到共振峰频率 $F_j$ 和带宽 $B_j$ 为

$$F_j=\left(-\frac{b}{2a}+m\right)\Delta f \tag{7-31}$$

$$B_j=-\frac{\sqrt{b^2-4a(c-0.5H_p)}}{a}\Delta f \tag{7-32}$$

其中，

$$\begin{cases} a=\dfrac{H_i(m-1)+H_i(m+1)}{2}-H_i(m) \\ b=\dfrac{H_i(m+1)-H_i(m-1)}{2} \\ c=H_i(m) \end{cases} \tag{7-33}$$

$$H_p=-\frac{b^2}{4a}+c \tag{7-34}$$

## 7.3.3　实验步骤及要求

**1. 实验步骤**

运行 MATLAB→新建 m 文件→编写 m 程序→编译并调试。

**2. 实验要求**

1）基于共振峰检测和基音参数的语音合成原理，结合以前所学的内容，调用共振峰检测函数 Formant_Root，基音检测函数 pitch_Ceps，滤波处理函数 pitfilterm1 等，基于测试语音 C7_3_y. wav，编程实现语音合成。效果如图 7-12 所示。

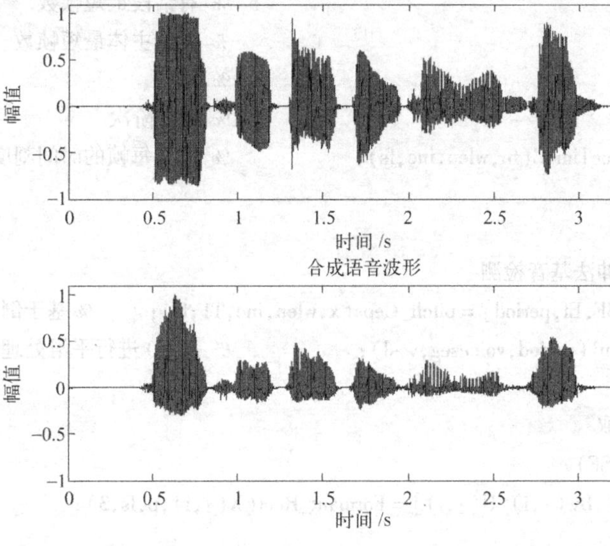


图 7-12　基于共振峰检测和基音参数的语音合成效果图

### 7.3.4 思考题

调用不同的共振峰检测函数，并比较语音合成的效果。

### 7.3.5 参考例程

```
%基于线性预测共振峰检测和基音参数的语音合成
clear all; clc; close all;

[xx,fs] = wavread('C7_3_y.wav');                    % 读取文件
xx = xx - mean(xx);                                 % 去除直流分量
x1 = xx/max(abs(xx));                               % 归一化
x = filter([1 -.99],1,x1);                          % 预加重
N = length(x);                                      % 数据长度
time = (0:N-1)/fs;                                  % 信号的时间刻度
wlen = 240;                                         % 帧长
inc = 80;                                           % 帧移
overlap = wlen - inc;                               % 重叠长度
tempr1 = (0:overlap-1)'/overlap;                    % 斜三角窗函数 w1
tempr2 = (overlap-1:-1:0)'/overlap;                 % 斜三角窗函数 w2
n2 = 1:wlen/2+1;                                    % 正频率的下标值
wind = hamming(wlen);                               % 窗函数
X = enframe(x,wlen,inc)';                           % 分帧
fn = size(X,2);                                     % 帧数
Etemp = sum(X.*X);                                  % 计算每帧的能量
Etemp = Etemp/max(Etemp);                           % 能量归一化
T1 = 0.1; r2 = 0.5;                                 % 端点检测参数
miniL = 10;                                         % 有话段最短帧数
mnlong = 5;                                         % 元音主体最短帧数
ThrC = [10 15];                                     % 阈值
p = 12;                                             % LPC 阶次
frameTime = FrameTimeC(fn,wlen,inc,fs);             % 计算每帧的时间刻度
Doption = 0;

% 用主体-延伸法基音检测
[voiceseg,vosl,SF,Ef,period] = pitch_Ceps(x,wlen,inc,T1,fs);    %基于倒谱法的基音周期检测
Dpitch = pitfilterm1(period,voiceseg,vosl);         % 对 T0 进行平滑处理求出基音周期 T0

%% 共振峰提取
for i = 1:length(SF)
    [Frmt(:,i),Bw(:,i),U(:,i)] = Formant_Root(X(:,i),p,fs,3);
end
%% 语音合成
```

```
zint = zeros(2,4);                                      % 初始化
tal = 0;
for i = 1:fn
    yf = Frmt(:,i);                                     % 取来 i 帧的三个共振峰频率和带宽
    bw = Bw(:,i);
    [an,bn] = formant2filter4(yf,bw,fs);                % 转换成四个二阶滤波器系数
    synt_frame = zeros(wlen,1);

    if SF(i) ==0                                        % 无话帧
        excitation = randn(wlen,1);                     % 产生白噪声
        for k = 1:4                                     % 对四个滤波器并联输入
            An = an(:,k);
            Bn = bn(k);
            [out(:,k),zint(:,k)] = filter(Bn(1),An,excitation,zint(:,k));
            synt_frame = synt_frame + out(:,k);         % 四个滤波器输出叠加在一起
        end
    else                                                % 有话帧
        PT = round(Dpitch(i));                          % 取周期值
        exc_syn1 = zeros(wlen + tal,1);                 % 初始化脉冲发生区
        exc_syn1(mod(1:tal + wlen,PT) ==0) = 1;         % 在基音周期的位置产生脉冲,幅值为 1
        exc_syn2 = exc_syn1(tal + 1:tal + inc);         % 计算帧移 inc 区间内的脉冲个数
        index = find(exc_syn2 ==1);
        excitation = exc_syn1(tal + 1:tal + wlen);      % 这一帧的激励脉冲源

        if isempty(index)                               % 帧移 inc 区间内没有脉冲
            tal = tal + inc;                            % 计算下一帧的前导零点
        else                                            % 帧移 inc 区间内有脉冲
            eal = length(index);                        % 计算有几个脉冲
            tal = inc - index(eal);                     % 计算下一帧的前导零点
        end
        for k = 1:4                                     % 对四个滤波器并联输入
            An = an(:,k);
            Bn = bn(k);
            [out(:,k),zint(:,k)] = filter(Bn(1),An,excitation,zint(:,k));
            synt_frame = synt_frame + out(:,k);         % 四个滤波器输出叠加在一起
        end
    end
    Et = sum(synt_frame.*synt_frame);                   % 用能量归正合成语音
    rt = Etemp(i)/Et;
    synt_frame = sqrt(rt)*synt_frame;
        if i ==1                                        % 若为第 1 帧
            output = synt_frame;                        % 不需要重叠相加,保留合成数据
        else
```

```
            M = length(output);                    % 按线性比例重叠相加处理合成数据
            output = [output(1:M - overlap); output(M - overlap + 1:M).* tempr2 + …
                synt_frame(1:overlap).* tempr1; synt_frame(overlap + 1:wlen)];
        end
    end
    ol = length(output);                           % 把输出 output 延长至与输入信号 xx 等长
    if ol < N
        output = [output; zeros(N - ol,1)];
    end
    % 合成语音通过带通滤波器
    out1 = output;
    out2 = filter(1,[1  -0.99],out1);
    b = [0.964775    -3.858862    5.788174    -3.858862    0.964775];
    a = [1.000000    -3.928040    5.786934    -3.789685    0.930791];
    output = filter(b,a,out2);
    output = output/max(abs(output));

    subplot211; plot(time,x1,'k'); title('原始语音波形');
    axis([0 max(time) -1 1.1]); xlabel('时间/s'); ylabel('幅值')
    subplot212; plot(time,output,'k'); title('合成语音波形');
    axis([0 max(time) -1 1.1]); xlabel('时间/s'); ylabel('幅值')
```

## 7.4 语音信号的变调与变速实验

### 7.4.1 实验目的

1）复习线谱对的原理。

2）掌握语音信号的变调和变速的原理。

3）能编程实现语音信号的变调和变速算法，并仿真验证。

### 7.4.2 实验原理

#### 1. 语音信号变速和变调的意义

语音信号的变速和变调属于语音更改范畴。语音变更是指在保留原语音所蕴含语意的基础上，通过对说话人的语音特征进行处理，使之听起来不像是原说话人所发出的声音的过程。这一技术拥有广阔的应用前景。例如，日常生活中的语音邮件、语音库转换为语音、多媒体语音信号处理等都需要用到这种技术。

语音更改技术涉及语音信号个人特性的研究，主要分为两个方面：一是声学参数，如共振峰频率、基频等，主要是由不同说话人的发声器官差异所决定的；另一个是韵律学参数，如不同说话人说话的快慢、节奏、口音是不一样的，主要和人们所处的环境有关。

语音变速是语音更改技术的一部分。语音变速是指把一个语音在时间上缩短或拉长，而语音的采样频率，以及基频、共振峰并没有发生变化；语音信号的变调是指把语音的基音频率降低或升高（如男女声互换），共振峰频率要做相应的改变，而采样频率同样没有发生变化。

**2. 语音信号的变速**

由语音合成的原理可知，由预测系数和基音信息就可以合成语音。因此要把语音缩短或拉长，就等于需要知道某些时刻的预测系数和基音信息。当把语音缩短时，设原来语音长为 $T$，每帧长为 $wlen$，帧移为 $inc$，总共有 $f_n$ 帧。现在要把语音缩短，缩为时间长为 $T_1$，而帧长和帧移不变，总帧数随语音长度的减少而随之减少为 $f_{n1}$。如图 7-13 所示，黑点是原始语音每一帧的位置，时长为 $T$；而灰点是缩短语音每一帧的位置，时长为 $T_1$。缩短语音的帧数 $f_{n1}$ 比原始语音的帧数 $f_n$ 少。缩短语音的每一帧对应的原信号的时间已不是原始语音的时刻，往往在两个黑点之前（用灰点表示），所以要缩短语音所需的信息不能简单地把原始语音中的信息搬过来用，而要计算出原始语音上各灰点位置上的语音信息。

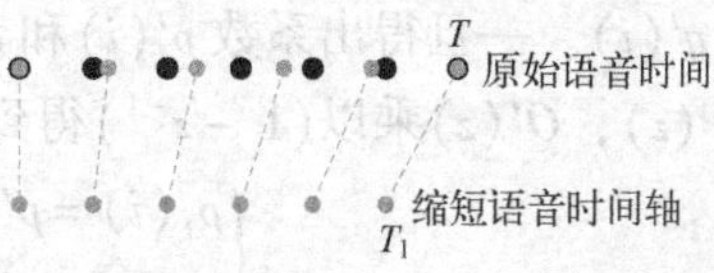


图 7-13　语音缩短时的参数对应关系

对于原始语音可以通过基音检测获得基音周期信息，通过线性预测分析，获得每帧的预测系数 $a_i$。基音周期可以通过内插得到缩短语音所要的信息，但预测系数 $a_i$ 不适合通过内插得到缩短语音所要的信息。线谱对（LSP）的归一化频率 LSF 反映了线性预测频域的共振峰特性。当语音从一帧往下一帧过渡时，共振峰会有所变化，LSF 也会有所变化。而 LSF 参数是可以进行内插的。实际上不论缩短还是拉长，都是可通过对 LSF 的内插来完成的。

（1）线谱对定义

LSP 作为线性预测参数的一种表示形式，可通过求解 $p+1$ 阶对称和反对称多项式的共轭复根得到。其中，$p+1$ 阶对称和反对称多项式表示如下：

$$P(z)=A(z)+z^{-(p+1)}A(z^{-1}) \tag{7-35}$$

$$Q(z)=A(z)-z^{-(p+1)}A(z^{-1}) \tag{7-36}$$

式中，

$$z^{-(p+1)}A(z^{-1})=z^{-(p+1)}-a_1z^{-p}-a_2z^{-p+1}-\cdots-a_pz^{-1} \tag{7-37}$$

可以推出：

$$P(z)=1-(a_1+a_p)z^{-1}-(a_2+a_{p-1})z^{-2}-\cdots-(a_p+a_1)z^{-p}+z^{-(p+1)} \tag{7-38}$$

$$Q(z)=1-(a_1-a_p)z^{-1}-(a_2-a_{p-1})z^{-2}-\cdots-(a_p-a_1)z^{-p}-z^{-(p+1)} \tag{7-39}$$

（2）LPC 到 LSP 参数的转换

在进行语音编码时，要对 LPC 进行量化和内插，就需要将 LPC 转换为 LSP 参数，为计算方便，可将 LSP 参数无关的两个实根去掉，得到如下多项式：

$$P'(z)=\frac{P(z)}{(1+z^{-1})}=\prod_{i=1}^{p/2}(1-z^{-1}e^{j\omega})(1-z^{-1}e^{-j\omega})=\prod_{i=1}^{p/2}(1-2\cos\omega_i z^{-1}+z^{-2}) \tag{7-40}$$

$$Q'(z)=\frac{Q(z)}{(1-z^{-1})}=\prod_{i=1}^{p/2}(1-z^{-1}e^{j\theta_i})(1-z^{-1}e^{-j\theta_i})=\prod_{i=1}^{p/2}(1-2\cos\theta_i z^{-1}+z^{-2}) \tag{7-41}$$

从 LPC 到 LSP 参数的转换过程，其实就是求解式（7-35）和式（7-36）等于零时的 $\cos'\omega_i$ 和 $\cos'\theta_i$ 的值，可采用代数方程式求解。

由式（7-40）可知，等式右边可进一步表示为

$$
\begin{aligned}
1-2\cos'\omega_i z^{-1}+z^{-2} &= 2z^{-1}(0.5z-\cos'\omega_i+0.5z^{-1}) \\
&= 2z^{-1}[0.5(z+z^{-1})-\cos'\omega_i]
\end{aligned} \tag{7-42}
$$

令 $z=e^{j\omega}$，则由 $e^{j\omega}=\cos'\omega+j\sin\omega$，可得 $z+z^{-1}=2\cos'\omega=2x$。因此，式（7-35）和式（7-36）就是关于 $x$ 的一对 $p/2$ 次代数方程式，其系数决定于 $a_i(i=1,2,\cdots,p)$，且 $a_i$ 是已知的，可以用牛顿迭代法来求解。

（3）LSP 参数到 LPC 的转换

LSP 系数被量化和内插后，应再转换为预测系数 $a_i(i=1,2,\cdots,p)$。已知量化和内插的 LSP 参数 $q_i(i=1,2,\cdots,p)$，可用式（7-35）和式（7-36）来计算 $P'(z)$ 和 $Q'(z)$ 的系数 $p'(i)$ 和 $q'(i)$。一旦得出系数 $p'(i)$ 和 $q'(i)$，就可以得到 $P'(z)$ 和 $Q'(z)$，$P'(z)$ 乘以 $(1+z^{-1})$ 得到 $P(z)$，$Q'(z)$ 乘以 $(1-z^{-1})$ 得到 $Q(z)$，即

$$
\begin{cases}
p_1(i)=p'(i)+p'(i-1), i=1,2,\cdots,p/2 \\
q_1(i)=q'(i)+q'(i-1), i=1,2,\cdots,p/2
\end{cases} \tag{7-43}
$$

最后得到预测系数为

$$
a_i=\begin{cases}
0.5p_i(i)+0.5q_1(i) & i=1,2,\cdots,p/2 \\
0.5p_i(p+1-i)-0.5q_1(p+1-i) & i=p/2+1,\cdots,p
\end{cases} \tag{7-44}
$$

（4）语音缩短或拉长步骤

对语音缩短或拉长的具体步骤如下：

1）先对原始语音进行分帧，再做基音检测和线性预测分析，得到 $1\sim f_n$ 帧的基音参数和 $1\sim f_n$ 帧的预测系数 $a'_i$。

2）把 $1\sim f_n$ 帧的基音参数按新的语音时长要求内插为 $1\sim f_{n1}$ 帧的基音参数。

3）把 $1\sim f_n$ 帧的预测系数 $a'_i$ 转换成 $1\sim f_n$ 帧的 LSF 参数，称为 LSF1。把 $1\sim f_n$ 帧的 LSF1 按新的语音时长要求内插为 $1\sim f_{n1}$ 帧的 LSF2。

4）把 $1\sim f_{n1}$ 帧的 LSF2 重构成 $1\sim f_{n1}$ 帧线性预测参数 $a_i$，用预测系数和基音参数合成语音。

重构的语音信号时长为 $T_1$，再按原采样频率放音时，就能感觉到语速变了，或快（时长缩短）或慢（时长拉长），而相应的基音频率和共振峰参数都没有改变。语音变速分析合成语音的示意图如图 7-14 所示。

### 3. 语音信号的变调

语音信号的变调是指把原语音信号中的基音频率变大或变小。变调的最简单方法是在语音合成的过程中把基音频率改变后再合成。由于男声和女声的基音和共振峰频率都存在差异，因此变调时，需要对两者进行调整。因此，语音变调合成的示意图如图 7-15 所示。

预测误差滤波器 $A(z)$ 是一个由预测系数构成的多项式。基于线性预测系数的共振峰检测原理可知，共振峰频率 $F_i=\dfrac{\theta_i f_s}{2\pi}$，带宽 $B_i=-\left(\dfrac{f_s}{\pi}\right)\ln|z_i|$。由于是固定的，是常数，所以任何一个共振峰值 $F_i$ 都与根的相位角 $\theta_i$ 有关。而 $\theta_i=\arctan\dfrac{\mathrm{Im}(z_i)}{\mathrm{Re}(z_i)}$，表示为根 $z_i$ 的虚部和

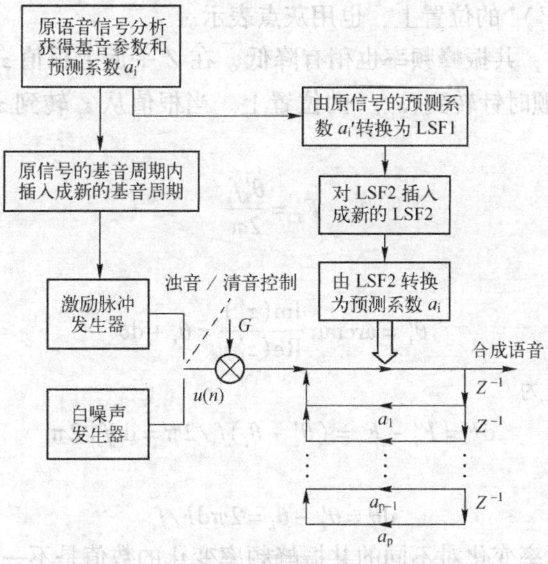


图 7-14　语音变速分析语音合成示意图

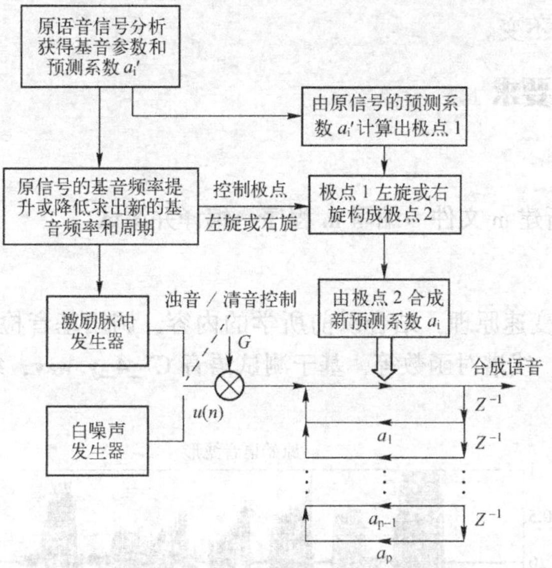


图 7-15　语音变调分析语音合成示意图

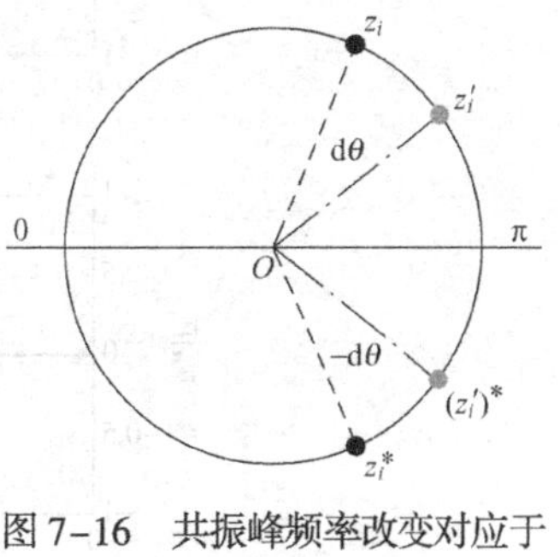


图 7-16　共振峰频率改变对应于根值位置的变化

实部之比的反正切。当共振峰频率增加时，$\theta_i$ 就增加，可能 $\mathrm{Im}(z_i)$ 增加，或 $\mathrm{Re}(z_i)$ 减少。但 $z_i$ 的模 $|z_i|$ 是一个定值 $|z_i| = \sqrt{\mathrm{Im}(z_i)^2 + \mathrm{Re}(z_i)^2}$，所以在 $\mathrm{Im}(z_i)$ 增加时 $\mathrm{Re}(z_i)$ 必然减小。如图 7-16 所示的 $Z$ 平面，其中单位圆实轴上方对应的相位角 $\theta_i$ 为正值，即 $0 \sim \pi$；实轴下方对应的相角 $\theta_i$ 为负值，即 $0 \sim -\pi$。图中根 $z_i$ 的位置用黑点表示，在实轴上方共振峰增加时，相应的 $\theta_i$ 增加了 $\mathrm{d}\theta$，根的位置将顺时针转到 $z_i'$ 的位置上，用灰点表示；而 $z_i$ 的共轭值 $z_i^*$ 虚部为负值，在实轴的下方，也用黑点表示，当共振峰增加时，根 $z_i^*$

的位置将逆时针转到$(z_i')^*$的位置上，也用灰点表示。

当基音频率降低时，共振峰频率也稍有降低，在 $Z$ 平面上根值 $z_i$ 将逆时针转到 $z_i'$ 的位置上，根 $z_i^*$ 的位置将顺时针转到$(z_i')^*$的位置上。当根值从 $z_i$ 转到 $z_i'$ 位置上以后，对应的共振峰频率为

$$F_i' = \frac{\theta_i' f_s}{2\pi} \tag{7-45}$$

式中

$$\theta_i' = \arctan\frac{\mathrm{Im}(z_i')}{\mathrm{Re}(z_i')} = \theta_i + \mathrm{d}\theta \tag{7-46}$$

共振峰频率移动量为

$$\mathrm{d}F = F_i' - F_i = (\theta_i' - \theta_i)f_s/2\pi = \mathrm{d}\theta f_s/2\pi \tag{7-47}$$

式中

$$\mathrm{d}\theta = \theta_i' - \theta_i = 2\pi \mathrm{d}F/f_s \tag{7-48}$$

严格地说，基音频率变化对不同的共振峰频率变化的数值是不一样的，而且对带宽也会有一定的影响。为简化处理，基音频率增加或减少多少都只将不同的共振峰频率增加或减少 100 Hz，带宽可以保持不变。

## 7.4.3 实验步骤及要求

### 1. 实验步骤

运行 MATLAB→新建 m 文件→编写 m 程序→编译并调试。

### 2. 实验要求

1）基于语音信号变速原理，结合以前所学的内容，调用基音检测函数 pitch_Ceps，滤波处理函数 pitfilterm1、线谱对函数等，基于测试语音 C7_4_y. wav，编程实现语音变速。效果如图 7-17 所示。

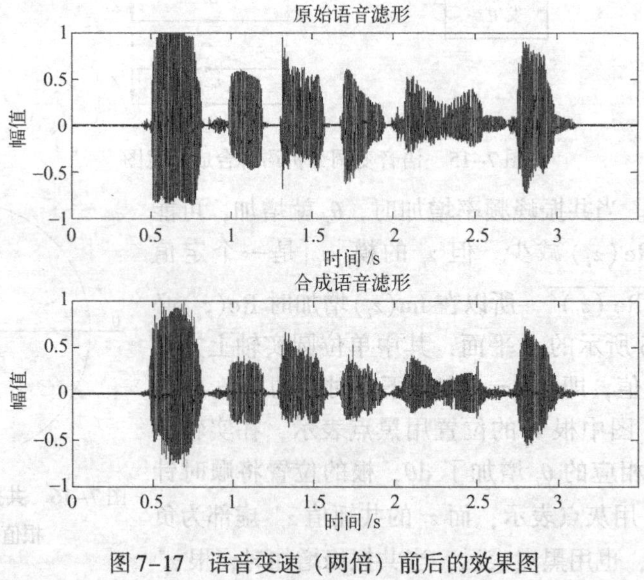


图 7-17 语音变速（两倍）前后的效果图

2）基于语音信号变调原理，结合以前所学的内容，调用基音检测函数 pitch_Ceps，滤波处理函数 pitfilterm1、线谱对函数等，基于测试语音 C7_4_y. wav，编程实现语音变调。效果如图 7-18 所示。

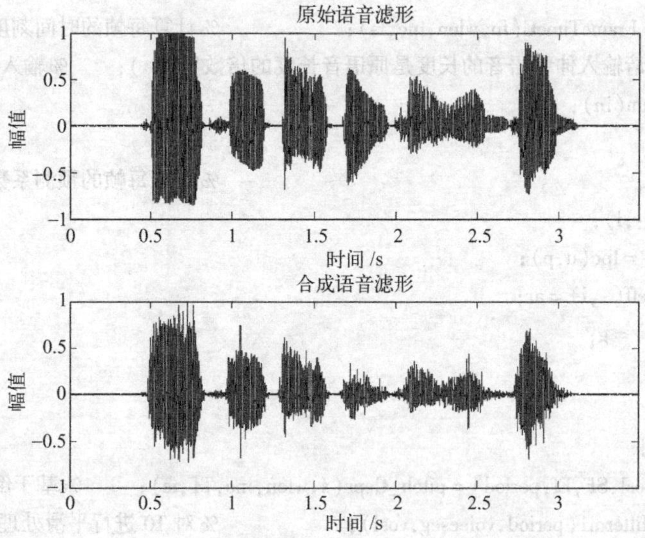


图 7-18　语音变调（两倍）前后的效果图

### 7.4.4　思考题

综合上述实验内容，编写程序同时实现语音信号的变调和变速。

### 7.4.5　参考例程

```
%语音信号变速
clear all; clc; close all;

[xx,fs] = wavread('C7_4_y.wav');                % 读取文件
xx = xx - mean(xx);                             %去除直流分量
x = xx/max(abs(xx));                            %归一化
N = length(x);                                  %数据长度
time = (0:N-1)/fs;                              %信号的时间刻度
wlen = 240;                                     %帧长
inc = 80;                                       %帧移
overlap = wlen - inc;                           %重叠长度
tempr1 = (0:overlap-1)'/overlap;                %斜三角窗函数 w1
tempr2 = (overlap-1:-1:0)'/overlap;             %斜三角窗函数 w2
n2 = 1:wlen/2+1;                                %正频率的下标值
X = enframe(x,wlen,inc)';                       %分帧
fn = size(X,2);                                 %帧数
T1 = 0.1; r2 = 0.5;                             %端点检测参数
```

```
miniL = 10;                                          % 有话段最短帧数
mnlong = 5;                                          % 元音主体最短帧数
ThrC = [10 15];                                      % 阈值
p = 12;                                              % LPC 阶次
frameTime = FrameTimeC(fn,wlen,inc,fs);              % 计算每帧的时间刻度
in = input('请输入伸缩语音的长度是原语音长度的倍数:','s');   % 输入伸缩长度比例
rate = str2num(in);

for i = 1:fn                                         % 求取每帧的预测系数和增益
    u = X(:,i);
    [ar,g] = lpc(u,p);
    AR_coeff(:,i) = ar;
    Gain(i) = g;
end

% 基音检测
[voiceseg,vosl,SF,Ef,period] = pitch_Ceps(x,wlen,inc,T1,fs);   % 基于倒谱法的基音周期检测
Dpitch = pitfilterm1(period,voiceseg,vosl);          % 对 T0 进行平滑处理求出基音周期 T0

tal = 0;                                             % 初始化
zint = zeros(p,1);
%% LSP 参数的提取
for i = 1:fn
    a2 = AR_coeff(:,i);                              % 取来本帧的预测系数
    lsf = lpctolsf(a2);                              % 调用 ar2lsf 函数求出 lsf
    Glsf(:,i) = lsf;                                 % 把 lsf 存储在 Glsf 数组中
end

% 通过内插把相应数组缩短或伸长
fn1 = floor(rate * fn);                              % 设置新的总帧数 fn1
Glsfm = interp1((1:fn),Glsf',linspace(1,fn,fn1))';   % 把 LSF 系数内插
Dpitchm = interp1(1:fn,Dpitch,linspace(1,fn,fn1));   % 把基音周期内插
Gm = interp1((1:fn),Gain,linspace(1,fn,fn1));        % 把增益系数内插
SFm = interp1((1:fn),SF,linspace(1,fn,fn1));         % 把 SF 系数内插

%% 语音合成
for i = 1:fn1;
    lsf = Glsfm(:,i);                                % 获取本帧的 lsf 参数
    ai = lsftolpc(lsf);                              % 调用 lsf2ar 函数把 lsf 转换成预测系数 ar
    sigma = sqrt(Gm(i));

    if SFm(i) == 0                                   % 无话帧
        excitation = randn(wlen,1);                  % 产生白噪声
```

```
        [synt_frame,zint] = filter(sigma,ai,excitation,zint);
    else                                              %有话帧
        PT = round(Dpitchm(i));                       %取周期值
        exc_syn1 = zeros(wlen + tal,1);               %初始化脉冲发生区
        exc_syn1(mod(1:tal + wlen,PT) ==0) =1;        %在基音周期的位置产生脉冲,幅值为1
        exc_syn2 = exc_syn1(tal +1:tal + inc);        %计算帧移 inc 区间内的脉冲个数
        index = find(exc_syn2 ==1);
        excitation = exc_syn1(tal +1:tal + wlen);     %这一帧的激励脉冲源

        if isempty(index)                             %帧移 inc 区间内没有脉冲
            tal = tal + inc;                          %计算下一帧的前导零点
        else                                          %帧移 inc 区间内有脉冲
            eal = length(index);                      %计算有几个脉冲
            tal = inc - index(eal);                   %计算下一帧的前导零点
        end
        gain = sigma/sqrt(1/PT);                      %增益
        [synt_frame,zint] = filter(gain,ai,excitation,zint);      %用激励脉冲合成语音
    end
    if i ==1                                          %若为第1帧
        output = synt_frame;                          %不需要重叠相加,保留合成数据
    else
        M = length(output);                           %重叠部分的处理
        output = [output(1:M - overlap); output(M - overlap +1:M).*tempr1 +...
            synt_frame(1:overlap).*tempr2; synt_frame(overlap +1:wlen)];
    end
end
output(find(isnan(output))) =0;
bn = [0.964775   -3.858862   5.788174   -3.858862   0.964775]; %滤波器系数
an = [1.000000   -3.928040   5.786934   -3.789685   0.930791];
output = filter(bn,an,output);                        %高通滤波
output = output/max(abs(output));                     %幅值归一化
%%作图
% figure(1)
ol = length(output);                                  %输出数据长度
time1 = (0:ol -1)/fs;                                 %求出输出序列的时间序列
subplot 211; plot(time,x','k'); title('原始语音波形');
axis([0 max(time) -1 1]); xlabel('时间/s'); ylabel('幅值')
subplot 212; plot(time1,output','k');   title('合成语音波形');
xlim([0 max(time1)]); xlabel('时间/s'); ylabel('幅值')
```

# 第8章　语音隐藏实验

## 8.1　LSB 语音信息隐藏实验

### 8.1.1　实验目的

1）了解语音信息隐藏的基本概念和框架。

2）掌握 LSB 语音信息隐藏的信息算法的基本原理。

3）编程实现基本 LSB 语音隐藏嵌入和提取算法，并进行分析。

### 8.1.2　实验原理

**1. 语音信息隐藏系统通用框架**

语音信息隐藏系统通常包含三个部分：隐藏信息生成模块 $G$，信息嵌入模块 $E$，以及隐藏信息检测（提取）模块 $D$。语音信息隐藏系统一般框架如图 8-1 所示。

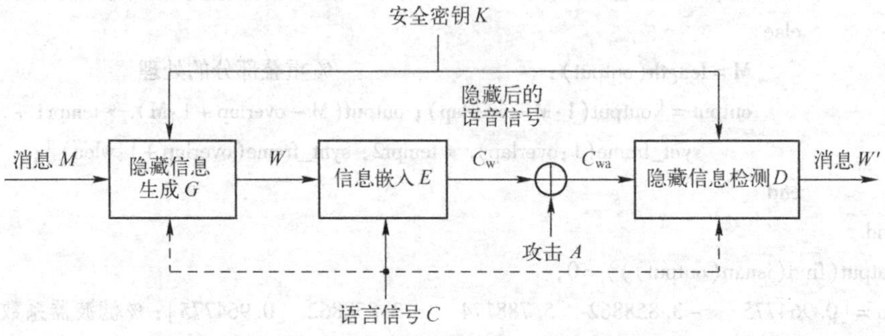


图 8-1　语音信息隐藏系统的框架

隐藏信息是由安全密钥为输入参数的不可逆函数产生，从而保证隐藏信息的安全性。在一些系统中，原始语音信号也被用于生成隐藏信息 $W$。隐藏信息 $W$ 生成的一般过程可用公式表示为

$$W = G(M, C, K) \tag{8-1}$$

式中，$W$ 代表隐藏信息；$G$ 代表隐藏信息生成算法；$M$ 代表欲嵌入的原始信息；$C$ 代表原始语音信号；$K$ 则代表安全密钥，用于保护隐藏信息的安全。

在隐藏信息嵌入过程中，可以通过合适的嵌入规则（例如加性嵌入或乘性嵌入）将隐藏信息嵌入到原始语音信号的时域或变换域中。整个过程可用公式表示为

$$C_w = E(W, C) \tag{8-2}$$

式中，$C_w$ 代表嵌入隐藏信息后的语音信号；$E$ 代表隐藏信息嵌入规则。

在隐藏信息的检测过程中，有些并不需要原始语音数据 $C$，这样的检测法称为盲检测算

法，而那些需要原始数据 $C$ 参与的则称为非盲检测算法。设隐藏信息检测操作为 $D$，$C_{wa}$ 为受攻击或干扰后的语音信号，则隐藏信息的盲检测过程可表示为

$$W' = D(C_{wa}, K) \tag{8-3}$$

**2. LSB 语音信息隐藏原理**

最低有效位（Least Significant Bits，LSB）方法是最早提出的一种最基本的信息隐藏算法，许多其他的隐藏算法都是从它的基本原理进行改进扩展的，使得 LSB 方法成为使用最为广泛的隐藏技术之一。

LSB 语音信息隐藏方法的基本思想是利用人耳对物理随机噪声不敏感的特点，利用隐秘信息替换语音信号中的不重要的部分，从而产生类似随机噪声，以达到隐藏信息的目的。如果接收者知道秘密信息嵌入位置，即可提取出隐秘信息。这种方法仅对不重要部分进行修改，可在语音载体中隐藏较大量的信息，也不易被察觉。

基本 LSB 语音信息隐藏算法的嵌入过程是通过选择一个语音载体样本的子集 $\{j_1, \cdots, j_{l(m)}\}$，然后在子集上执行替换操作像素 $c_{j_i} \leftrightarrow m_i$，即把 $c_{j_i}$ 的 LSB 与秘密信息 $m_i$ 进行交换（$m_i$ 可以是 1 或 0）。一个替换系统也可以修改载体样本点的多个位，例如，在一个载体样本点的两个最低位隐藏两位，可以提高信息嵌入量。在提取过程中，抽取出被选择语音样本点序列，将 LSB（最不重要位）排列起来重构秘密信息。基本 LSB 语音信息隐藏具体算法描述如下。

嵌入过程：

for（$i=1$；$i<=$语音样本序列个数；$i++$）

　　$s_i \leftrightarrow c_i$

for（$i=1$；$i<=$秘密消息长度；$i++$）

　　//将选取的语音样本点的最不重要位依次替换成秘密信息

　　$s_{j_i} \leftarrow c_{j_i} \leftrightarrow m_i$

提取过程：

for（$i=1$；$i<=$秘密消息长度；$i++$）

{

　　$i \leftrightarrow j_i$　　　　//序列选取

　　$m_i' \leftarrow LSB(c_{j_i})$　//重构新排列成隐秘消息序列

}

基本 LSB 算法默认是从第一个载体元素开始依次顺序选取子集，另外一种常用的选择方法是随机间隔选取，其使用伪随机数发生器以近似随机的方式来扩展秘密信息。通信双方使用同一伪装密钥 $k$ 作为随机数发生器的种子，通过 $k$ 生成一随机间隔位置序列来进行隐秘信息传递。随机间隔 LSB 语音信息隐藏具体算法描述如下。

嵌入过程：

for（$i=1$；$i<=$语音样本序列个数；$i++$）

$s_i \leftrightarrow c_i$

$n \leftarrow k_1$

for（$i=1$；$i<=$秘密消息长度；$i++$）

{ //将选取的语音样本点的最不重要位依次替换成秘密信息

$s_n \leftarrow c_n \leftrightarrow m_i$

$n \leftarrow n + k_i$

}

提取过程：

$n \leftarrow k_1$

for（$i=1$；$i<=$秘密消息长度；$i++$）

{

$m'_i \leftarrow LSB(c_{j_i})$ //重构新排列成隐秘消息序列

$n \leftarrow n + k_i$

}

## 8.1.3 实验步骤及要求

**1. 实验步骤**

运行 MATLAB→新建 m 文件→编写 m 程序→编译并调试。

**2. 实验要求**

1）根据基本 LSB 语音隐藏嵌入过程的原理，编写 MATLAB 函数，函数定义如下。

名称：hide_LSBEmbed

功能：用 LSB 进行语音隐藏嵌入过程。

调用格式：

```
[x_embed,m_len] = hide_LSBEmbed(x,message,nBits)
```

说明：输入参数 x 是输入的语音数据；message 是待嵌入的隐秘信息；nBits 是每个样本嵌入的位数。输出参数 x_embed 是嵌入隐秘信息后的语音；m_len 是返回嵌入隐秘信息的样本长度。

2）根据基本 LSB 语音隐藏提取过程的原理，编写 MATLAB 函数，函数定义如下。

名称：hide_LSBExtract

功能：用自相关函数最大值法进行端点检测。

调用格式：

```
[message_rec] = hide_LSBExtract(x_embed,m_len,nBits)
```

说明：输入参数 x_embed 是输入的嵌入隐秘信息后的语音；m_len 是嵌入的隐秘信息的样本长度；nBits 是每个样本嵌入的位数。输出参数 message_rec 是重构得到的隐秘信息序列。

3）根据 LSB 语音隐藏算法原理，以及基于测试语音 C8_1_y. wav 及 C8_1_y. DAT，编写 MATLAB 程序，实现以下功能：

① 读入 C8_1_y. wav 原始语音载体并进行整数化。

② 导入 C8_1_y. DAT。

③ 以参数 nBits = 1，顺序调用①、②所编写的语音信息隐藏的嵌入和提取程序，并按图 8-2 所示检测效果方式显示比较结果，并依次播放原始语音及包含隐藏信息语音。

提取的字符对比如图 8-3 所示。

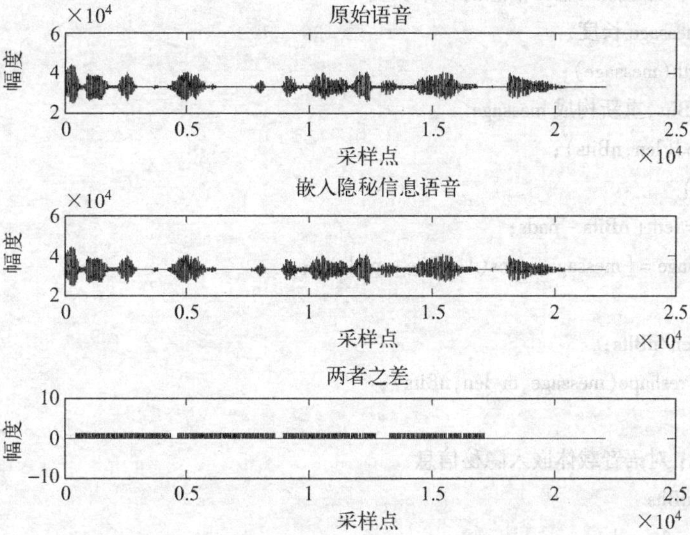


图 8-2 无攻击情况下语音隐藏检测效果图

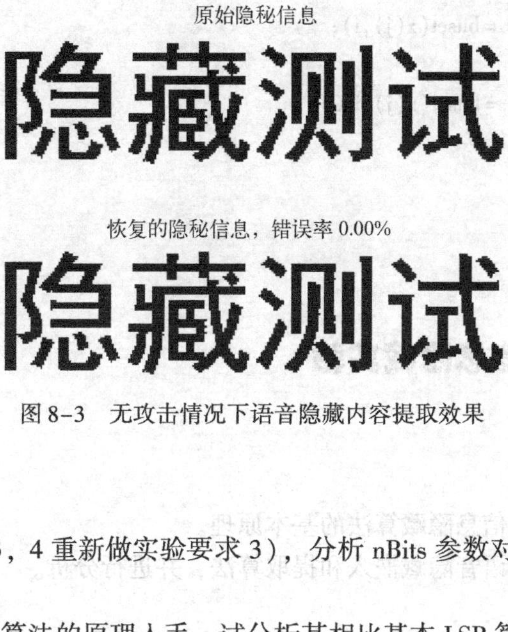


图 8-3 无攻击情况下语音隐藏内容提取效果

### 8.1.4 思考题

1）改用 nBits =2，3，4 重新做实验要求 3），分析 nBits 参数对嵌入隐秘信息语音的透明性具有什么样的影响。

2）从随机间隔 LSB 算法的原理入手，试分析其相比基本 LSB 算法的优点。

### 8.1.5 参考例程

```
%基于 LSB 的语音隐藏
function [x_embed,m_len] = hide_LSBEmbed(x,message,nBits)
%说明:输入参数 x 是输入的语音数据;message 是待嵌入的隐秘信息;
```

```
% nBits 是每个样本嵌入的 bit 数。输出参数 x_embed 是嵌入隐秘信息后的语音;
% m_len 是返回嵌入隐秘信息的样本长度。

% Step 1: 确定嵌入隐秘信息的样本长度
%获取 message 长度,
len = length(message);
%根据 nBits,重新构成 message
pads = mod(len,nBits);
if( pads )
    len = len + nBits - pads;
    message = [message,zeros(1,nBits - pads)];
end
m_len = len/nBits;
mess_n = reshape(message,m_len,nBits);

% Step 2: 对语音载体嵌入隐秘信息
for i = 1:nBits
    for j = 1:m_len
        % 在样本的第 i 位嵌入信息
        if(mess_n(j,i))
            x(j) = bitset(x(j),i);
        else
            x(j) = bitset(x(j),i,0);
        end
    end
end
x_embed = x;
```

## 8.2 回声法语音信息隐藏实验

### 8.2.1 实验目的

1) 掌握回声法语音信息隐藏算法的基本原理。
2) 编程实现回声法语音隐藏嵌入和提取算法，并进行分析。

### 8.2.2 实验原理

**1. 研究背景**

Bender 等人于 1996 年最早提出了基于音频的信息隐藏技术——回声隐藏（Echo hiding）。回声隐藏就是在原始声音中引入人耳不可感知的回声，以达到信息隐藏的目的。与其他音频信息隐藏方法相比，回声隐藏具有以下优点：隐藏算法简单；算法不产生噪声，隐藏效果好，并且有时由于回声的引入，使声音听起来更加浑厚；对同步的要求不高，算法本身甚至可以作为粗同步的工具；提取隐藏信息时不需要原始音频序列，实现了盲检测。同时也存在缺陷：当回声幅度较小，又采用传统的倒谱分析来检测回声时，与回声相对应的尖峰容易淹没，如果增大回声幅度，则隐藏效果又会降低，容易被察觉非法攻击，检测算法多数较复杂，运算量一般比较大。因此，大部分对回声隐藏的研究都集中在针对解决以上缺陷的研制上。作为音频信息隐藏领域的一个重要分支，回声隐藏技术在近十年的时间内得到了不断发展。

**2. 回声法语音信息隐藏数学模型和基本原理**

回声隐藏的原理是通过引入回声来将秘密数据嵌入到载体音频数据。它利用了人类听觉系统的特性，在原始语音——明文中加入不用延迟的回声，从而将密文嵌入到明文中。Bender 等人提出的回声核数学模型表示如下：

$$h(n)=\delta(n)+\alpha\delta(n-d) \tag{8-4}$$

嵌入回声的声音 $y[n]$ 可以表示为 $x[n]$ 和 $h[n]$ 的卷积，$x[n]$ 和 $h[n]$ 分别为原始声音信号和回声核的单位脉冲响应。回声信号由 $\alpha\delta(n-d)$ 引入到原始声音当中，其中 $d$ 为延迟时间，$\alpha$ 为衰减系数。嵌入回声的声音信号表示如下：

$$y[n]=x[n]*h[n] \tag{8-5}$$

回声隐藏的具体方法是：对一段声音信号数据，先将其分成若干包含相同样点数的片段，每个片段时间约为几毫秒到几十毫秒，样点数记为 $N$，每段用来嵌入 1 bit 隐藏信息。在信息嵌入过程中，对每段信号使用式（8-5），选择 $d=d_0$，则在信号中嵌入隐藏信息 bit “0”；选择 $d=d_1$，则在信号中嵌入隐藏信息 bit “1”。延时 $d_0$ 和 $d_1$ 是根据人耳听觉掩蔽效应为准则进行选取的。最后，将所有含有隐藏信息的声音信号串联成连续信号。

嵌入信息的提取实际上就是确定回声延时。由于每段隐写声音信号都是单个卷积性组合信号，直接从时域或频域确定回声延时存在一定困难，可采用卷积同态滤波系统来处理，将这个卷积性组合信号变为加性组合信号。Bender 等人用倒谱分析的方法来确定回声延时。对于声音信号 $y[n]$，其复倒谱描述如下：

$$C_y[n]=F^{-1}[\ln(F(y[n]))] \tag{8-6}$$

式中，$F$ 和 $F^{-1}$ 分别表示傅里叶变换和傅里叶反变换。于是式（8-6）可表示为

$$C_y[n]=F^{-1}[\ln(X(e^{jw}))]+F^{-1}[\ln(H(e^{jw}))] \tag{8-7}$$

式（8-7）视为分别计算 $x[n]$ 和 $h[n]$ 的复倒谱，然后求和，即 $C_y[n]=C_x[n]+C_h[n]$。对和 $h[n]$ 求复倒谱：$C_h[n]=F^{-1}[\ln(H(e^{jw}))]$。

式中，$H(e^{jw})=1+\alpha e^{-jwd}$。因此，当回声核形如式（8-4）时，嵌入回声后声音的复倒谱表示为

$$C_y[n]=C_x[n]+\alpha\delta[n-d]-\frac{1}{2}\alpha^2\delta[n-2d]+\frac{1}{3}\alpha^3\delta[n-3d]-\cdots \tag{8-8}$$

式中，$C_y[n]$ 仅在 $d$ 的整数倍处出现非零值，即在信号的复倒谱域 $C_y[n]$ 中，回声延时会出现峰值，据此可确定嵌入回声延时的大小。回声法语音信息隐藏具体算法描述如下。

（1）嵌入过程

设音频序列 $S(n)=\{s(n),0\leqslant n\leqslant N\}S(n)=\{s(n),0\leqslant n\leqslant N\}$，接下来就可以得到含有回声的音频序列 $y(n)$

$$y(n)=\begin{cases}s(n) & 0\leqslant n\leqslant m\\ s(n)+\lambda s(n-m) & m\leqslant n\leqslant N\end{cases} \tag{8-9}$$

式中，$s(n)$是纯净音频信号；$\lambda s(n-m)$是$s(n)$的回声信号，$m$是回声和信号之间的延时，一般取$m\leqslant N$；$\lambda$为衰减系数。在回声编码中通过修改$m$来嵌入秘密信息，具体方法是：对一个音频数据文件，现将其分成若干包含相同点数的片段，每段时间约为几十毫秒，样点数记为$N$，每段用来嵌入1 bit的隐藏信息。在嵌入阶段，对每段信号用式（8-9）表示，选择$m=m_0$，则在信号中嵌入bit“0”；选择$m=m_1$，则在信号中嵌入bit“1”。

```
for(i=1;i<=秘密消息长度;i++)
    //将每段样本叠加延时
        for(j=1;j<=每段长度;j++)
            y_i = y_i + αy_i
```

（2）提取过程

对于一个音频回声信号，隐藏信息提取的关键是确定回声的延时。由式（8-8）可知，回声信号的复倒谱在回声延时处会出现极大值，根据其中较大者则可以判断回声延时，从而确定嵌入的bit是“0”还是“1”。

```
for(i=1;i<=秘密消息长度;i++)
        //求出该段倒谱s
    If(s(m0)>s(m1))      bit(i)=0;
    else                 bit(i)=1;
```

## 8.2.3 实验步骤及要求

**1. 实验步骤**

运行MATLAB→新建m文件→编写m程序→编译并调试。

**2. 实验要求**

1）根据回声法语音隐藏嵌入过程的原理，编写MATLAB函数，函数定义如下。

名称：hide_EchoEmbed

功能：用回声法进行语音隐藏嵌入过程。

调用格式：

```
[x_embeded,len]=hide_EchoEmbed(x,message,N,m0,m1,a)
```

说明：输入参数x是原语音信号，message是一组1 bit的隐藏信息，N是分段长度，m0是隐藏信息为0时的延时，m1是隐藏信息为1时的延时，a是回声衰减系数。输出参数x_embeded是含有隐藏信息的信号，len是嵌入信息的长度。

2）根据回声法语音隐藏提取过程的原理，编写MATLAB函数，函数定义如下。

名称：hide_EchoExtract

功能：用倒谱法提取使用回声法嵌入的隐藏信息。

调用格式：

[message] = hide_EchoExtract(x_embeded,N,m0,m1,len)

说明：输入参数 x_embeded 是含有隐藏信息的信号，N 是分段长度，m0 是隐藏信息为 0 时的延时，m1 是隐藏信息为 1 时的延时，len 是隐藏信息的长度。输出参数 message 是提取出的隐藏信息。

3）根据回声法语音隐藏算法原理，以及基于测试语音 C8_1_y. wav 和隐藏信息 C8_1_y. DAT，编写 MATLAB 程序，实现以下功能：

① 读入 C8_1_y. wav 原始语音数据和其采样频率 fs。

② 导入 C8_1_y. DAT。

③ 以参数 N = 0.1 * fs, m0 = 0.4 * N, m1 = 0.2 * N, a = 0.7，顺序调用 1)，2）所编写的语音信息隐藏的嵌入和提取程序，并按检测效果图 8-4 所示方式显示比较结果，并依次播放原始语音及包含隐藏信息语音。

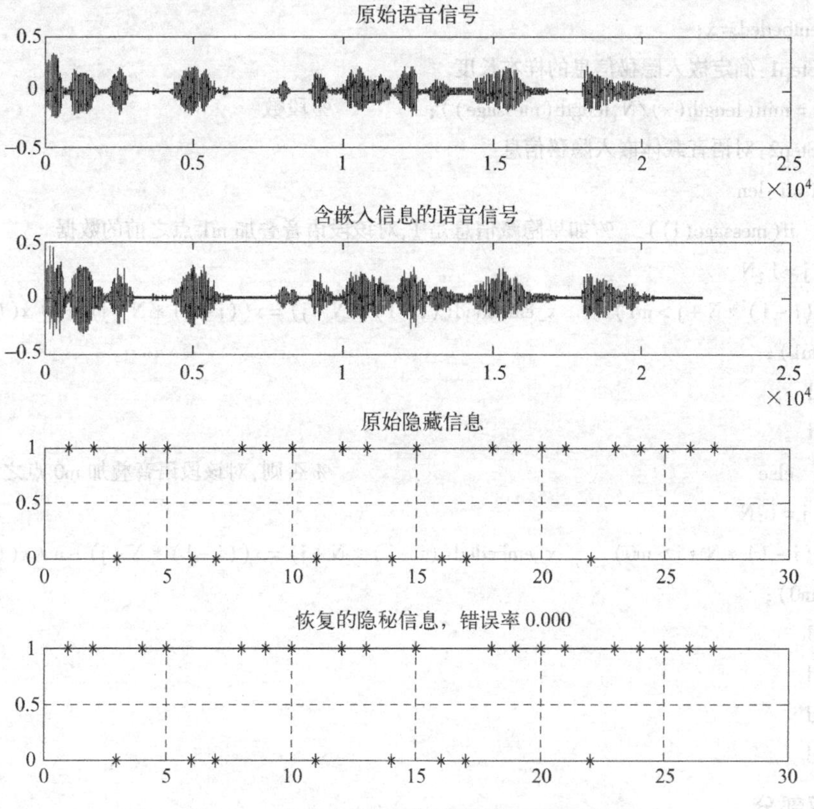


图 8-4 无攻击情况下语音隐藏检测效果图

④ 在③的基础上，编写 MATLAB 程序，对包含隐秘信息的语音样本进行高斯白噪声攻击，并观察实验结果。

## 8.2.4 思考题

1）修改分段长度 N 重做实验 3，分析不同分段长度对信息回复率的影响。

2）修改 m0，m1 重做实验 3，分析不同的延时对声音的影响及信息恢复率的影响。

3）修改衰减系数 a，分析不同的衰减系数对信息恢复率的影响。

## 8.2.5 参考例程

### 1. 隐藏部分

```
%回声法语音隐藏
function [ x_embeded,len ] = hide_EchoEmbed( x,message,N,m0,m1,a)
%说明:输入参数 x 是原始音频信号
%message 是隐藏信息
%N 为分段长度
%m0 是隐藏信息为 0 时的延迟,m1 是隐藏信息为 1 时的延迟
%a 是衰减率
%输出 x_embeded 是含有隐藏信息的信号
x_embeded = x;
%Step1:确定嵌入隐秘信息的样本长度
len = min(length(x)/N,length(message));          %段数
%Step2:对语音载体嵌入隐秘信息
fori = 1:len
    if(message(i))    %如果隐藏信息是 1,对该段语音叠加 m1 点之前的数据
for j = 1:N
if((i-1)*N+j>m1)      x_embeded((i-1)*N+j) = x((i-1)*N+j) + a*x((i-1)*N+j
-m1);
end
end
    else                                          %否则,对该段语音叠加 m0 点之前的数据
for j = 1:N
if((i-1)*N+j>m0)      x_embeded((i-1)*N+j) = x((i-1)*N+j) + a*x((i-1)*N+j
-m0);
end
end
end
end
```

### 2. 提取部分

```
%回声法语音隐藏倒谱法提取隐藏信息
function [ message] = hide_EchoExtract( x_embeded,N,m0,m1,len)
%说明:输入参数 x_embeded 是嵌入隐藏信息的信号
%N 为分段长度
%m0 是隐藏信息为 0 时的延迟,m1 是隐藏信息为 1 时的延迟
%len 是隐藏信息的长度
```

```
%输出 message 是提取出的隐藏信息
message = zeros(1,len);
fori = 1:len
    x = x_embeded(((i-1) * N+1):(i * N));          %取出第 i 段语音数据
xwhat = rceps(x);                                    %提取倒谱
    if(xwhat(m0 +1) > xwhat(m1 +1))                 %比较两点倒谱大小确定隐藏数据
message(1,i) =0;
else message(1,i) =1;
end
end
```

# 第 9 章　声源定位实验

## 9.1　简单房间回响模型

### 9.1.1　实验目的

1）了解建立房间回响模型的意义。

2）掌握房间回响模型的仿真方法与原理。

3）能编程实现房间脉冲冲激响应，并学会利用房间模型模拟多声源多传声器的声学环境。

### 9.1.2　实验原理

**1. 房间模型的意义**

在声源定位、信号提取、增强和识别等语音信号处理算法中，建立一个灵活、合理的房间声音混响模型对算法运行、评估具有很好的作用。Allen 和 Berkley 在文献中提出的 IMAGE 方法是构建房间混响模型最常用的方法之一。基于该方法在 MATLAB 中构建房间冲激响应，并且能控制信号反射阶数、房间维数和传声器方向性，可以为诸多算法建立一个切合实际的室内声学环境。

常见的房间声学环境仿真方法主要分为基于波动方程模型、基于射线模型和统计模型三种。其中，基于波动方程模型的方法有有限元方法和边界元方法，这种方法在声音频率较高时要求分析的数据量很大，运算复杂，一般适用于低频、小空间范围的声学环境仿真；另外一种是时域有限差分法，与其他方法相比更适用于视听化技术，其突出的特点是能够直接模拟声场的分布，精度比较高，适用于一些声源位于房间角落或其他一些复杂场景。基于波动方程的方法难点在于边界条件的界定和对象几何特征的描述。

基于射线模型的方法主要有射线跟踪法和 IMAGE 方法，主要的区别在于计算反射路径的方法不同。射线跟踪法用携带能量的有限条射线来描述声源能量的辐射，每条射线的能量在传播过程中由于墙面的反射和空气的吸收而衰减，在接收端记录每条声线的路径和到达时的能量即可得到房间冲激响应，该方法与 IMAGE 方法相比不能穷尽所有的射线，能胜任复杂场景的计算。而 IMAGE 方法仅适用于具有规则几何特性的房间声学环境的仿真。

基于统计模型的统计能量分析方法是一种模型化分析方法，运用能量流关系式对复合的、谐振的组装结构进行动力特性、振动响应和声辐射的理论评估，常应用于车船室内高频噪声分析和声学环境设计，一般不适用于普通室内声学模型。

**2. 仿真原理与方法**

最简单的房间回响模型是利用镜像法计算房间脉冲响应，该模型可以模拟出 $n$ 个虚拟声源。图 9-1 是设定的一个矩形房间。在图中，绿点代表声源，黑星号代表传声器位置。两点之间的连线代表声波传播的路径，明显此处是直接路径。

声波被墙壁反射后就形成回响，然后和原始声源信号一起叠加到传声器上。理论上，回响信号好像是墙后镜像的声源点发射的声波，如图 9-2 所示。如果传声器在黑色星号的位置，那么虚拟的声源就是蓝色圆圈所代表的位置。图中，黑色的线代表实际的声波路径，蓝色的线代表声波的虚拟路径。通过多次重复镜像步骤，多个虚拟声源就被模拟出来。图 9-3 是带有两个虚拟声源的模拟场景。

为了简化起见，此处只把虚拟声源当作独立的声源，而不考虑虚拟声源的反射。

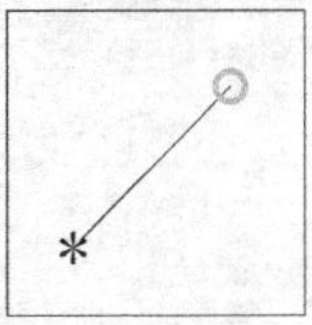

图 9-1 声波直接传输的路径

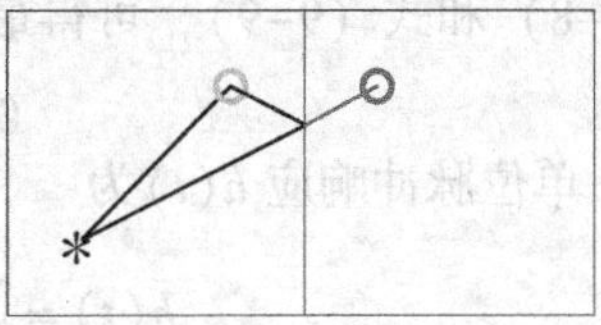

图 9-2 虚拟声源传输的路径

图 9-4 是一维的场景模型。红色点是原点。虚拟点的 $x$ 坐标 $x_i$ 可以用下式表示：

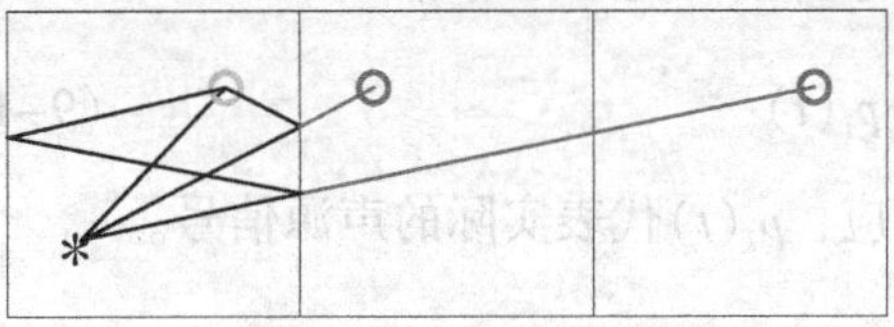

图 9-3 带双虚拟声源的模拟场景

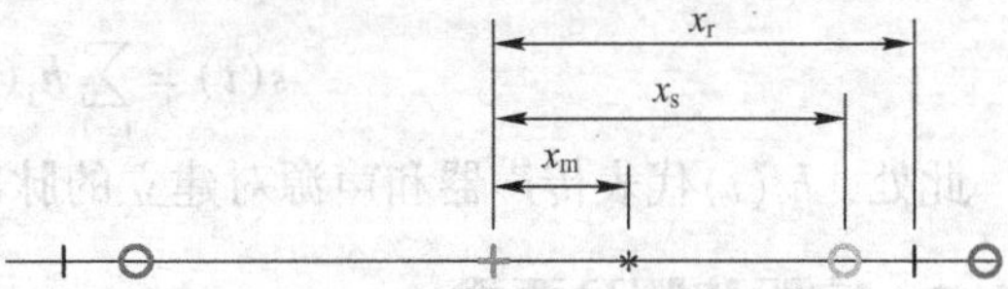


图 9-4 场景的一维模型

$$x_i = (-1)^i x_s + \left[i + \frac{1-(-1)^i}{2}\right] x_r \tag{9-1}$$

式中，$x_s$ 是声源的 $x$ 坐标；$x_r$ 是房间 $x$ 轴的长度。虚拟声源的个数用下标 $i$ 表示。当 $i$ 为负值时，虚拟声源的 $x$ 轴坐标在 $x$ 的负轴上。此处，$i=0$ 表示虚拟声源就是实际声源。传声器和第 $i$ 个虚拟声源的距离可表示为

$$x_i = (-1)^i x_s + \left[i + \frac{1-(-1)^i}{2}\right] x_r - x_m \tag{9-2}$$

此处，$x_r$ 代表传声器的 $x$ 轴坐标。同理，虚拟声源的 $y$ 轴和 $z$ 轴坐标可以表示为

$$y_j = (-1)^j y_s + \left[i + \frac{1-(-1)^j}{2}\right] y_r - y_m \tag{9-3}$$

$$z_k = (-1)^k z_s + \left[i + \frac{1-(-1)^k}{2}\right] z_r - z_m \tag{9-4}$$

此时，虚拟声源到原点的距离为

$$d_{ijk} = \sqrt{x_i^2 + y_j^2 + z_k^2} \tag{9-5}$$

每个虚拟声源的延迟点数为

$$u_{ijk}(t) = f_s \cdot \frac{d_{ijk}}{c} \tag{9-6}$$

此处，$t$ 代表时间。上式中，$\frac{d_{ijk}}{c}$ 代表回响的有效时延。定义单位脉冲响应函数 $a_{ijk}(u)$ 为

$$a_{ijk}(u_{ijk})=\begin{cases}1, & u_{ijk}=0\\0, & 其他\end{cases} \tag{9-7}$$

影响回响幅度的因素主要有以下两点：

1）声源到传声器的距离：幅度系数 $b_{ijk}$ 反比于距离 $d_{ijk}$，即

$$b_{ijk}\propto\frac{1}{d_{ijk}} \tag{9-8}$$

2）声波反射个数：如果所有墙壁的反射系数 $r_w$ 相同，则墙壁反射系数 $r_{ijk}$ 定义为

$$r_{ijk}=r_w^{|i|+|j|+|k|} \tag{9-9}$$

综合式（9-8）和式（9-9），可得最终的幅度系数为

$$e_{ijk}=b_{ijk}\cdot r_{ijk} \tag{9-10}$$

综上所述，单位脉冲响应 $h(t)$ 为

$$h(t)=\sum_{i=-n}^{n}\sum_{j=-n}^{n}\sum_{k=-n}^{n}a_{ijk}\cdot e_{ijk} \tag{9-11}$$

**3. 传声器接收信号的模拟**

获得单位脉冲响应 $h(t)$ 后，传声器接收到的信号为 $s(t)$ 为

$$s(t)=\sum_{i=1}^{n}h_i(t)*p_i(t) \tag{9-12}$$

此处，$h_i(t)$ 代表传声器和声源对建立的脉冲响应，$p_i(t)$ 代表实际的声源信号。

## 9.1.3 实验步骤及要求

**1. 实验步骤**

运行 MATLAB→新建 m 文件→编写 m 程序→编译并调试。

**2. 实验要求**

1）根据房间冲激响应模型，编写 MATLAB 函数计算房间冲激响应。函数定义如下：

名称：rir

功能：计算房间冲激响应。

调用格式：

```
h = rir(fs,mic,n,r,rm,src)
```

说明：输入信号 fs 是采样频率；mic 是传声器三维坐标；n 代表(2 * n + 1)^3 个虚拟声源；r 为墙壁反射系数，一般 $r\in[-1,1]$；rm 为房间尺寸；src 为声源三维坐标。输出参数 h 是房间冲激响应。

2）图 9-5 为单声源双传声器的房间平面模型(单位为 m)。此处，房间的高度为 3 m，声源和传声器的高度都为 1.5 m。

试计算该房间的冲激响应，显示效果如图 9-6 所示。

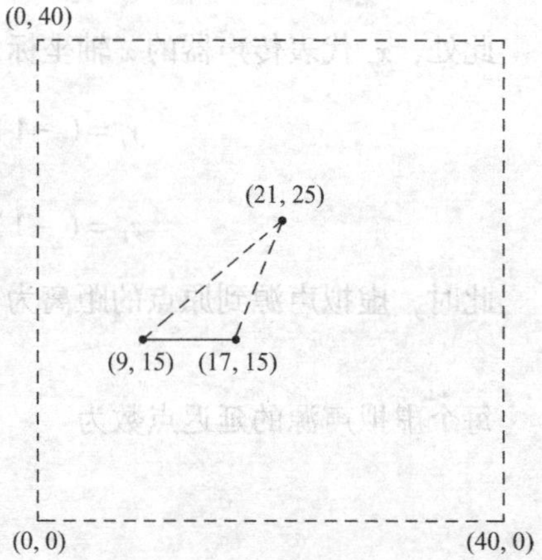


图 9-5 房间平面模型

3）基于测试语音 C9_1_y.wav 计算两个传声器接收到的信号，并叠加不同信噪比的噪声，生成的语音显示效果如图 9-7。

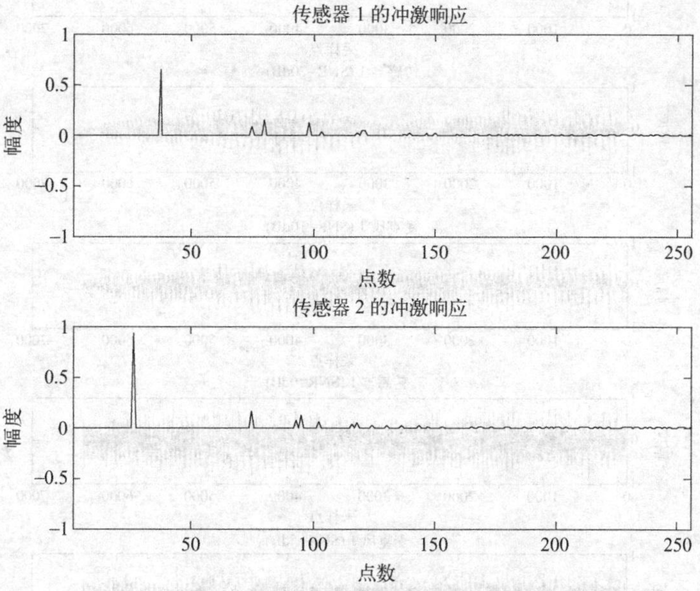


图 9-6　两个传声器对应的冲激响应

## 9.1.4 思考题

由图 9-6 可知，两个脉冲响应存在明显的延迟。试计算两个脉冲响应间的延迟点数，然后根据声源点和两个传声器坐标计算声源到两个传声器间的路径延迟点数，并比较两者是否存在差别。

## 9.1.5 参考例程

```
%房间脉冲响应函数
function [h] = rir(fs,mic,n,r,rm,src);
%       房间脉冲响应
%       fs 采样频率
%       mic 传声器坐标(行向量)
%       n 虚拟声源个数 (2*n+1)^3
%       r 墙壁反射系数(-1<R<1)
%       rm 房间尺寸(行向量)
%       src 声源坐标(行向量)
%
%       h 房间脉冲响应

nn = [-n:1:n];
rms = nn + 0.5 - 0.5*(-1).^nn;
srcs = (-1).^(nn);
xi = [srcs*src(1) + rms*rm(1) - mic(1)];        %式 9-2
```

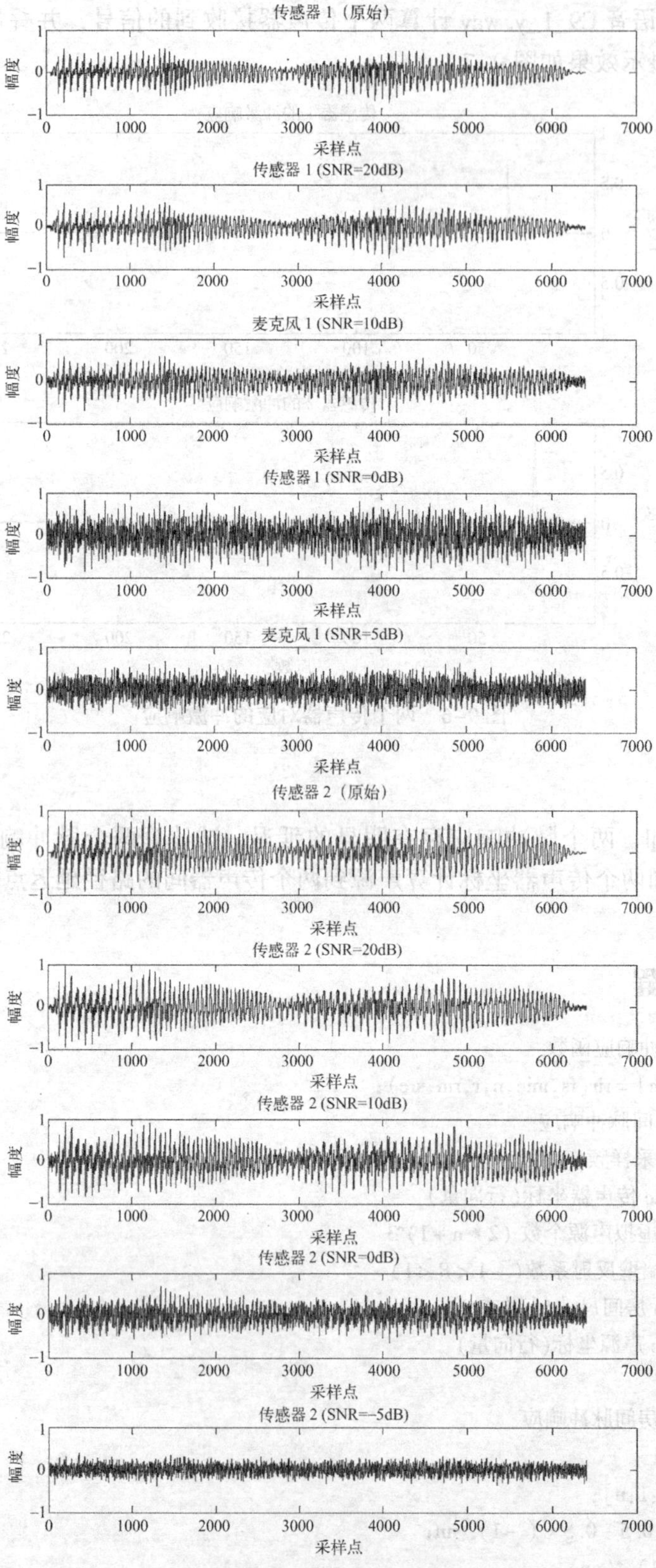


图 9-7　基于房间冲激响应的传声器接收信号

```
yj = [ srcs * src(2) + rms * rm(2) - mic(2) ];        %式9-3
zk = [ srcs * src(3) + rms * rm(3) - mic(3) ];        %式(9-4)

[i,j,k] = meshgrid(xi,yj,zk);
d = sqrt(i.^2 + j.^2 + k.^2);                         %式(9-5)
time = round(fs * d/343) + 1;                         %式(9-6)

[e,f,g] = meshgrid(nn,nn,nn);
c = r.^(abs(e) + abs(f) + abs(g));                    %式(9-9)
e = c./d;                                             %式(9-10)

h = full(sparse(time(:),1,e(:)));                     %式(9-11)
```

## 9.2 基于广义互相关的声源定位实验

### 9.2.1 实验目的

1）了解声源定位的方法与意义。

2）了解基于到达时间差的声源定位方法与原理。

3）编程实现几种基于广义互相关的时延估计算法，并基于房间模型进行算法验证。

### 9.2.2 实验原理

**1. 声源定位的意义**

声源定位技术研究目标主要是研究系统接收到的语音信号相对于接收传感器是来自什么方向和什么距离的，即方向估计（Bearing Estimating）和距离估计（Range Estimating）。其中方向估计也叫方向识别（Direction Finding）或 DOA（Direction - of - Arrival）估计。声源定位是一个有广泛应用背景的研究课题，其在军用、民用、工业上都有广泛应用。

声源定位技术的内容涉及了信号处理、语言科学、模式识别、计算机视觉技术、生理学、心理学、神经网络以及人工智能技术等多种学科。一个完整的声源定位系统包括声源数目估计、声源定位和声源增强（波束形成）。为了达到更好的估计效果，前端可能会加入信号分类或信号分段的功能模块，以确保只把包含感兴趣的声音片段送入后面的处理环节。而声音增强的研究衍生了不同形状的传声器阵列。

在音频信号的应用中，若要有效地改变阵列指向、增强某一方向的声音并削弱其他方向的声音，必须知道主要说话人以及其他的干涉者和与之相干的噪声声源。在多声源的情况下，位置信息可以用来区分不同的讲话者。有了这些信息，系统可以自动聚焦并跟踪感兴趣的声源。在视频会议中，声源估计的结果还可以用于调整摄像头的指向，从而降低对摄像师的依赖。在高精度的前提下，实际的跟踪和波束成形的应用还要求位置估计数据的快速更新。在增强移动声源的应用中，阵列的指向精度必须达到厘米级，以避免当声源靠近阵列附近时造成的接收信号的高频滚降。因此，一个有效的波束成形系统必须在算法中包含连续并精确的定位过程，以保证良好的解析度和更新频率。此外，此类估计器的运算量也必须能够在实际的系统上实时实现。

传统的声源定位技术分为基于最大输出功率的可控波束成形法、高分辨率谱估计法和到达时间差（Time Difference Of Arrival，TDOA）的声源定位法。基于最大可控响应功率的波束成形方法是早期的一种定位方法，但是其理论和实际的性能差异很大，而且依赖于声源信号的频谱特性。基于子空间技术的声源定位算法来源于现代高分辨谱估计技术，具有较高的空间分辨率，但是在噪声和混响严重的情况下，定位效果不佳。基于时延估计的方法运算量相对较小，实时性较好，但用于多声源定位时，性能严重下降。

**2. 时延估计算法的基本模型**

时延估计算法是利用时延估计来完成目标的联合测向和测距，其中时延就是声源到达各传声器的时间差。声源的位置是由传声器阵列中各组时延值和传声器阵列的几何关系得到的。时延估计算法的模型分为实际模型和理想模型，这两种模型都是根据传声器的信号产生的。

（1）理想模型

以两个传声器组成的线阵为例，设传声器 1 和 2 的间距为 $d$ ，在没有混响的情况下，传声器阵列接收到的信号 $x_1(t)$ 和 $x_2(t)$ 分别为

$$x_1(t)=\alpha_1 s(t-\tau_1)+n_1(t) \tag{9-13}$$

$$x_2(t)=\alpha_2 s(t-\tau_2)+n_2(t) \tag{9-14}$$

式中，$s(t)$ 为声源信号；$\alpha_i$、$\tau_i$、$n_i(t)$ 分别是声波从声源到传声器 i 的衰减系数、传播时间和环境噪声，其中 $s(t)$ 和 $n_i(t)$ 互不相关，$n_1(t)$ 与 $n_2(t)$ 为互不相关的高斯白噪声。

（2）实际模型

在实际的环境中，还存在混响，此时传声器 1 和 2 所接收的信号 $x_1(t)$、$x_2(t)$ 分别为

$$x_1(t)=h_1(t)*s(t-\tau_1)+n_1(t) \tag{9-15}$$

$$x_2(t)=h_2(t)*s(t-\tau_2)+n_2(t) \tag{9-16}$$

式中，$h_1(t)$、$h_2(t)$ 为环境的单位冲激响应。推导过程如下：

$$\begin{aligned} x_i(t) &= \alpha_i s(t-\tau_i)+n_i(t)=\alpha_i s(t-\tau_i)+n_{il}(t)+n_{ir}(t) \\ &= h_i(t)*s(t)+n_{il}(t)=\sum_{j=0}^{\infty} c_{ij} s(t-\tau_{ij})+n_{il}(t) \end{aligned}$$

式中，“ * ”表示卷积算法；$n_i(t)$ 表示第 $i$ 个传声器接收到的噪声信号；$n_{il}(t)$ 表示第 $i$ 个传声器接收到的多径发射噪声信号；$h_i(t)$ 表示在 IMAGE 模型定义的第 $i$ 个传声器的环境脉冲响应函数；$c_{ij}$ 表示第 $i$ 个传声器多径发射的衰减因子。

**3. 基本互相关法**

设传声器 1、2 接收信号的离散时间信号模型为

$$x_1(n)=\alpha_1 s(n-\tau_1)+n_1(n) \tag{9-17}$$

$$x_2(n)=\alpha_2 s(n-\tau_2)+n_2(n) \tag{9-18}$$

式中，$s(n)$ 为声源信号；$n_1(n)$、$n_2(n)$ 是高斯白噪声。$s(n)$、$n_1(n)$ 和 $n_2(n)$ 两两互不相关，$\tau_1$、$\tau_2$ 分别是声波从声源到传声器 1、传声器 2 的传播时间，$\tau=\tau_1-\tau_2$ 是两传声器间

的时延。$x_1(n)$、$x_2(n)$的互相关函数 $R_{12}(\tau)$可表示为

$$R_{12}(\tau)=E[x_1(n)x_2(n-\tau)] \tag{9-19}$$

将式（9-17）和（9-18）代入式（9-19），可得

$$R_{12}(\tau)=\alpha_1\alpha_2E[s(n-\tau_1)s(n-\tau_2-\tau)]+\alpha_1E[s(n-\tau_1)n_2(n-\tau)]+\alpha_2E[s(n-\tau_2-\tau)n_1(n)]+E[n_1(n)n_2(n-\tau)]$$

由于 $s(n)$、$n_1(n)$和 $n_2(n)$两两互不相关，上式变为

$$R_{12}(\tau)=\alpha_1\alpha_2E[s(n-\tau_1)s(n-\tau_1-\tau)]=\alpha_1\alpha_2R_{ss}(\tau-(\tau_1-\tau_2)) \tag{9-20}$$

根据自相关函数的性质：$R_{ss}(\tau)\leqslant|R_{ss}(0)|$，可知当 $\tau-(\tau_1-\tau_2)=0$ 时，$R_{12}(\tau)$取其最大值，因此求得 $R_{12}(\tau)$取最大值时对应的 $\tau$，就是两个传声器之间的时延 $\tau_{12}$。

### 4. 广义互相关法

基本互相关时延估计法原理简单，运算量小。然而在实际环境中，由于噪声和混响的影响，相关函数的最大峰值会被弱化，有时还会出现多个峰值，这些都造成了实际峰值检测的困难。广义互相关法以基本互相关为理论基础，通过求两信号之间的互功率谱，并在功率谱域内给予一定的加权，再反变换到时域得到两信号之间的互相关函数，最终估计出两信号之间的时延，其原理图如图 9-8 所示，其中$()^*$表示共轭运算。

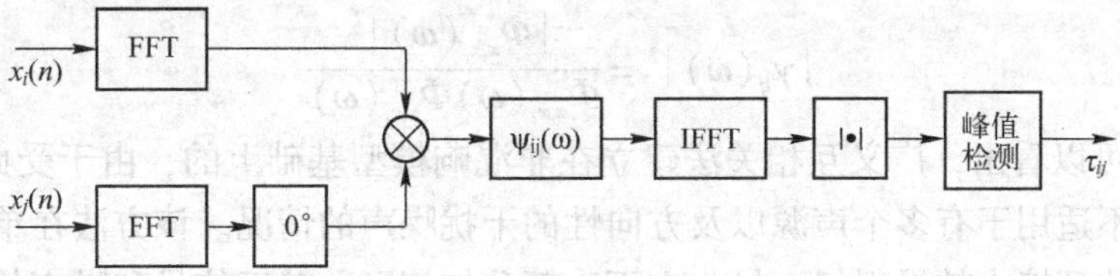


图 9-8　广义互相关法原理框图

根据以上分析，我们先把两路信号的自相关函数做傅里叶变换，得第 i 和第 j 个传声器接收信号的互功率谱

$$\Phi_{x_ix_j}(\omega)=\alpha_i\alpha_j\Phi_{ss}(\omega)\mathrm{e}^{-\mathrm{j}\omega\tau_{ij}} \tag{9-21}$$

式中，$\Phi_{x_ix_j}(\omega)$、$\Phi_{ss}(\omega)$分别为 $R_{ij}(\tau)$、$R_{ss}(\tau)$对应的功率谱。对式（9-21）加权后做反傅里叶变换，可得到广义互相关函数

$$R_{x_ix_j}(\tau)=\int_{-\infty}^{\infty}\Phi_{x_ix_j}(\omega)\Psi_{ij}(\omega)\mathrm{e}^{\mathrm{j}\omega\tau}\mathrm{d}\omega \tag{9-22}$$

式中，$\Psi_{ij}(\omega)$为广义加权函数，实际应用时，可针对不同的噪声和混响情况可以选择不同的 $\Psi_{ij}(\omega)$。对加权函数 $\Psi_{ij}(\omega)$的选取主要有互功率谱相位（PHAT）、ROTH 处理器以及平滑相干变换（SCOT）等。各种 GCC 加权函数及其优缺点简述如表 9-1 所示。

**表 9-1　常用广义互相关加权函数及其特性**

| $\Psi_{ij}(\omega)$名称 | $\Psi_{ij}(\omega)$表达式 | 特　点 |
|---|---|---|
| CC | 1 | 等价于基本互相关法，对噪声、混响及数据观测长度敏感 |
| ROTH | $\dfrac{1}{\Phi_{x_ix_i}(\omega)}$ | 相当于 Wiener 滤波，它可以有效地抑制噪声功率大且信号估计易出错的区域，但会展宽互相关函数的峰值 |

（续）

| $\Psi_{ij}(\omega)$名称 | $\Psi_{ij}(\omega)$表达式 | 特　点 |
|---|---|---|
| SCOT | $\frac{1}{\sqrt{\Phi_{x_ix_i}(\omega)\Phi_{x_jx_j}(\omega)}}$ | 对 ROTH 加权的改进，同时考虑了两个通道的影响。当 $\Phi_{x_ix_i}(\omega)=\Phi_{x_jx_j}(\omega)$时，SCOT 等价于 ROTH 处理器，所以同样也会展宽互相关函数的峰值 |
| PHAT | $\frac{1}{\lvert\Phi_{x_ix_j}(\omega)\rvert}$ | 相当于白化滤波，对大信噪比能取得较好的效果，适用于宽带信号。但当$\hat{\Phi}_{x_ix_j}(\omega)\neq\Phi_{x_ix_j}(\omega)$时，使得相关函数并非 $\delta$ 函数；另一方面用$\Phi_{x_ix_j}(\omega)$进行加权，在信号能量较小时分母会趋于零，从而会加大误差，可以考虑在分母中加入固定常数对此进行改进 |
| ML | $\frac{1}{\lvert\Phi_{x_ix_j}(\omega)\rvert}\times\frac{\lvert\gamma_{ij}(\omega)\rvert^2}{1-\lvert\gamma_{ij}(\omega)\rvert^2}$ | $\lvert\gamma_{ij}(\omega)\rvert^2$ 为模平方相干函数，最大似然加权函数对大信噪比频段给予大权值，小信噪比频段给予小权值，通过这种方式可以较好地抑制噪声的影响，是统计意义下最优的滤波器 |

表 9-1 中，$\Phi_{x_ix_i}(\omega)$、$\Phi_{x_jx_j}(\omega)$分别表示传声器信号 $x_i(n)$、$x_j(n)$的自功率谱，$\Phi_{x_ix_j}(\omega)$表示 $x_i(n)$、$x_j(n)$的互功率谱，$\Phi_{n_in_i}(\omega)$、$\Phi_{n_jn_j}(\omega)$为噪声 $n_i(n)$、$n_j(n)$的自功率谱。$\lvert\gamma_{ij}(\omega)\rvert^2$ 的定义为

$$\lvert\gamma_{ij}(\omega)\rvert^2=\frac{\lvert\Phi_{x_ix_j}(\omega)\rvert^2}{\Phi_{x_ix_i}(\omega)\Phi_{x_jx_j}(\omega)} \tag{9-23}$$

从表 9-1 可以看出，广义互相关法建立在非混响模型基础上的，由于受此种模型影响，广义互相关法不适用于有多个声源以及方向性的干扰噪声的情况。该方法在单声源、非相关噪声和低混响的环境中效果很好。另一方面，部分加权函数基于信号和噪声的先验知识，而在实际应用中，这些先验知识往往是未知的，只能用短时语音信号进行估计。即使广义互相关算法存在许多不足之处，然而其运算量小、算法复杂度低、易于实现，所以还是被广泛地应用于实时声源定位系统中。

## 9.2.3 实验步骤及要求

**1. 实验步骤**

运行 MATLAB→新建 m 文件→编写 m 程序→编译并调试。

**2. 实验要求**

1）根据广义互相关法原理，编写基于广义互相关的时延估计函数。函数定义如下。

名称：GCC_Method

功能：基于广义互相关的时延估计算法。

调用格式：

```
[G] = GCC_Method(m,s1,s2,wnd,inc)
```

说明：输入信号 m 是广义互相关加权函数，取值包括 standard'，roth'，scot'，phat'，ml'；s1 是传声器 1 接收信号；s2 是传声器 2 接收信号；wnd 是窗口长度；inc 是帧移。输出参数 G 是计算的延迟。

2）根据上节实验获得语音数据，并基于广义互相关的时延估计算法计算两个传声器间的时延，分帧实验效果如图 9-9 所示。

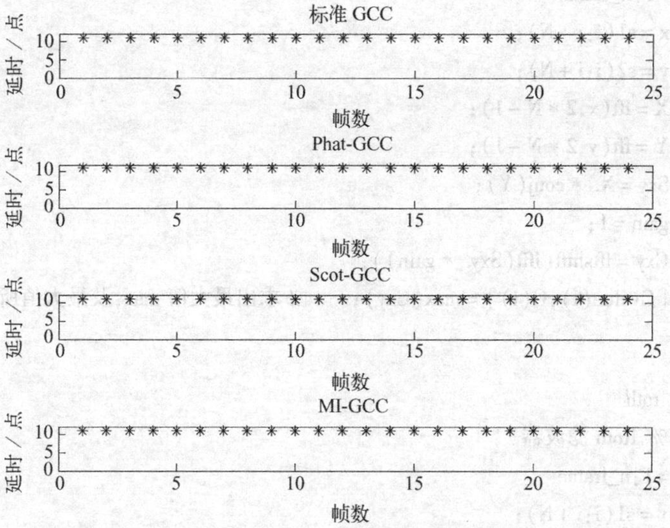


图 9-9　基于广义互相关的声源定位效果

### 9.2.4 思考题

1）叠加不同的噪声后，再测试广义互相关的算法性能，比较不同算法间的区别。

2）修改声学模型的参数，再比较声源定位的效果。

### 9.2.5 参考例程

```
%基于广义互相关的时延估计函数
function [G] = GCC_Method(m,s1,s2,wnd,inc)
%GCC


% m        预白化类型：standard ', roth ', scot ', phat ', ml'
% wnd      窗函数类型或帧长；
% inc      帧移
%
% G        返回的 GCC 向量


N = wnd;
wnd = hamming(N);
x = enframe(s1,wnd,inc);
y = enframe(s2,wnd,inc);
n_frame = size(x,1);

% 判断预白化滤波器类型
switch lower(m)
```

```
case' standard'
    %标准 GCC
for i = 1:n_frame
    x = s1(i:i + N);
    y = s2(i:i + N);
    X = fft(x,2 * N - 1);
    Y = fft(y,2 * N - 1);
    Sxy = X. * conj(Y);
    gain = 1;
    Cxy = fftshift(ifft(Sxy. * gain));
    [Gvalue(i),G(i)] = max(Cxy);        %求出最大值 max,及最大值所在的位置
end;

case' roth'
    % Roth 滤波器
for i = 1:n_frame
    x = s1(i:i + N);
    y = s2(i:i + N);
    X = fft(x,2 * N - 1);
    Y = fft(y,2 * N - 1);
    Sxy = X. * conj(Y);
    Sxx = X. * conj(X);
    gain = 1. /abs(Sxx);
    Cxy = fftshift(ifft(Sxy. * gain));
    [Gvalue(i),G(i)] = max(Cxy);        %求出最大值 max,及最大值所在的位置
end;

case' scot'
    %平滑相干变换 (SCOT)
for i = 1:n_frame
    x = s1(i:i + N);
    y = s2(i:i + N);
    X = fft(x,2 * N - 1);
    Y = fft(y,2 * N - 1);
    Sxy = X. * conj(Y);
    Sxx = X. * conj(X);
    Syy = Y. * conj(Y);
    gain = 1. /sqrt(Sxx. * Syy);
    Cxy = fftshift(ifft(Sxy. * gain));
    [Gvalue(i),G(i)] = max(Cxy);        %求出最大值 max,及最大值所在的位置
end;

case' phat'
    % 相位变换(PHAT)
```

```
for i = 1:n_frame
        x = s1(i:i + N);
        y = s2(i:i + N);
        X = fft(x,2 * N - 1);
        Y = fft(y,2 * N - 1);
        Sxy = X. * conj(Y);
        gain = 1. /abs(Sxy);
        Cxy = fftshift(ifft(Sxy. * gain));
        [Gvalue(i),G(i)] = max(Cxy);      %求出最大值 max,及最大值所在的位置
    end;

    case' ml'
        %最大似然加权函数
    for i = 1:n_frame
        x = s1(i:i + N);
        y = s2(i:i + N);
        X = fft(x,2 * N - 1);
        Y = fft(y,2 * N - 1);
        Sxy = X. * conj(Y);
        Sxx = X. * conj(X);
        Syy = Y. * conj(Y);
        Zxy = (Sxy. * Sxy)/(Sxx. * Syy);
        gain = (1. /abs(Sxy)). * ((Zxy. ^2). /(1 - Zxy. ^2));
        Cxy = fftshift(ifft(Sxy. * gain));
        [Gvalue(i),G(i)] = max(Cxy);    %求出最大值 max,及最大值所在的位置
    end;

    otherwise error('Method not defined…');

end
```

## 9.3　基于空间谱估计的声源定位实验

### 9.3.1　实验目的

1）了解传声器阵列数据模型及其区别。

2）了解基于空间谱估计的声源定位方法与原理。

3）编程实现几种基于空间谱估计的声源定位算法，并进行仿真验证。

### 9.3.2　实验原理

**1. 阵列信号处理的意义**

近几十年来，阵列信号处理作为信号处理的一个重要分支，在声呐、雷达、通信以及医

学诊断等领域得到了相当广泛的应用和发展。阵列信号处理是指在一定大小空间的不同位置去设置传感器，组成传感器阵列，利用传感器阵列去接收空间中的信号并且通过一定的方法对接收的信号进行处理。阵列信号处理的目的是为了增强有用的信号，抑制无用的干扰和噪声，并且从接收的信号中提取出有用信号的特征以及信号所包含的信息。与传统的单个定向传感相比，传感器阵列具有比较高的信号增益、灵活的波束控制、很高的空间分辨率以及极强的干扰抑制能力。

20 世纪 80 年代主要集中在空间谱估计方面，如最大似然谱估计、最大熵谱估计、子空间谱估计等，它是现代谱估计理论与自适应阵列技术结合的产物，主要是研究在阵列处理带宽内空间信号的波达方向的估计问题，这标志着阵列信号处理研究的重大变化。

信号的波达方向（DOA）估计是阵列信号处理领域的一个非常重要的研究内容。信号的 DOA 估计算法大多是一种极值搜索法，即首先形成一个包含待估计参数的函数（一般是一个伪谱函数），然后通过对该函数进行峰值搜索，得到的极值就是信号的波达方向。

**2. 传声器阵列模型**

在一般情况下，将一组传感器按一定的方式设置在空间不同的位置上组成传感器阵列，此传感器阵列能够接收空间的传播信号，然后对所接收到的信号经过适当的处理并提取所需的信号源和信号属性等信息，包括信号源的数目、方向、幅度等。一般来说，构成阵列的阵元可以按照任意的方式进行排列，但是通常是按照直线等距、圆周等距或平面等距排列的，并且取向相同。

假设传声器阵在 $D$ 个信号源，则所有到达阵列的波可近似为平面波。若传声器阵由 $M$ 个全向传声器组成，将第一个阵元设为参考阵元，则到达参考阵元的第 $i$ 个信号为

$$s_i(t)=z_i(t)\mathrm{e}^{\mathrm{j}\omega_0 t},i=0,1,\cdots,D-1 \tag{9-24}$$

式中，$z_i(t)$为第 $i$ 个信号的复包络，包含信号信息。$\mathrm{e}^{\mathrm{j}\omega_0 t}$为空间信号的载波。由于信号满足窄带假设条件，则 $z_i(t-\tau)\approx z_i(t)$，那么经过传播延迟 $\tau$ 后的信号可以表示为

$$s_i(t-\tau)=z_i(t-\tau)\mathrm{e}^{\mathrm{j}\omega_0(t-\tau)}\approx s_i(t)\mathrm{e}^{-\mathrm{j}\omega_0\tau},i=0,1,\cdots,D-1 \tag{9-25}$$

则理想情况下第 $m$ 个阵元接收到的信号可以表示为

$$x_m(t)=\sum_{i=0}^{D-1}s_i(t-\tau_{mi})+n_m(t) \tag{9-26}$$

式中，$\tau_{mi}$为第 $i$ 个阵元到达第 $m$ 个阵元时相对于参考阵元的时延；$n_m(t)$为第 $m$ 阵元上的加性噪声。根据式（9-25）和式（9-26）可得，整个传声器阵接收到得信号为

$$\boldsymbol{X}(t)=\sum_{i=0}^{D-1}s_i(t)a_i+\boldsymbol{N}(t)=\boldsymbol{AS}(t)+\boldsymbol{N}(t) \tag{9-27}$$

式中，$a_i=[\mathrm{e}^{-\mathrm{j}\omega_0\tau_{1i}},\mathrm{e}^{-\mathrm{j}\omega_0\tau_{2i}},\cdots,\mathrm{e}^{-\mathrm{j}\omega_0\tau_{Mi}}]^{\mathrm{T}}$ 为信号 $i$ 的方向向量；$\boldsymbol{A}=[a_0,a_1,\cdots,a_{D-1}]$为阵列流形；$\boldsymbol{S}(t)=[s_0(t),s_1(t),\cdots,s_{D-1}(t)]^{\mathrm{T}}$ 为信号矩阵；$\boldsymbol{N}(t)=[n_1(t),n_2(t),\cdots,n_M(t)]^{\mathrm{T}}$ 为加性噪声矩阵；$[\cdot]^{\mathrm{T}}$ 表示矩阵转置。

在实际中一般使用均匀线阵和均匀圆阵等阵列结构。

(1) 均匀线阵

均匀线阵（Uniform Linear Array，ULA）是最简单常用的阵列形式，如图 9-10 所示，

将 $M$ 个阵元等距离排列成一直线，阵元间距为 $d$。假定一信源位于远场，即其信号到达各阵元的波前为平面波，其波达方向（DOA）定义为与阵列法线的夹角 $\theta$。

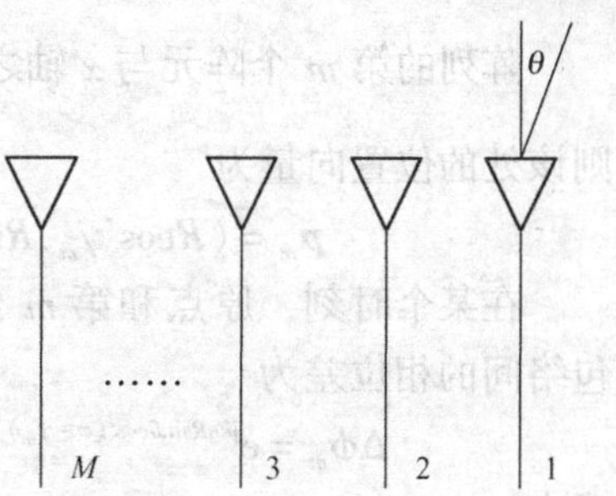

图 9-10 ULA 示意图

以第一个阵元为参考阵元，则各阵元相对参考阵元的时延为

$$\tau_m = -\frac{1}{c}\sin(\theta)(m-1)d \tag{9-28}$$

由此可得等距线阵的方向向量为

$$\begin{aligned} a &= \left[1, e^{-j\frac{\omega_0}{c}d\sin(\theta)}, e^{-j\frac{\omega_0}{c}2d\sin(\theta)}, \cdots, e^{-j\frac{\omega_0}{c}(M-1)d\sin(\theta)}\right]^{T} \\ &= \left[1, e^{-j\frac{2\pi}{\lambda_0}d\sin(\theta)}, e^{-j\frac{2\pi}{\lambda_0}2d\sin(\theta)}, \cdots, e^{-j\frac{2\pi}{\lambda_0}(M-1)d\sin(\theta)}\right]^{T} \end{aligned} \tag{9-29}$$

当波长和阵列的几何结构确定时，该方向向量只与空间角 $\theta$ 有关，因此等距线阵的方向向量记为 $a(\theta)$，它与基准点的位置无关。若有 $D$ 个信号源，其波达方向分别为 $\theta_i$，$i=1,2,\cdots,D$，则阵列流形矩阵为

$$\begin{aligned} \boldsymbol{A} &= [a(\theta_1), a(\theta_2), \cdots, a(\theta_D)] \\ &= \begin{bmatrix} 1 & 1 & \cdots & 1 \\ e^{-j\frac{2\pi}{\lambda_0}d\sin(\theta_1)} & e^{-j\frac{2\pi}{\lambda_0}d\sin(\theta_2)} & \cdots & e^{-j\frac{2\pi}{\lambda_0}d\sin(\theta_D)} \\ \vdots & \vdots & \vdots & \vdots \\ e^{-j\frac{2\pi}{\lambda_0}(M-1)d\sin(\theta_1)} & e^{-j\frac{2\pi}{\lambda_0}(M-1)d\sin(\theta_2)} & \cdots & e^{-j\frac{2\pi}{\lambda_0}(M-1)d\sin(\theta_D)} \end{bmatrix} \end{aligned} \tag{9-30}$$

以上给出了等距线阵的方向向量的表示形式。实际使用的阵列结构要求方向向量 $a(\theta)$ 与空间角 $\theta$ 一一对应，不能出现模糊现象。这里需要说明的是：阵元间距 $d$ 是不能任意选定的，甚至有时需要非常精确的校准。假设 $d$ 很大，相邻阵元的相位延迟就会超过 $2\pi$，此时，阵列方向向量无法在数值上分辨出具体的相位延迟，就会出现相位模糊。可见，对于等距线阵来说，为了避免方向向量和空间角之间的模糊，其阵元间距不能大于半波长 $\frac{\lambda_0}{2}$，以保证阵列流形矩阵的各个列向量线性独立。传声器阵列的输出为

$$y(t) = \sum_{m=1}^{M} s(t) w_m^* e^{-j\frac{2\pi}{\lambda_0}(m-1)d\sin\theta} \tag{9-31}$$

其向量形式为

$$\boldsymbol{y}(k) = \boldsymbol{w}^{H}\boldsymbol{X}(k) \tag{9-32}$$

式中，$\boldsymbol{w} = [w_1, w_2, \cdots, w_M]^{T}$ 为权重向量。

（2）均匀圆阵

均匀圆周阵列简称均匀圆阵（Uniform Circular Array，UCA），是平面阵列，它的有效估计是二维的，能够同时确定信号的方位角和仰角。均匀圆阵由 $M$ 个相同各向同性阵元均匀分布在 $x-y$ 平面一个半径为 $R$ 的圆周上，如图 9-11 所示。采用球面坐标系表示入射平面波的波达方向，坐标系的原点 $O$ 位于阵列的中心，即圆心。信源俯角 $\theta \in \left[0, \frac{\pi}{2}\right]$ 是原点到信源的连线与 $z$ 轴的夹角，方向角 $\varphi \in [0, 2\pi]$ 则是原点到信源的连线在 $x-y$ 平面上的投影与 $x$ 轴之间的夹角。

阵列的第 $m$ 个阵元与 $x$ 轴之间的夹角为 $\gamma_m=\dfrac{2\pi m}{M}$，则该处的位置向量为

$$\boldsymbol{p}_m=(R\cos'\gamma_m, R\sin\gamma_m, 0) \tag{9-33}$$

在某个时刻，原点和第 $m$ 个阵元接收到信号的复包络间的相位差为

$$\Delta\phi_m=\mathrm{e}^{\mathrm{j}k_0R\sin\theta\cos'(\varphi-\gamma_m)}=\mathrm{e}^{\mathrm{j}\xi\cos'(\varphi-\gamma_m)} \tag{9-34}$$

式中，$k_0=2\pi/\lambda_0$；$\xi=k_0R\sin\theta$。

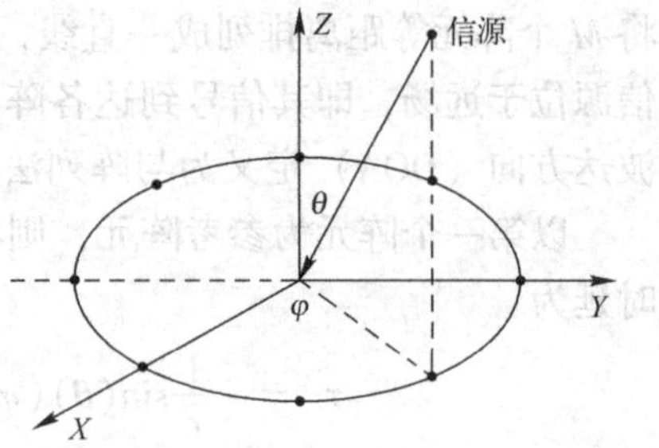


图 9-11　UCA 示意图

均匀圆阵相对于波达方向为 $\theta$ 的信号方向向量为

$$\boldsymbol{a}(\xi,\phi)=\begin{bmatrix}\mathrm{e}^{\mathrm{j}\xi\cos'(\varphi-\gamma_0)}\\ \mathrm{e}^{\mathrm{j}\xi\cos'(\varphi-\gamma_1)}\\ \vdots\\ \mathrm{e}^{\mathrm{j}\xi\cos'(\varphi-\gamma_{M-1})}\end{bmatrix} \tag{9-35}$$

**3. 基于空间谱估计的 DOA 算法**

（1）古典谱估计法

古典谱估计法是通过计算空间谱求取其局部最大值，从而估计出信号的波达方向。Bartlett 波束成形方法是经典傅里叶分析对传感器阵列数据的一种自然推广。Bartlett 方法使波束成形器的输出功率相对于某个输入信号最大。设希望来自 $\theta$ 方向的输出功率为最大，则代价函数为

$$\begin{aligned}\theta&=\arg\max_{w}[E\{\boldsymbol{w}^{\mathrm{H}}\boldsymbol{X}(n)X^{\mathrm{H}}(\mathrm{n})\boldsymbol{w}\}]\\&=\arg\max_{w}[E\{|d(t)|^2\}|\boldsymbol{w}^{\mathrm{H}}\boldsymbol{a}(\theta)|^2+\sigma_n^2\|\boldsymbol{w}\|^2]\end{aligned} \tag{9-36}$$

在白噪声方差 $\sigma_n^2$ 一定的情况下，权重向量的范数 $\|\boldsymbol{w}\|$ 不影响输出信噪比，故取权重向量的范数为 1，用拉格朗日因子的方法求得上述最大优化问题的解为

$$\boldsymbol{w}_{BF}=\frac{\boldsymbol{a}(\theta)}{\|\boldsymbol{a}(\theta)\|} \tag{9-37}$$

从式（9-37）可以看出，阵列权重向量是使信号在各阵元上产生的延迟均衡，以便使它们各自的贡献最大限度地综合在一起。空间谱是以空间角为自变量分析到达波的空间分布，其定义为

$$P_{BF}(\theta)=\frac{\boldsymbol{a}^{\mathrm{H}}(\theta)\boldsymbol{R}_{xx}\boldsymbol{a}(\theta)}{\boldsymbol{a}^{H}(\theta)\boldsymbol{a}(\theta)} \tag{9-38}$$

将所有方向向量的集合 $\{\boldsymbol{a}(\theta)\}$ 称为阵列流形。在实际应用中，阵列流形可以在阵列校准是确定或者利用接收的采样值计算得到。

从式（9-38）可知，利用空间谱的峰值就可以估计出信号的波达方向。当有 $D>1$ 个信号存在时，对于不同的 $\theta$，利用式（9-38）计算得到不同的输出功率。最大输出功率对应的空间谱的峰值也就最大，而最大空间谱峰值对应的 DOA 值即为信号波达方向的估计值。古典谱估计方法将阵列所有可利用的自由度都用于在所需观测方向上形成一个波束。当只有一个信号时，这个方法是可行的。但是当存在来自多个方向的信号时，阵列的输出将包括期望信号和干扰信号，估计性能会急剧下降。而且该方法要受到波束宽度和旁瓣高度的限制，这

是由于大角度范围的信号会影响观测方向的平均功率，因此，这种方法的空间分辨率比较低。我们可以通过增加传声器阵列的阵元来提高分辨率，但是这样会增加系统的复杂度和算法对于空间的存储要求。

（2）Capon 最小方差法

为了解决 Bartlett 方法的一些局限性，Capon 提出了最小方差法。该方法使部分（不是全部）自由度在期望观测方向形成一个波束，同时利用剩余的自由度在干扰信号方向形成零陷，可以使得输出功率最小，达到使非期望干扰的贡献最小的目的，同时增益在观测方向保持为常数（通常为 1）。如式（9-39）所示

$$\begin{cases}\min\limits_{w} E[\,|y(k)|^2\,] = \min\limits_{w} \boldsymbol{W}^{\mathrm{H}} \boldsymbol{R}_X \boldsymbol{W} \\ \text{约束条件为：} \boldsymbol{W}^{\mathrm{H}} \boldsymbol{a}(\theta_0) = 1\end{cases} \tag{9-39}$$

其中，$\boldsymbol{R}_X = E(\boldsymbol{X} \cdot \boldsymbol{X}^{\mathrm{H}})$是接收信号 $X$ 的协方差矩阵。

求解式（9-39）得到的权向量通常称为最小方差无畸变响应（Minimum Variance Distortionless Response，MVDR）波束成形器权值，因为对于某个观测方向，它使输出信号的方差（平均功率）最小，又能使来自观测方向的信号无畸变地通过（增益为 1，相移为 0）。这是个约束优化问题，可以利用拉格朗日乘子法求解。

令 $L = \boldsymbol{W}^{\mathrm{H}} \boldsymbol{R}_X \boldsymbol{W} - \lambda[\boldsymbol{W}^{\mathrm{H}} \boldsymbol{a}(\theta_0) - 1]$，$L$ 分别对 $\boldsymbol{W}$ 和 $\lambda$ 求偏导数可得

$$\begin{gathered}\boldsymbol{W}^{\mathrm{H}} \boldsymbol{a}(\theta_0) = 1 \\ \boldsymbol{R}_X \boldsymbol{W} = \lambda \boldsymbol{a}(\theta_0)\end{gathered} \tag{9-40}$$

式（9-40）两端分别左乘$\boldsymbol{W}^{\mathrm{H}}$ 得

$$\boldsymbol{W}^{\mathrm{H}} \boldsymbol{R}_X \boldsymbol{W} = \lambda\, \boldsymbol{W}^{\mathrm{H}} \boldsymbol{a}(\theta_0) = \lambda \tag{9-41}$$

上式两端分别右乘$\boldsymbol{a}^{\mathrm{H}}(\theta_0)$得

$$\lambda\, \boldsymbol{a}^{\mathrm{H}}(\theta_0) = \boldsymbol{W}^{\mathrm{H}} \boldsymbol{R}_X (\boldsymbol{W}^{\mathrm{H}} \boldsymbol{a}(\theta_0))^{\mathrm{H}} = \boldsymbol{W}^{\mathrm{H}} \boldsymbol{R}_X$$

因此，

$$\boldsymbol{W}^{\mathrm{H}} = \lambda\, \boldsymbol{a}^{\mathrm{H}}(\theta_0) \boldsymbol{R}_X^{-1} \tag{9-42}$$

对式（9-42）两端分别右乘 $\boldsymbol{a}(\theta_0)$有

$$\lambda\, \boldsymbol{a}^{\mathrm{H}}(\theta_0) \boldsymbol{R}_X^{-1} \boldsymbol{a}(\theta_0) = \boldsymbol{W}^{H} \boldsymbol{a}(\theta_0) = 1 \tag{9-43}$$

所以，

$$\lambda = \frac{1}{\boldsymbol{a}^{\mathrm{H}}(\theta_0) \boldsymbol{R}_X^{-1} \boldsymbol{a}(\theta_0)} \tag{9-44}$$

将式（9-44）带入式（9-42）中，并对两边取共轭对称，最终得到

$$\boldsymbol{W} = \frac{\boldsymbol{R}_X^{-1} \boldsymbol{a}(\theta_0)}{\boldsymbol{a}^{\mathrm{H}}(\theta_0) \boldsymbol{R}_X^{-1} \boldsymbol{a}(\theta_0)} \tag{9-45}$$

利用 Capon 波束成形法得到的空间功率谱公式如下：

$$P_{Capon}(\theta) = \frac{1}{\boldsymbol{a}^{\mathrm{H}}(\theta) \boldsymbol{R}_X^{-1} \boldsymbol{a}(\theta)} \tag{9-46}$$

计算 Capon 谱并在全部 $\theta$ 范围上搜索其峰值，就可估计出 DOA。

虽然与古典谱估计法相比，Capon 法能提供更佳的分辨率，但 Capon 法也有很多缺点。如果存在与感兴趣信号相关的其他信号，Capon 法就不能再起作用，因为它在减小处理器输

出功率时无意中利用了这种相关性，而没有为其形成零陷。换句话说，在使输出功率达到最小的过程中，相关分量可能会恶性合并。另外，Capon 法需要对矩阵求逆运算，这样会使得计算量非常大。

(3) MUSIC 算法

MUSIC 算法是由 R. O. Schmidt 于 1979 年提出来，1986 年重新发表的。它是最早的也是最经典的超分辨 DOA 估计方法，它利用了信号子空间和噪声子空间的正交性，构造空间谱函数，通过谱峰搜索，检测信号的 DOA。MUSIC 算法对 DOA 的估计从理论上可以有任意高的分辨率。

由式（9-27）可得接收信号的协方差矩阵为

$$\begin{aligned}\boldsymbol{R}_X &= E[\boldsymbol{X}(t)\boldsymbol{X}^{\mathrm{H}}(t)] \\ &= \boldsymbol{A}E[\boldsymbol{S}\boldsymbol{S}^{\mathrm{H}}]\boldsymbol{A}^{\mathrm{H}} + \boldsymbol{A}E[\boldsymbol{S}\boldsymbol{N}^{\mathrm{H}}] + E[\boldsymbol{N}\boldsymbol{S}^{\mathrm{H}}]\boldsymbol{A}^{\mathrm{H}} + E[\boldsymbol{N}\boldsymbol{N}^{\mathrm{H}}]\end{aligned} \tag{9-47}$$

由于假设信号与噪声是不相关的，且噪声为平稳的加性高斯白噪声，因此式（9-47）中的二、三项为零，且有 $E[\boldsymbol{N}\boldsymbol{N}^{\mathrm{H}}]=\sigma_N^2\boldsymbol{I}$。则式（9-47）简化为式（9-48）

$$\boldsymbol{R}_X = \boldsymbol{A}\boldsymbol{R}_s\boldsymbol{A}^{\mathrm{H}} + \sigma_N^2\boldsymbol{I} \tag{9-48}$$

式中，$\boldsymbol{R}_s$ 是有用信号的协方差矩阵。

由于假设信号源之间互不相关，因此$\boldsymbol{R}_s$ 为满秩矩阵，其秩为 $\boldsymbol{D}$。而 $\boldsymbol{A}$ 为 $M\times D$ 维的矩阵，其秩也是 $\boldsymbol{D}$，并且 $\boldsymbol{A}\boldsymbol{R}_s\boldsymbol{A}^{\mathrm{H}}$ 是 Hermite 半正定矩阵，其秩也是 $\boldsymbol{D}$。因此，令 $\boldsymbol{A}\boldsymbol{R}_s\boldsymbol{A}^{\mathrm{H}}$ 的特征值为 $\mu_0\geqslant\mu_1\geqslant\cdots\geqslant\mu_{D-1}>0$，那么$\boldsymbol{R}_X$ 的 $M$ 个特征值为

$$\lambda_k = \begin{cases}\mu_k + \sigma_N^2, & k=0,1,\cdots,D-1 \\ \sigma_N^2, & k=D,D+1,\cdots,M-1\end{cases} \tag{9-49}$$

它们对应的特征向量分别为$\boldsymbol{q}_0,\boldsymbol{q}_1,\cdots,\boldsymbol{q}_{D-1},\boldsymbol{q}_D,\cdots,\boldsymbol{q}_{M-1}$，其中前 $D$ 个对应大特征值，后 $M-D$ 个对应小特征值。

由此可以看出，协方差矩阵$\boldsymbol{R}_X$ 经过特征值分解后可以产生 $D$ 个较大的特征值和 $M-D$ 个较小的特征值，并且这 $M-D$ 个小特征值非常接近。所以当这些小特征值的重数 $K$ 确定后，信号的个数就可以由式（9-50）估计出来

$$\hat{D} = M - K \tag{9-50}$$

对于与 $M-D$ 个最小特征值对应的特征向量，有

$$(\boldsymbol{R}_X - \lambda_i\boldsymbol{I})\boldsymbol{q}_i = 0, i\in[D, M-1] \tag{9-51}$$

即

$$(\boldsymbol{R}_X - \sigma_N^2\boldsymbol{I})\boldsymbol{q}_i = (\boldsymbol{A}\boldsymbol{R}_s\boldsymbol{A}^{\mathrm{H}} + \sigma_N^2\boldsymbol{I} - \sigma_N^2\boldsymbol{I})\boldsymbol{q}_i = \boldsymbol{A}\boldsymbol{R}_s\boldsymbol{A}^{\mathrm{H}}\boldsymbol{q}_i = 0 \tag{9-52}$$

因为 $\boldsymbol{A}$ 满秩，$\boldsymbol{R}_s$ 非奇异，因此

$$\boldsymbol{A}^{\mathrm{H}}\boldsymbol{q}_i = \begin{pmatrix} a^{\mathrm{H}}(\theta_0)\boldsymbol{q}_i \\ a^{\mathrm{H}}(\theta_1)\boldsymbol{q}_i \\ \vdots \\ a^{\mathrm{H}}(\theta_{D-1})\boldsymbol{q}_i \end{pmatrix} = \begin{bmatrix} 0 \\ 0 \\ \vdots \\ 0 \end{bmatrix} \tag{9-53}$$

这表明与 $M-D$ 个最小特征值对应的特征向量，和 $D$ 个信号特征值对应的方向向量正交，即信号子空间和噪声子空间正交。因此，构造 $M\times(M-D)$维的噪声子空间为

$$V_N=[q_D,q_{D+1},\cdots,q_{M-1}] \tag{9-54}$$

并定义 Music 空间谱为

$$P_{\text{Music}}(\theta)=\frac{a^{\text{H}}(\theta)a(\theta)}{a^{\text{H}}(\theta)V_N V_N^{\text{H}}a(\theta)} \tag{9-55}$$

或

$$P_{\text{Music}}(\theta)=\frac{1}{a^{\text{H}}(\theta)V_N V_N^{\text{H}}a(\theta)} \tag{9-56}$$

由于信号子空间和噪声子空间正交，所以当 $\theta$ 等于信号的入射角时，MUSIC 空间谱将产生极大值。因此当对 MUSIC 空间谱搜索时，其 $D$ 个峰值将对应 $D$ 个信号的入射方向，这就是 MUSIC 算法。

具体来说，MUSIC 算法的步骤归纳如下：

1）收集信号样本 $X(n)$，$n=0,1,\cdots,K-1$，其中 $P$ 为采样点数，估计协方差函数为 $\hat{R}_X=\frac{1}{P}\sum_{i=0}^{P-1}XX^{\text{H}}$；

2）对 $\hat{R}_X$ 进行特征值分解，得 $\hat{R}_X V=\Lambda V$。式中 $\Lambda=diag(\lambda_0,\lambda_1,\cdots,\lambda_{M-1})$ 为特征值对角阵，且从大到小顺序排列 $V=[q_0,q_1,\cdots,q_{M-1}]$ 是对应的特征向量。

3）利用最小特征值的重数 $K$，按照式（9-50）估计信号数 $\hat{D}$，并构造噪声子空间 $V_N=[q_D,q_{D+1},\cdots,q_{M-1}]$。

4）按照式（9-55）搜索 MUSIC 空间谱，找出 $\hat{D}$ 个峰值，得到 DOA 估计值。

尽管从理论上讲，MUSIC 算法可以达到任意精度分辨，但是也有其局限性。它在低信噪比的情况下不能分辨出较近的 DOA，另外，当阵列流行存在误差时，对 MUSIC 算法也有较大的影响。

（4）ESPRIT 算法

由于 MUSIC 算法需要进行谱峰搜索，计算量很大，因此在实际的应用中对于系统的计算速度要求较高。在 MUSIC 算法以后，人们开始研究各种不需要进行谱峰搜索的快速 DOA 算法。有 Roy 等人提出的旋转不变子空间（ESPRIT）算法是空间谱估计中的另一种经典算法。ESPRIT 算法的基本思想是利用旋转不变因子技术来估计信号参数，它把传感器阵列分解成两个完全相同的子阵列，在两个子阵列中每两个相对应的阵元有着相同的位移，即阵列具有平移不变性，每两个位移相同的传感器配对。在实际情况下，比如等间距的直线阵列或双直线阵列都可以满足 ESPRIT 算法对于阵列传声器的要求。它同 MUSIC 算法一样，也需要对阵列接收数据自相关矩阵进行特征值分解，但是两者存在明显的不同，MUSIC 算法利用了自相关矩阵信号子空间的正交性，而 ESPRIT 算法利用了自相关矩阵信号子空间的旋转不变特性。ESPRIT 算法不需要知道阵列的几何结构，因此对于阵列的校准要求比较低，现在 ESPRIT 算法已经成为主要的 DOA 估计算法之一。

设由 $m$ 个对偶极子组成的阵元数为 $K$ 的传声器阵列，两个子阵列对应元素具有相等的敏感度模式和相同的位移偏移量 $d$，$D$ 个独立的中心频率为 $\omega_0$ 的窄带信号源入射到该阵列，两个子阵列第 $i$ 组对应阵元的接收信号可以表示为

$$x_i(t)=\sum_{k=1}^{D}s_k(t)a_i(\theta_k)+n_{xi}(t) \tag{9-57}$$

$$u_i(t)=\sum_{k=1}^{D}s_k(t)\mathrm{e}^{\mathrm{j}\omega_0 d\sin\theta_k/c}a_i(\theta_k)+n_{ui}(t) \tag{9-58}$$

式中，$\theta_k$ 表示第 $k$ 个信号源的入射方向，将每个子阵列的接收信号表示成向量形式有

$$\boldsymbol{x}(t)=\boldsymbol{A}(\theta)\boldsymbol{S}(t)+\boldsymbol{n}_x(t) \tag{9-59}$$

$$\boldsymbol{u}(t)=\boldsymbol{A}(\theta)\boldsymbol{\Phi}\boldsymbol{S}(t)+\boldsymbol{n}_u(t) \tag{9-60}$$

式中，$\boldsymbol{x}(t),\boldsymbol{u}(t)\in R^{m\times 1}$ 是带噪声的数据向量；$\boldsymbol{\Phi}=diag\{\mathrm{e}^{\mathrm{j}\omega_0 d\sin\theta_1/c},\cdots,\mathrm{e}^{\mathrm{j}\omega_0 d\sin\theta_D/c}\}$表示两个阵列之间的相位延迟，也称为旋转不变因子；$\boldsymbol{n}_x(t)=[n_{x1}(t),\cdots,n_{xm}(t)]^{\mathrm{T}}$ 和 $\boldsymbol{n}_u(t)=[n_{u1}(t),\cdots,n_{um}(t)]^{\mathrm{T}}$ 为加性噪声向量。

定义整个阵列的接收向量为$\boldsymbol{z}(t)$，用子阵列接收向量来表示

$$\boldsymbol{z}(t)=\begin{bmatrix}\boldsymbol{x}(t)\\ \boldsymbol{u}(t)\end{bmatrix}=\overline{\boldsymbol{A}}\boldsymbol{S}(t)+\boldsymbol{n}_z(t) \tag{9-61}$$

其中，

$$\overline{\boldsymbol{A}}=\begin{bmatrix}\boldsymbol{A}\\ \boldsymbol{A}\boldsymbol{\Phi}\end{bmatrix},\boldsymbol{n}_z(t)=\begin{bmatrix}\boldsymbol{n}_x(t)\\ \boldsymbol{n}_u(t)\end{bmatrix} \tag{9-62}$$

传声器阵列接收向量$\boldsymbol{z}(t)$的自相关矩阵为

$$\boldsymbol{R}_{zz}=E\{\boldsymbol{z}(t)\boldsymbol{z}^{\mathrm{H}}(t)\}=\overline{\boldsymbol{A}}\boldsymbol{R}_{ss}\overline{\boldsymbol{A}}^{\mathrm{H}}+\sigma_n^2\Sigma_n \tag{9-63}$$

设 $D\leqslant 2m$，则$(\boldsymbol{R}_{zz},\Sigma_n)$的 $2m-D$ 个最小的广义特征值等于 $\sigma_n^2$，而与 $D$ 个最大广义特征值相对应的特征向量$\boldsymbol{E}_s$ 满足

$$Range\{\boldsymbol{E}_s\}=Range\{\overline{\boldsymbol{A}}\} \tag{9-64}$$

式中，$Range\{\cdot\}$表示由矩阵中的向量张成的空间。则存在唯一的非奇异矩阵 $\boldsymbol{T}$ 满足：

$$\boldsymbol{E}_s=\overline{\boldsymbol{A}}\boldsymbol{T} \tag{9-65}$$

利用阵列的旋转不变结构特性，$\boldsymbol{E}_s$ 可以分解成为$\boldsymbol{E}_x\in R^{m\times D}$和$\boldsymbol{E}_u\in R^{m\times D}$。

$$\boldsymbol{E}_s=\begin{bmatrix}\boldsymbol{E}_x\\ \boldsymbol{E}_u\end{bmatrix}=\begin{bmatrix}\boldsymbol{A}\boldsymbol{T}\\ \boldsymbol{A}\boldsymbol{\Phi}\boldsymbol{T}\end{bmatrix} \tag{9-66}$$

由于$\boldsymbol{E}_x$ 和$\boldsymbol{E}_u$ 共享一个列空间，$\boldsymbol{E}_{xu}=[\boldsymbol{E}_x|\boldsymbol{E}_u]$的秩为 $D$，则

$$Range\{\boldsymbol{E}_x\}=Range\{\boldsymbol{E}_u\}=Range\{\boldsymbol{A}\} \tag{9-67}$$

这表明存在一个唯一的秩为 $D$ 的矩阵 $\boldsymbol{F}\in R^{2D\times D}$可满足

$$0=[\boldsymbol{E}_x|\boldsymbol{E}_u]\boldsymbol{F}=\boldsymbol{E}_x\boldsymbol{F}_x+\boldsymbol{E}_u\boldsymbol{F}_u=\boldsymbol{A}\boldsymbol{T}\boldsymbol{F}_x+\boldsymbol{A}\boldsymbol{\Phi}\boldsymbol{T}\boldsymbol{F}_u \tag{9-68}$$

定义：

$$\boldsymbol{\Psi}=-\boldsymbol{F}_x\boldsymbol{F}_u^{-1} \tag{9-69}$$

把式（9-69）带入式（9-68）可得

$$\boldsymbol{A}\boldsymbol{T}\boldsymbol{\Psi}=\boldsymbol{A}\boldsymbol{\Phi}\boldsymbol{T}\Rightarrow\boldsymbol{A}\boldsymbol{T}\boldsymbol{\Psi}\boldsymbol{T}^{-1}=\boldsymbol{A}\boldsymbol{\Phi} \tag{9-70}$$

如果信号的入射方向不同，则阵列流形 $\boldsymbol{A}$ 是满秩的，则可以得到

$$\boldsymbol{T}\boldsymbol{\Psi}\boldsymbol{T}^{-1}=\boldsymbol{\Phi} \tag{9-71}$$

显然，$\boldsymbol{\Psi}$ 的特征值必然等于对角矩阵 $\boldsymbol{\Phi}$ 的对角元素，而 $\boldsymbol{T}$ 的列向量为 $\boldsymbol{\Psi}$ 的特征向量。

ESPRIT 算法避免了大多数 DOA 估计方法所固有的搜索过程，大大减小了计算量，并降低了对于硬件的存储要求。和 MUSIC 算法不同的是，ESPRIT 算法不需要精确知道阵列的流行向量，因此，对阵列校正的要求不是很严格。

### 9.3.3　实验步骤及要求

**1. 实验步骤**

运行 MATLAB→新建 m 文件→编写 m 程序→编译并调试。

**2. 实验要求**

1）根据式（9-31），将式（9-12）生成的信号乘以阵列流形矩阵，形成带有波达方向的信号，并将添加不同的信噪比的白噪声，信噪比包括 10 dB，20 dB，0 dB，－5 dB。

2）根据 9.3.2 节介绍的基于空间谱估计的 DOA 算法原理，编写基于 capon、music 和 esprit 算法的 DOA 估计函数。函数定义如下。

名称：Spectrum_Method

功能：基于空间谱估计的 DOA 算法。

调用格式：

[AngleM] = Spectrum_Method(m,s1,s2,wlen,inc,range)

说明：输入信号 m 是谱估计函数标志，取值包括 capon' ，music' ，esprit' ；s1 是传声器 1 接收信号；s2 是传声器 2 接收信号；wlen 是窗口长度；inc 是帧移；range 是角度搜索范围。输出参数 AngleM 是估计的角度。

3）根据实验生成的语音数据和设计的函数，进行 DOA（仿真角度为 30°）估计，效果如图 9-12 所示。算法参数为 wlen = 256，inc = 128，range = 45。

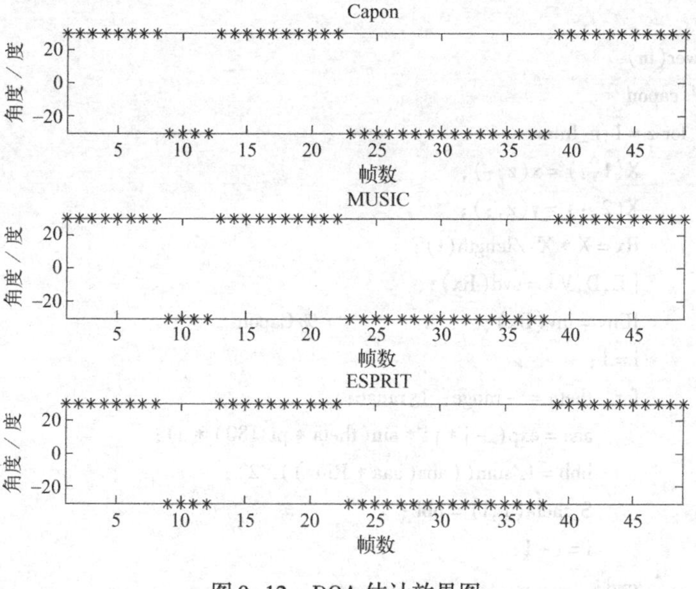


图 9-12　DOA 估计效果图

### 9.3.4　思考题

1）叠加不同的噪声后，再测试 DOA 算法性能，比较不同算法间的区别。

2）观察图 9-12，思考为什么会出现角度相同，方向相反的估计值。

### 9.3.5 参考例程

```
%基于空间谱估计的 DDA 计算函数
function [AngleM] = Spectrum_Method(m,s1,s2,wlen,inc,range)
% m          pre-whitening filter type: 'capon', 'music', 'esprit'
%s1,s2       两个输入信号
% wnd        窗长度
% inc        帧移
%range       角度范围
% AngleM     估计的角度
fs=8000;
M=2;                                          %阵元数目
p=1;                                          %信源数
d=0.5;
a=[0:1:M-1];
t=[-pi:1/fs:pi];                              %采样时间
wnd=hamming(wlen);
x=enframe(s1,wnd,inc);
y=enframe(s2,wnd,inc);
n_frame=size(x,1);
Rangle=-range:.1:range;

switch lower(m)
    case 'capon'
        for z=1:n_frame
            X(1,:)=x(z,:);
            X(2,:)=y(z,:);
            Rx=X*X'/length(t);
            [E,D,V]=svd(Rx);
            Rinv=inv(Rx);                 %Capon
            i=1;
            for  theta=-range:.1:range;
                aaa=exp(-j*pi*sin(theta*pi/180)*a);
                bbb=1/sum((abs(aaa*Rinv)).^2);
                S_theta(1,i)=bbb;
                i=i+1;
            end
            S=10*log10(S_theta/max(S_theta));
            [xa,ya]=max(S);
            AngleM(z)=Rangle(ya);
        end
```

```
    case' music'
        for z = 1:n_frame
            X(1,:) = x(z,:);
            X(2,:) = y(z,:);
            Rx = X * X' /length(t);
            [E,D,V] = svd(Rx);
            Nn = E(:,p+1:M) * E(:,p+1:M)' ;      % MUSIC
            i = 1;
            for theta = -range:.1:range;
                aaa = exp(-j * pi * sin(theta * pi/180) * a);
                bbb = 1/sum((abs(aaa * Nn)).^2);
                S_theta(1,i) = bbb;
                i = i + 1;
            end
            S = 10 * log10(S_theta/max(S_theta));
            [xa,ya] = max(S);
            AngleM(z) = Rangle(ya);
        end

    case' esprit'
    for z = 1:n_frame
        X(1,:) = x(z,:);
        X(2,:) = y(z,:);
        Rx = X * X' /length(t);
        [U,D,V] = svd(Rx);
        S = U(:,1:p);
        phi = S(1:M-1,:)\S(2:M,:);
        w = angle(eig(phi));
        AngleM(z) = asin(w/d/pi/2) * 180/pi;
    end;

    otherwise error('Method not defined..');

end
```

# 第10章　语音识别实验

## 10.1　基于动态时间规整（DTW）的孤立字语音识别实验

### 10.1.1　实验目的

1）掌握语音识别的模板匹配法的原理和过程。

2）掌握动态时间规整（DTW）技术和美尔频率倒谱系数（MFCC）特征提取技术。

3）应用MATLAB实现基于DTW的10个阿拉伯数字的识别。

### 10.1.2　实验原理

**1. 模板匹配法语音识别系统构成**

图10-1为利用模板匹配法进行语音识别的原理框图。在训练阶段，用户将词汇表中的每一个词依次说一遍，并且将其特征矢量时间序列作为模板（Template）存入模板库；在识别阶段，将输入语音的特征矢量时间序列依次与模板库中的每个模板进行相似度比较，将相似度最高者作为识别结果输出。

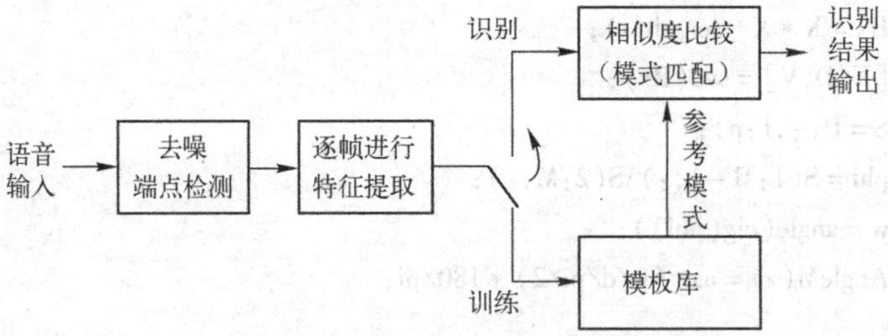


图10-1　模板匹配法语音识别系统的原理框图

在特征提取阶段，本实验选用美尔频率倒谱系数（MFCC）作为识别特征；在识别阶段，实验选用动态时间规整（DTW）技术来进行模式匹配。下面将简单介绍这两个技术的原理和实现过程。

**2. 提取美尔频率倒谱系数**

本实验采用美尔频率倒谱系数（Mel – Frequency Cepstral Coefficients，MFCC）及其一阶和二阶差分作为特征参数。美尔频率倒谱系数不同于线性预测系数，它是将人耳的听觉特性和语音产生相结合的一种特征参数。

与普通倒谱分析不同，美尔倒谱系数着眼于分析人耳的听觉特性。人耳所听到的声音的高低与声音的频率并不呈线性正比关系，而用美尔频率尺度则更符合人耳的听觉特性。所谓美尔频率尺度，大体上对应于实际频率的对数分布关系。3.4 节已表明美尔频率（音高）与实际频率的具体关系可由式（3-30）表示。由前可知，人耳基底膜可分为许多小的部分，每一部分对应于一个频率群，对应于同一频率群的声音，在大脑中是叠加在一起进行评价的。这些频率群称为临界频带，其带宽随着频率的变化而变化，并与美尔频率的增长一致，在 1000 Hz 以下，大致呈线性分布，带宽为 100 Hz 左右；在 1000 Hz 以上呈对数增长。

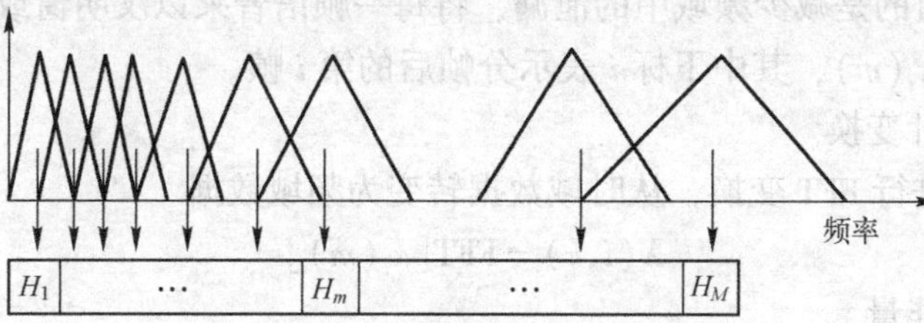


图 10-2　美尔频率尺度滤波器组

类似于临界频带的划分，语音频率可以划分成一系列三角形的滤波器序列，即美尔滤波器组，如图 10-2 所示。设划分的带通滤波器为 $H_m(k)$，$0 \leqslant m \leqslant M$，$M$ 为滤波器的个数。每个滤波器具有三角形滤波特性，其中心频率为 $f(m)$，在美尔频率范围内，这些滤波器是等带宽的。每个带通滤波器的传递函数为

$$H_m(k)=\begin{cases}0 & k<f(m-1)\\ \dfrac{k-f(m-1)}{f(m)-f(m-1)} & f(m-1)\leqslant k\leqslant f(m)\\ \dfrac{f(m+1)-k}{f(m+1)-f(m)} & f(m)\leqslant k\leqslant f(m+1)\\ 0 & k>f(m+1)\end{cases} \tag{10-1}$$

其中，$\sum_{m}^{M-1} H_m(k)=1$。

美尔滤波器的中心频率 $f(m)$ 定义为

$$f(m)=\frac{N}{f_s}F_{\text{Mel}}^{-1}\left(F_{\text{Mel}}(f_l)+m\,\frac{F_{\text{Mel}}(f_h)-F_{\text{Mel}}(f_l)}{M+1}\right) \tag{10-2}$$

其中，$f_h$ 和 $f_l$ 分别为滤波器组的最高频率和最低频率，$f_s$ 为采样频率，单位为 Hz。$M$ 是滤波器组的数目，$N$ 为 FFT 变换的点数，$F_{\text{Mel}}{}^{-1}(b)=700(e^{\frac{b}{1125}}-1)$。

**3. MFCC 系数的计算**

MFCC 特征参数提取原理框图如图 10-3 所示。

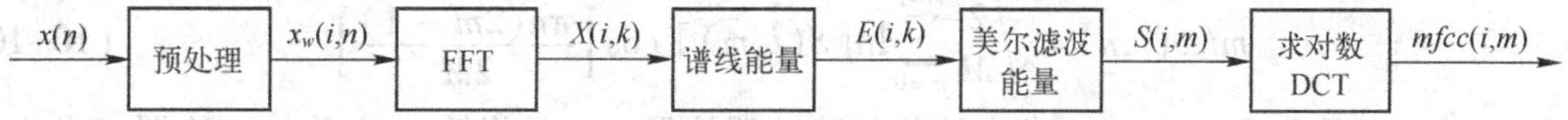


图 10-3　MFCC 特征参数提取原理框图

（1）预处理

预处理包括预加重、分帧、加窗。

预加重：预加重的目的是为了补偿高频分量的损失，提升高频分量。预加重的滤波器常设为

$$H(z)=1-az^{-1} \tag{10-3}$$

式中，$a$ 为一个常数，如0.97。

分帧处理：通常语音信号是准稳态的信号，但是将它分为较短的帧后，每帧信号可以当作稳态信号，从而用处理稳态信号的方法来处理。同时，为了使一帧与另一帧之间的参数能较平稳地过渡，因此相邻两帧之间会进行部分重叠处理。

加窗：加窗的目的是减少频域中的泄漏，将每一帧语音乘以汉明窗或海宁窗。语音信号 $x(n)$ 经预处理后为 $x_i(m)$，其中下标 $i$ 表示分帧后的第 $i$ 帧。

（2）快速傅里叶变换

对每一帧信号进行FFT变换，从时域数据转变为频域数据

$$X(i,k)=\mathrm{FFT}[x_i(m)] \tag{10-4}$$

（3）计算谱线能量

计算每一帧FFT后的数据谱线能量：

$$E(i,k)=[X_i(k)]^2 \tag{10-5}$$

（4）计算美尔滤波器能量

把求出的每帧谱线能量谱通过美尔滤波器，并计算在该美尔滤波器中的能量。在频域中相当于把每帧的能量谱 $E(i,k)$（其中 $i$ 表示第 $i$ 帧，$k$ 表示频域中的第 $k$ 条谱线）与美尔滤波器的频域响应 $H_m(k)$ 相乘并相加

$$S(i,m)=\sum_{k=0}^{N-1}E(i,k)H_m(k),\quad 0\leqslant m<M \tag{10-6}$$

（5）计算DCT倒谱

序列 $x(n)$ 的FFT倒谱 $\hat{x}(n)$ 为

$$\hat{x}(n)=\mathrm{FT}^{-1}[\hat{X}(k)] \tag{10-7}$$

式中，$\hat{X}(k)=\ln\{\mathrm{FT}[x(n)]\}=\ln\{X(k)\}$，FT和 $\mathrm{FT}^{-1}$ 表示傅里叶变换和傅里叶逆变换。序列 $x(n)$ 的DCT为

$$X(k)=\sqrt{\frac{2}{N}}\sum_{n=0}^{N-1}C(k)x(n)\cos\left[\frac{\pi(2n+1)k}{2N}\right],\quad k=0,1,\cdots,N-1 \tag{10-8}$$

式中，参数 $N$ 是序列 $x(n)$ 的长度；$C(k)$ 是正交因子，可表示为

$$C(k)=\begin{cases}\sqrt{2}/2 & k=0\\ 1 & k=1,2,\cdots,N-1\end{cases} \tag{10-9}$$

在式（10-7）中求取FFT的倒谱是把 $X(k)$ 取对数后计算FFT的逆变换。而这里求DCT的倒谱和求FFT的倒谱相类似，把美尔滤波器的能量取对数后计算DCT：

$$mfcc(i,n)=\sqrt{\frac{2}{M}}\sum_{m=0}^{M-1}\ln[S(i,m)]\cos\left[\frac{\pi n(2m-1)}{2M}\right] \tag{10-10}$$

式中，$S(i,m)$ 是由式（10-6）求出的美尔滤波器能量；$m$ 是指第 $m$ 个美尔滤波器（共有 $M$ 个）；$i$ 是指第 $i$ 帧；$n$ 是DCT后的谱线。

**4. 动态时间规整（DTW）**

在识别阶段的模式匹配中，不能简单地将输入模板和词库中的模板相比较来实现识别。因为语音信号具有相当大的随机性，这些差异不仅包括音强的大小、频谱的偏移，更重要的

是发音持续时间不可能完全相同，而词库中的模板不可能随着输入模板持续时间的变换而进行伸缩，所以时间规整是必不可少的。动态时间规整（DTW）是把时间规整和距离测度计算结合起来的一种非线性规整技术，它是模板匹配的方法。

假设词库中的某一参考模板的特征矢量列为 $a_1,\cdots,a_m,\cdots,a_M$，另一方面，输入语音的特征矢量序列为 $b_1,\cdots,b_n,\cdots,b_N$，$M\neq N$，那么动态时间规整就是要找到时间规整函数 $m=T(n)$，它把输入模板的时间轴 $n$ 非线性的映射到参考模板的时间轴 $m$，并且该函数满足下式：

$$D=\min_{T(n)}\sum_{n=1}^{N}d[n,T(n)] \tag{10-11}$$

式中，$d[n,T(n)]$表示两帧矢量之间的距离；$D$ 是最佳时间路径下两个模板的距离测度。本实验中距离测度采用欧氏距离：$d(x,y)=\frac{1}{k}\sqrt{\sum_{i=1}^{k}(x_i-y_i)^2}$。

动态时间规整是一个典型的最优化问题，它用满足一定条件的时间规整函数 $T(n)$ 描述输入模板和参考模板之间的时间对应关系，求解两模板匹配时累计距离最小所对应的规整函数。动态时间规整（DTW）一般采用动态规划（DP）算法实现。为了使计算更加简化，它把一个 $N$ 阶段的决策过程转化为 $N$ 个简单段的决策过程，也就是为 $N$ 个子问题逐一做出决策。根据语音信号的性质，时间规整函数必须满足以下约束条件：

1）边界条件：$T(1)=1,T(N)=M$

2）单调性：$T(n+1)-T(n)\geqslant 0$

3）连续性限制：有些特殊的音素有时会对正确地识别起到很大的帮助，某个音素的差异很可能就是区分不同的发声单元的依据，为了保证信息损失最小，规整函数一般规定不允许跳过任何一点。即

$$\Phi(i_n+1)-\Phi(i_n)\leqslant 1 \tag{10-12}$$

DTW 算法的原理图如图 10-4 所示，把测试模板的各个帧号 $n=1\sim N$ 在一个二维直角坐标系中的横轴上标出，把参考模板的各帧 $m=1\sim M$ 在纵轴上标出，通过这些表示帧号的整数坐标画出一些纵横线即可形成一个网格，网格中的每一个交叉点表示测试模式中某一帧与训练模式中某一帧的交汇。DTW 算法分两步进行，一是计算两个模式各帧之间的距离，即求出帧匹配距离矩阵，二是在帧匹配距离矩阵中找出一条最佳路径。搜索这条路径的过程可以描述如下：搜索从（1，1）点出发，对于局部路径约束，点$(i_n,i_m)$可达到的前一个格点只可能是$(i_{n-1},i_m)$、$(i_{n-1},i_{m-1})$和$(i_{n-1},i_{m-2})$。那么$(i_n,i_m)$一定选择这三个距离中的最小者所对应的点作为其前续格点，这时此路径的累积距离为

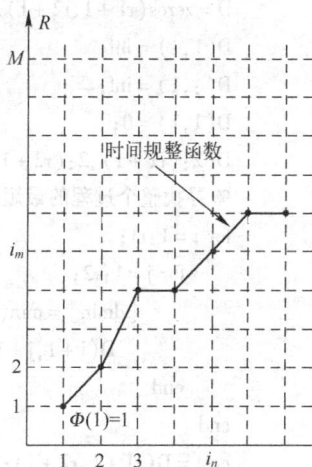

图 10-4 DTW 算法原理图

$$D(i_n,i_m)=d(T(i_n),R(i_m))+\min\{D(i_{n-1},i_m),D(i_{n-1},i_{m-1}),D(i_{n-1},i_{m-2})\}$$

这样从$(1,1)$点（$D(1,1)=0$）出发搜索，反复递推，直到$(N,M)$就可以得到最优路径，而且 $D(N,M)$就是最佳匹配路径所对应的匹配距离。在进行语音识别时，将测试模板

与所有参考模板进行匹配，得到的最小匹配距离 $D_{min}(N,M)$ 所对应语音即为识别结果。

### 10.1.3 实验步骤及要求

**1. 关键函数说明**

DTW 函数：myDTW

功能：利用 DTW 完成模式匹配

调用格式：

```
[cost] = myDTW(F,R)
```

参数说明：输入参数 F 为模板的 MFCC 特征；R 为当前待识别语音的 MFCC。输出参数 cost 为 F 和 R 之间的匹配距离。

程序清单：

```
function [cost] = myDTW(F,R)
[r1,c1] = size(F);                          %模板的维度
[r2,c2] = size(R);                          %当前待识别语音的维度
distance = zeros(r1,r2);
for n = 1:r1
    for m = 1:r2
        FR = F(n,:) - R(m,:);
        FR = FR.^2;
        distance(n,m) = sqrt(sum(FR))/c1;   %采用欧氏距离度量 F 与 R 的相似程度
    end
end
D = zeros(r1 +1,r2 +1);
D(1,:) = inf;
D(:,1) = inf;
D(1,1) = 0;
D(2:(r1 +1),2:(r2 +1)) = distance;
%寻找整个过程的最短匹配距离
for i = 1:r1;
    for j = 1:r2;
        [dmin] = min([D(i,j),D(i,j +1),D(i +1,j)]);
          D(i +1,j +1) = D(i +1,j +1) +dmin;
    end
end
cost = D(r1 +1,r2 +1);                      %返回最终距离
```

**2. 具体步骤**

本实验分为训练过程和识别过程，具体步骤如下。

(1) 训练过程：运行 setTemplates. m 文件

1) 本实验的语音来自三个人，每人说一遍 0 ~ 9 这十个数字，记录下相应的语音，保

存在目录“SpeechData”中。以第一个人的语音“1”为例，首先，调用[speechIn1,FS1] = audioread(q)读入语音“1”，保存在 speechIn1 中，并获得采样率 FS1。

2）对 speechIn1 进行预处理，首先调用 my_vad 函数进行端点检测，提取出有效语音段，然后调用 mfccf 函数对有效语音段提取 MFCC 特征。

3）以同样的方式处理其他训练语音，把第一/二/三个说话人的十个数字 0～9 语音分别保存在 s1/s2/s3 结构体中，并最终保存在 Vectors1. mat/Vectors2. mat/Vectors3. mat 文件中。

（2）识别过程：运行 matchTemplates. m 文件

1）首先程序提示“Press any key to start 2 seconds of speech recording…”，在 MATLAB 主窗口按任意键开始录入待识别的语音，程序将录入的语音保存在 speechIn 变量中。

2）对 speechIn 进行预处理，包括端点检测和 MFCC 特征提取，这一过程和训练中完全相同，得到($N \times P$)矩阵，其中 $N$ 为帧数，$P$ 为维度，接着调用 CMN 函数，对每一维度分量进行标准化，结果保存在 rMatrix 中。

3）调用 DTWScores 函数，将当前待识别语音的 rMatrix 与训练过程中保存的 s1、s2、s3 中的 0～9 各数字进行匹配，此函数中调用 myDTW 函数实现基于 DTW 的匹配过程，返回 rMatrix 和每个说话人说的每个数字的匹配分值，保存在 Sco 中（（3 * 10）的矢量）。

4）将 Sco 从大到小进行排序，首先得到每个模板匹配的两个最低分值对应的数字序号（有 2 * 3 =6 个序号），而后返回出现频率最高的序号作为判决结果，从而完成识别过程。

识别结果如图 10-5 所示。

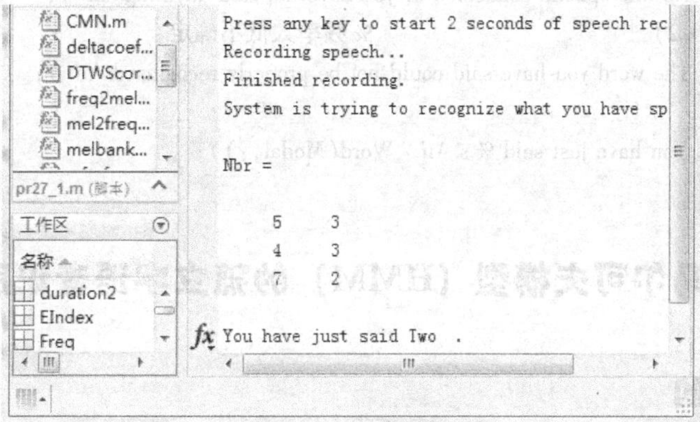


图 10-5　识别结果

### 10.1.4　思考题

1）编程比较不同训练数据量（如每个数字的对应的语音只来自于 2 人）对识别结果的影响。

2）将欧式距离换成其他距离（如对数似然比），编程比较其对识别结果的影响。

### 10.1.5　参考例程

```
clear all;
close all;
```

```
ncoeff = 12;                                    % MFCC 参数阶数
N = 10;                                         % 10 个数字
fs = 16000;                                     % 采样频率
duration2 = 2;                                  % 录音时长
k = 3;                                          % 训练样本的人数
speech = audiorecorder(fs,16,1);
disp('Press any key to start 2 seconds of speech recording…');
pause
disp('Recording speech…');
recordblocking(speech,duration2)                % duration * fs 为采样点数
speechIn = getaudiodata(speech);
disp('Finished recording.');
disp('System is trying to recognize what you have spoken…');
speechIn = my_vad(speechIn);                    % 端点检测
rMatrix1 = mfccf(ncoeff,speechIn,fs);           % 采用 MFCC 系数作为特征矢量
rMatrix = CMN(rMatrix1);                        % 归一化处理
Sco = DTWScores(rMatrix,N);                     % 计算 DTW 值
[SortedScores,EIndex] = sort(Sco,2);            % 按行递增排序,并返回对应的原始次序
Nbr = EIndex(:,1:2)                             % 得到每个模板匹配的 2 个最低值对应的次序
[Modal,Freq] = mode(Nbr(:));                    % 返回出现频率最高的数 Modal 及其出现频率 Freq
Word = char('zero','One','Two','Three','Four','Five','Six','Seven','Eight','Nine');
if mean(abs(speechIn)) < 0.01
    fprintf('No microphone connected or you have not said anything.\n');
elseif(Freq <2)                                 % 频率太低不确定
    fprintf('The word you have said could not be properly recognised.\n');
else
    fprintf('You have just said %s.\n',Word(Modal,:));
end
```

## 10.2 基于隐马尔可夫模型（HMM）的孤立字语音识别实验

### 10.2.1 实验目的

1）了解隐马尔可夫模型（HMM）的定义及三个基本算法。

2）掌握基于 HMM 的语音识别的基本原理和过程。

3）应用 MATLAB 实现基于 HMM 的 10 个阿拉伯数字的识别。

### 10.2.2 实验原理

隐马尔可夫模型（Hidden Markov Models，简称为 HMM），作为语音信号的一种统计模型，在语音处理各个领域中特别是语音识别方向获得了广泛的应用。

一个用于语音识别的 HMM 通常用三组模型参数 $\boldsymbol{M}=\{\boldsymbol{A},\boldsymbol{B},\boldsymbol{\pi}\}$ 来定义。假设某 HMM 共有 $N$ 个状态 $\{\boldsymbol{S}_i\}_{i=1}^{N}$，那么各参数的定义如下：

$\boldsymbol{A}$：状态转移概率矩阵

$$A=\begin{bmatrix} a_{11} & \cdots & a_{1N} \\ \vdots & \ddots & \vdots \\ a_{N1} & \cdots & a_{NN} \end{bmatrix} \tag{10-13}$$

其中，$a_{ij}$是从状态 $S_i$ 到状态 $S_j$ 转移时的转移概率，且必须满足 $0\leqslant a_{ij}\leqslant 1$，$\sum_{j=1}^{N} a_{ij}=1$

$\boldsymbol{\pi}$：系统初始状态概率的集合，：$\{\boldsymbol{\pi}_i\}_{i=1}^{N}$ 表示初始状态是 $s_i$ 的概率，即，

$$\boldsymbol{\pi}_i=P[S_1=s_i](1\leqslant i\leqslant N) \quad \sum_{j=1}^{N}\boldsymbol{\pi}_j=1 \tag{10-14}$$

$\boldsymbol{B}$：输出观测值概率的集合。$\boldsymbol{B}=\{b_{ij}(k)\}$，其中 $b_{ij}(k)$是从状态 $S_i$ 到状态 $S_j$ 转移时观测值 $x_t$ 为符号 $k$ 的输出概率。根据观测集合 $\boldsymbol{X}$ 的取值可将 HMM 分为连续型和离散型 HMM 等。

为了解决识别、寻找与给定观察字符序列对应的最佳的状态序列和模型训练这三个问题，HMM 有对应的三个基本算法。

**1. 前向—后向算法**

前向—后向算法（Forward - Backward，简称为 F - B 算法）是用来计算给定一个观察值序列 $\boldsymbol{O}=o_1o_2\cdots o_T$ 以及一个模型 $\boldsymbol{M}=\{\boldsymbol{A},\boldsymbol{B},\boldsymbol{\pi}\}$时，由模型 $\boldsymbol{M}$ 产生出 $\boldsymbol{O}$ 的概率 $P(\boldsymbol{O}|\boldsymbol{M})$。为有效求出 $P(\boldsymbol{O}|\boldsymbol{M})$，Baum 等人提出前向—后向算法。设 $\boldsymbol{S}_1$ 是初始状态，$\boldsymbol{S}_N$ 是终了状态，则前向—后向算法的描述如下。

（1）前向算法

前向算法根据输出观察值序列从前向后递推计算输出概率。首先说明下列符号的定义：

| | |
|---|---|
| $\boldsymbol{O}=o_1,o_2,\cdots,o_T$ | 输出的观察符号序列 |
| $P(\boldsymbol{O}\|\boldsymbol{M})$ | 给定模型 $\boldsymbol{M}$ 时，输出符号序列 $\boldsymbol{O}$ 的概率 |
| $a_{ij}$ | 从状态 $\boldsymbol{S}_i$到状态 $\boldsymbol{S}_j$的转移概率 |
| $b_{ij}(o_t)$ | 从状态 $\boldsymbol{S}_i$到状态 $\boldsymbol{S}_j$发生转移时输出 $o_t$ 的概率 |
| $\boldsymbol{\alpha}_t(j)$ | 输出部分符号序列 $o_1,o_2,\cdots,o_t$ 并且到达状态 $\boldsymbol{S}_j$的概率，即前向概率 |

前向概率 $\alpha_t(j)$由下面的递推公式计算可得：

初始化

$$\boldsymbol{\alpha}_0(1)=1,\ \boldsymbol{\alpha}_0(j)=0\ (j\neq 1) \tag{10-15}$$

递推公式

$$\boldsymbol{\alpha}_t(j)=\sum_i \boldsymbol{\alpha}_{t-1}(i)a_{ij}b_{ij}(o_t)\ (t=1,2,\cdots,T;i,j=1,2,\cdots,N) \tag{10-16}$$

最后结果

$$P(\boldsymbol{O}/\boldsymbol{M})=\boldsymbol{\alpha}_T(N) \tag{10-17}$$

式（10-16）说明了在递推过程中 $\boldsymbol{\alpha}_{t-1}(i)$与 $\boldsymbol{\alpha}_t(j)$的关系，$t$ 时刻的 $\boldsymbol{\alpha}_t(j)$等于 $t-1$ 时刻的所有状态的 $\boldsymbol{\alpha}_{t-1}(i)a_{ij}b_{ij}(o_t)$之和；当然，当状态 $\boldsymbol{S}_i$到状态 $S_j$没有转移时，$a_{ij}=0$。这样，在 $t$ 时刻对所有状态 $\boldsymbol{S}_j(j=1,2,\cdots,N)$的 $\boldsymbol{\alpha}_t(j)$都计算一次，则每个状态的前向概率都更新了一次，然后进入 $t+1$ 时刻的递推过程。图 10-6 是一个三状态 HMM 的例子，它具有三个状态，从 $S_1$ 出发到 $S_3$ 截止，输出的符号序列是 $aab$。其中 $S_1$ 是起始状态，$S_3$ 是终了状态。图 10 -7 以此为例说明了利用前向递推算法计算输出概率的全过程，图中虚线表示没有转移。图 10-7 可以解释利用前向递推算法计算模型 $\boldsymbol{M}=\{\boldsymbol{A},\boldsymbol{B},\boldsymbol{\pi}\}$在输出观察符号序列为 $\boldsymbol{O}=o_1,o_2,\cdots,o_T$ 时的输出概率 $P(\boldsymbol{O}|\boldsymbol{M})$的原理。具体步骤如下：

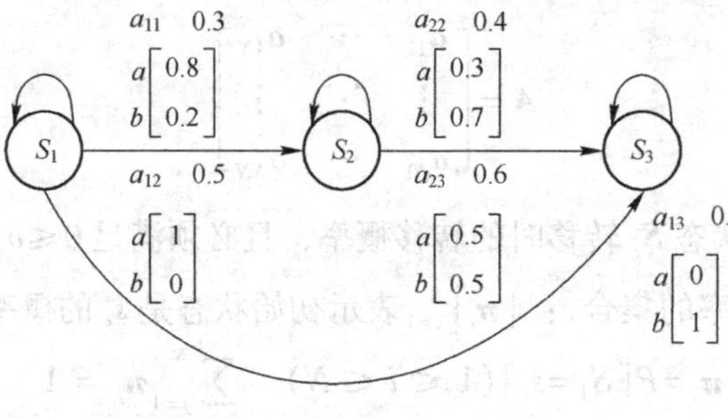


图 10-6 简单三状态 HMM 的例子

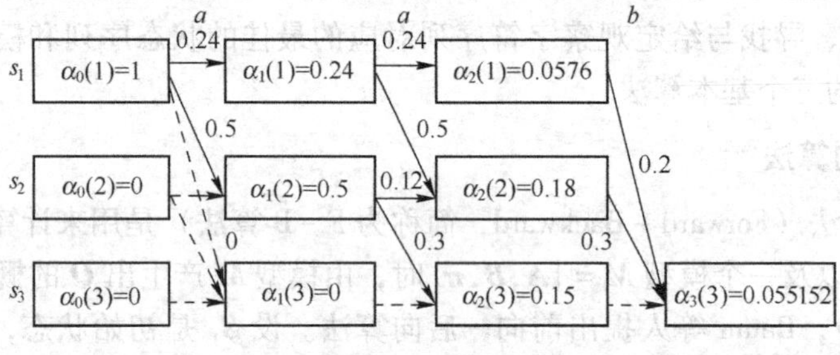


图 10-7 $\boldsymbol{\alpha}_t(j)$的计算过程

1）给每个状态准备一个数组变量$\boldsymbol{\alpha}_t(j)$，初始化时令初始状态$\boldsymbol{S}_1$的数组变量$\boldsymbol{\alpha}_0(1)$为1，其他状态数组变量$\boldsymbol{\alpha}_0(j)$为0。

2）根据$t$时刻输出的观察符号$o_t$计算$\boldsymbol{\alpha}_t(j)$：

$$\begin{aligned}\boldsymbol{\alpha}_t(j) = \sum_i \boldsymbol{\alpha}_{t-1}(i)a_{ij}b_{ij}(o_t) = \boldsymbol{\alpha}_{t-1}(1)a_{1j}b_{1j}(o_t) + \boldsymbol{\alpha}_{t-1}(2)a_{2j}b_{2j}(o_t) + \cdots \\ + \boldsymbol{\alpha}_{t-1}(N)a_{Nj}b_{Nj}(o_t) \quad (j = 1,2,\cdots,N)\end{aligned} \tag{10-18}$$

当状态$\boldsymbol{S}_i$到状态$\boldsymbol{S}_j$没有转移时，$a_{ij}=0$。

3）当$t \neq T$时转移到2），否则执行4）。

4）把最终的数组变量$\boldsymbol{\alpha}_T(N)$内的值取出，则

$$P(\boldsymbol{O/M}) = \boldsymbol{\alpha}_T(N) \tag{10-19}$$

这种前向递推计算算法的计算量大为减少，变为$N(N+1)(T-1)+N$次乘法和$N(N-1)(T-1)$次加法。因此，当$N=5$，$T=100$时，算法只需大约3000次计算（乘法）。另外，这种算法也是一种典型的格型结构，和动态规划（DP）递推方法类似。

（2）后向算法

与前向算法类似，后向算法即按输出观察值序列的时间，从后向前递推计算输出概率的方法。定义$\boldsymbol{\beta}_t(i)$为后向概率，即从状态$\boldsymbol{S}_i$开始到状态$\boldsymbol{S}_N$结束输出部分符号序列$o_{t+1}, o_{t+2}, \cdots, o_T$的概率，则$\boldsymbol{\beta}_t(i)$可由下面的递推公式计算得到：

初始化

$$\boldsymbol{\beta}_T(N) = 1, \boldsymbol{\beta}_T(j) = 0 \ (j \neq N) \tag{10-20}$$

递推公式

$$\boldsymbol{\beta}_t(i) = \sum_j \boldsymbol{\beta}_{t+1}(j)a_{ij}b_{ij}(o_{t+1}) \quad (t = T, T-1, \cdots, 1; i,j = 1,2,\cdots,N) \tag{10-21}$$

最后结果

$$P(O/M)=\sum_{i=1}^{N}\boldsymbol{\beta}_1(i)\boldsymbol{\pi}_i=\boldsymbol{\beta}_0(1) \tag{10-22}$$

后向算法的计算量大约在 $N^2T$ 数量级，也是一种格型结构。显然，根据定义的前向和后向概率，有如下关系成立：

$$P(O/M)=\sum_{i=1}^{N}\sum_{j=1}^{N}\boldsymbol{\alpha}_t(i)a_{ij}b_{ij}(o_{t+1})\boldsymbol{\beta}_{t+1}(j),\quad 1\leqslant t\leqslant T-1 \tag{10-23}$$

**2. 维特比（Viterbi）算法**

第二个要解决的问题是给定观察字符号序列和模型 $\boldsymbol{M}=\{\boldsymbol{A},\boldsymbol{B},\boldsymbol{\pi}\}$，如何有效确定与之对应的最佳的状态序列。这可由另一个 HMM 的基本算法 Viterbi 算法来解决。Viterbi 算法解决了给定一个观察值序列 $\boldsymbol{O}=o_1,o_2,\cdots,o_T$ 和一个模型 $\boldsymbol{M}=\{\boldsymbol{A},\boldsymbol{B},\boldsymbol{\pi}\}$ 时，在最佳的意义上确定一个状态序列 $\boldsymbol{S}=s_1s_2\cdots s_T$ 的问题。此处，最佳意义上的状态序列是指使 $P(\boldsymbol{S},\boldsymbol{O}/\boldsymbol{M})$ 最大时确定的状态序列，即 HMM 输出一个观察值序列 $\boldsymbol{O}=o_1,o_2,\cdots,o_T$ 时，可能通过的状态序列路径有多种，这里面使输出概率最大的状态序列 $\boldsymbol{S}=s_1s_2\cdots s_T$ 就是“最佳”。

Viterbi 算法可描述如下：

初始化

$$\boldsymbol{\alpha}'_0(1)=1,\ \boldsymbol{\alpha}'_0(j)=0\ (j\neq 1) \tag{10-24}$$

递推公式

$$\boldsymbol{\alpha}'_t(j)=\max_i\boldsymbol{\alpha}'_{t-1}(j)a_{ij}b_{ij}(o_t)\ (t=1,2,\cdots,T;\ i,j=1,2,\cdots,N) \tag{10-25}$$

最后结果

$$P_{\max}(\boldsymbol{S},\boldsymbol{O}/\boldsymbol{M})=\boldsymbol{\alpha}'_T(N) \tag{10-26}$$

在这个递推公式中，每一次使 $\boldsymbol{\alpha}'_t(j)$ 最大的状态 $i$ 组成的状态序列就是所求的最佳状态序列。利用 Viterbi 算法求取最佳状态序列的步骤如下：

1）给每个状态准备一个数组变量 $\boldsymbol{\alpha}'_t(j)$，初始化时令初始状态 $S_1$ 的数组变量 $\boldsymbol{\alpha}'_0(1)$ 为 1，其他状态的数组变量 $\boldsymbol{\alpha}'_0(j)$ 为 0。

2）根据 $t$ 时刻输出的观察符号 $o_t$ 计算 $\boldsymbol{\alpha}'_t(j)$：

$$\begin{aligned}\boldsymbol{\alpha}_t(j)&=\max_i\boldsymbol{\alpha}'_{t-1}a_{ij}b_{ij}(o_t)\qquad(j=1,2,\cdots,N)\\&=\max_i\{\boldsymbol{\alpha}'_{t-1}(1)a_{1j}b_{1j}(o_t),\quad\boldsymbol{\alpha}'_{t-1}(2)a_{2j}b_{2j}(o_t),\cdots,\boldsymbol{\alpha}'_{t-1}(N)a_{Nj}b_{Nj}(o_t)\}\end{aligned} \tag{10-27}$$

当状态 $\boldsymbol{S}_i$ 到状态 $\boldsymbol{S}_j$ 没有转移时，$a_{ij}=0$。

设计一个符号数组变量，称为最佳状态序列寄存器，利用这个最佳状态序列寄存器把每一次使 $\boldsymbol{\alpha}'_t(j)$ 最大的状态 $i$ 保存下来。

3）当 $t\neq T$ 时转移到 2)，否则执行 4)。

4）把最终的状态寄存器 $\boldsymbol{\alpha}'_T(N)$ 内的值取出，则 $P_{\max}(\boldsymbol{S},\boldsymbol{O}/\boldsymbol{M})=\boldsymbol{\alpha}'_T(N)$ 为输出最佳状态序列寄存器的值，即为所求的最佳状态序列。

**3. Baum – Welch 算法**

Baum – Welch 算法实际上是解决 HMM 训练，即 HMM 参数估计的问题。给定一个观察值序列 $\boldsymbol{O}=o_1,o_2,\cdots,o_T$，该算法能确定一个 $\boldsymbol{M}=\{\boldsymbol{A},\boldsymbol{B},\boldsymbol{\pi}\}$，使 $P(\boldsymbol{O}|\boldsymbol{M})$ 最大。此处，求取

$\boldsymbol{M}$ 使 $P(\boldsymbol{O}|\boldsymbol{M})$ 最大，是一个泛函极值问题。但是，由于给定的训练序列有限，因而不存在一个最佳的方法来估计 $\boldsymbol{M}$。此时，Baum－Welch 算法利用递归的思想，使 $P(\boldsymbol{O}|\boldsymbol{M})$ 局部放大，最后得到优化的模型参数 $\boldsymbol{M}=\{\boldsymbol{A},\boldsymbol{B},\boldsymbol{\pi}\}$。可以证明，利用 Baum－Welch 算法的重估公式得到的重估模型参数构成的新模型 $\hat{\boldsymbol{M}}$，一定有 $P(\boldsymbol{O}/\hat{\boldsymbol{M}})>P(\boldsymbol{O}/\boldsymbol{M})$ 成立，即由重估公式得到的 $\hat{\boldsymbol{M}}$ 比 $\boldsymbol{M}$ 在表示观察值序列 $\boldsymbol{O}=o_1,o_2,\cdots,o_T$ 方面更好。重复该过程，逐步改进模型参数，直到 $P(\boldsymbol{O}/\hat{\boldsymbol{M}})$ 收敛，即不再明显增大，此时的 $\hat{\boldsymbol{M}}$ 即为所求模型。

Baum－Welch 算法的步骤如下：

给定一个（训练）观察值符号序列 $\boldsymbol{O}=o_1,o_2,\cdots,o_T$，以及一个需要通过训练进行重估参数的 HMM 模型 $\boldsymbol{M}=\{\boldsymbol{A},\boldsymbol{B},\boldsymbol{\pi}\}$。按前向—后向算法，设对于符号序列 $\boldsymbol{O}=o_1,o_2,\cdots,o_T$，在时刻 $t$ 从状态 $\boldsymbol{S}_i$ 转移到状态 $\boldsymbol{S}_j$ 的转移概率为 $\boldsymbol{\gamma}_t(i,j)$，则 $\boldsymbol{\gamma}_t(i,j)$ 可表示如下：

$$\boldsymbol{\gamma}_t(i,j)=\frac{\boldsymbol{\alpha}_{t-1}(i)a_{ij}b_{ij}(o_t)\boldsymbol{\beta}_t(j)}{\boldsymbol{\alpha}_T(N)}=\frac{\boldsymbol{\alpha}_{t-1}(i)a_{ij}b_{ij}(o_t)\boldsymbol{\beta}_t(j)}{\sum_i\boldsymbol{\alpha}_t(i)\boldsymbol{\beta}_t(i)} \tag{10-28}$$

同时，对于符号序列 $O=o_1,o_2,\cdots,o_T$，在时刻 t 时 Markov 链处于状态 $\boldsymbol{S}_i$ 的概率为

$$\sum_{j=1}^{N}\boldsymbol{\gamma}_t(i,j)=\frac{\boldsymbol{\alpha}_t(i)\boldsymbol{\beta}_t(i)}{\sum_i\boldsymbol{\alpha}_t(i)\boldsymbol{\beta}_t(i)} \tag{10-29}$$

此时，对于符号序列 $\boldsymbol{O}=o_1,o_2,\cdots,o_T$，从状态 $\boldsymbol{S}_i$ 转移到状态 $\boldsymbol{S}_j$ 的转移次数的期望值为 $\sum_t\boldsymbol{\gamma}_t(i,j)$；而从状态 $\boldsymbol{S}_i$ 转移出去的次数的期望值为 $\sum_j\sum_t\boldsymbol{\gamma}_t(i,j)$。由此，可导出 Baum－Welch 算法中著名的重估公式：

$$\hat{a}_{ij}=\frac{\sum_t\boldsymbol{\gamma}_t(i,j)}{\sum_j\sum_t\boldsymbol{\gamma}_t(i,j)}=\frac{\sum_t\boldsymbol{\alpha}_{t-1}(i)a_{ij}b_{ij}(o_t)\boldsymbol{\beta}_t(j)}{\sum_t\boldsymbol{\alpha}_t(i)\boldsymbol{\beta}_t(j)} \tag{10-30}$$

$$\hat{b}_{ij}(k)=\frac{\sum_{t:o_t=k}\boldsymbol{\gamma}_t(i,j)}{\sum_t\boldsymbol{\gamma}_t(i,j)}=\frac{\sum_{t:o_t=k}\boldsymbol{\alpha}_{t-1}(i)a_{ij}b_{ij}(o_t)\boldsymbol{\beta}_t(j)}{\sum_t\boldsymbol{\alpha}_{t-1}(i)a_{ij}b_{ij}(o_t)\boldsymbol{\beta}_t(j)} \tag{10-31}$$

所以根据观察值序列 $\boldsymbol{O}=o_1,o_2,\cdots,o_T$ 和选取的初始模型 $\boldsymbol{M}=\{\boldsymbol{A},\boldsymbol{B},\boldsymbol{\pi}\}$，由重估公式（10-30）和（10-31），求得一组新参数 $\hat{a}_{ij}$ 和 $\hat{b}_{ij}(k)$，就得到了一个新的模型 $\hat{\boldsymbol{M}}=\{\hat{\boldsymbol{A}},\hat{\boldsymbol{B}},\hat{\boldsymbol{\pi}}\}$。

下面给出利用 Baum－Welch 算法进行 HMM 训练的具体步骤：

1）适当地选择 $a_{ij}$ 和 $b_{ij}(k)$ 的初始值。常用的设定方式为：

给予从状态 $i$ 转移出去的每条弧相等的转移概率，即

$$a_{ij}=\frac{1}{\text{从状态 } i \text{ 转移出去的弧的条数}} \tag{10-32}$$

给予每一个输出观察符号相等的输出概率初始值，即

$$b_{ij}(k)=\frac{1}{\text{码本中码字的个数}} \tag{10-33}$$

并且每条弧上给予相同的输出概率矩阵。

2）给定一个（训练）观察值符号序列 $\boldsymbol{O}=o_1,o_2,\cdots,o_T$，由初始模型计算 $\boldsymbol{\gamma}_t(i,j)$ 等，

并且由重估公式（10-30）和（10-31），计算 $\hat{a}_{ij}$ 和 $\hat{b}_{ij}(k)$。

3）再给定一个（训练）观察值符号序列 $\boldsymbol{O}=o_1,o_2,\cdots,o_T$，把前一次的 $\hat{a}_{ij}$ 和 $\hat{b}_{ij}(k)$ 作为初始模型计算 $\gamma_t(i,j)$ 等，由重估公式（10-30）和（10-31），重新计算 $\hat{a}_{ij}$ 和 $\hat{b}_{ij}(k)$。

4）如此反复，直到 $\hat{a}_{ij}$ 和 $\hat{b}_{ij}(k)$ 收敛为止。

需要说明的是，语音识别一般采用从左到右型 HMM，所以初始状态概率 $\boldsymbol{\pi}_i$ 不需要估计，总设定为

$$\boldsymbol{\pi}_1=1,\boldsymbol{\pi}_i=0,(i=2,\cdots,N) \tag{10-34}$$

模型收敛，停止训练的判定方法也很重要。因为并不是训练越多越好，训练过头反而会使模型参数精度变差。一种判定方法是前后两次的输出概率的差值小于一定阈值或模型参数几乎不变为止；另一种判定方法是采用固定训练次数的办法，如对于一定数量的训练数据，利用这些数据反复训练十次（或若干次）即可。另外，训练数据的数量也很重要，一般来讲，要想训练一个好的 HMM，至少需要同类别数据几十个左右。

### 10.2.3　实验步骤及要求

#### 1. 关键函数说明

（1）baum_welch 函数：baum_welch

功能：实现 Baum - Welch 算法

调用格式：

```
hmm = baum_welch(hmm,obs)
```

参数说明：输入参数 hmm 为经过初始化的 HMM 结构体，其中保存着 HMM 的模型参数；obs 为用于训练的语音信号的 MFCC 特征序列。输出参数 hmm 为训练完成后的 HMM 结构体。

程序清单：

```
function hmm = baum_welch(hmm,obs)
mix = hmm.mix;                              % 高斯混合模型
N = hmm.N;                                  % HMM 的状态数
K = length(obs);                            % 训练数据的样本数
SIZE = size(obs(1).fea,2);                  % 特征矢量维度
for loop = 1:40                             % 训练循环次数
    % ----计算前向,后向概率矩阵
    for k = 1:K
        param(k) = getparam(hmm,obs(k).fea);
    end
    % ----重估转移概率矩阵 A
    for i = 1:N - 1
        demon = 0;
        for k = 1:K
            tmp = param(k).ksai(:,i,:);
```

```
            demon = demon + sum(tmp(:));   %对时间 t,j 求和
        end
        for j = i:i + 1
            nom = 0;
            for k = 1:K
                tmp = param(k).ksai(:,i,j);
                nom = nom + sum(tmp(:));   %对时间 t 求和
            end
            hmm.trans(i,j) = nom/demon;
        end
    end
    % ----重估输出观测值概率 B
    for j = 1:N                               %状态循环
        for l = 1:hmm.M(j)                    %混合高斯的数目
            %计算各混合成分的均值和协方差矩阵
            nommean = zeros(1,SIZE);
            nomvar = zeros(1,SIZE);
            denom = 0;
            for k = 1:K                       %训练数的循环
                T = size(obs(k).fea,1);       %帧数
                for t = 1:T                   %帧数(时间)的遍历
                    x = obs(k).fea(t,:);
                    nommean = nommean + param(k).gama(t,j,l) * x;
                    nomvar = nomvar + param(k).gama(t,j,l) * ...
                        (x - mix(j).mean(l,:)).^2;
                    denom = denom + param(k).gama(t,j,l);
                end
            end
            hmm.mix(j).mean(l,:) = nommean/denom;
            hmm.mix(j).var(l,:) = nomvar/denom;
            %计算各混合成分的权重
            nom = 0;
            denom = 0;
            for k = 1:K
              tmp = param(k).gama(:,j,l);
              nom = nom + sum(tmp(:));
              tmp = param(k).gama(:,j,:);
              denom = denom + sum(tmp(:));
            end
            hmm.mix(j).weight(l) = nom/denom;
        end
    end
end
```

（2）viterbi 函数：viterbi

功能：实现 Viterbi 算法

调用格式：

```
function [prob,q] = viterbi(hmm,O)
```

参数说明：输入参数 hmm 为 HMM 结构体，其中保存着 HMM 的模型参数；O 为输入语音信号的 MFCC 特征序列（T * D，T 为帧数，D 为向量维数）。输出参数 prob 为输出概率；q 为状态序列。

程序清单：

```
function [prob,q] = viterbi(hmm,O)
init = hmm.init;                    %初始概率
trans = hmm.trans;                  %转移概率
mix = hmm.mix;                      %高斯混合
N = hmm.N;                          %HMM 的状态数
T = size(O,1);                      %语音帧数
%计算 log(init)
ind1 = find(init >0);
ind0 = find(init <=0);
init(ind1) = log(init(ind1));
init(ind0) = -inf;
%计算 log(trans);
ind1 = find(trans >0);
ind0 = find(trans <=0);
trans(ind0) = -inf;
trans(ind1) = log(trans(ind1));
%初始化
delta = zeros(T,N);                 %帧数×状态数
fai = zeros(T,N);
q = zeros(T,1);
%t = 1;
for i = 1:N
    delta(1,i) = init(i) + log(mixture(mix(i),O(1,:)));
end
%从开始到结束时刻,计算路径概率
%t = 2:T
for t = 2:T
    for j = 1:N
        [delta(t,j),fai(t,j)] = max(delta(t-1,:) + trans(:,j)');
        delta(t,j) = delta(t,j) + log(mixture(mix(j),O(t,:)));
    end
end
%最终概率和最后节点
```

```
[prob q(T)] = max(delta(T,:));
% 回溯最佳状态路径
for t = T-1:-1:1
    q(t) = fai(t+1,q(t+1));
end
```

**2. 实验步骤**

图 10-8 显示了本实验的流程图，分为训练过程和识别过程，具体步骤如下：

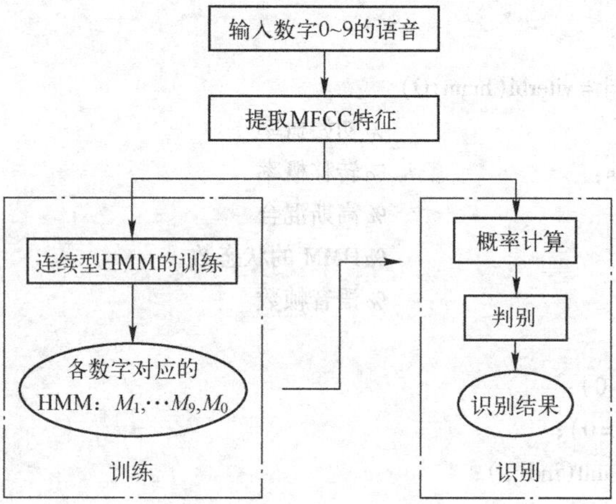


图 10-8　本实验的流程图

（1）训练过程：运行 hmm_train. m 文件

1）调用 load tra_data. mat，读入数字 0 ~ 9 的语音，将其保存在 tdata 中，需要注意的是，tdata 是一个二维结构体，第一维度表示 0 ~ 9 是个数字，第二维度表示每个对应数字的 1 ~ 8 条训练语音样本序号。例如，tdata{2}{3} 表示数字 2 的第 3 条训练语音，tdata{10}{7} 表示数字 0 的第 7 条训练语音。

2）对各条语音提取对应的 MFCC 特征。例如，当 obs(k). sph 表示当前语音时，通过 "obs(k). fea = mfcc(obs(k). sph);" 语句，将提取出的该语音的 MFCC 特征保存在 obs(k). fea 中。由于在前面的章节中已经多次介绍了 MFCC 的计算过程，这里不再展开。

3）对于每个数字的 8 条 MFCC 特征矢量序列，通过训练，得到对应的 HMM：$\boldsymbol{M}_0,\boldsymbol{M}_1,\cdots,\boldsymbol{M}_9$，其中 $\boldsymbol{M}_i$ 表示数字 $i$ 的对应 HMM。这里分为两步：首先调用 inithmm 函数初始化 $\{\boldsymbol{\pi},\boldsymbol{a},\boldsymbol{w},\boldsymbol{\mu},\Sigma\}$，即 hmm_temp = inithmm(obs,N,M)，然后以初始化后参数级和特征矢量序列作为输入，调用 Baum - Welch 算法，更新各参数（参见 10. 2. 2 节），即 hmm{i} = baum_welch(hmm_temp,obs)，这里的结构体 hmm{i} 即为 $\boldsymbol{M}_i$。

这里需要注意的是，在训练完成后，不要关闭 MATLAB，也不要清空工作区中的得到任何运算结果。训练过程如图 10-9 所示。

（2）识别过程：运行 hmm_recog. m 文件

1）调用 load rec_data. mat，读入待识别的语音，其保存在 rdata 中，这里总共有 20 条待识别语音，每个数字两条语音。例如，rdata{9}{2} 表示该语音的真实值为 9，这样便于比较识别结果是否正确。

图 10-9　训练过程示意图

2）对待识别语音 rec_sph 提取对应的 MFCC 特征。例如，当 rec_fea 表示当前语音时，通过“rec_fea = mfcc(rec_sph);”语句，将提取出的该语音的 MFCC 特征保存在 rec_fea 中。由于在前面的章节中已经多次介绍了 MFCC 的计算过程，这里不再展开。

3）计算 $P(\boldsymbol{X}/\boldsymbol{M}_1),\cdots,P(\boldsymbol{X}/\boldsymbol{M}_9),P(\boldsymbol{X}/\boldsymbol{M}_0)$，这里用 Viterbi 算法来计算该概率，即 pxsm(i) = viterbi(hmm{i},rec_fea),j = 1,…,9,0。

4）判决 $n = \arg\max_i P(\boldsymbol{X}/\boldsymbol{M}_i)$，得到识别结果，如图 10-10 所示。

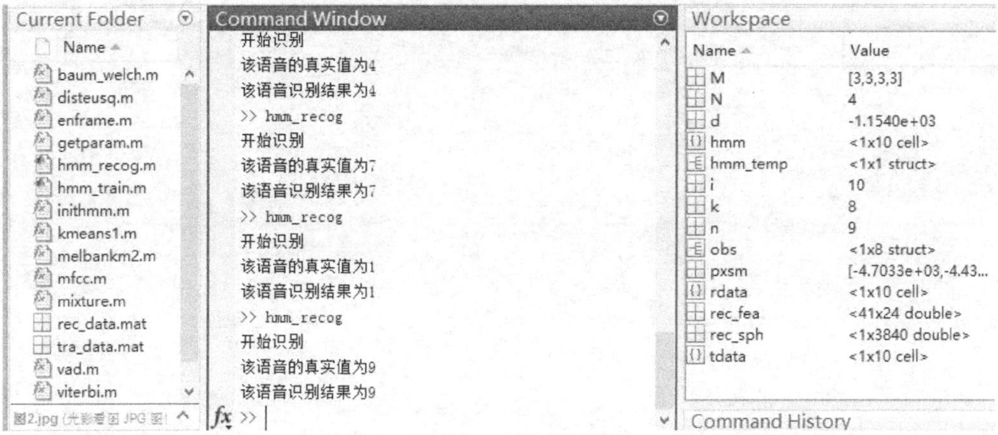


图 10-10　识别过程与结果

需要注意的是，可以改变 HMM 的状态数 N 和每个状态对应的输出概率中的混合成分数 M（在 hmm_train. m 文件中），多次运行训练和识别过程，然后比较不同 HMM 状态转移概率和输出概率对识别结果的影响。

## 10. 2. 4　思考题

1）改变 HMM 的状态数 $N$，编程比较不同状态数条件对识别结果的影响。

2）改变 HMM 的输出观测值概率中的高斯混合成分数 $M$，编程比较不同状态数条件对识别结果的影响。

### 10.2.5 参考例程

```
%读入待识别语音
load rec_data.mat;
fprintf('开始识别\n');
j=9;
rec_sph=rdata{j}{1};                    %随机选择一条待识别语音"9"
fprintf('该语音的真实值为%d\n',j);
rec_fea=mfcc(rec_sph);                  %特征提取

%求出当前语音关于各数字hmm的p(X|M)
for i=1:10
    pxsm(i)=viterbi(hmm{i},rec_fea);
end
[d,n]=max(pxsm);                        %判决,将该最大值对应的序号作为识别结果
fprintf('该语音识别结果为%d\n',n)
```

# 第 11 章　说话人识别实验

## 11.1　基于矢量量化（VQ）的说话人识别实验

### 11.1.1　实验目的

1）掌握矢量量化（VQ）技术的原理和相关算法。

2）掌握基于 VQ 的说话人识别基本过程。

3）应用 MATLAB 实现基于 VQ 的说话人识别。

### 11.1.2　实验原理

**1. 矢量量化（VQ）的基本原理**

矢量量化的基本原理是：将若干个标量数据组成一个矢量（或者是从一帧语音数据中提取的特征矢量）在多维空间给予整体量化，从而可以在信息量损失较小的情况下压缩数据量，这是香农信息论中“率—失真理论”在信源编码中的重要运用。矢量量化有效地应用了矢量中各元素之间的相关性，因此可以比标量量化有更好的压缩效果。

设有 $N$ 个 $K$ 维特征矢量 $\boldsymbol{X}=\{\boldsymbol{X}_1,\boldsymbol{X}_2,\cdots,\boldsymbol{X}_N\}$（$\boldsymbol{X}$ 在 $K$ 维欧几里德空间 $\boldsymbol{R}^K$ 中），其中第 $i$ 个矢量可记为

$$\boldsymbol{X}_i=\{x_1,x_2,\cdots,x_K\},i=1,2,\cdots,N \tag{11-1}$$

$\boldsymbol{X}_i$ 可被看作是语音信号中某帧参数组成的矢量。将 $K$ 维欧几里德空间 $R^K$ 无遗漏地划分成 $J$ 个互不相交的子空间 $\boldsymbol{R}_1,\boldsymbol{R}_2,\cdots,\boldsymbol{R}_J$，即满足

$$\begin{cases}\bigcup\limits_{j=1}^{J}\boldsymbol{R}_j=\boldsymbol{R}^K\\ \boldsymbol{R}_i\cap\boldsymbol{R}_j=\boldsymbol{\Phi},\quad i\neq j\end{cases} \tag{11-2}$$

这些子空间 $\boldsymbol{R}_j$ 称为胞腔。在每一个子空间 $\boldsymbol{R}_j$ 找一个代表矢量 $\boldsymbol{Y}_j$，则 $J$ 个代表矢量可以组成矢量集为：

$$\boldsymbol{Y}=\{\boldsymbol{Y}_1,\boldsymbol{Y}_2,\cdots,\boldsymbol{Y}_J\} \tag{11-3}$$

这样，$\boldsymbol{Y}$ 就组成了一个矢量量化器，被称为码书或码本；$\boldsymbol{Y}_j$ 称为码矢或码字；$\boldsymbol{Y}$ 内矢量的个数 $J$，则叫作码本长度或码本尺寸。不同的划分或不同的代表矢量选取方法就可以构成不同的矢量量化器。

当矢量量化器输入一个任意矢量 $\boldsymbol{X}_i\in\boldsymbol{R}^K$ 进行矢量量化时，矢量量化器首先判断它属于哪个子空间 $\boldsymbol{R}_j$，然后输出该子空间 $\boldsymbol{R}_j$ 的代表矢量 $\boldsymbol{Y}_j$。也就是说，矢量量化过程就是用 $\boldsymbol{Y}_j$ 代表 $\boldsymbol{X}_i$ 的过程，或者说把 $\boldsymbol{X}_i$ 量化成 $\boldsymbol{Y}_j$，即

$$\boldsymbol{Y}_j=Q(\boldsymbol{X}_i),\quad 1\leqslant j\leqslant J,\ 1\leqslant i\leqslant N \tag{11-4}$$

式中，$Q(\boldsymbol{X}_i)$ 为量化器函数。由此可知，矢量量化的全过程就是完成一个从 $K$ 维欧几里德空间 $\boldsymbol{R}^K$ 中的矢量 $\boldsymbol{X}_i$ 到 $K$ 维空间 $\boldsymbol{R}^K$ 有限子集 $\boldsymbol{Y}$ 的映射：

$$Q:\boldsymbol{R}^K \supset \boldsymbol{X} \rightarrow \boldsymbol{Y} = \{\boldsymbol{Y}_1, \boldsymbol{Y}_2, \cdots, \boldsymbol{Y}_J\} \tag{11-5}$$

下面以 $K=2$ 为例来说明矢量量化过程。当 $K=2$ 时，所得到的是二维矢量。所有可能的二维矢量就形成了一个平面。如果记第 $i$ 个二维矢量为 $\boldsymbol{X}_i = \{x_{i1}, x_{i2}\}$，则所有可能的 $\boldsymbol{X}_i = \{x_{i1}, x_{i2}\}$ 就是一个二维空间。矢量量化就是先把这个平面划分成 $J$ 块互不相交的子区域 $\boldsymbol{R}_1, \boldsymbol{R}_2, \cdots, \boldsymbol{R}_J$，然后从每一块中找出一个代表矢量 $\boldsymbol{Y}_j(j=1,2,\cdots,J)$，这就构成了一个有 $J$ 块区域的二维矢量量化器。图 11-1 是一个码本尺寸为 $J=7$ 的二维矢量量化器，共有 7 块区域和 7 个码字表示代表值，码本是 $\boldsymbol{Y} = \{\boldsymbol{Y}_1, \boldsymbol{Y}_2, \cdots, \boldsymbol{Y}_7\}$。

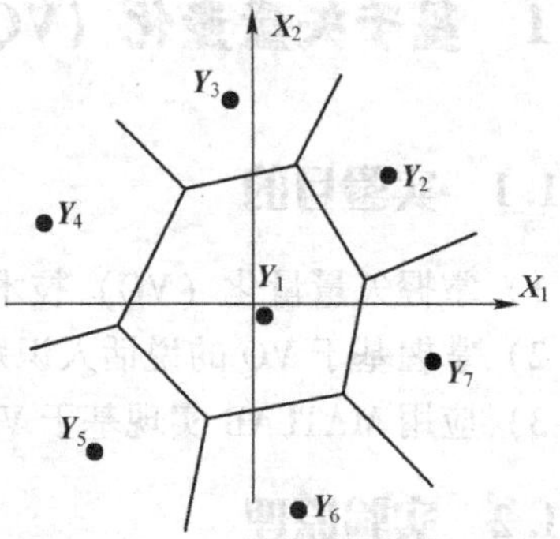

图 11-1　二维矢量量化概念示意图

如果利用该量化器对一个矢量 $\boldsymbol{X}_i = \{x_{i1}, x_{i2}\}$ 进行量化，那么首先要选择一个合适的失真测度，然后根据最小失真原理，分别计算用各码矢 $\boldsymbol{Y}_j$ 代替 $\boldsymbol{X}_i$ 所带来的失真。其中，产生最小失真值时所对应的那个码矢，就是矢量 $\boldsymbol{X}_i$ 的重构矢量（或称恢复矢量），或者称为矢量 $\boldsymbol{X}_i$ 被量化成了那个码矢。

**2. 基于 VQ 的说话人识别算法设计与实现**

说话人识别系统通常包括两个过程：训练和识别。其中，训练包括以下几步：①从训练语音提取特征矢量，得到特征矢量集；②选择合适的失真测度，并通过码本优化算法生成码本；③重复训练修正优化码本；④存储码本。

相比于训练过程而言，识别过程相对简单。下面将详细讨论码本建立的步骤和关键点。训练的关键就是建立码本，进行矢量量化器的最佳设计。所谓最佳设计，就是从大量信号样本中训练出好的码本；从实际效果出发寻找到好的失真测度定义公式；用最少的搜索和计算失真的运算量，来实现最大可能的平均信噪比。如果用 $d(\boldsymbol{X},\boldsymbol{Y})$ 表示训练用特征矢量 $\boldsymbol{X}$ 与训练出的码本的码字 $\boldsymbol{Y}$ 之间的畸变，那么最佳码本设计的任务就是在一定的条件下，使得此畸变的统计平均值 $D=E[d(\boldsymbol{X},\boldsymbol{Y})]$ 达到最小。这里，$E[\cdot]$ 表示对 $X$ 的全体所构成的集合以及码本的所有码字 $\boldsymbol{Y}$ 进行统计平均。为了实现这一目的，应该遵循以下两条原则：

1）根据 $X$ 选择相应的码字 $Y_l$ 时应遵从最近邻准则，可表示为

$$d(\boldsymbol{X},\boldsymbol{Y}_l) = \min_j d(\boldsymbol{X},\boldsymbol{Y}_j) \tag{11-6}$$

2）设所有选择码字 $\boldsymbol{Y}_l$（即归属于 $\boldsymbol{Y}_l$ 所表示的区域）的输入矢量 $\boldsymbol{X}$ 的集合为 $\boldsymbol{S}_l$，那么 $\boldsymbol{Y}_l$ 应使此集合中的所有矢量与 $\boldsymbol{Y}_l$ 之间的畸变值最小。如果 $\boldsymbol{X}$ 与 $\boldsymbol{Y}$ 之间的畸变值等于它们的欧氏距离，那么容易证明 $\boldsymbol{Y}_l$ 应等于 $\boldsymbol{S}_l$ 中所有矢量的质心，即 $\boldsymbol{Y}_l$ 应由下式表示：

$$\boldsymbol{Y}_l = \frac{1}{N}\sum_{\boldsymbol{X}\in \boldsymbol{S}_l} \boldsymbol{X}, \forall l \tag{11-7}$$

这里，$N$ 是 $\boldsymbol{S}_l$ 中所包含的矢量的个数。

根据这两条原则，可以得到一种码本设计的递推算法——LBG 算法。整个算法实际上

就是上述两个条件的反复迭代过程，即从初始码本中寻找最佳码本的迭代过程。它由对初始码本进行迭代优化开始，一直到系统性能满足要求或不再有明显的改进为止。下面给出以欧氏距离计算两个矢量畸变时的 LBG 算法的具体实现步骤。

1）设定码本和迭代训练参数：设全部输入训练矢量 $\boldsymbol{X}$ 的集合为 $\boldsymbol{S}$；设置码本的尺寸为 $J$；设置迭代算法的最大迭代次数为 $L$；设置畸变改进阈值为 $\delta$。

2）设定初始化值：设置 $J$ 个码字的初值 $\boldsymbol{Y}_1^{(0)}, \boldsymbol{Y}_2^{(0)} \cdots\cdots \boldsymbol{Y}_J^{(0)}$；设置畸变初值 $D^{(0)} = \infty$；设置迭代次数初值 $m=1$。

3）假定根据最近邻准则将 $\boldsymbol{S}$ 分成了 $J$ 个子集 $\boldsymbol{S}_1^{(m)}, \boldsymbol{S}_2^{(m)}, \cdots, \boldsymbol{S}_J^{(m)}$，即当 $\boldsymbol{X} \in \boldsymbol{S}_l^{(m)}$ 时，下式应成立：

$$d(\boldsymbol{X}, \boldsymbol{Y}_l^{(m-1)}) \leqslant d(\boldsymbol{X}, \boldsymbol{Y}_i^{(m-1)}),\ \forall i, i \neq l$$

4）计算总畸变 $D^{(m)}$：

$$D^{(m)} = \sum_{l=1}^{J} \sum_{x \in S_l^{(m)}} d(\boldsymbol{X}, \boldsymbol{Y}_l^{(m-1)})$$

5）计算畸变改进量 $\Delta D^{(m)}$ 的相对值 $\delta^{(m)}$：

$$\delta^{(m)} = \frac{\Delta D^{(m)}}{D^{(m)}} = \frac{\left| D^{(m-1)} - D^{(m)} \right|}{D^{(m)}}$$

6）计算新码本的码字 $\boldsymbol{Y}_1^{(m)}, \boldsymbol{Y}_2^{(m)}, \cdots, \boldsymbol{Y}_J^{(m)}$：

$$\boldsymbol{Y}_l^{(m)} = \frac{1}{N_l} \sum_{\boldsymbol{X} \in \boldsymbol{S}_l^{(m)}} \boldsymbol{X}$$

7）判断 $\delta^{(m)}$ 是否小于 $\delta$。若是，转入 9）执行；否则，转入 2）执行。

8）判断 $m$ 是否小于 $L$。若否，转入 9）执行；否则，令 $m=m+1$，转入 3）执行。

9）迭代终止；输出 $\boldsymbol{Y}_1^{(m)}, \boldsymbol{Y}_2^{(m)}, \cdots, \boldsymbol{Y}_J^{(m)}$ 作为训练成的码本的码字，并且输出总畸变 $D^{(m)}$。

**3. 基于 VQ 的说话人识别过程**

图 11-2 为基于 VQ 的说话人识别过程示意图，主要包括两个过程：①利用每个说话人的训练语音，建立参考模型的 VQ 码本；②将待识别话者的每帧语音与码本码字进行匹配。由于 VQ 码本保存了说话人个人特性，因此 VQ 法可以用来识别说话人。此外，MFCC 是常用识别特征，但是由于该特征用实数表示，容易造成训练和识别过程的计算量增加。而 VQ 技术通过将 MFCC 矢量量化为离散矢量集合，可大大降低运算量，提高运算效率。

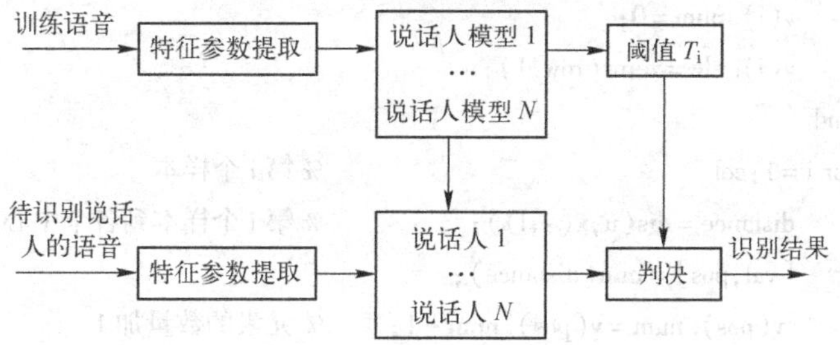


图 11-2　基于 VQ 的说话人识别过程示意图

概括来说，每个待识别的说话人都可以看作是一个信源，用一个码本来表征。码本是从该说话人的训练序列中提取的特征矢量聚类而生成的，只要训练的数据量足够，就可以认为这个码本有效地包含了说话人的个人特征，而与说话的内容无关。识别时，首先对待识别的语音段提取特征矢量序列，然后用系统已有的每个码本依次进行矢量量化，计算各自的平均量化失真。最后，选择平均量化失真最小的那个码本所对应的说话人作为系统识别的结果。

### 11.1.3 实验步骤及要求

**1. 关键函数说明**

lbg 函数：lbg

功能：完成 lbg 均值聚类算法

调用格式：

```
v = lbg(x,k)
```

参数说明：输入参数：x 为输入样本；k 为类别数。输出参数：v 为结构体，其中 v. num 为该类中含有元素的个数，v. ele(i)为第 i 个元素值，v. mea 为相应类别的均值。

程序清单：

```
function v = lbg(x,k)
[row,col] = size(x);
epision = 0.03;
delta = 0.01;
%LBG 算法产生 k 个中心
u = mean(x,2);                                  %第一个聚类中心,总体均值
for i3 = 1:log2(k)
    u = [u*(1-epision),u*(1+epision)];          %双倍
    D = 0;
    DD = 1;
    while abs(D-DD)/DD > delta
        %sum(abs(u2(:).^2-u(:).^2)) > 0.5&&(time <= 80)   %u2 ~= u
        DD = D;
        for i = 1:2^i3                          %初始化
            v(i).num = 0;
            v(i).ele = zeros(row,1);
        end
        for i = 1:col                           %第 i 个样本
            distance = dis(u,x(:,i));           %第 i 个样本到各个中心的距离
            [val,pos] = min(distance);
            v(pos).num = v(pos).num + 1;        %元素的数量加 1
            if v(pos).num == 1                  %ele 为空
                v(pos).ele = x(:,i);
```

```
                else
                    v(pos).ele = [v(pos).ele,x(:,i)];
                end
            end
            for i = 1:2^i3
                u(:,i) = mean(v(i).ele,2);                    %新的均值中心
                for m = 1:size(v(i).ele,2)
                    D = D + sum((v(i).ele(m) - u(:,i)).^2);
                end
            end
        end
    end
    %u = u;
    for i = 1:k                                               %更新数值
        v(i).mea = u(:,i);
    end
```

**2. 实验步骤**

本实验分为训练过程和识别过程，具体步骤如下。

（1）训练过程：运行 vq_books.m 文件

1）本实验的语音来自 4 个说话人，每人说一段话，记录下相应的语音，保存在当前目录下，分别为 SX1.wav，SX2.wav，SX3.wav 和 SX4.wav。以第一个说话人的语音 SX1.wav 为例，首先，调用[x,fs] = audioread(s)读入语音，对其进行归一化，并保存在 x 中。

2）对 x 调用 my_mfcc 函数，得到对应的 MFCC 特征矢量 mel。

3）调用 v = lbg(mel,k)，即用 LBG 算法生成码本，此外，码本的大小 k 为 8，训练后得到的码本保留在 u{1} 中。此外，通过修改此参数值可比较码本大小对最终识别结果的影响。

其他三个说话人的训练过程完全相同。

（2）识别过程：运行 speaker_test.m 文件

1）载入训练好的四个说话人的码本，其分别保存在 u{1} ~ u{4} 变量中。

2）读入待识别说话人的语音，这里选取了 5 个说话人，每人 4 段语音。其中 4 人为参加训练的人员，另外有一个没有参加过训练，是码本库中没有的人员，用 TX_i_j 来表示。例如，TX_1_3.wav 表示第 1 个说话人第 3 段语音。

3）对带识别语音提取 MFCC 特征矢量序列 $\boldsymbol{X}_1,\boldsymbol{X}_2,\cdots,\boldsymbol{X}_M$。

4）计算 3）提供的 MFCC 特征矢量序列与每个说话人的码本模板的平均量化误差：

$$D_i = \frac{1}{M}\sum_{n=1}^{M}\min_{1\leqslant l\leqslant L}[d(\boldsymbol{X}_n,\boldsymbol{Y}_l^i)]$$

式中，$\boldsymbol{Y}_l^i$（$l=1,2,\cdots,8$，$i=1,2,3,4$）是第 $i$ 个码本中第 $l$ 个码本矢量，而 $d(\boldsymbol{X}_n,\boldsymbol{Y}_l^i)$是待识别的特征矢量 $\boldsymbol{X}_n$ 和码矢量 $\boldsymbol{Y}_l^i$ 之间的距离。

5）选择平均量化误差最小的码本所对应的说话人作为系统的识别结果。如果该特征矢量序列关于所有训练过的说话人其平均量化误差都很大（一般需要设定一个上限值），则判定为不在系统内的新出现的说话人。

实验结果如图 11-3 所示。

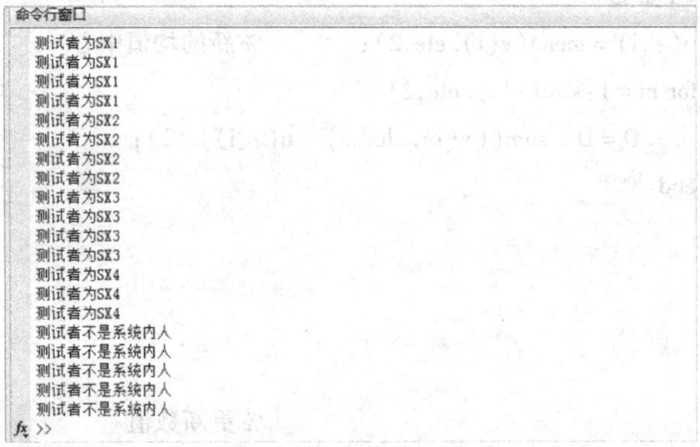


图 11-3　实验结果

## 11.1.4　思考题

1）编程比较码本大小对识别结果的影响。

2）将 LBG 算法中的欧式距离换成其他距离（如对数似然比），编程比较其对识别的影响。

## 11.1.5　参考例程

```
%基于 VQ 算法的说话人识别
clc,clear

N = 4;                                      %N 为人数
M = 4;                                      %M 为每个人待识别样本数
len = 5;
load data.mat u;

for iii = 1:len
    iii;
for i = 1:M
    Dstu = zeros(N,1);
    s = ['TX',num2str(iii),'_',num2str(i),'.wav'];
[x,fs] = audioread(s);
    mel = my_mfcc(x,fs);                    %测试数据特征

    for ii = 1:N                            %与第 ii 个人匹配
        for jj = 1:size(mel,2)              %测试语音第 jj 个特征向量
            distance = dis(u{ii},mel(:,jj));
```

```
                Dstu(ii) = min(distance) + Dstu(ii);
            end
        end
        [val,pos] = min(Dstu);
        if val/size(mel,2) > =81
            fprintf('测试者不是系统内人\n')
        else
            fprintf('测试者为 SX%d\n',pos)
        end
    end
end
```

## 11.2 基于高斯混合模型（GMM）的说话人识别实验

### 11.2.1 实验目的

1）掌握高斯混合模型（GMM）的定义和参数估计算法。

2）掌握基于 GMM 的说话人识别基本过程。

3）应用 MATLAB 实现基于 GMM 的说话人识别。

### 11.2.2 实验原理

**1. 高斯混合模型（GMM）的定义和参数估计算法**

高斯混和模型（Gaussian Mixture Model，GMM）可以看作一种状态数为 1 的连续分布隐马尔可夫模型。一个 $M$ 阶混合高斯模型的概率密度函数是由 $M$ 个高斯概率密度函数加权求和得到的，所示如下：

$$P(X/\boldsymbol{\lambda}) = \sum_{i=1}^{M} \boldsymbol{w}_i b_i(X) \tag{11-8}$$

其中，$X$ 是 $D$ 维随机向量，为说话人识别算法提取的特征矢量；$w_i, i=1,\cdots.,M$ 是混合权重，满足 $\sum_{i=1}^{M} w_i = 1$。每个子分布 $\boldsymbol{b}_i(X_t), i=1,\cdots,M$ 是 $D$ 维的联合高斯概率分布，可表示为

$$\boldsymbol{b}_i(X) = \frac{1}{(2\pi)^{D/2}|\boldsymbol{\Sigma}_i|^{1/2}}\exp\left\{-\frac{1}{2}(X-\boldsymbol{\mu}_i)^t\Sigma_i^{-1}(X-\boldsymbol{\mu}_i)\right\} \tag{11-9}$$

其中，$\boldsymbol{\mu}_i$ 是均值向量；$\boldsymbol{\Sigma}_i$ 是协方差矩阵。完整的混合高斯模型由参数均值向量，协方差矩阵和混合权重组成，表示为：$\boldsymbol{\lambda} = \{\boldsymbol{w}_i, \boldsymbol{\mu}_i, \boldsymbol{\Sigma}_i\}, i=1,\cdots,M$。

GMM 模型的参数估计算法是给定一组训练数据，依据某种准则确定模型的参数 $\boldsymbol{\lambda}$ 的过程。最常用的参数估计方法是基于最大似然（Maximum Likelihood）准则的估计。在具体实现时，通常采用期望值最大（Expectation Maximization，EM）算法估计参数 $\boldsymbol{\lambda}$，即，采用 EM 算法估计出一个新的参数 $\hat{\boldsymbol{\lambda}}$，使得新的模型参数下的似然度为 $P(X/\hat{\boldsymbol{\lambda}}) \geqslant P(X/\boldsymbol{\lambda})$。新的模型参数再作为当前参数进行新一轮的重新估计，这样迭代运算直到模型收敛，从而保证了模型似然度的单调递增。具体算法原理与步骤参见教材的相关章节。每次迭代中，三组参数的

重估公式如下：

混合权值的重估公式

$$w_i = \frac{1}{T}\sum_{t=1}^{T} P(i/\boldsymbol{X}_t, \boldsymbol{\lambda}) \tag{11-10}$$

均值的重估公式

$$\boldsymbol{\mu}_i = \frac{\sum_{t=1}^{T} P(i/\boldsymbol{X}_t, \boldsymbol{\lambda})\boldsymbol{X}_t}{\sum_{t=1}^{T} P(i/\boldsymbol{X}_t, \boldsymbol{\lambda})} \tag{11-11}$$

方差的重估公式

$$\boldsymbol{\sigma}_i^2 = \frac{\sum_{t=1}^{T} P(i/\boldsymbol{X}_t, \boldsymbol{\lambda})\ (\boldsymbol{X}_t - \boldsymbol{\mu}_i)^2}{\sum_{t=1}^{T} P(i/\boldsymbol{X}_t, \boldsymbol{\lambda})} \tag{11-12}$$

其中，分量 $i$ 的后验概率为

$$P(i/\boldsymbol{X}_t, \boldsymbol{\lambda}) = \frac{\boldsymbol{w}_i \boldsymbol{b}_i(\boldsymbol{X}_t)}{\sum_{k=1}^{M} \boldsymbol{w}_k \boldsymbol{b}_k(\boldsymbol{X}_t)} \tag{11-13}$$

**2. 基于 GMM 的说话人识别过程**

图 11-4 为基于 GMM 的说话人识别过程示意图，主要包括两个过程：①对每个说话人 $n=1,\cdots,N$ 的训练语音集，提取特征参数，基于最大似然准则，并且通过上一部分介绍的 EM 算法，建立与该说话人对应的高斯混合模型 $\boldsymbol{\lambda}_1,\boldsymbol{\lambda}_2,\cdots,\boldsymbol{\lambda}_N$；②对于待识别说话人的语音，首先提取特征参数，而后计算其关于训练后得到的每一个说话人模型 $\boldsymbol{\lambda}_1,\boldsymbol{\lambda}_2,\cdots,\boldsymbol{\lambda}_N$ 的似然值 $p(X/\boldsymbol{\lambda}_n)$，将其中的最大似然值对应的序号作为说话人识别结果：$n^* = \arg\max_n p(X/\boldsymbol{\lambda}_n)$。

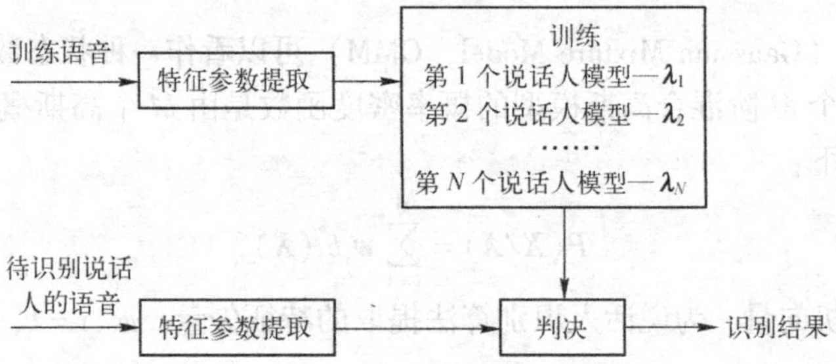


图 11-4　基于 GMM 的说话人识别的过程框图

在实际应用中，需要注意如下两个问题：

1）GMM 模型的高斯分量的个数 $M$ 和模型的初始参数必须首先确定。其中，最优高斯分量 $M$ 的大小，很难从理论上推导出来，可以根据不同的识别系统，由实验确定。一般，$M$ 取值可以是 4、8、16 等，在本实验中，取 $M=16$。对于模型参数初始化问题，首先采用聚类的方法将特征矢量归为与混和数相等的各个类中，然后分别计算各个类的方差和均值，作为初始矩阵和均值，权值是各个类中所包含的特征矢量的个数占总的特征矢量的百分比。建立的 GMM 中，方差矩阵可以为全矩阵，也可以为对角矩阵，这里采用对角矩阵。

2）在实际应用中，往往得不到大量充分的训练数据对模型参数进行训练。由于训练数据的不充分，GMM 模型的协方差矩阵的一些分量可能会很小，这些很小的值对模型参数的似然度函数影响很大，严重影响系统的性能。为了避免小的值对系统性能的影响，在EM算法的迭代计算中，对协方差的值设置一个门限值，在训练过程中令协方差的值不小于设定的门限值，否则用设置的门限值代替。门限值设置可通过观察协方差矩阵来定。

### 11.2.3 实验步骤和实验结果

**1. 关键函数说明**

GMM参数估计函数：gmm_emm

功能：基于最大似然准则的EM参数估计算法

调用格式：

```
[mix,post,errlog] = gmm_em(mix,x,emiter)
```

参数说明：输入参数mix为经过初始化的mix结构体，其中保存着GMM的模型参数；x为用于训练的语音信号的MFCC特征序列，emiter为EM算法运行的最大迭代次数。输出参数mix为训练完成后的mix结构体，post为后验概率。

程序清单：

```
function[mix,post] = gmm_em(mix,x,emiter)
[dim,data_sz] = size(x' );
init_covars = mix.covars;'
MIN_COVAR = 0.001;
  for cnt = 1:emiter
    % ---E step:计算充分统计量---
    [post,act] = calcpost(mix,x);
    prob = act * (mix.priors)' ;
    errlog(cnt) = -sum(log(prob));
    % ---M step:重估三组参数---
    new_pr = sum(post,1);
    new_c = post' * x;
    mix.priors = new_pr./data_sz;                      %重估权重
    mix.centres = new_c./(new_pr' * ones(1,dim) + eps); %重估均值矢量
    switch mix.covar_type                              %重估协方差矩阵
    case' diag'                                        %当协方差矩阵为对角阵时的重估过程
      for j = 1:mix.ncentres
        diffs = x - (ones(data_sz,1) * mix.centres(j,:));
        mix.covars(j,:) = sum((diffs.* diffs)…
                  .* (post(:,j) * ones(1,dim)),1)./new_pr(j);
        if min(mix.covars(j,:)) < MIN_COVAR
          mix.covars(j,:) = init_covars(j,:);
        end
      end
    case' full'                                        %当协方差矩阵为一般矩阵时的重估过程
      for j = 1:mix.ncentres
```

```
            diffs = x - ( ones( data_sz,1) * mix. centres( j, : ) ) ;
            diffs = diffs. * ( sqrt( post( : ,j) ) * ones(1,dim) ) ;
            mix. covars( : , : ,j) = ( diffs' * diffs)/( new_pr(j) + eps) ;
            if min( svd( mix. covars( : , : ,j) ) ) < MIN_COVAR
              a = svd( mix. covars( : , : ,j) ) ;
              mix. covars( : , : ,j) = init_covars( : , : ,j) ;
            end
          end % end of "for j = 1 : mix. ncentres"
        otherwise
          error( [' Unknown covariance type' ,mix. covar_type] ) ;
        end
      end % end of "for cnt = 1 : emiter"
```

**2. 实验步骤**

本实验分为训练过程和识别过程，具体步骤如下。

（1）训练过程（运行 train. m 文件）

1）本实验的语音来自 6 个说话人，每人有 5 段语音，保存在 tra_data. mat 中。首先载入该文件，得到一个二维结构体 tdata{i}{j}，i = 1，…，6；j = 1，…，5，其表示第 i 个说话人的第 j 段语音。以 tdata{2}{3} 为例，将其保存在 speech 变量中。

2）对 speech 进行预处理和特征提取。预处理主要包括预加重、分帧、加窗等过程，而特征提取则是调用 melcepst 函数，提取 MFCC 特征参数。

3）调用 gmm_init 函数，设定 GMM 中各参数 $\boldsymbol{\lambda} = \{w_i, \boldsymbol{\mu}_i, \boldsymbol{\Sigma}_i\}, i = 1, \cdots, M$ 的初始值，该函数中采用的方法是 k 均值聚类法。注意，变量 kiter 控制 k 均值聚类的最大迭代次数。

4）调用 gmm_em 函数，用 EM 算法对 GMM 的各参数进行重估更新，经过 emiter 次迭代，得到第 2 个说话人对应的模型——$\boldsymbol{\lambda}_2$。

5）用同样的方式得到每个说话人对应的模型 $\boldsymbol{\lambda}_1, \cdots, \boldsymbol{\lambda}_6$，分别保存 speaker{1}，…，speaker{6} 中，最后将 speaker 结构体存入到 speaker. mat 文件中。

训练结果如图 11-5 所示。

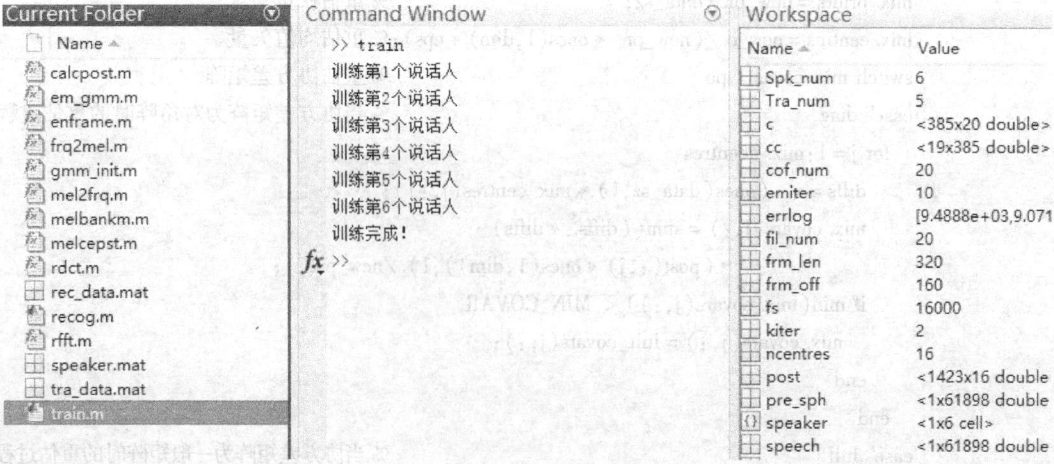


图 11-5　训练结果

（2）识别过程（运行 recog. m 文件）

1）本实验用于识别的语音保存在 rec_data. mat 中，首先载入该文件，得到一个二维结构体 rdata{i}{j}, i=1,…,6; j=1,2，即每个说话人有两条待测试语音。如 rdata{4}{1} 表示该语音是由第 4 个说话人发出的（识别之前不知道该结果）。

2）载入训练好的说话人模型 $\boldsymbol{\lambda}_1,\cdots,\boldsymbol{\lambda}_6$：load speaker. mat。

3）对待识别语音，进行预处理，并且调用 melcepst 函数，进行特征提取。

4）对于待识别语音的特征矢量 $\boldsymbol{X}$，计算其关于各说话人模型的似然值，以 $\boldsymbol{\lambda}_1$ 为例，计算过程为

$$P(\boldsymbol{X}/\boldsymbol{\lambda}) = \sum_{i=1}^{M} \boldsymbol{w}_i \boldsymbol{b}_i(\boldsymbol{X}) \tag{11-14}$$

其中，$\boldsymbol{w}_i$ 和 $\boldsymbol{b}_i(\boldsymbol{X})$ 中的参数 $\boldsymbol{\mu}_i$、$\boldsymbol{\sigma}_i^2$ 由训练完成时估计得到（程序中分别为 speaker{1}. pai, speaker{1}. mu 和 speaker{1}. sigma）。

5）选择最大似然值对应的序号作为说话人识别结果。

需要说明和注意的是，本实验中，混合成分数 ncentres，K 均值聚类的最大迭代数 kiter，EM 算法最大迭代数 emiter 都为可调节参数，可以设定不同的值，比较不同条件下的说话人性能。

识别结果如图 11-6 所示。

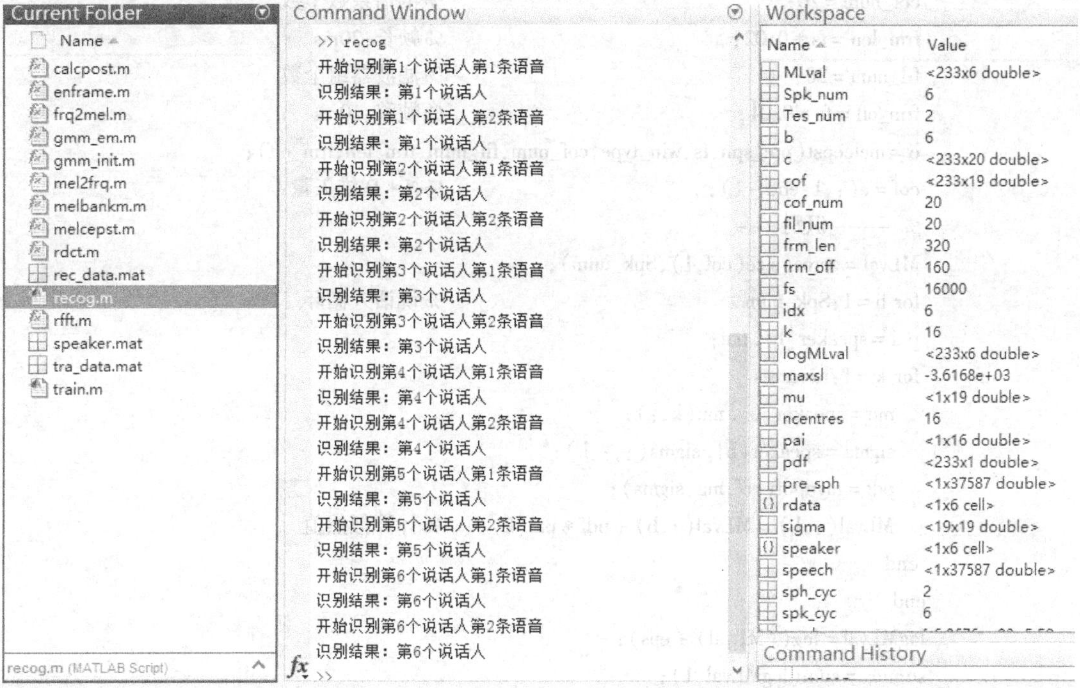


图 11-6 识别结果

## 11.2.4 思考题

1）改变 GMM 的混合成分数，编程比较不同状态数条件对识别结果的影响。

2）改变训练语音的段数，编程比较不同训练数据量对识别结果的影响。

## 11.2.5 参考例程

```
%基于 GMM 的说话人识别
% --识别---
clear all;
load rec_data.mat;                                   % 载入待识别语音
load speaker.mat;                                    % 载入训练好的模型
Spk_num = 6;                                         %说话人个数
Tes_num = 2;                                         %每个说话人待识别的语音数目
fs = 16000;                                          %采样频率
ncentres = 16;                                       %混合成分数目
for spk_cyc = 1:Spk_num                              % 遍历说话人
  for sph_cyc = 1:Tes_num                            % 遍历语音
    fprintf('开始识别第%i 个说话人第%i 条语音\n',spk_cyc,sph_cyc);
    speech = rdata{spk_cyc}{sph_cyc};
    % ---预处理,特征提取--
    pre_sph = filter([1 -0.97],1,speech);
    win_type = 'M';                                  %汉明窗
    cof_num = 20;                                    %倒谱系数个数
    frm_len = fs * 0.02;                             %帧长:20ms
    fil_num = 20;                                    %滤波器组个数
    frm_off = fs * 0.01;                             %帧移:10ms
    c = melcepst(pre_sph,fs,win_type,cof_num,fil_num,frm_len,frm_off);
    cof = c(:,1:end-1);                              %N * D 维矢量
    % ----识别---
    MLval = zeros(size(cof,1),Spk_num);
    for b = 1:Spk_num                                %说话人循环
    pai = speaker{b}.pai;
    for k = 1:ncentres
      mu = speaker{b}.mu(k,:);
      sigma = speaker{b}.sigma(:,:,k);
      pdf = mvnpdf(cof,mu,sigma);
      MLval(:,b) = MLval(:,b) + pdf * pai(k);        %计算似然值
    end
   end
   logMLval = log((MLval) + eps);
   sumlog = sum(logMLval,1);
   [maxsl,idx] = max(sumlog);                        %判决,将最大似然值对应的序号 idx 作为
识别结果
   fprintf('识别结果:第%i 个说话人\n',idx);
  end
end
```

# 第 12 章　语音情感识别实验

## 12.1　基于 K 近邻分类算法的语音情感识别实验

### 12.1.1　实验目的

1）K 近邻分类算法的原理。

2）掌握基于 K 近邻分类算法的情感识别基本过程。

3）应用 MATLAB 实现基于 K 近邻分类算法的情感识别。

### 12.1.2　实验原理

**1. 语音信号情感识别的意义和基本原理**

（1）语音情感识别的意义

当今世界科技水平高速发展，人们也对计算机提出了更多要求。在人机交互系统中，语音情感识别已成为关键技术之一。对语音信号的情感分析，使得人机交互更加流畅。智能人机交互系统通过对操作者的情感进行分析，可以更主动、更准确地去完成操作者的指示，并实时调整对话的方式，使交流变得更加友好、和谐和智能。此外在单调的、高强度的任务中，对执行人员的某些负面情绪监测具有使用价值，有效地识别这些负面情绪，有助于提高个体认知和工作效率，减少影响认知和工作能力的因素。因此，对语音信号情感识别的研究具有重要意义。

（2）语音情感识别算法原理框图

语音情感识别的原理基本遵循如图 12-1 所示的框架结构。通过提取语音信号样本中的相关特征参数构建特征向量，继而由对应的分类算法给出识别结果。

**2. 语音信号基本特征参数提取**

根据语音信号具有短时平稳性，可以对语音信号进行处理，提取所需的特征参数。对语音信号进行加窗分帧处理，能够有效利用语音信号的短时平稳性进行特征提取和分析。加窗就是把原始的语音信号与特定的窗函数 $w(n)$ 相乘得到加窗语音信号 $x_w(n)=x(n)*w(n)$。

（1）短时能量及其衍生参数

用 $E_n$ 表示第 $n$ 帧语音信号 $x_n(m)$ 的短时能量，定义

$$E_n = \sum_{m=0}^{N-1} x_n^2(m) \tag{12-1}$$

其中，$N$ 为帧长。

短时能量抖动为

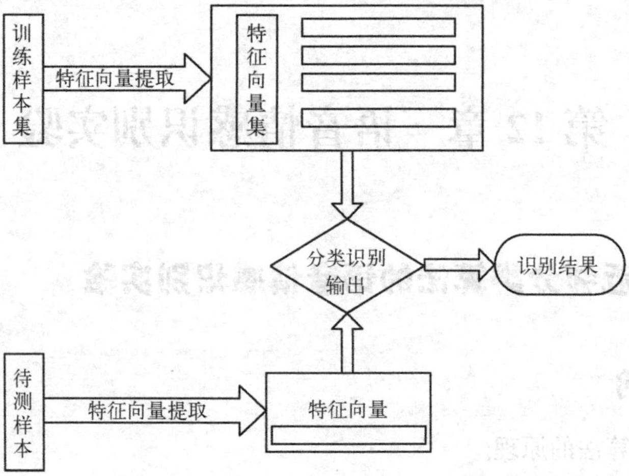


图 12-1　语音信号情感基本原理框图

$$E_s = \frac{\frac{1}{M-1}\sum_{n=1}^{M-1} |E_n - E_{n+1}|}{\frac{1}{M}\sum_{n=1}^{M} E_n} \times 100 \tag{12-2}$$

其中，$M$ 表示总帧数。

短时能量的线性回归系数为

$$E_r = \frac{\sum_{n=1}^{M} n \cdot E_n - \frac{1}{M}\sum_{n=1}^{M} n \cdot \sum_{n=1}^{M} E_n}{\sum_{n=1}^{M} n^2 - \frac{1}{M}(\sum_{n=1}^{M} n)^2} \tag{12-3}$$

短时能量的线性回归系数的均方误差为

$$E_q = \frac{1}{M}\sum_{n=1}^{M} (E_n - (\mu_1 - E_r \cdot \mu_n) - E_r \cdot n)^2 \tag{12-4}$$

其中，$\mu_n = \frac{1}{M}\sum_{n=1}^{M} n$、$\mu_E = \frac{1}{M}\sum_{n=1}^{M} E_n$。

250 Hz 以下短时能量 $E_{250}$ 占全部短时能量 $E$ 的比例为

$$E_{250}/E = \frac{\sum_{n=1}^{M} E_{250,n}}{\sum_{n=1}^{M} E_n} \times 100 \tag{12-5}$$

（2）基音频率及其衍生参数

对于加窗分帧预处理后的第 $n$ 帧语音信号 $x_n(m)$，定义其自相关函数 $R_n(k)$（也叫做语音信号 $x(l)$ 的短时自相关函数）为

$$R_n(k) = \sum_{m=0}^{N-k-1} x_n(m)x_n(m+k) \tag{12-6}$$

其中，$R_n(k)$ 为偶函数，其取值不为零的范围是 $k=(-N+1)-(N-1)$。

基音周期值可以通过检测 $R_n(k)$ 峰值的位置提取出，其倒数即为基音频率 $F$。将第 $i$ 个

浊音帧的基音频率表示为 $F0_i$，语音信号中包含的浊音帧总数表示为 $M^*$，语音信号的总帧数表示为 $M$，则有

一阶基音频率抖动：

$$F0_{s1} = \frac{\frac{1}{M^* - 1}\sum_{i=1}^{M^*-1} |F0_i - F0_{i+1}|}{\frac{1}{M^*}\sum_{i=1}^{M} F0_i} \times 100 \tag{12-7}$$

二阶基音频率抖动：

$$F0_{s2} = \frac{\frac{1}{M^* - 2}\sum_{i=2}^{M^*-1} |2 \cdot F0_i - F0_{i-1} - F0_{i+1}|}{\frac{1}{M^*}\sum_{i=1}^{M^*} F0_i} \times 100 \tag{12-8}$$

所有相邻的两帧之中，对于满足 $F(i) * F(i+1)\,!=0$ 的两帧可定义浊音间差分基音 $\mathrm{d}F$ 为

$$\mathrm{d}F(k) = F(i) - F(i+1), 1 \leqslant k \leqslant M^*, 1 \leqslant i \leqslant M \tag{12-9}$$

(3) 共振峰及其衍生参数

共振峰参数又包括共振峰带宽和频率，其提取的基础是对语音频谱的包络进行估计，通常采用线性预测（LPC）法从声道模型中估计共振峰参数。

首先，用 LPC 法对语音信号进行解卷，得到声道响应的全极模型参数为

$$H(z) = \frac{1}{A(z)}, A(z) = 1 - \sum_{i=1}^{p} a_i z^{-i}, i = 1, 2, \cdots, p \tag{12-10}$$

然后，求出 $A(z)$ 的复根，即可得到共振峰参数。设 $z_i = r_i e^{j\theta_i}$ 为其中的一个根，则其共轭复值 $z_i^* = r_i e^{-j\theta_i}$ 也表示 $A(z)$ 的一个根，$i$ 对应的共振峰频率表示为 $F_i$，则有

$$F_i = \frac{\theta_i}{2\pi T} \tag{12-11}$$

其中，$T$ 为采样周期。

第 $i$ 个浊音帧的第一、二、三共振峰频率分别表示为 $F1_i$、$F2_i$、$F3_i$。第二共振峰频率比率为：$F2_i/(F2_i - F1_i)$。共振峰频率抖动的计算方法同基音频率抖动的计算方法一样。

(4) 美尔倒谱系数（MFCC）

MFCC 是从美尔频率刻度域中提取出的倒谱参数，可以通过人耳的听觉原理对其进行分析。它与声音频率的具体关系可近似表示为

$$\mathrm{Mel}(f) = 2595\log(1 + f/700) \tag{12-12}$$

其中，$f$ 表示声音频率，单位为 Hz。

MFCC 的提取过程如下。

1）对原始语音信号进行分帧加窗预处理。

2）将预处理后的信号进行离散傅里叶变换（DFT），从而得到语音帧的短时频谱。

3）将短时频谱的幅度值通过美尔滤波器组进行加权滤波处理。

4）对美尔滤波器组的全部输出值进行一个求对数计算。

5）将经过求对数计算后得到的值进行离散余弦变换（DCT），从而得到 MFCC。

(5) 语音情感特征表

在语音情感特征的构建中我们选取上述的4类特征及其衍生参数，构成140维的语音情感特征参数用于识别。各维特征的对应表格如表12-1所示。

表12-1　语音情感特征构成

| 特征编号 | 特征名称 |
|---|---|
| 1~4 | 短时能量的最大值、最小值、均值、方差 |
| 5~7 | 短时能量的抖动、线性回归系数和线性回归系数的均方误差 |
| 8 | 0~250 Hz频段能量占总能量的百分比 |
| 9~12 | 基音频率的最大值、最小值、均值和方差 |
| 13~14 | 基音频率的一阶抖动、二阶抖动 |
| 15~18 | 浊音帧差分基音的最大值、最小值、均值和方差 |
| 19~23 | 第一共振峰频率的最大值、最小值、均值、方差和一阶抖动 |
| 23~27 | 第二共振峰频率的最大值、最小值、均值、方差和一阶抖动 |
| 28~32 | 第三共振峰频率的最大值、最小值、均值、方差和一阶抖动 |
| 33~36 | 第二共振峰频率比率的最大值、最小值和均值 |
| 37~88 | 0~12阶美尔倒谱参数的最大值、最小值、均值和方差 |
| 89~140 | 0~12阶美尔倒谱参数一阶差分的最大值、最小值、均值和方差 |

**3. 情感语音库**

实验中我们使用柏林语音情感库作为情感语音库。柏林数据库在语音情感识别领域使用广泛，许多语音情感识别研究成果均在柏林库上进行验证。它包含了生气、无聊、厌恶、恐惧、喜悦、中性和悲伤等语音情感类别，情感语音样本采用表演的方式获得。由初期的语料录制以及后期的人耳辨别测试最终保存了不到500句质量较高的语料样本构成柏林语音情感库。

我们选取柏林库中恐惧（A_fear）、高兴（F_happiness）、中性（N_neutral）、伤心（T_sadness）和愤怒（W_anger）五类情感每种情感各50个样本共250个样本作为实验用的情感语料库。其中125句为训练样本，其余125句为待测样本。

**4. K近邻分类算法**

K近邻（K-Nearest Neighbor，KNN）分类算法是一种较为简单直观的分类方法，虽然简单，但在语音情感识别中表现出的性能却很好。KNN分类器的分类思想是：给定一个在特征空间中的待分类的样本，如果其附近的$K$个最邻近的样本中的大多数属于某一个类别，那么当前待分类的样本也属于这个类别。

设待分类样本的特征参数为$X$，已知类别的训练样本集样本的特征参数集为$\{X_1,X_2,X_3,\cdots,X_n\}$；对于待测样本$X$，计算其与$\{X_1,X_2,X_3,\cdots,X_n\}$中每一样本的欧式距离$D(X,X_l),l=1,2,\cdots,n$，即

$$D(X,X_l) = \sqrt{\sum_{i=1}^{N}(X(i)-X_l(i))^2}, l = 1,2,\cdots,n \tag{12-13}$$

其中，$N$代表特征向量的维数。$\min\{D(X,X_l)\}$称为$X$的最近邻，而将$D(X,X_l)$从小到大排列后的前$K$个值称为$X$的K近邻。分析K近邻中属于哪一类别的个数最多，则将$X$归于

该类。

KNN 算法大致可分为如下 4 步：

1）由特征提取函数提取训练样本的特征向量，构成训练样本特征向量集合 $X_1, X_2, X_3, \cdots, X_n$。

2）设定算法中 $K$ 的值。$K$ 值的确定没有一个统一的方法（根据具体问题选取的 $K$ 值可能有较大的区别）。一般方法是先确定一个初始值，然后根据实验结果不断调试，最终达到最优。

3）利用特征向量提取函数提取待测样本的特征向量 $X$，并计算 $X$ 与 $X_1, X_2, X_3, \cdots, X_n$ 中每一样本的欧式距离 $D(X, X_l), l=1,2,\cdots,n$。

4）统计 $D(X, X_l), l=1,2,\cdots,n$ 中 $K$ 个最近邻的类别信息，给出 $X$ 的分类结果。

实际程序中，我们将训练样本集的特征提取与待测样本的特征提取合并一起，得到总特征向量集合，然后划分出训练样本集和待测样本集，以提高测试时的效率。

### 12.1.3　实验步骤及要求

#### 1. 实验具体操作过程

整个实验的思路：编写特征提取函数→提取语音文件的特征向量→实现 KNN 分类算法→给出识别结果。

具体实验步骤：

1）根据编写好的特征提取函数提取相应情感语音的特征向量并保存成各自的 mat 文件，并将这些 mat 文件放入到主程序相同的路径下。

2）根据算法原理编写主程序。主程序功能包括构建训练样本集和待测样本集；设定 $K$ 值实现 KNN 算法以及显示识别结果。

3）运行主程序，分析实验结果，并选取不同的 $K$ 值多次测试，对比各自的分类效果，大致确定最优的 $K$ 值。

#### 2. 主要函数说明

（1）特征提取函数

函数名称：featvector

函数功能：提取语音信号特征。

调用格式：

```
feature = featvector(filename)
```

说明：输入 filename 待提取语音信号的文件名（如 qwer. wav）；返回值 feature 是由上述语音情感特征构成的 140 维特征向量。（每类情感的特征提取函数位于程序 wavs 文件夹下的各类情感信号文件夹中，其中由各自情感文件夹命名的 m 文件直接运行可以提取当前文件夹中音频文件的特征，并保存成对应的 mat 文件）。

mat 的名称分别为：A_fear（恐惧）、F_happiness（高兴）、T_sadness（悲伤）、W_anger（生气）、N_neutral（中性）

（2）KNN 分类识别主程序

M 文件名称：KnnRecognition. m

函数功能：KNN 分类程序。

调用格式：直接运行

说明：程序中首先将同文件下的不同情感的 mat 文件读入工作区，将这些情感特征分成待测类和识别类；*k* 值的选取可根据情况多次试验调整。识别效果如图 12-2 所示。

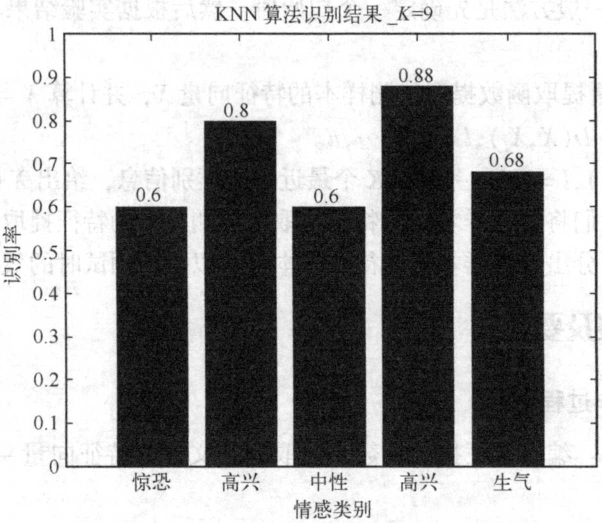


图 12-2 基于 KNN 的情感识别效果图

## 12. 1. 4 思考题

改变不同的 *K* 值观察情感识别的效果变化。

## 12. 1. 5 参考例程

```
%语音情感信息特征提取函数
function feature = featvector(filename)
[y,fs] = wavread(filename);
L = length(y);
ys = y;
for i = 1:(length(y) - 1)
    if (abs(y(i)) < 1e - 3)    %剔除较小值,计算短时能量时使用%
        ys(i) = ys(i + 1);
        L = L - 1;
    end
end
y1 = ys(1:L);
s = enframe(y,hamming(256),128); %分帧加窗  %
s1 = enframe(y1,hamming(256),128);
[nframe,framesize] = size(s);
```

```
[nframe1,framesize1] = size(s1);
E = zeros(1,nframe1);
Z = zeros(1,nframe);
F = zeros(1,nframe);
for i = 1:nframe
    Z(i) = sum(abs(sign(s(i,framesize:2) - s(i,framesize - 1:1))))/2;  %过零率%
end
for i = 1:nframe1
    E(i) = sum(s1(i,:).*s1(i,:)); %短时能量  %
end
%基音频率  %
N = 2048;R = 4;
for i = 1:nframe
    k = 1:R:N/2; K = length(k);  %N是FFT变换点数,R是乘的次数,f是采样频率%
    X = fft (s(i,:),N);
    X = abs(X);  %对X做绝对值,取到幅度%
    HPSx = X(k);
    for r =  R - 1: - 1:1
        HPSx = HPSx.*X (1:r:r*K);
    end
    [~,I] = max(HPSx);  %取最大值点,I是对应下标%
    F(i) = I/N*fs; %基音频率%
end
%浊音帧差分基音%
nf = 1;
for i = 1:(nframe - 1)
    if(F(i)*F(i+1) ~ =0)
        dF(nf) = F(i) - F(i+1);
        nf = nf + 1;
    end
end
%0 ~ 250 Hz 所占比例%
[s2,f1,t1] = specgram(y1,256,fs);
sn = 20*log10(abs(s2) + eps);
sn1 = sn + min(sn(:));
n = round(length(f1)*250/max(f1(:)));
Eratio = sum(sum(sn1(1:n,:)))/sum(sn1(:));

%估计共振峰%
[fm,~] = formant_get(y,fs);
Fm1 = fm(:,1);
Fm2 = fm(:,2);
Fm3 = fm(:,3);
```

```
%  MFCC  %
MFCCs = melcepst(y,fs',0d' ); %  MFCC 及其一阶差分系数  %


%%   特征向量构成   %%
%  短时能量 E  %
dim_max = 141;
feature = zeros(dim_max,1);
x = 0;t = 0;
for i = 1:(nframe1 - 1)
    t = abs(E(i) - E(i+1))/(nframe1 - 1);
    x = x + t;
end
E_shimmer = x/mean(E);
x1 = 0;x2 = 0;x3 = 0;x4 = 0;
for i = 1:nframe1
    t1 = i * mean(E);t2 = i * E(i); t3 = i * i;t4 = i;
    x1 = x1 + t1;x2 = x2 + t2;x3 = x3 + t3;x4 = x4 + t4;
end
x4 = x4 * x4/nframe1;
s1 = x2 - x1;s2 = x3 - x4;
E_Reg_coff = s1/s2;
x = 0;
for i = 1:nframe1
    t = E(i) - (mean(E) - s1/s2 * x4/nframe1) - s1/s2 * i;
    x = x + t^2/nframe1;
end
E_Sqr_Err = x;
feature(1:7,1) = [max(E);min(E);mean(E);var(E);E_shimmer;E_Reg_coff;E_Sqr_Err];%短时
能量相关特征  %

%能量比  %
feature(8,1) = Eratio;

%基音频率 F  %
x = 0;
for i = 1:(nframe - 1)
    t = abs(F(i) - F(i+1));
    x = x + t;
end
F_Jitter1 = 100 * x/(mean(F) * (nframe - 1));
x = 0;
for i = 2:(nframe - 1)
```

```
        t = abs(2 * F(i) - F(i+1) - F(i-1));
        x = x + t;
    end
    F_Jitter2 = 100 * x/(mean(F) * (nframe -2));

    %% 使 F 得最小值是有效(去除等值)
    k = 1;
    for i = 2:numel(F)
        if(F(i) == F(1))
            continue;
        end
        FF(k) = F(i);
        k = k + 1;

    end
    feature(9:14,1) = [max(F);min(FF);mean(F);var(F);F_Jitter1;F_Jitter2];% 基音频率相关特征 %

    % 浊音帧差分基音 %
    feature(15:18,1) = [max(dF);min(dF);mean(dF);var(dF)];% 浊音帧差分基音 %

    % 共振峰 %
    x1 = 0;x2 = 0;x3 = 0;
    for i = 1:(numel(Fm1) - 1)
        t1 = abs(Fm1(i) - Fm1(i+1));
        t2 = abs(Fm2(i) - Fm2(i+1));
        t3 = abs(Fm3(i) - Fm3(i+1));
        x1 = x1 + t1;x2 = x2 + t2;x3 = x3 + t3;
    end
    Fm1_Jitter1 = 100 * x1/(mean(Fm1) * (numel(Fm1) - 1));% 前三个共振峰的一阶抖动 %
    Fm2_Jitter1 = 100 * x2/(mean(Fm2) * (numel(Fm1) - 1));
    Fm3_Jitter1 = 100 * x3/(mean(Fm2) * (numel(Fm1) - 1));
    Fm2R = Fm2./(Fm2 - Fm1);
    nFm = [max(Fm1);min(Fm1);mean(Fm1);var(Fm1);Fm1_Jitter1;max(Fm2);min(Fm2);mean(Fm2);var(Fm2);Fm2_Jitter1;max(Fm3);min(Fm3);mean(Fm3);var(Fm3);Fm3_Jitter1;max(Fm2R);min(Fm2R);mean(Fm2R)];% 共振峰相关特征 %
    feature(19:(size(nFm) + 19),1) = nFm;%  20 - 37  %
    % size(feature)
    %  MFCCs & dMFCCs  %
    for i = 1:size(MFCCs,2)

        feature(37 + 4 * (i - 1):37 + 4 * i - 1,1) = [max(MFCCs(:,i));min(MFCCs(:,i));mean
```

```
(MFCCs(:,i));var(MFCCs(:,i))];%mel 倒谱系数及其一阶差分相关特征 %
end
```

## 12.2 基于神经网络的语音情感识别

### 12.2.1 实验目的

1）理解神经网络分类算法的原理。

2）掌握基于神经网络的语音情感识别原理。

2）编程实现基于神经网络的语音情感识别函数，并仿真验证。

### 12.2.2 实验原理

**1. 神经网络分类算法**

人工神经网络（Artificial Neural Network，ANN）是一种由大量简单处理单元构成的并行分布式数学模型。在人类意识到人脑计算与传统计算机处理方式的区别时，神经网络就成了科学家们探究信息处理任务的关注对象。人工神经网络主要从两方面模仿大脑工作：从外界环境中学习，用突触权值存储知识。人类大脑接收外界刺激，感受器转换为电冲击传递给神经元构成的网络，再经由效应器把电冲击转换为可识别的效应输出。

神经元是神经网络处理信息的基本单位，是由突触权值、加法器、激活函数三部分构成的非线性模型，如图 12-3 所示。

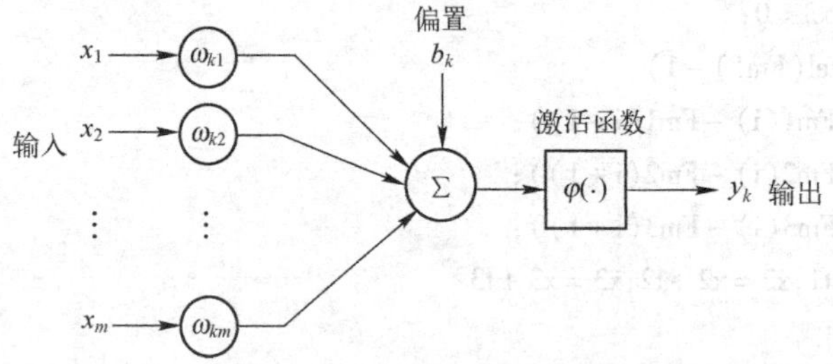


图 12-3 神经元模型

其中，激活函数 $\varphi(v)$ 控制输入、输出信号的转换，将无限范围的输入域变换到指定范围，很大程度上决定了神经网络解决问题的能力。

激活函数分为以下两种。

（1）阈值型。阈值型函数将输入转换为 0 或 1 的输出，即

$$\varphi(v)=\varphi\left(\sum_{i=1}^{m}\omega_i x_i+b\right)=\begin{cases}1, v\geqslant 0\\0, v<0\end{cases} \tag{12-14}$$

（2）S 型。一般为 sigmoid 函数。sigmoid 函数可微且严格递增，在线性和非线性之间能够较好地作出平衡，如 logistic 函数

$$\varphi(v) = \varphi\left(\sum_{i=1}^{m} \omega_i x_i + b\right) = \frac{1}{1 + \mathrm{e}^{-av}} \tag{12-15}$$

**2. BP 神经网络**

反向传播（Back Propagating，BP）神经网络以多层感知器（Multi - Layer Perception，MLP）模型为基础，是一种包含前向和反向两个阶段的有监督学习过程。它是一种训练 MLP 的高效计算方法。下面先引入多层感知器的介绍。

感知器是 Rosenblatt 在 1958 年提出的第一个监督学习模型，它可以工作在两个线性可分类型的识别上。感知器建立在一个非线性神经元上，输入信号经过一个线性组合器得到诱导局部域，再通过一个符号函数硬性限幅输出。感知器的训练算法步骤如下：

1）对权值 $w(n)$ 初始化，可设 $w(n)=0, n=1,2,\cdots,n$。

2）计算实际响应输出：

$$y(n) = \mathrm{sgn}[w^T(n)x(n)]$$
$$w(n+1) = w(n) + \eta[d(n) - y(n)]x(n)$$

3）更新权值向量：

$$y(n) = \begin{cases} +1, x(n) \in \tau_1 \\ -1, x(n) \in \tau_2 \end{cases}$$

式中，$d(n)$ 为期望输出；$\eta$ 为学习率。

建立一个感知器只能完成一个两类假设的模式识别，它是一个单层神经网络。将其扩展为多层，就有了具备一个或多个隐层的多层感知器。隐层神经元扮演着特征检测算子的角色。随着学习过程，隐藏神经元开始逐步“发现”刻画数据的突出特征，这是通过将输入变换到新的特征空间而实现的，可以使新的特征比原特征更易分隔开。因此，多层感知器具有比 Rosenblatt 感知器更高的非线性映射区分能力。

多层感知器的每个隐层或输出层单元主要进行两种计算：

1）计算神经元的输出处出现的函数信号，表现为关于输入信号以及与该神经元有关的突触权值的连续非线性函数。

2）计算梯度向量，即误差曲面对神经元输入权值的梯度的估计值，以便反向通过网络。

多层感知器网络结构如图 12-4 所示。

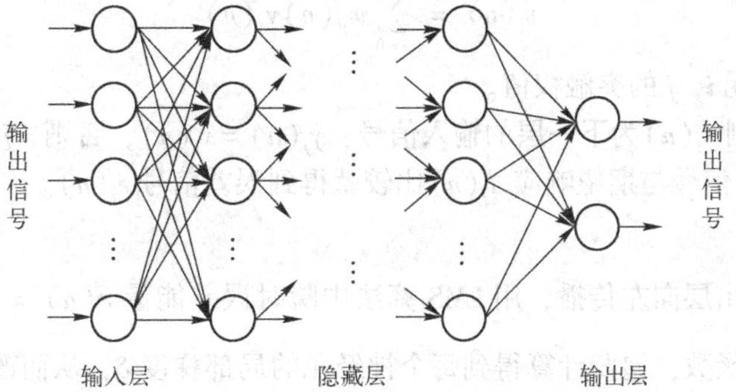


图 12-4　多层感知器网络结构

对 MLP 的训练常使用 BP 网络算法，多层感知器正是由于 BP 反向传播算法的发展而得到普及。BP 算法是大多数 MLP 学习算法的基础，它允许在每个权值中找到梯度，进而进行优化。下面对 BP 算法做具体的介绍。

BP 网络的训练采用有监督方式。$x(n)$为输入信号，$d(n)$为期望输出信号，$y(n)$为实际输出信号，则误差信号为

$$e_j(n) = d_j(n) - y_j(n) \tag{12-16}$$

$d_j(n)$为期望响应向量$d(n)$的第$j$个元素。则瞬时误差能量为

$$\varepsilon(n) = \sum_{j\in C} \varepsilon_j(n) = \frac{1}{2}\sum_{j\in C} e_j^2(n) \tag{12-17}$$

则把误差函数$\varepsilon(n)$作为调整 BP 网络突触权值的衡量函数。整个反向传播算法过程如图 12-5 所示。

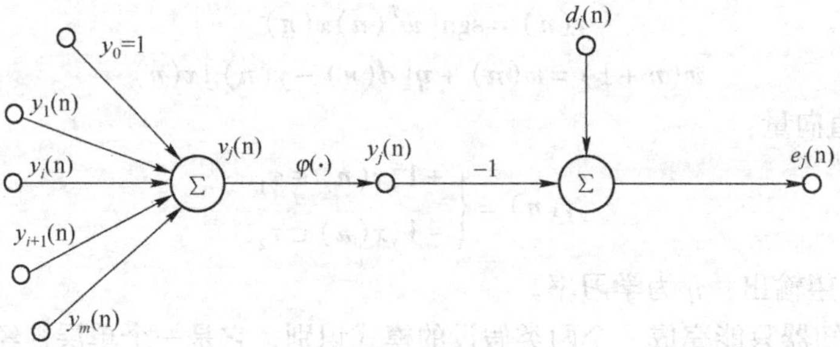


图 12-5 BP 网络结构信号图

其中，$m$是作用于下一个神经元$j$的所有输入的个数；$y_0, y_1(n) \sim y_m(n)$是输入端函数信号，即激励信号；$\varphi(\cdot)$为激活函数；$v_j(n)$是神经元$j$的诱导局部域；$y_j(n)$是神经元$j$输出端的函数信号。

反向传播分为前向、反向两个阶段。

（1）前向阶段

网络的突触权值固定，输入信号一层层传播到达输出端。神经元$j$处的函数信号为

$$y_j(n) = \varphi(v_j(n))$$

其中诱导局部域$v_j(n)$定义为

$$v_j(n) = \sum_{i=0}^{m} w_{ji}(n) y_i(n)$$

$w_{ji}(n)$为连接神经元$i$, $j$的突触权值。

若$j$为隐层，则$y_j(n)$为下一层的输入信号：$y_j(n) = x_j(n)$，否则，$j$为输出层，$y_j(n) = o_j(n)$。这样，输出信号与期望响应$d_j(n)$比较就得到误差信号$e_j(n)$。

（2）反向阶段

误差信号从输出层向左传播，用 LMS 算法中瞬时误差能量$\varepsilon(n) = \frac{1}{2}\sum_{j\in C} e_j^2(n)$作修正权值$w_{ji}(n)$的训练函数，递归计算得到每个神经元的局部梯度$\delta$，从而改变每一层的突触权值，得到最终训练模型。

下面计算权值校正项$\Delta w_{ji}(n)$由输出层信号反向得到的过程。

$\Delta w_{ji}(n)$正比于偏导数$\dfrac{\partial \varepsilon(n)}{\partial w_{ji}(n)}$，$\eta$ 为学习率：

$$\Delta w_{ji}(n) = -\eta \frac{\partial \varepsilon(n)}{\partial w_{ji}(n)} \tag{12-18}$$

而

$$\frac{\partial \varepsilon(n)}{\partial w_{ji}(n)} = \frac{\partial \varepsilon(n)}{\partial y_j(n)} \cdot \frac{\partial y_j(n)}{\partial v_j(n)} \cdot \frac{\partial v_j(n)}{\partial w_{ji}(n)} = -e_j(n) \cdot \varphi_j'(v_j(n)) \cdot y_i(n) \tag{12-19}$$

其中，

$$\varepsilon(n) = \frac{1}{2}\sum_{k\in C} e_k^2(n) = \frac{1}{2}\sum_{k\in C}[d_k(n) - y_k(n)]^2$$

$$y_j(n) = \varphi_j(v_j(n))$$

$$v_j(n) = \sum_{i=0}^{m} w_{ji}(n) y_i(n) \tag{12-20}$$

定义局部梯度 $\delta_j(n)$ 表示突触权值根据输出所需的变化

$$\delta_j(n) = -\frac{\partial \varepsilon(n)}{\partial v_j(n)} = e_j(n) \cdot \varphi_j'(v_j(n)) \tag{12-21}$$

这样，$\Delta w_{ji}(n)$可表示为

$$\Delta w_{ji}(n) = \eta \delta_j(n) \cdot y_j(n) \tag{12-22}$$

**3. 概率神经网络**

概率神经网络（Probabilistic Neural Networks，PNN）是由 D. F. Specht 在 1990 年提出的。主要思想是用贝叶斯决策规则，即错误分类的期望风险最小，在多维输入空间内分离决策空间。它是一种基于统计原理的人工神经网络，它是以 Parzen 窗口函数为激活函数的一种前馈网络模型。PNN 吸收了径向基神经网络与经典的概率密度估计原理的优点，与传统的前馈神经网络相比，在模式分类方面尤其具有较为显著的优势。

由贝叶斯决策理论：

$$if\ p(w_i \mid \vec{x}) > p(w_j \mid \vec{x})\ \forall j \neq i, \vec{x} \in w_i\ then\ \vec{x} \in w_i \tag{12-23}$$

其中，$p(w_i \mid \vec{x}) = p(w_i)p(\vec{x} \mid w_j)$。

一般情况下，类的概率密度函数 $p(w_j \mid \vec{x})$是未知的，用高斯核的 Parzen 估计如下：

$$p(\vec{x} \mid w_i) = \frac{1}{N_i}\sum_{k=1}^{N_i} \frac{1}{(2\pi)^{\frac{l}{2}}\sigma^l} \exp\left(\frac{\| \vec{x} - \vec{x}_{ik} \|^2}{2\sigma^2}\right) \tag{12-24}$$

其中，$\vec{x}_{ik}$是属于第 $w_i$ 类的第 $k$ 个训练样本；$l$ 是样本向量的维数；$\sigma$ 是平滑参数；$N_i$ 是第 $w_i$ 类的训练样本总数。

去掉公有元素，判别函数可简化为

$$g_i(\vec{x}) = \frac{p(w_i)}{N_i}\sum_{k=1}^{N_i} \exp\left(-\frac{\| \vec{x} - \vec{x}_{ik} \|^2}{2\sigma^2}\right) \tag{12-25}$$

PNN 网络由四部分组成：输入层、样本层、求和层和竞争层。PNN 的工作过程：首先将输入向量$\vec{x}$输入到输入层，在输入层中，网络计算输入向量与训练样本向量之间的差值$\vec{x} - \vec{x}_{ik}$，差值绝对值$\| \vec{x} - \vec{x}_{ik} \|$的大小代表这两个向量之间的距离，所得的向量由输入层输

出，该向量反映了向量间的接近程度；接着，输入层的输出向量 $\vec{x}-\vec{x}_{ik}$ 送入到样本层中，样本层结点的数目等于训练样本数目的总和，$N=\sum_{i=1}^{i=M}N_i$，其中 $M$ 是类的总数。样本层的主要工作是：先判断哪些类别与输入向量有关，再将相关度高的类别集中起来，样本层的输出值就代表相识度；然后，将样本层的输出值送入到求和层，求和层的结点个数是 $M$，每个结点对应一个类，通过求和层的竞争传递函数进行判决；最后，判决的结果由竞争层输出，输出结果中只有一个 1，其余结果都是 0，概率值最大的那一类输出结果为 1。以下几步构成了 PNN 神经网络的算法：

第一步：首先必须对输入矩阵进行归一化处理，这样可以减小误差，避免较小的值被较大的值“吃掉”。设原始输入矩阵为

$$\boldsymbol{X}=\begin{bmatrix} X_{11} & X_{12} & \cdots & X_{1n} \\ X_{21} & X_{22} & \cdots & X_{2n} \\ \cdots & \cdots & \cdots & \cdots \\ X_{m1} & X_{m2} & \cdots & X_{mn} \end{bmatrix} \tag{12-26}$$

从样本的矩阵如式（12-26）中可以看出，该矩阵的学习样本有 $m$ 个，每一个样本的特征属性有 $n$ 个。在求归一化因子之前，必须先计算 $\boldsymbol{B}^{\mathrm{T}}$ 矩阵

$$\boldsymbol{B}^{\mathrm{T}}=\left[\frac{1}{\sqrt{\sum_{k=1}^{n}x_{1k}^2}}\ \frac{1}{\sqrt{\sum_{k=1}^{n}x_{2k}^2}}\cdots\frac{1}{\sqrt{\sum_{k=1}^{n}x_{mk}^2}}\right] \tag{12-27}$$

然后计算归一化的学习矩阵

$$\boldsymbol{C}_{m\times n}=\boldsymbol{B}_{m\times 1}[1\ldots 1]_{1\times n}\cdot\boldsymbol{X}_{m\times n}=\begin{bmatrix} \frac{x_{11}}{\sqrt{M_1}} & \frac{x_{12}}{\sqrt{M_1}} & \cdots & \frac{x_{1n}}{\sqrt{M_1}} \\ \frac{x_{21}}{\sqrt{M_2}} & \frac{x_{22}}{\sqrt{M_2}} & \cdots & \frac{x_{2n}}{\sqrt{M_2}} \\ \cdots & \cdots & \cdots & \cdots \\ \frac{x_{m1}}{\sqrt{M_m}} & \frac{x_{m2}}{\sqrt{M_m}} & \cdots & \frac{x_{mn}}{\sqrt{M_m}} \end{bmatrix}=\begin{bmatrix} C_{11} & C_{12} & \cdots & C_{1n} \\ C_{21} & C_{22} & \cdots & C_{2n} \\ \cdots & \cdots & \cdots & \cdots \\ C_{m1} & C_{m2} & \cdots & C_{mn} \end{bmatrix} \tag{12-28}$$

式中，$M_1=\sum_{k=1}^{n}x_{1k}^2, M_2=\sum_{k=1}^{n}x_{2k}^2, \cdots, M_m=\sum_{k=1}^{n}x_{mk}^2$

在式（12-28）中，符号“·”表示矩阵在做乘法运算时，相应元素之间的乘积。

第二步：将归一化好的 $m$ 个样本送入到网络样本层中。因为是有监督的学习算法，所以很容易就知道每个样本属于哪种类型。假设样本有 $m$ 个，那么一共可以分为 $c$ 类，并且各类样本的数目相同，设为 $k$，于是 $m=k*c$。

第三步：模式距离的计算，该距离是指样本矩阵与学习矩阵中相应元素之间的距离。假设将由 $P$ 个 $n$ 维向量组成的矩阵称为待识别样本矩阵，则经归一化后，需要待识别的输入

样本矩阵为

$$\boldsymbol{D}=\begin{bmatrix} d_{11} & d_{12} & \cdots & d_{1n} \\ d_{21} & d_{22} & \cdots & d_{2n} \\ \cdots & \cdots & \cdots & \cdots \\ d_{p1} & d_{p2} & \cdots & d_{pn} \end{bmatrix} \tag{12-29}$$

计算欧式距离：就是需要识别的样本向量，样本层中各个网络节点的中心向量，这两个向量相应量之间的距离为

$$\boldsymbol{E}=\begin{bmatrix} \sqrt{\sum\limits_{k=1}^{n}|d_{1k}-c_{1k}|^2} & \sqrt{\sum\limits_{k=1}^{n}|d_{1k}-c_{2k}|^2} & \cdots & \sqrt{\sum\limits_{k=1}^{n}|d_{1k}-c_{mk}|^2} \\ \sqrt{\sum\limits_{k=1}^{n}|d_{2k}-c_{1k}|^2} & \sqrt{\sum\limits_{k=1}^{n}|d_{2k}-c_{2k}|^2} & \cdots & \sqrt{\sum\limits_{k=1}^{n}|d_{2k}-c_{mk}|^2} \\ \cdots & \cdots & \cdots & \cdots \\ \sqrt{\sum\limits_{k=1}^{n}|d_{pk}-c_{1k}|^2} & \sqrt{\sum\limits_{k=1}^{n}|d_{pk}-c_{2k}|^2} & \cdots & \sqrt{\sum\limits_{k=1}^{n}|d_{pk}-c_{mk}|^2} \end{bmatrix}$$

$$=\begin{bmatrix} E_{11} & E_{12} & \cdots & E_{1m} \\ E_{21} & E_{22} & \cdots & E_{2m} \\ \cdots & \cdots & \cdots & \cdots \\ E_{p1} & E_{p2} & \cdots & E_{pm} \end{bmatrix} \tag{12-30}$$

第四步：样本层径向基函数的神经元被激活。学习样本与待识别样本被归一化后，通常取标准差 $\sigma=0.1$ 的高斯型函数。激活后得到初始概率矩阵

$$\boldsymbol{P}=\begin{bmatrix} e^{-\frac{E_{11}}{2\sigma^2}} & e^{-\frac{E_{12}}{2\sigma^2}} & \cdots & e^{-\frac{E_{1m}}{2\sigma^2}} \\ e^{-\frac{E_{21}}{2\sigma^2}} & e^{-\frac{E_{22}}{2\sigma^2}} & \cdots & e^{-\frac{E_{2m}}{2\sigma^2}} \\ \cdots & \cdots & \cdots & \cdots \\ e^{-\frac{E_{p1}}{2\sigma^2}} & e^{-\frac{E_{p2}}{2\sigma^2}} & \cdots & e^{-\frac{E_{pm}}{2\sigma^2}} \end{bmatrix}=\begin{bmatrix} P_{11} & P_{12} & \cdots & P_{1m} \\ P_{21} & P_{22} & \cdots & P_{2m} \\ \cdots & \cdots & \cdots & \cdots \\ P_{p1} & P_{p2} & \cdots & P_{pm} \end{bmatrix} \tag{12-31}$$

第五步：假设样本有 $m$ 个，那么一共可以分为 $c$ 类，并且各类样本的数目相同，设为 $k$，则可以在网络的求和层求得各个样本属于各类的初始概率和

$$\boldsymbol{S}=\begin{bmatrix} \sum\limits_{l=1}^{k}P_{1l} & \sum\limits_{l=k+1}^{2k}P_{1l} & \cdots & \sum\limits_{l=m-k+1}^{m}P_{1l} \\ \sum\limits_{l=1}^{k}P_{2l} & \sum\limits_{l=k+1}^{2k}P_{2l} & \cdots & \sum\limits_{l=m-k+1}^{m}P_{2l} \\ \cdots & \cdots & \cdots & \cdots \\ \sum\limits_{l=1}^{k}P_{pl} & \sum\limits_{l=k+1}^{2k}P_{pl} & \cdots & \sum\limits_{l=m-k+1}^{m}P_{pl} \end{bmatrix}=\begin{bmatrix} S_{11} & S_{12} & \cdots & S_{1c} \\ S_{21} & S_{22} & \cdots & S_{2c} \\ \cdots & \cdots & \cdots & \cdots \\ S_{p1} & S_{p2} & \cdots & S_{pc} \end{bmatrix} \tag{12-32}$$

式中，$S_{ij}$是指将要被识别的样本中，第 $i$ 个样本属于第 $j$ 类的初始概率和。

第六步：计算概率 $prob_{ij}$，即第 $i$ 个样本属于第 $j$ 类的概率。

$$prob_{ij} = \frac{S_{ij}}{\sum_{l=1}^{c} S_{il}} \tag{12-33}$$

**4. LVQ 神经网络**

学习向量量化（Learning Vector Quantization，LVQ）神经网络，属于前向有监督神经网络类型，在模式识别和优化领域有着广泛的应用。LVQ 神经网络由输入层、隐含层和输出层三层组成，输入层与隐含层间为完全连接，每个输出层神经元与隐含层神经元的不同组相连接。隐含层和输出层神经元之间的连接权值固定为 1。在网络训练过程中，输入层和隐含层神经元间的权值被修改。当某个输入模式被送至网络时，最接近输入模式的隐含神经元因获得激发而赢得竞争，因而允许它产生一个“1”，而其他隐含层神经元都被迫产生“0”。与包含获胜神经元的隐含层神经元组相连接的输出神经元也发出“1”，而其他输出神经元均发出“0”。LVQ 算法可分为 LVQ1 算法和 LVQ2 算法两种。

（1）LVQ 算法

LVQ1 算法具体步骤如下。

1）网络初始化。用较小的随机数设定输入层和隐含层之间的权值初始值。

2）输入向量的输入。将输入向量 $\boldsymbol{X} = [x_1, x_2, \cdots, x_n]^{\mathrm{T}}$ 送入到输入层。

3）计算隐含层权值向量与输入向量的距离。隐含层神经元和输入向量的距离同由下式给出：

$$d_j = \sqrt{\sum_{i=1}^{n} (x_i - w_{ij})^2} \tag{12-34}$$

式中，$w_{ij}$ 为输入层与竞争层之间的权值。

4）选择与权值向量的距离最小的神经元。计算并选择输入向量和权值向量的距离最小的神经元，并把其称为胜出神经元，记为 $j^*$。

5）更新连接权值。如果胜出神经元和预先指定的分类一致，称为正确分类，否则称为不正确分类。正确分类和不正确分类时权值的调整量分别使用如下公式：

$$\Delta w_{ij} = \begin{cases} +\eta(x_i - w_{ij}) & \text{正确分类时} \\ -\eta(x_i - w_{ij}) & \text{不正确分类时} \end{cases} \tag{12-35}$$

式中，$\eta$ 为学习率。

6）判断是否满足预先设定的最大迭代次数，满足时算法结束，否则返回步骤 2），进入下一轮学习。

（2）LVQ2 算法

LVQ2 算法具体步骤如下。

1）网络初始化。用较小的随机数设定输入层和隐含层之间的权值初始值。

2）输入向量的输入。将输入向量 $\boldsymbol{X} = [x_1, x_2, \cdots, x_n]^{\mathrm{T}}$ 送入到输入层。

3）计算隐含层权值向量与输入向量的距离。隐含层神经元和输入向量的距离同由下式给出：

$$d_j = \sqrt{\sum_{i=1}^{n} (x_i - w_{ij})^2} \tag{12-36}$$

4）选择与权值向量的距离最小的神经元。计算并选择输入向量和权值向量的距离最小的神经元，并把其称为胜出神经元，记为 $j^*$。

5）更新连接权值。如果胜出神经元 1 属于正确分类时，则权值更新与 LVQ1 的情况相同，根据式（12-35）进行权值的更新。当胜出神经元 1 属于不正确分类时，则另选取一个神经元 2，它的权值向量和输入向量的距离仅比胜出神经元 1 大一点，且满足以下条件时权值改变按式（12-35）计算：

- 神经元 2 属于正确分类。
- 神经元 2、胜出神经元 1 与输入向量之间的距离的差值很小。

6）判断算法是否结束。如果迭代次数大于预先设定的次数，算法结束，否则返回第 2）步，进入下一轮学习。

### 12.2.3　实验步骤及要求

**1. 实验步骤**

运行 MATLAB→新建 m 文件→编写 m 程序→编译并调试。

**2. 实验要求**

1）根据 BP 神经网络、概率神经网络、LVQ 神经网络的原理，编写 MATLAB 函数 bpnn. m、pnn. m 和 lvq. m，具体函数定义如下。

函数格式：

```
sum = bpnn(trainsample,testsample,class)
```

输入参数：trainsample 是训练样本；testsample 是测试样本；class 表示训练样本的类别，与 trainsample 中数据对应。

输出参数：sum 是五种基本情感的识别率。

函数格式：

```
sumpnn = pnn(p_train,t_train,p_test,t_test)
```

输入参数：p_train 是训练样本数据；t_train 是训练样本类别标签；p_test 是测试样本数，t_test 是测试样本类别标签。

输出参数：sumpnn 是五种基本情感识别率。

函数格式：

```
sumlvq = lvq(trainsample,testsample,class)
```

输入参数：trainsample 是训练样本；testsample 是测试样本；class 表示训练样本的类别，与 trainsample 中数据对应。

输出参数：sumlvq 是五种基本情感的识别率。

2）调用 12.1 节实验生成的情感特征 mat 文件，编程实现三种神经网络的语音情感识别，效果分别如图 12-6、图 12-7 和图 12-8 所示。

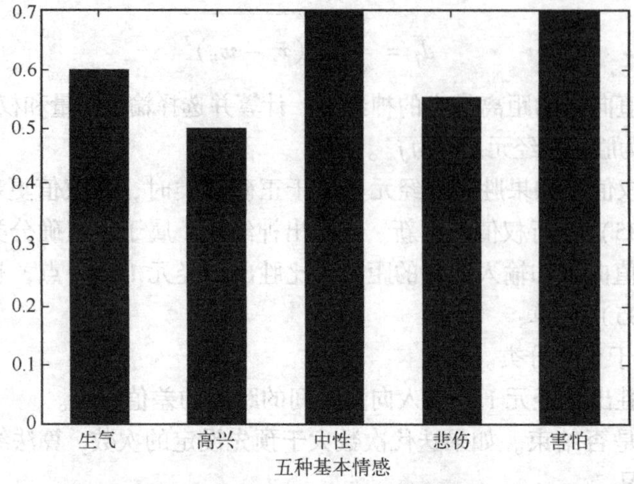


图 12-6　BP 神经网络识别结果

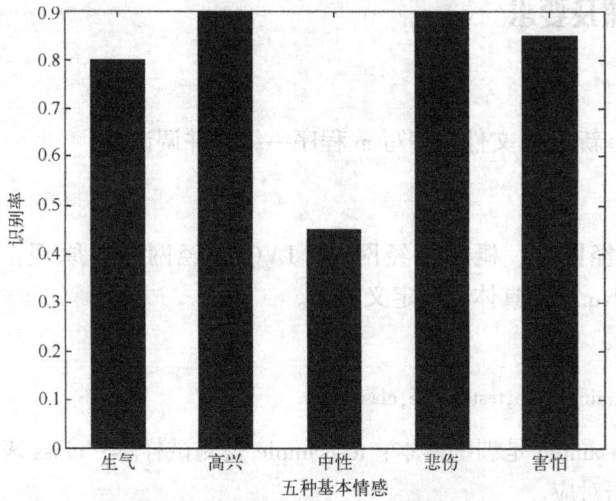


图 12-7　概率神经网络识别结果

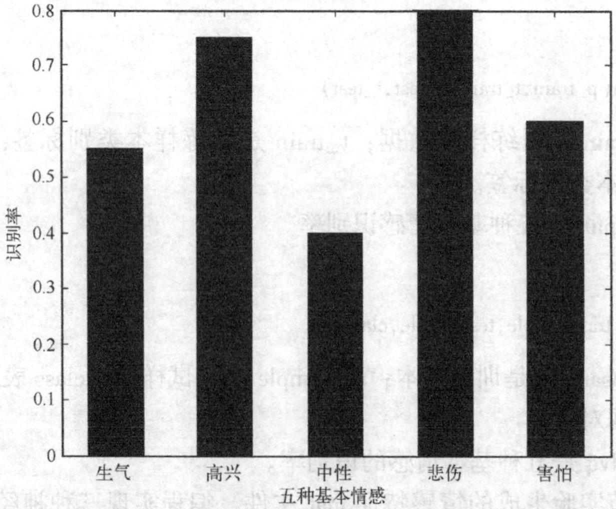


图 12-8　LVQ 神经网络识别结果

### 12.2.4 思考题

尝试编写其他类型的神经网络分类算法，并利用该算法进行语音情感识别。

### 12.2.5 参考例程

```
%基于神经网络的语音情感识别
clc
close all
clear all
load A_fear fearVec;
load F_happiness hapVec;
load N_neutral neutralVec;
load T_sadness sadnessVec;
load W_anger angerVec;
trainsample(1:30,1:140) = angerVec(:,1:30)';
trainsample(31:60,1:140) = hapVec(:,1:30)';
trainsample(61:90,1:140) = neutralVec(:,1:30)';
trainsample(91:120,1:140) = sadnessVec(:,1:30)';
trainsample(121:150,1:140) = fearVec(:,1:30)';
trainsample(1:30,141) = 1;
trainsample(31:60,141) = 2;
trainsample(61:90,141) = 3;
trainsample(91:120,141) = 4;
trainsample(121:150,141) = 5;
testsample(1:20,1:140) = angerVec(:,31:50)';
testsample(21:40,1:140) = hapVec(:,31:50)';
testsample(41:60,1:140) = neutralVec(:,31:50)';
testsample(61:80,1:140) = sadnessVec(:,31:50)';
testsample(81:100,1:140) = fearVec(:,31:50)';
testsample(1:20,141) = 1;
testsample(21:40,141) = 2;
testsample(41:60,141) = 3;
testsample(61:80,141) = 4;
testsample(81:100,141) = 5;
class = trainsample(:,141);
sum = bpnn(trainsample,testsample,class);
figure(1)
bar(sum,0.5);
set(gca','XTickLabel',{'生气','高兴','中性','悲伤','害怕'});
ylabel('识别率');
xlabel('五种基本情感');
```

```
p_train = trainsample( :,1:140') ;
t_train = trainsample( :,141') ;
p_test = testsample( :,1:140') ;
t_test = testsample( :,141') ;
sumpnn = pnn(p_train,t_train,p_test,t_test);
figure(2)
bar(sumpnn,0.5);
set(gca', XTickLabel ','{生气',高兴',中性',悲伤',害怕});
ylabel('识别率);
xlabel('五种基本情感);
sumlvq = lvq(trainsample,testsample,class);

figure(3)
bar(sumlvq,0.5);
set(gca', XTickLabel ','{生气',高兴',中性',悲伤',害怕});
ylabel('识别率);
xlabel('五种基本情感);
```

## 12.3 基于支持向量机的语音情感识别

### 12.3.1 实验目的

1）了解支持向量机的基本原理。

2）掌握基于支持向量机的语音情感识别原理。

3）编程实现基于支持向量机的语音情感识别，并仿真验证。

### 12.3.2 实验原理

**1. 支持向量机算法**

20 个世纪 90 年代 Vapnik 等人提出了支持向量机（SVM）算法，它是一种基于统计理论的学习方法，其目的是为了改善神经网络学习方法的不足。目前 SVM 已经广泛应用于数据挖掘、模式识别等领域。支持向量机在机器学习领域有着重要的地位，其集最大间隔的超平面、凸二次规划问题、核分析方法等多种技术于一身，具有广阔的发展和应用前景。支持向量机从当初被提出，经过 Dual、Smith 等人的逐步完善，Vapnik 在《统计学习理论》的论著中论证了 SVM 算法优于归纳推理给出的误差率的界。大量研究表明 SVM 算法是一种非常有效的学习方法，它能够在高维特征空间得到优化的泛化界的超平面，能够使用核技术从而避免局部最小，通过间隔和限制支持向量的个数控制容量来防止过拟合。目前，SVM 技术已经应用于各个领域，理论与实践都得到了充分的发展，在人脸识别，目标识别，文本识别等都有 SVM 技术的成功应用。

SVM 算法是统计学习理论的一种实现方式。最基本思路就是要找到使测试样本的分类错误率达到最低的最佳超平面，也就是要找到一个分割平面，使得训练集中的训练样本距离该平面的距离尽量的远，该分割平面两侧的空白区域（margin）最大，如图 12-9 所示。

在 $n$ 维空间 $R^n$ 中，对于两类问题进行分类时，设输入空间中一组样本为 $(x_i, y_i)$，其中，$i=1,...,n; x \in R^n$，$y \in (+1, -1)$ 是类别标号。在线性可分的情况下，存在多个超平面将两类样本分开，假设类别距超平面的距离为类别中所有样本距超平面的最小值，则两个类别距所有超平面的距离最大的超平面称为最优超平面，如图 12-10 所示。

设超平面方程为

$$wx + b = 0 \tag{12-37}$$

它使得

$$wx_1 + b = 1 \tag{12-38}$$

$$wx_2 + b = -1 \tag{12-39}$$

进而有

$$(w(x_1 - x_2)) / \| w \| = 2 / \| w \| \tag{12-40}$$

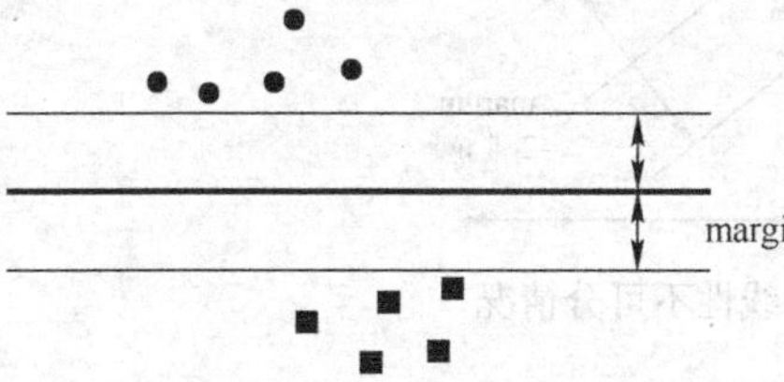


图 12-9 样本点的超平面分割法

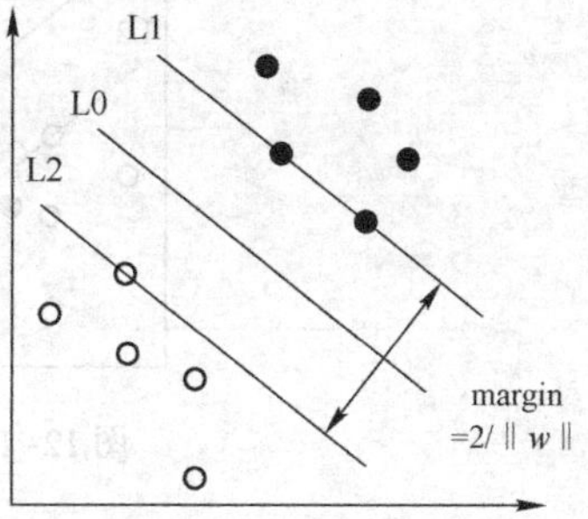


图 12-10 最优分类超平面

则分类函数就是 $g(x) = wx + b$，且分类函数归一化以后，两类中的所有样本都满足 $|g(x)| \geqslant 1$，距离分类超平面最近的样本的 $|g(x)| = 1$，分类间隔即为 $2/\| w \|$，当 $\| w \|$ 最小时，分类间隔最大。

实际上，寻找最优分类面的问题就简化成一个简单的优化问题。即当约束条件为

$$y_i[wx_i + b] - 1 \geqslant 0, i = 1, 2, \cdots, n \tag{12-41}$$

使得

$$\min \frac{1}{2} \| w \|^2 \tag{12-42}$$

引入 Lagrange 算子 $\alpha(\alpha_1, \alpha_2, ..., \alpha_i, ...)(\alpha_i \geqslant 0)$，原问题变成了一个约束条件下的二次优化问题，即

$$L(w, b, \alpha) = -\sum_{i=1}^{n} \alpha_i (y_i (y_i (wx_i + b) - 1) + \frac{1}{2} \| w \|^2 \tag{12-43}$$

对 $w$、$b$ 求偏微分并令它们为 0，得到

$$\begin{cases} w = \sum_{i=1}^{n} \alpha_i y_i x_i \\ \sum \alpha_i y_i = 0 \end{cases} \tag{12-44}$$

$w$ 可以用 $\{x_1, x_2, \ldots, x_n\}$ 线性表示，且有一部分 $\alpha_i = 0$，则对应于 $\alpha_i \neq 0$ 的样本矢量 $x_i$ 为支持向量：

$$w = \sum_{i \in sv} \alpha_i y_i x_i \tag{12-45}$$

将式（12-44）带入式（12-43），当约束条件为

$$\alpha_i \geqslant 0, i = 1, 2, \ldots, n \text{ 且} \sum \alpha_i y_i = 0 \tag{12-46}$$

使得

$$\max\{Q(\alpha)\} = \max\left\{-\frac{1}{2}\sum_{i,j=1}^{n} \alpha_i \alpha_j y_i y_j (x_i, x_j) + \sum_{i=1}^{n} \alpha_i\right\} \tag{12-47}$$

如果样本是线性不可分的，图 12-11 给出了样本线性不可分的例子，则可以通过引入松弛变量得到近似的线性超平面，或者通过非线性映射算法实现低维输入空间线性不可分样本到高维特征空间线性可分样本的映射，再同样用上述针对线性可分情况的方法进行分析。

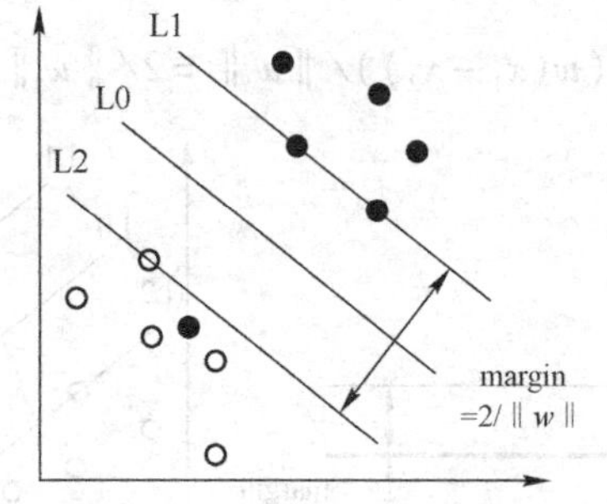


图 12-11　线性不可分情况

在式（12-48）中的约束条件引入松弛变量 $\xi_i \geqslant 0$，用以衡量对应样本 $x_i$ 相对于理想条件下的偏离程度，可得约束条件

$$\begin{cases} w \cdot x_i + b \geqslant 1 - \xi_i, & y_i = 1 \\ w \cdot x_i + b \leqslant \xi_i - 1, & y_i = -1 \end{cases} \quad i = 1, 2, \ldots, n \tag{12-48}$$

对应的优化问题转化为

$$\min_{w,b,\xi} \frac{1}{2}\|w\|^2 + C\sum_{i=1}^{n} \xi_i$$

$$y_i((w \cdot x_i) + b) \geqslant 1 - \xi_i, \xi_i \geqslant 0, i = 1, 2, \ldots, n \tag{12-49}$$

式中，$C$ 为正常数，用来平衡分类误差与推广性能。这个问题同样可以利用拉格朗日函数求解，构造拉格朗日函数如下：

$$L(w,b,\xi,\alpha,\beta) = \frac{1}{2}\|w\|^2 + C\sum_{i=1}^{n} \xi_i - \sum_{i=1}^{n} a_i (y_i((w \cdot x_i) + b) - 1 + \xi_1) - \sum_{i=1}^{n} \beta_i \xi_i \tag{12-50}$$

其中，$\alpha_i \geqslant 0, \beta_i \geqslant 0$ 为拉格朗日算子，对 $L(w,b,\xi,a,\beta)$ 分别求 $w, b, \xi$ 的偏导，令其偏导为零，得到

$$w - \sum_{i=1}^{n} a_i y_i x_i = 0 \tag{12-51}$$

$$\sum_{i=1}^{n} a_i y_i = 0 \tag{12-52}$$

$$C-a_i-\beta_i=0 \tag{12-53}$$

将式（12-52）和式（12-53）代入式（12-49）可得如下对偶问题：

$$\max_{w,b,a}\left\{-\frac{1}{2}\sum_{i=1}^{n}\sum_{j=1}^{n}y_iy_ja_ia_j(x_i\cdot x_j)+\sum_{i=1}^{n}a_i\right\}$$

$$\text{s.t.}\ \sum_{i=1}^{n}a_iy_i=0,0\leqslant a_i\leqslant C,i=1,2,\ldots,n \tag{12-54}$$

通过上式求得 $a_i$，进而求得法向量 $w$ 和偏置 $b$ 后，最后通过判决函数确定测试样本的类别：

$$f(x)=\text{sgn}((w\cdot x)+b)=\text{sgn}\left(\left(\sum_{i=1}^{n}a_iy_i(x_i\cdot x)\right)+b\right) \tag{12-55}$$

在引入非线性映射的方法中，设给定一组样本$(x_i,y_i)$，$i=1,\ldots,n$，$x\in R^n$，$y\in\{+1,-1\}$，假如 $\Phi$ 是低维输入空间 $R^n$ 到高维特征空间 $F$ 的一个映射，核函数 $k$ 对应高维特征 $F$ 中向量内积运算，也就是

$$k(x_i,x_j)=\langle\Phi(x_j),\Phi(x_j)\rangle \tag{12-56}$$

最优分类问题转化为一个约束条件下的二次优化问题：

$$\max\{Q(\alpha)\}=\max\left\{-\frac{1}{2}\sum_{i,j=1}^{n}a_i\alpha_jy_iy_jk(x_i,x_j)+\sum_{i=1}^{n}\alpha_i\right\} \tag{12-57}$$

约束条件为

$$\sum_{i=1}^{n}\alpha_iy_i=0\quad\alpha_i\geqslant 0,i=1,\ldots n \tag{12-58}$$

式（12-57）中，$k(x_i,x_j)$为核函数，$\alpha_i$ 为与每个样本对应的拉格朗日算子。

得到的最佳分类函数为

$$g(x)=\text{sgn}\left\{\sum_{i\in sv}\alpha_j^*y_ik(x_i,x)+b^*\right\} \tag{12-59}$$

其中，sgn( )为符号函数，定义为

$$\text{sgn}(x)=\begin{cases}1 & x>0\\-1 & x\leqslant 0\end{cases} \tag{12-60}$$

引入核函数后的支持向量机分类示意图如图 12-12 所示。

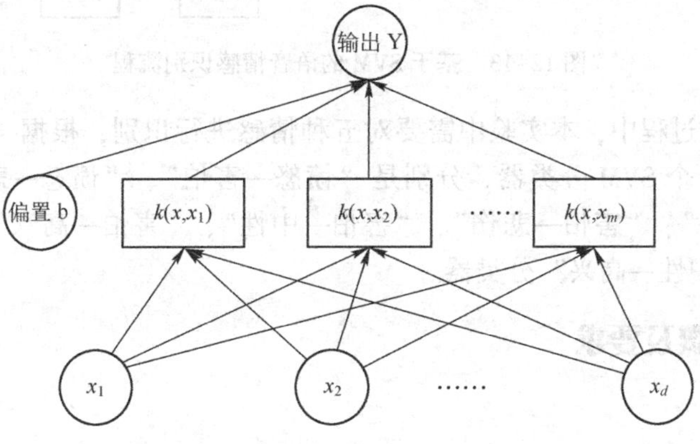


图 12-12　支持向量机示意图

选择使用不同的内积核函数，相当于将输入样本投影到不同的高维特征空间之中，对识别的效果会有影响，下面介绍常用的几种核函数。

1）多项式形式的核函数：

$$k_{poly}(x,x_i)=[x\cdot x_i+1]^q,\quad q\text{ 为多项式的阶数} \tag{12-61}$$

2）径向基形式的核函数：

$$k_{rbf}(x,x_i)=\exp\{-\|x-x_i\|^2/2\sigma^2\} \tag{12-62}$$

3）S 型核函数：

$$k_{sign}(x,x_i)=\tanh(v(x\cdot x_i)+c) \tag{12-63}$$

这三类核函数各有利弊，而且其参数选择也很重要。目前 SVM 技术还没有统一的核函数的选取标准。一般在选取核函数及其参数时需要经过多次实验才能确定，目前识别效果较好的是径向基 RBF 函数。

上面针对的是对于两类问题的分类。如果需要对 $N$ 类问题进行分类，则需要对 SVM 进行组合。组合的策略有“one - vs - one”和“one - vs - all”。“一对多”的思想是在该类样本和不属于该类样本之间构建一个超平面，假设总共有 $k$ 个类别，则需要构建 $k$ 个分类器，每个分类器分别用第 $i$ 类的样本作为正样本，其余的样本作为负样本。该方法的缺点是样本数目不对称，负样本比正样本要多很多，故分类器的训练中惩罚因子很难选择。“一对一”的方式是每两类样本间构造一个超平面，一共需要训练 $k(k-1)/2$ 个分类器，最后识别样本时采用后验概率最大，从而选定待识别样本的类型，“一对一”的方法的缺点是训练的分类器比较多。

**2. 基于支持向量机的语音情感识别**

基于支持向量机的语音情感识别流程如图 12-13 所示。对于输入的语音信号，经过预处理中的预加重，分帧加窗等后，进行特征提取，最后再使用 SVM 进行分类，得到最终的识别结果。

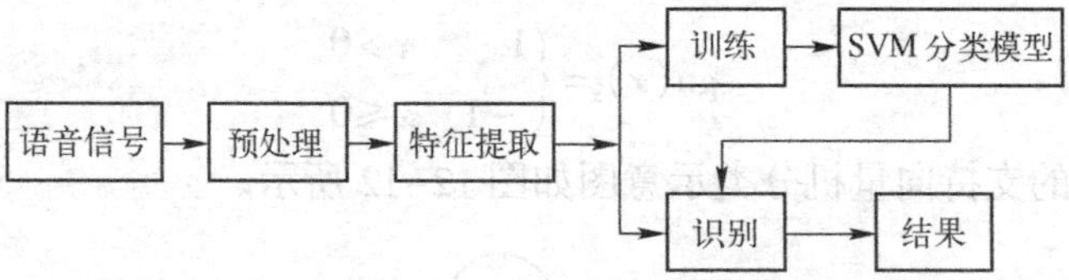


图 12-13 基于 SVM 的语音情感识别流程

在训练 SVM 的过程中，本实验中需要对五种情感进行识别，根据“one - vs - one”策略，就需要构造 10 个 SVM 分类器，分别是“愤怒—害怕”、“愤怒—悲伤”、“愤怒—中性”、“愤怒—高兴”、“害怕—悲伤”、“害怕—中性”、“害怕—高兴”、“悲伤—中性”、“悲伤—高兴”、“中性—高兴”分类器。

## 12.3.3 实验步骤及要求

**1. 实验步骤**

运行 MATLAB→新建 m 文件→编写 m 程序→编译并调试。

**2. 实验要求**

1）根据支持向量机分类的原理，编写 MATLAB 函数，进行语音情感识别，识别率如图 12-12。函数定义如下。

函数格式：

```
rate = svmclassfiction(samples,test)
```

输入参数：samples 是训练样本数据；test 是测试样本数据。

输出参数：rate 是五种基本情感的识别率。

效果图：如图 12-14 所示。

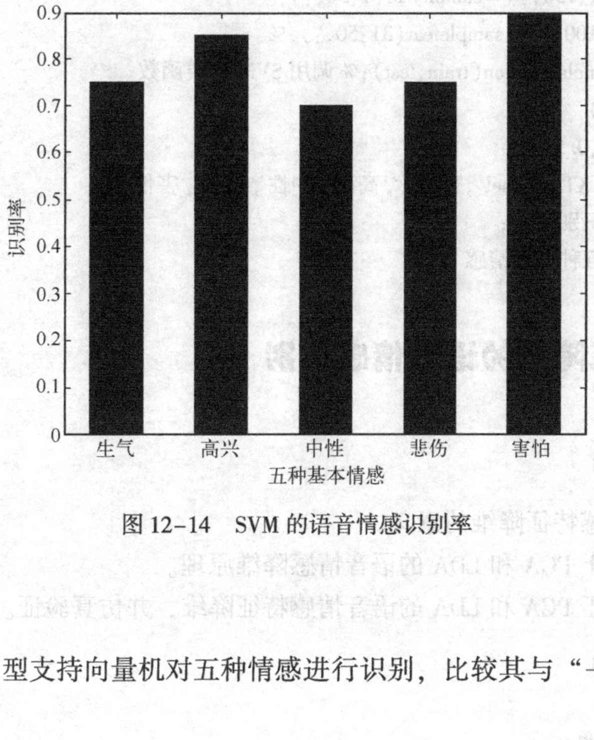


图 12-14　SVM 的语音情感识别率

## 12.3.4　思考题

编写“一对多”型支持向量机对五种情感进行识别，比较其与“一对一”型支持向量机的识别率。

## 12.3.5　参考例程

```
%基于 SVM 的语音情感识别
clc;
clear;
load A_fear fearVec;
load F_happiness hapVec;
load N_neutral neutralVec;
load T_sadness sadnessVec;
load W_anger angerVec;
sampleang = angerVec' ;
samplehap = hapVec' ;
sampleneu = neutralVec' ;
```

```
samplesad = sadnessVec' ;
samplefear = fearVec' ;
train(1:30,:) = sampleang(1:30,:);% 每类 30 个样本作为训练样本
test(1:20,:) = sampleang(31:50,:);% 每类 20 个样本作为测试样本
train(31:60,:) = samplehap(1:30,:);
test(21:40,:) = samplehap(31:50,:);%
train(61:90,:) = sampleneu(1:30,:);
test(41:60,:) = sampleneu(31:50,:);%
train(91:120,:) = samplesad(1:30,:);
test(61:80,:) = samplesad(31:50,:);%
train(121:150,:) = samplefear(1:30,:);
test(81:100,:) = samplefear(31:50,:);%
rate = svmclassfiction(train,test);% 调用 SVM 分类函数
figure(1)
bar(rate,0.5);
set(gca', XTickLabel' ,'{ 生气', 高兴', 中性', 悲伤', 害怕 });
ylabel(' 识别率 ');
xlabel(' 五种基本情感 ');
```

## 12.4 基于特征降维的语音情感识别

### 12.4.1 实验目的

1) 了解语音情感特征降维的意义。

2) 分别掌握基于 PCA 和 LDA 的语音情感降维原理。

3) 编程实现基于 PCA 和 LDA 的语音情感特征降维，并仿真验证。

### 12.4.2 实验原理

**1. LDA 降维原理**

线性鉴别分析（Linear Discriminant Analysis，LDA）是 Ronald Fisher 于 1936 年发明的，是模式识别的经典算法。1996 年，该算法由 Belhumeur 引入模式识别和人工智能领域。线性鉴别分析的基本思想是将高维的模式样本投影到最佳鉴别矢量空间，以达到抽取分类信息和压缩特征空间维数的效果，投影后保证模式样本在新的子空间有最大的类间距离和最小的类内距离，即模式在该空间中有最佳的可分离性。因此，它是一种有效的特征抽取方法。使用这种方法能够使投影后模式样本的类间散布矩阵最大，并且同时类内散布矩阵最小。就是说，它能够保证投影后模式样本在新的空间中有最小的类内距离和最大的类间距离，即模式在该空间中有最佳的可分离性。

假设有一组属于两个类的 $n$ 个 $d$ 维样本 $\boldsymbol{x}_1,...,\boldsymbol{x}_n \in R^d$，其中前 $n_1$ 个样本属于类 $w_1$，后 $n_2$ 个样本属于类 $w_2$，均服从同协方差矩阵的高斯分布。各类样本均值向量 $\boldsymbol{m}_1(i=1,2)$ 如下所示：

$$m_i = \frac{1}{n_i}\sum_{x \in w_i} x \quad i = 1,2 \tag{12-64}$$

样本类内离散度矩阵 $\boldsymbol{S}_i$ 和总的类内离散度矩阵 $\boldsymbol{S}_w$ 的表达式如下所示：

$$\boldsymbol{S}_i = \sum_{x \in w_i} (\boldsymbol{x} - \boldsymbol{m}_i)(\boldsymbol{x} - \boldsymbol{m}_i)^{\mathrm{T}} \quad i = 1,2 \tag{12-65}$$

$$\boldsymbol{S}_w = \boldsymbol{S}_1 + \boldsymbol{S}_2 \tag{12-66}$$

样本类间离散度矩阵 $\boldsymbol{S}_b$ 定义如下：

$$\boldsymbol{S}_b = (\boldsymbol{m}_1 - \boldsymbol{m}_2)(\boldsymbol{m}_1 - \boldsymbol{m}_2)^{\mathrm{T}} \tag{12-67}$$

现寻找一最佳超平面将两类分开，则只需将所有样本投影到此超平面的法线方向上 $\boldsymbol{w} \in \boldsymbol{R}^d$，$\|\boldsymbol{w}\| = 1$：

$$\boldsymbol{y}_i = \boldsymbol{w}^{\mathrm{T}}\boldsymbol{x}_i, \quad i = 1,\ldots,n \tag{12-68}$$

得到 $n$ 个新样本 $\boldsymbol{y}_1,\ldots,\boldsymbol{y}_n \in R$，这 $n$ 个样本相应地属于集合 $Y_1$ 和 $Y_2$，并且 $Y_1$ 和 $Y_2$ 能很好地分开。

为了能找到这样的能达到最好分类效果的投影方向 $\boldsymbol{w}$，Fisher 规定了一个准则函数，要求选择的投影方向 $\boldsymbol{w}$ 能使降维后 $Y_1$ 和 $Y_2$ 两类具有最大的类间距离与类内距离比，即

$$J_F(\boldsymbol{w}) = \frac{(\overline{\boldsymbol{m}}_1 - \overline{\boldsymbol{m}}_2)^2}{\overline{s}_1^2 + \overline{s}_2^2} \tag{12-69}$$

其中类间距离用两类均值$\overline{\boldsymbol{m}}_1$、$\overline{\boldsymbol{m}}_2$ 之间的距离表示，类内距离用每类样本距其类均值距离的和表示，在式中为$\overline{s}_1^2 + \overline{s}_2^2$。

$\overline{\boldsymbol{m}}_i(i = 1,2)$ 为降维后各类样本均值，即

$$\overline{\boldsymbol{m}}_i = \frac{1}{n_i}\sum_{y \in Y_i} \boldsymbol{y} \quad i = 1,2 \tag{12-70}$$

$\overline{s}_i^2(i = 1,2)$ 为降维后每类样本类内离散度，$\overline{s}_1^2 + \overline{s}_2^2$ 为总的类内离散度$\overline{\boldsymbol{S}}_w$：

$$\overline{s}_i^2 = \sum (\boldsymbol{y} - \overline{\boldsymbol{m}}_i)^2, \quad i = 1,2 \tag{12-71}$$

$$\overline{\boldsymbol{S}}_w = \overline{s}_1^2 + \overline{s}_2^2 \tag{12-72}$$

类内离散度表示为$(\overline{\boldsymbol{m}}_1 - \overline{\boldsymbol{m}}_2)^2$。但 Fisher 准则函数并不是 $\boldsymbol{w}$ 的显示函数，无法根据此准则求解 $\boldsymbol{w}$，因此需要对 Fisher 准则函数形式进行修改。

因 $\boldsymbol{y}_i = \boldsymbol{w}^{\mathrm{T}}\boldsymbol{x}_i \quad i = 1,\ldots,n$，则

$$\overline{\boldsymbol{m}}_i = \frac{1}{n_i}\sum_{y \in Y_i} \boldsymbol{y} = \frac{1}{n_i}\sum_{x \in X_i} \boldsymbol{w}^{\mathrm{T}}\boldsymbol{x} = \boldsymbol{w}^{\mathrm{T}}\boldsymbol{m}_i \quad i = 1,2 \tag{12-73}$$

则

$$\begin{aligned}(\overline{\boldsymbol{m}}_1 - \overline{\boldsymbol{m}}_2)^2 &= (\boldsymbol{w}^{\mathrm{T}}\boldsymbol{m}_1 - \boldsymbol{w}^{\mathrm{T}}\boldsymbol{m}_2)^2 \\ &= \boldsymbol{w}^{\mathrm{T}}(\boldsymbol{m}_1 - \boldsymbol{m}_2)(\boldsymbol{m}_1 - \boldsymbol{m}_2)^{\mathrm{T}}\boldsymbol{w} \\ &= \boldsymbol{w}^{\mathrm{T}}\boldsymbol{S}_{\mathrm{b}}\boldsymbol{w}\end{aligned} \tag{12-74}$$

同样，$\overline{s}_i^2(i = 1,2)$ 也可以推出与 $\boldsymbol{w}$ 的关系：

$$\begin{aligned}\overline{s}_i^2 &= \sum (\boldsymbol{y} - \overline{\boldsymbol{m}}_i)^2 \\ &= \sum_{x \in X_i} (\boldsymbol{w}^{\mathrm{T}}\boldsymbol{x} - \boldsymbol{w}^{\mathrm{T}}\boldsymbol{m}_i)^2\end{aligned}$$

$$= \boldsymbol{w}^{\mathrm{T}}\Big[\sum_{x\in X_i}(\boldsymbol{x}-\boldsymbol{m}_i)(\boldsymbol{x}-\boldsymbol{m}_i)^{\mathrm{T}}\Big]\boldsymbol{w}$$

$$= \boldsymbol{w}^{\mathrm{T}}\boldsymbol{S}_i\boldsymbol{w} \tag{12-75}$$

因此，

$$\tilde{s}_1^2+\tilde{s}_2^2=\boldsymbol{w}^{\mathrm{T}}(\boldsymbol{S}_1+\boldsymbol{S}_2)\boldsymbol{w}=\boldsymbol{w}^{\mathrm{T}}\boldsymbol{S}_w\boldsymbol{w} \tag{12-76}$$

则最终 Fisher 准则函数可表示为

$$J_F(\boldsymbol{w})=\frac{\boldsymbol{w}^{\mathrm{T}}\boldsymbol{S}_b\boldsymbol{w}}{\boldsymbol{w}^{\mathrm{T}}\boldsymbol{S}_w\boldsymbol{w}} \tag{12-77}$$

根据上述准则函数，要寻找一投影向量 $\boldsymbol{w}$ 使准则函数最大，需要对准则函数按变量 $\boldsymbol{w}$ 求导并使之为零，即

$$\frac{\partial J_F(\boldsymbol{w})}{\partial \boldsymbol{w}}=\frac{\partial\dfrac{\boldsymbol{w}^{\mathrm{T}}\boldsymbol{S}_b\boldsymbol{w}}{\boldsymbol{w}^{\mathrm{T}}\boldsymbol{S}_w\boldsymbol{w}}}{\partial \boldsymbol{w}}$$

$$=\frac{\boldsymbol{S}_b\boldsymbol{w}(\boldsymbol{w}^{\mathrm{T}}\boldsymbol{S}_w\boldsymbol{w})-\boldsymbol{S}_w\boldsymbol{w}(\boldsymbol{w}^{\mathrm{T}}\boldsymbol{S}_b\boldsymbol{w})}{(\boldsymbol{w}^{\mathrm{T}}\boldsymbol{S}_w\boldsymbol{w})^2}=0 \tag{12-78}$$

则需

$$\boldsymbol{S}_b\boldsymbol{w}(\boldsymbol{w}^{\mathrm{T}}\boldsymbol{S}_w\boldsymbol{w})-\boldsymbol{S}_w\boldsymbol{w}(\boldsymbol{w}^{\mathrm{T}}\boldsymbol{S}_b\boldsymbol{w})=0 \tag{12-79}$$

$$\boldsymbol{S}_b\boldsymbol{w}=J_F(\boldsymbol{w})\boldsymbol{S}_w\boldsymbol{w} \tag{12-80}$$

令 $J_F(\boldsymbol{w})=\lambda$，则有

$$\boldsymbol{S}_b\boldsymbol{w}=\lambda\boldsymbol{W}_w\boldsymbol{w} \tag{12-81}$$

这是一个广义特征值问题，若 $\boldsymbol{S}_w$ 非奇异，则

$$\boldsymbol{S}_w^{-1}\boldsymbol{S}_b\boldsymbol{w}=\lambda\boldsymbol{w} \tag{12-82}$$

因此可以通过 $\boldsymbol{S}_w^{-1}\boldsymbol{S}_b$ 进行特征值分解，将最大特征值对应的特征向量作为最佳投影方向 $\boldsymbol{w}$。

以上 Fisher 准则只能用于解决两类分类问题，为了解决多类分类问题，Duda 提出了判别矢量集的概念，被称为经典的 Fisher 线性判别分析方法。Duda 指出，对于 $c$ 类问题，则需要 $c-1$ 个上节的用于两类分类的 Fisher 线性判别函数，即需要由 $c-1$ 个投影向量 $\boldsymbol{w}$ 组成一个投影矩阵 $\boldsymbol{W}\in\boldsymbol{R}^{d\times c-1}$，将样本投影到此投影矩阵上，从而可以提取 $c-1$ 维的特征矢量。针对 $c$ 类问题，则样本的统计特性需要推广到 $c$ 类上。

样本的总体均值向量：

$$\boldsymbol{m}_i=\frac{1}{n}\sum\boldsymbol{x}=\frac{1}{n}\sum_{i=1}^{c}n_i\boldsymbol{m}_i\qquad i=1,2,\ldots,n \tag{12-83}$$

样本的类内离散度矩阵：

$$\boldsymbol{S}_w=\sum_{i=1}^{c}\sum_{x\in w_i}(\boldsymbol{x}-\boldsymbol{m}_i)(\boldsymbol{x}-\boldsymbol{m}_i)^{\mathrm{T}} \tag{12-84}$$

样本的类间离散度矩阵：

$$\boldsymbol{S}_b=\sum_{i=1}^{c}\sum_{x\in w_i}n(\boldsymbol{m}_i-\boldsymbol{m})(\boldsymbol{m}_i-\boldsymbol{m})^{\mathrm{T}} \tag{12-85}$$

将样本空间投影到投影矩阵 $\boldsymbol{W}$ 上，得到 $c-1$ 维的特征矢量 $\boldsymbol{y}$：

$$\boldsymbol{y}=\boldsymbol{W}^{\mathrm{T}}\boldsymbol{x} \tag{12-86}$$

其中，$W \in R^{d \times c-1}$，$y \in R^{c-1}$。投影后的样本统计特征也相应地推广到 $c$ 类：

投影后总样本的均值向量：

$$\overline{m} = \frac{1}{n}\sum y = \frac{1}{n}\frac{c}{i=1}n_i \overline{m}_i \qquad i = 1,2,\ldots,c \tag{12-87}$$

样本的类内离散度矩阵：

$$\overline{S}_w = \sum_{i=1}^{c}\sum_{x \in w_i}(y - \overline{m}_i)(y - \overline{m}_i)^{\mathrm{T}} \tag{12-88}$$

样本的类间离散度矩阵：

$$\overline{S}_b = \sum_{i=1}^{c}\sum_{x \in w_i} n(\overline{m}_i - \overline{m})(\overline{m}_i - \overline{m})^{\mathrm{T}} \tag{12-89}$$

Fisher 准则也推广到 $c$ 类问题：

$$J_F(w) = \frac{\overline{S}_b}{\overline{S}_w} = \frac{w^{\mathrm{T}} S_b w}{w^{\mathrm{T}} S_w w} \tag{12-90}$$

为使 Fisher 准则取得最大值，类似两类分类问题，$W$ 需满足：

$$S_b w = \lambda S_w w \tag{12-91}$$

若 $S_w$ 非奇异，则 $S_w^{-1} S_b w = \lambda w$，$W$ 的每一列为 $S_w^{-1} S_b$ 的前 $c-1$ 个较大特征值对应的特征向量。

总体来说，LDA 用来特征降维的具体步骤如下：

1）中心化训练样本，并计算其类内离散度矩阵和类间离散度矩阵。

2）计算样本的协方差矩阵，并对其特征值分解，将特征向量按照其特征值的大小进行降序排列，取前若干个特征向量组成投影矩阵。

3）计算投影到投影矩阵上的样本的类内离散度矩阵 $S_w$ 和类间离散度矩阵 $S_b$。

4）对 $S_w^{-1} S_b$ 进行特征值分解，寻找最佳投影子空间。

5）将 $S_w^{-1} S_b$ 的特征向量按其特征值大小进行降序排列。

6）取前 $c-1$ 个特征值对应的特征向量组成新的投影矩阵。

7）将训练样本按照新的投影矩阵进行投影。

8）对测试样本进行中心化处理，并按照新的投影矩阵进行投影。

9）选择合适的分类算法进行分类。

**2. PCA 降维原理**

主成分分析法（Principal Component Analysis，PCA），又称为主分量分析。由卡尔皮尔森在 1901 年最早提出，然而在当时仅仅对确定参数进行探讨，在 1933 年才被霍特林应用到非确定参数。PCA 是经常使用的特征获取方法之一，被称作是模式分类中的著名算法之一。它是一种使用相当广泛的降低数据维度的方法，通过使用原始数据的协方差方阵中前几个比较大的特征对应的特征矢量组成一组基底，以达到较好表征原始数据的目的。另一种表达方式便是使用训练库，把训练的特点参量当作初始数据，经过线性转换，获得维数较少的构成特点，实现降维的目的。因为 PCA 算法操作比较简便，并且参量限制较小，能够很容易适用于每种场所之中。所以，它的应用场合相当多，可以在神经科学、计器图像学等学科中应用，被称作使用平滑数据最有效率的结果之一。换种思考，PCA 的目的就是利用别的一组向量基去再次表征所获得的信息量，然而新的信息量要能够尽可能表达初始信息之间的关联，最后从这当中获取“主分量”，再很大程度地减小多余信息的干扰。

PCA 算法则是使用一类降低数据个数的算法，找到一些全面的参数来替换最初很多的参数，使这类全面参数尽可能代替初始参数的数据总量，并且它们之间要互相没有联系。设法将众多初始具有联系的参数，再次构成为一个新的互相没有联系的全面参数来替换初始参数就是 PCA 算法的目的所在。为了使得重构信号误差最小，需要选取特征矩阵特征值较大的特征矢量，而用该特征矢量重构系数作为信号的低维的特征，PCA 分析方法利用了样本的二阶统计信息。

假如有 $n$ 个识别分类，每个分类用 $p$ 个参数向量 $\boldsymbol{X}_1,\boldsymbol{X}_2,...,\boldsymbol{X}_p$ 表述，则初始的分类矩阵为

$$\boldsymbol{X}=\begin{bmatrix} X_{11} & X_{12} & \cdots & X_{1p} \\ X_{21} & X_{22} & \cdots & X_{2p} \\ \cdots & \cdots & \cdots & \cdots \\ X_{n1} & X_{n2} & \cdots & X_{np} \end{bmatrix}=(\boldsymbol{X}_1,\boldsymbol{X}_2,...,\boldsymbol{X}_p) \tag{12-92}$$

其中，$\boldsymbol{X}_i=[x_{1i},x_{2i},...,x_{ni}]^{\mathrm{T}},i=1,2,...,p$。

用样本矩阵 $\boldsymbol{X}$ 的 $P$ 个向量 $\boldsymbol{X}_1$，$\boldsymbol{X}_2$，…，$\boldsymbol{X}_{\mathrm{p}}$ 作线性组合，有

$$\begin{cases} \boldsymbol{F}_1=a_{11}\boldsymbol{X}_1+a_{21}\boldsymbol{X}_2+\cdots+a_{p1}\boldsymbol{X}_p \\ \boldsymbol{F}_2=a_{12}\boldsymbol{X}_1+a_{22}\boldsymbol{X}_2+\cdots+a_{p2}\boldsymbol{X}_p \\ \quad\cdots\cdots \\ \boldsymbol{F}_p=a_{1p}\boldsymbol{X}_1+a_{2p}\boldsymbol{X}_2+\cdots+a_{pp}\boldsymbol{X}_p \end{cases} \tag{12-93}$$

简写为

$$\boldsymbol{F}_i=a_{1i}\boldsymbol{X}_1+a_{2i}\boldsymbol{X}_2+\cdots+a_{pi}\boldsymbol{X}_p \qquad i=1,2,...,p \tag{12-94}$$

其中，$\boldsymbol{X}_i$ 是 $n$ 维向量，所以 $\boldsymbol{F}_i$ 也是 $n$ 维向量。

模型则要满足以下的条件：

1）$\boldsymbol{F}_i$，$\boldsymbol{F}_j$ 互不相关，其中 $i\neq j$，$i$，$j=1$，2，...，$p$。

2）$\boldsymbol{F}_1$ 的数据量要高于 $\boldsymbol{F}_2$ 的数据量，$\boldsymbol{F}_2$ 的数据量要高于 $\boldsymbol{F}_3$ 的数据量，按照这种规律推算。

3）$a_{1k}^2+a_{2k}^2+\cdots+a_{pk}^2=1$，其中 $k=1$，2，…，$p$。

由此可见，$\boldsymbol{F}_1$ 为首要主成分，$\boldsymbol{F}_2$ 为次主成分，$\boldsymbol{F}_{\mathrm{p}}$ 当作第 $p$ 个主成分，$a_{ij}$ 为主成分系数。

上述模型可以使用矩阵表示为：$\boldsymbol{F}=\boldsymbol{AX}$，其中：

$$\boldsymbol{F}=[F_1,F_2,...,F_p]^{\mathrm{T}} \tag{12-95}$$

$$\boldsymbol{X}=[x_1,x_2,...,x_p]^{\mathrm{T}} \tag{12-96}$$

$$\boldsymbol{A}=\begin{bmatrix} a_{11} & a_{12} & \cdots & a_{1p} \\ a_{21} & a_{22} & \cdots & a_{2p} \\ & & \cdots & \\ a_{p1} & a_{p2} & \cdots & a_{pp} \end{bmatrix}=\begin{bmatrix} \boldsymbol{a}_1 \\ \boldsymbol{a}_2 \\ \vdots \\ \boldsymbol{a}_{\mathrm{p}} \end{bmatrix} \tag{12-97}$$

PCA 主要利用二阶统计特征求取上述主成分分量，设有 $n$ 个样本为 $\boldsymbol{x}_1,\boldsymbol{x}_2,\ldots,\boldsymbol{x}_n \in R^d$，则估计的协方差矩阵可以表示为

$$\boldsymbol{S} = 1/n\sum_{i=1}^{n}(\boldsymbol{x}_i - \overline{\boldsymbol{x}})(\boldsymbol{x}_i - \overline{\boldsymbol{x}})^{\mathrm{T}} \tag{12-98}$$

其中，$\overline{\boldsymbol{x}}$为样本的中心均值矢量。对上式协方差矩阵 $\boldsymbol{S}$ 求解它的特征值量和特征向量

$$\boldsymbol{S}\boldsymbol{w} = \lambda\boldsymbol{w} \tag{12-99}$$

因为 $\boldsymbol{S}$ 的秩为 $n-1$，则可以得到 $n-1$ 特征矢量 $\boldsymbol{w}_1$，$\boldsymbol{w}_2$，…，$\boldsymbol{w}_{n-1}$，设该特征向量组成的变换矩阵为 $\boldsymbol{W}$，则样本 $x$ 经过该变换矩阵被变换到 $n-1$ 维的低维子空间

$$\boldsymbol{y} = \boldsymbol{W}^{\mathrm{T}}(\boldsymbol{x} - \overline{\boldsymbol{x}}) \tag{12-100}$$

在语音情感识别中，PCA 分析首先计算语音特征样本的协方差矩阵 $\boldsymbol{S}$，然后计算得到 $\boldsymbol{S}$ 的特征值和对应的特征向量，非零特征值按降序排列，选择其对应特征向量 $m$ 个，这 $m$ 个特征向量称为 $m$ 个主元。对应的样本可以由它们线性表示：

$$\boldsymbol{y} = \sum_{i=1}^{m} a_i\boldsymbol{w}_i \tag{12-101}$$

其中，$a_i$ 称为语音样本在特征子空间的投影系数，可以用该组合系数作为抽取特征。

在实际应用中，选取了主要的主分量后，还要根据实际去解释主分量的实际含义。如何给主分量定义新的意义是主分量分析中的一个很重要的目标，给出恰当的分析。通常，主分量表达式的系数综合稳定理解是这个理解的重要依据。主分量是初始数据的线性构成，在这个线性构成中变量的系数存在不同差别，正数、负数差别，所以不能够简单地觉得这个主成分是哪一个最初变量的属性的应用。线性构成中每一个参数的绝对值较大者证明这个主成分重点包含了绝对值大的参数，有些参数大小差不多时，应该认定这一主成分是这几个变量的总数，这几个变量综合在一起应定义什么样的现实意义，这要与实际题目和研究方向进行有机整合，给出全面及准确的理解，才能实现较为深入的探讨目标。

**3. KNN 分类原理**

假定有 c 个情感类别 $\omega_1$，$\omega_2$，…，$\omega_c$，每类有标明类别的样本 $N_i$个（$i=1$，$2\cdots$，$c$），规定 $\boldsymbol{X}$ 属于 $\omega_j$类的判别函数为

$$g_j(\boldsymbol{X}) = \min_k |\boldsymbol{X} - \boldsymbol{X}_i^k|, \qquad k=1,2,\ldots,N_i \tag{12-102}$$

其中的 $\boldsymbol{X}_i^k$ 下角标 $i$ 表示第 $\omega_i$类情感，$k$ 表示第 $\omega_i$类的 $N_i$个样本中的第 $K$ 个样本。‖·‖为欧式距离。

由式（12-102），决策规则可写为

若

$$g_j(\boldsymbol{X}) = \min_k(g_i(\boldsymbol{X})), \qquad i=1,2,\ldots,c \tag{12-103}$$

则决策 $\boldsymbol{X} \in \omega_j$。

这一决策方法就称作最近邻法，即对未知情感类别的样本 $\boldsymbol{X}$，只要先比较它与 $N = \sum_{i=1}^{c} N_i$ 个已知情感类别样本之间的欧氏距离，就将它判为距离最近的那个情感样本所属的类。将最近邻法做一个简单推广就可得到 $K$ 近邻算法，即取未知类别样本的 $K$ 个近邻，检查这些近邻中多数属于哪个类，就把 $X$ 归为那一类。具体说就是在 $N$ 个已知样本中，找出

$X$ 的 $K$ 个近邻。

若 $K_1$，$K_2$，…，$K_c$ 分别是 $K$ 个近邻中属于 $\omega_1$，$\omega_2$，…，$\omega_c$ 类的样本数，则可定义判别函数为

$$g_j(X)=K_i,\qquad i=1,2,\ldots,c \tag{12-104}$$

决策规则为

若

$$g_j(X)=\max_i(K_i) \tag{12-105}$$

则决策 $X\in\omega_j$。

K 近邻算法的优点是原理较简单，实现起来较方便。虽然从原理上也依赖于极限定理，但在类别决策时，只与极少量的相邻样本有关。由于 KNN 方法主要靠周围有限的邻近的样本，而不是靠判别类域的方法来确定所属类别的，因此对于类域的交叉或重叠较多的待分样本集来说，KNN 方法较其他方法更为适合。

### 12.4.3 实验步骤及要求

**1. 实验步骤**

运行 MATLAB→新建 m 文件→编写 m 程序→编译并调试。

**2. 实验要求**

1）分别编写 PCA 降维程序 pca. m、LDA 降维程序 lda. m 和 K 近邻分类程序 knn. m。具体函数定义如下。

函数格式：

```
[trainpca,testpca] = pca(trainsample,test,ReducedDim)
```

输入参数：trainsample 是训练样本数据；test 是测试样本数据；ReducedDim 是降维后的特征维数。

输出参数：trainpca 是 pca 降维后的训练样本数据；testpca 是 pca 降维后的测试样本数据。

函数格式：

```
[trainlda,testlda] = lda(data,testsample,N,reduced_dim)
```

输入参数：data 是训练样本数据；testsample 是测试样本数据；N 是各个样本的类别总数，与 data 中数据对应；reduced_dim 是降维后的特征维数。

输出参数：trainlda 是 LDA 降维后的训练样本数据；testlda 是 LDA 降维后的测试样本数据。

函数格式：

```
rate = knn(trainsample,test,k)
```

输入参数：trainsample 是训练样本数据；test 是测试样本数据；k 表示近邻数目。

输出参数：rate 是正确识别的每类样本数目组成的数组。

2）编程实现对语音情感特征分别进行 PCA 和 LDA 降维，并利用 K 近邻分类进行语音

情感识别，显示例图分别如图 12-15 和图 12-16 所示。

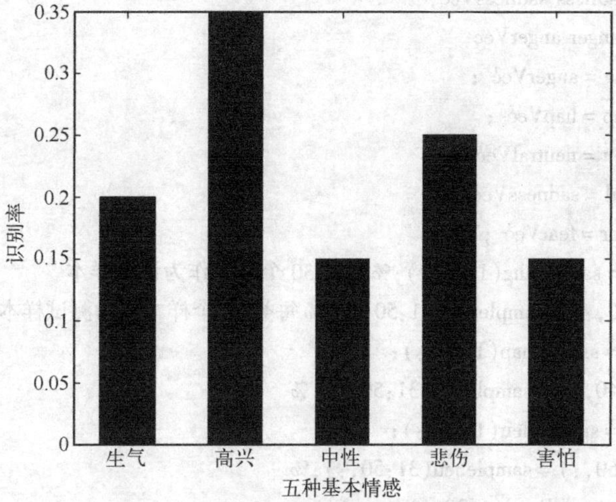


图 12-15　PCA 降维后各情感识别率

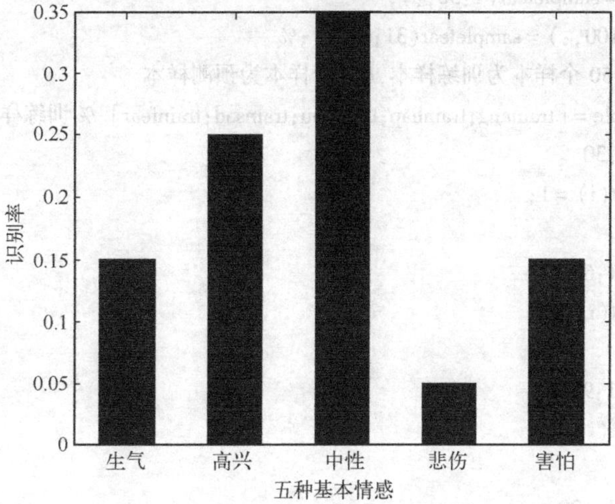


图 12-16　LDA 降维后各情感识别率

## 12.4.4　思考题

结合 LDA 降维和 PCA 降维，尝试先利用 PCA 进行初步语音情感降维，再利用 LDA 进行二次降维，比较它们与分别使用 LDA 降维和 PCA 降维时的识别正确率。

## 12.4.5　参考例程

```
%基于降维算法的语音情感识别例程
clc;
clear;
load A_fear fearVec;
load F_happiness hapVec;
```

```
load N_neutral neutralVec;
load T_sadness sadnessVec;
load W_anger angerVec;
sampleang = angerVec' ;
samplehap = hapVec' ;
sampleneu = neutralVec' ;
samplesad = sadnessVec' ;
samplefear = fearVec' ;
trainang = sampleang(1:30,:);% 每类 30 个样本作为训练样本
test(1:20,:) = sampleang(31:50,:);% 每类 20 个样本作为测试样本
trainhap = samplehap(1:30,:);
test(21:40,:) = samplehap(31:50,:);%
trainneu = sampleneu(1:30,:);
test(41:60,:) = sampleneu(31:50,:);%
trainsad = samplesad(1:30,:);
test(61:80,:) = samplesad(31:50,:);%
trainfear = samplefear(1:30,:);
test(81:100,:) = samplefear(31:50,:);%
% 提取 150 个样本为训练样本,100 个样本为预测样本
trainsample = [trainang;trainhap;trainneu;trainsad;trainfear];% 训练样本
 for i =1:30
    output(i) =1;
 end
 for i =31:60
    output(i) =2;
 end
 for i =61:90
    output(i) =3;
 end
 for i =91:120
    output(i) =4;
 end
 for i =121:150
    output(i) =5;
 end
 trainlabel = output ;% 训练样本类别
for i =1:20
    output1(i) =1;
 end
 for i =21:40
    output1(i) =2;
 end
for i =41:60
```

```
    output1(i)=3;
end
for i=61:80
    output1(i)=4;
end
for i=81:100
    output1(i)=5;
end
testlabel=output1 ;%测试样本类别
[trainpca,testpca]=pca(trainsample,test,5);
rate=knn(trainpca,testpca,7);
figure(1)
bar(rate./20,0.5);
set(gca',XTickLabel ','{生气',高兴',中性',悲伤',害怕});
ylabel('识别率);
xlabel('五种基本情感);

N=[30,30,30,30,30];
trainsample=[trainang;trainhap;trainneu;trainsad;trainfear];%训练样本
testsample(1:20,:)=sampleang(31:50,:);%%每类 20 个样本作为测试样本
testsample(21:40,:)=samplehap(31:50,:);%
testsample(41:60,:)=sampleneu(31:50,:);%
testsample(61:80,:)=samplesad(31:50,:);%
testsample(81:100,:)=samplefear(31:50,:);%
data=trainsample;
[trainlda,testlda]=lda(data,testsample,N,4);

rate=knn(trainlda,testlda,7);
figure(2)
bar(rate./20,0.5);
set(gca',XTickLabel ','{生气',高兴',中性',悲伤',害怕});
ylabel('识别率);
xlabel('五种基本情感);
```

# 第13章　实用语音信号处理平台

MATLAB是优秀的语音信号处理仿真软件，对于验证算法性能、提高研究效率非常重要。但是，算法验证完成后，如果需要投入到工程应用中，则必须借助于其他平台对程序和算法进行改写或优化。根据工程背景和需求，目前常用的语音信号处理的平台主要分为PC端的和嵌入式终端的。为此，本章主要介绍了基于PC端的应用程序开发原理和流程、嵌入式Linux的音频驱动程序开发以及基于QT的语音信号处理，并简单介绍了实时语音信号处理硬件平台。

PC端的主流开发软件是Microsoft Visual Studio，该软件是美国微软公司的开发工具包系列产品。本书介绍的语音信号处理开发依托的MFC平台，是微软公司实现的一个C++类库，封装了大部分的Windows API函数，提高了程序的开发速度。该语音信号处理开发平台实现的功能包括语音采集、语音特征提取、语音增强、语音识别、说话人识别、情感识别、语音编码、语音隐藏和声源定位等。

相对于PC端的程序开发，基于嵌入式终端的语音信号处理开发相对较难。因为嵌入式终端往往缺乏MFC平台丰富的API函数，许多程序需要开发人员自行编写。其中，最复杂和最核心的就是音频驱动程序的编写和测试。本章介绍了一种主流的音频驱动开发方法——基于ALSA的音频驱动程序方法，介绍了高级Linux声音架构，Platform功能和数据解析，Codec功能和数据解析，并以WM8960为例，详细说明了音频驱动程序的开发和测试流程。

嵌入式语音信号处理必须借助于一定的硬件平台，本章介绍了一款语音信号处理硬件平台。该平台以Samsung公司高端的ARM Cortex－A8微处理器S5PV210芯片为核心，包含语音采集模块、蓝牙模块、语音合成模块、RFID读卡模块、WIFI模块、语音识别模块，可实现大部分语音信号处理算法验证和开发。本章最后，以一个简单的语音读取和显示实验，介绍了基于QT的语音波形显示程序的开发流程。

## 13.1　基于MFC的语音信号处理软件平台

### 13.1.1　基于MFC的语音信号处理软件平台

Microsoft Visual Studio（简称VS）是美国微软公司的开发工具包系列产品。VS是一个基本完整的开发工具集，它包括了整个软件生命周期中所需要的大部分工具，如UML工具、代码管控工具、集成开发环境（IDE）等。所写的目标代码适用于微软支持的所有平台，包括Microsoft Windows、Windows Mobile、Windows CE、.NET Framework、.NET Compact Framework、Microsoft Silverlight及Windows Phone。

Visual Studio是目前最流行的Windows平台应用程序的集成开发环境，其最新版本为Visual Studio 2015，基于.NET Framework 4.5.2构建。

语音信号处理程序依托于 MFC 平台，MFC（Microsoft Foundation Classes）是微软公司实现的一个 C++类库，封装了大部分的 Windows API 函数，提高了程序的开发速度。MFC 消息机制如图 13-1 所示。

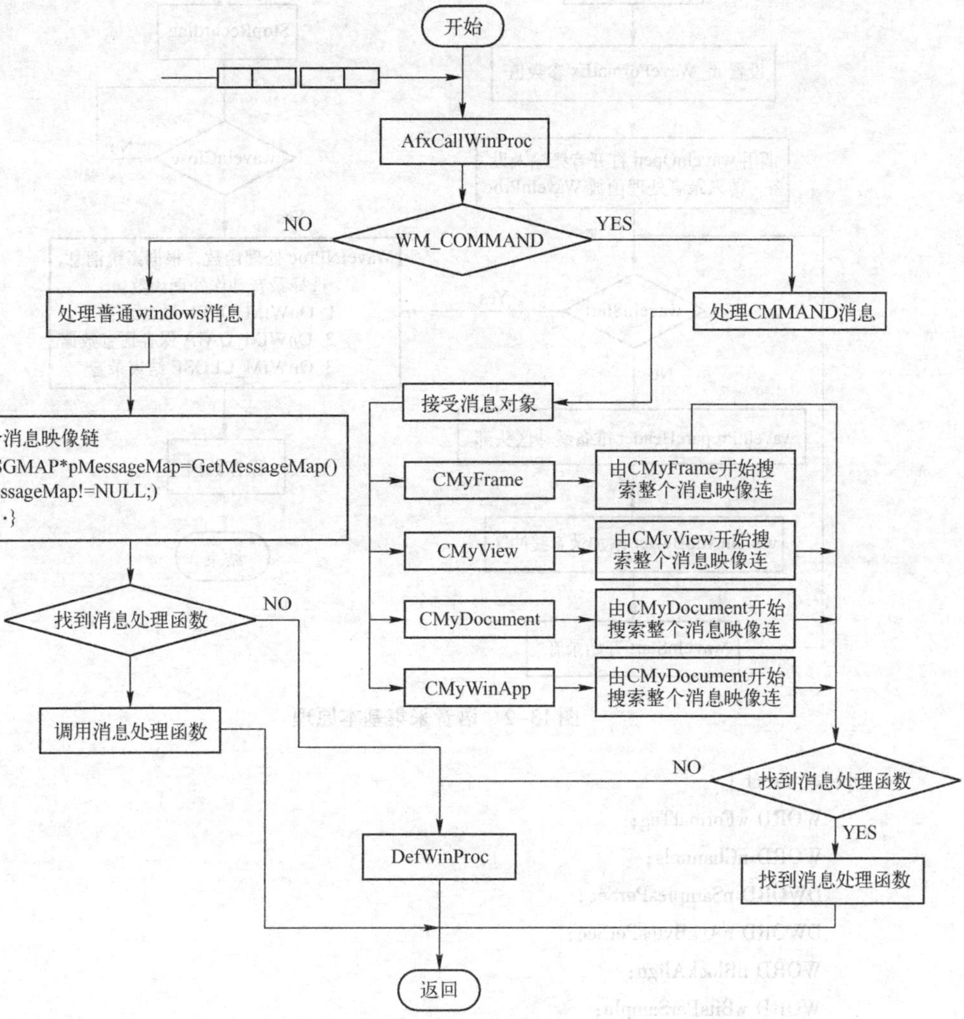


图 13-1　MFC 消息机制

软件处理的基本文件格式是 .wav 文件，语音软件在文件菜单中提供了录音功能，为语音处理提供了功能性保障。录音功能使用了 Windows 提供的多媒体处理库 winmm.lib，该库封装了 Windows 下大部分的多媒体处理 API。软件平台中的录音功能是在该媒体库基础上进行再封装实现的。设计的 CRecordDlg 类以对话框的形式提供了对录制语音的采样率、信道数和比特率的设置，通过接口函数 WriteWaveFileHeader 写进语音文件头。StartRecording 和 StopRecording 两个接口函数封装了录音的主要过程，处理流程如图 13-2 所示。

其中，m_WaveFormatEx 是 WAVEFORMATEX 对象，描述了 .wav 语音的文件头信息，包括波形格式、信道数、采样率、对齐方式、传输率，格式如下：

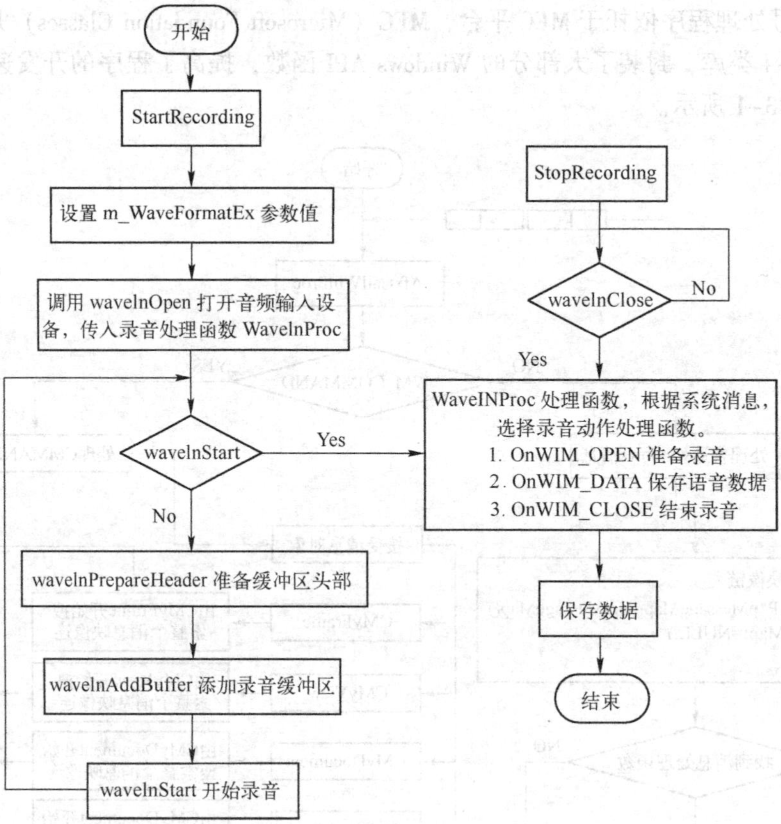


图 13-2　语音采集基本原理

```
typedef struct {
    WORD wFormatTag;
    WORD nChannels;
    DWORD nSamplesPerSec;
    DWORD nAvgBytesPerSec;
    WORD nBlockAlign;
    WORD wBitsPerSample;
    WORD cbSize;
    } WAVEFORMATEX;
```

wFormatTag：指定一些压缩的音频格式，如 G723.1，TURE DSP 等。不过一般都是 WAVEFORMAT_PCM 格式，即未压缩的音频格式。

nChannels：声道数，取值可为 1 或者 2。

nSamplesPerSec：每秒采样数，取值为 8000、11025、22050 和 44100 等标准值。

nAvgBytesPerSec：每秒平均的字节数。

nBlockAlign：一个比较特殊的值，表示对音频处理时的最小处理单位，对于 PCM 非压缩，其值是 wBitsPerSample * nChannels/8。

wBitsPerSample：每采样值的位数，取值为 8 或者 16。

cbSize：表示该 WAVEFORMATEX 的结构在标准的头部之后还有多少字节数（对于 PCM

格式而言)，初值为 0。

图中涉及的函数包括：

1）waveInOpen 函数是系统提供的，功能是打开音频输入设备，并且传入 WaveInProc 处理函数，WaveInProc 在调用函数 waveInStart 后开始工作，在调用函数 waveInClose 后停止工作，其调用类中定义了三个回调信号：

- OnWIM_OPEN。当执行 waveInStart( ) 函数时，并产生这个回调信号，调用 OnWIM_OPEN 函数。代表录音设备已经打开。
- OnWIM_DATA。当每块缓存块填满时，产生这个回调信号。在这次调用中，回调函数应当完成如下工作：处理将存满的缓存块，例如存入文件或送入其他设备；向录音设备送入新的缓存块。录音设备任何时刻都应当拥有不少于 2 个的缓存块，以保证录音不间断性。
- OnWIM_CLOSE。当调用 waveInClose 函数时，会产生这个回调信号，代表录音设备关闭成功。回调函数调用中，可以执行相应的一些操作，如关闭文件、保存信息等。

2）waveInPrepareHeader 函数用于准备好录音缓存空间，以便使用。一般至少需要准备两块缓存，因为录音不能间断，当一块填满时没有时间等待去送入下一块缓存，所以必须提前准备好。

3）waveInAddBuffer 函数用于将缓存送入录音设备，存入已录下的音频。开始录音时，应至少送入两块不同的缓存，即调用两次该函数。之后，为了不致使录音产生间断，应保证至少有一块缓存在录音时为空，以备衔接。

此外，在语音处理过程中，频域处理需要 FFT 变换。为了提高运算效率，平台引入学术和工程上广泛使用的离散傅里叶变换的函数库 FFTW（the Fast Fourier Transform in the West)。FFTW 是一个 C 程序编写的开源库程序，是由 MITde M. Frigo 和 S. Johnson 共同开发，在速度、多维数据处理以及并行运算上，都有着很卓越的表现，被广泛地使用在 MATLAB 等软件中。

如果语音信号的处理需要线性代数方面知识的支持，Armadillo 库是个不错的选择。Armadillo是一个封装了 BLAS 和 LAPACK 的 C ++ 开源线性代数库，后两者分别是美国自然科学基金和美国国家科学基金资助的项目，是业内公认的标准线性代数计算的解决方案。Armadillo对两者进行了封装，使其接口相似于 MATLAB，在 C ++ 平台上得到了很好的推广。

### 13.1.2 语音开发软件平台

基于 MFC 的语音信号处理平台的主界面如图 13-3 所示。软件主要包括以下功能模块。

#### 1. 文件菜单

文件菜单包括打开、保存和另存为三个基本功能以及录音、截取、追加、转换和参数设置 5 个针对语音信号的基本操作。

1）打开：打开 . wav 语音文件，并在原始语音数据区域显示基本波形。

2）保存：保存更改后的语音文件。

3）另存为：将处理好的语音另存为语音文件。

4）截取：通过鼠标选择部分语音数据，配合另存为菜单，截取语音数据。

5）追加：在已经打开的语音数据上追加语音数据，可以连接两个语音。

6）转换：对语音数据的采样精度、采样率和信道数进行调整。

7）参数设置：设置语音处理过程中的帧长、帧移和窗函数类型。

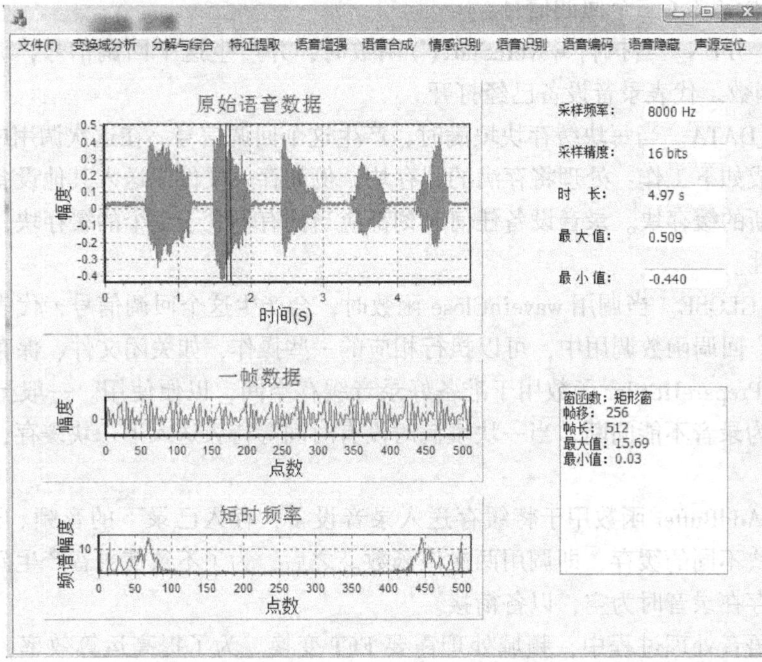


图 13-3　语音信号处理开发平台

**2. 变换域分析**

变换域分析菜单包括时域分析、频域分析、倒谱分析和线性预测分析。其中各个菜单均由数个子菜单构成。详细情况如下：

1）短时时域分析：包括短时能量、短时幅度、短时平均过零率、短时自相关和短时平均幅度差子菜单，分别用于计算语音信号的短时能量、短时幅度、短时平均过零率、短时自相关和短时平均幅度差，并在特征区域以图形显示。

2）频域分析：包括傅里叶、语谱图和短时功率谱图三个子菜单。短时傅里叶计算选定帧的傅里叶变换，语谱图计算整个信号的语谱图，短时功率谱计算语音的短时功率谱，在特征区域有相关数据的可视化显示。

3）倒谱分析：包括倒谱、复倒谱和美尔频率倒谱三个子菜单，分别用于计算选定帧信号的倒谱、复倒谱和美尔频率倒谱，并在特征区域显示。

4）线性预测分析：包括线性预测（LPC）、LPC 转 LSP 和 LSP 转 LPC 三个子菜单，分别用于计算选定帧的 LPC 系数、LSP 系数以及两种系数之间的转换。

**3. 特征提取**

特征提取菜单包括端点检测、基音周期估计和共振峰估计，详细内容如下：

1）端点检测：包括双门限法、相关法、谱熵法、能零比法和能熵比法子菜单，分别采用双门限、自相关、谱熵、能量－过零率和能量－熵法来进行端点检测。

2）基音周期估计：包括短时自相关法、短时平均幅度差、倒谱法、简化逆滤波和带噪基音检测子菜单，分别采用自相关法、短时平均幅度差法、倒谱法、逆滤波和谱减－自相关法来估计基音周期。

3）共振峰估计：包括倒谱法和 LPC 法子菜单 分别采用倒谱和 LPC 预测来检测共振峰。

**4. 语音增强**

语音增强用于从含噪语音中提取尽可能纯净的原始语音，包括：

1）噪声叠加：用于为纯净语音信号叠加噪声，并图形显示。

2）直流量消除：消除语音的直流信号，属于语音预处理方法。

3）LMS 自适应滤波：采用 LMS 滤波法，消除噪声。

4）陷波器法：用于消除单频的噪声信号。

5）谱减法：采用谱减法消除噪声。

6）Weiner 滤波：使用 Weiner 滤波法消除语音噪声。

**5. 语音合成**

语音合成菜单用于实现语音信号的合成，包括：

1）线性预测系数结合预测误差：通过 LPC 预测系数和预测误差合成语音信号。

2）线性预测系数结合基音参数：通过 LPC 预测系数和基音参数合成语音信号。

3）LPC 检测共振峰结合基音参数：通过 LPC 检测共振峰位置，结合基音参数合成语音信号。

4）倒谱检测共振峰结合基音参数：通过倒谱法和内插法确定共振峰位置，结合基音参数合成语音信号。

5）语音信号变速：改变语音信号的速度。

6）语音信号变调：改变语音信号的声调。

**6. 情感识别**

语音识别实现语音情感检测，包括：

1）最近邻法（KNN）：采用最近邻法训练语音数据，判别语音情感类型。

2）KNN（PCA）：对特征数据用 PCA 降维后，再采用最近邻法判断语音情感类型。

3）KNN（LDA）：对特征数据用 LDA 降维后，再采用最近邻法判断语音情感类型。

4）神经网络：采用神经网络法训练并识别语音情感类型。

5）SVM：采用 SVM 法训练并识别语音情感类型。

**7. 语音识别**

语音识别包括识别孤立数字和说话人识别两个方面的内容，包括：

1）DTW 数字识别：采用 DTW 算法识别孤立数字语音。

2）HMM 数字识别：采用 HMM 算法识别孤立数字语音。

3）VQ 说话人识别：采用 VQ 算法识别说话人。

4）GMM 说话人识别：采用 GMM 算法识别说话人。

**8. 语音编码**

语音编码实现语音编解码功能，包括：

1）PCM 编解码：对语音进行 PCM 编解码。

2）LPC 编解码：对语音进行 LPC 编解码。

3）ADPCM 编解码：对语音进行 ADPCM 编解码。

**9. 语音隐藏**

语音隐藏实现基于 LSB 法和回声法的语音隐藏功能，包括：

1）LSB 法：基于 LSB 法的语音隐藏。

2）回声法：基于回声法的语音隐藏。

**10. 声源定位**

声源定位实现基于时延法和谱估计法的声源定位功能，包括：

1）房间模型参数设置：设置基于房间模型的声源定位场景参数。

2）时延法：实现几种常用的基于时延法的声源定位算法。

3）谱估计法：实现几种常用的基于谱估计法的声源定位算法。

## 13.2 基于嵌入式 Linux 的音频驱动程序移植

Linux 系统诞生于 1991 年，它是荷兰人林纳斯·托瓦兹写的一个免费的开源操作系统。完全开放源代码的策略，让广大的用户可以自由地修改系统的代码，裁剪系统的功能来匹配自己的硬件，增加了 Linux 的可移植性，为以后嵌入式的发展奠定了基础。现在比较流行的 Linux 操作系统有 Ubuntu、Red hat、Fedora 等。

根据系统硬件，选择与之对应的 Linux 内核源代码后，对内核进行裁剪，删去不必要的功能，以优化系统的效率。普通内核中已经包含了 SD 卡驱动、USB 驱动、串口驱动以及 S5PV210 处理器的设置等。对于不包含的 WM8960 的驱动，在本章后面会重点说明其驱动移植的过程。

### 13.2.1 高级 Linux 声音架构

高级 Linux 声音架构（Advanced Linux Sound Architecture，ALSA）主要在 Linux 2.6 以上版本系统上提供音频和 MIDI 音乐设备数字化接口的支持，而 3.0.8 版本以上的内核已经将 ALSA 作为了默认的音频子系统。

ALSA 的特征包括：

1）高效地支持所有的音频接口，无论是普通用户的声卡还是专业级别的多路音频设备。

2）声卡驱动完全模块化设计。

3）支持应用开发库，为程序设计提供简单便捷的设计方法，并且拥有很多高级的功能与效果。

4）兼容 OSS 旧版本的 API，为大多数 OSS 应用程序提供良好的兼容。

ALSA 编程需要额外的库来操作，其基本结构如图 13-4 所示。在这些库中，alsa-lib 为应用函数库，alsa-driver 为常见音频芯片的 ALSA 驱动代码，alsa-firmware 为 DSP 或 ASIC 的专用微码，alsa-utils 为 ALSA 测试工具，alsa-oss 则提供了用 ALSA 接口模拟旧的 OSS 接口的方法。

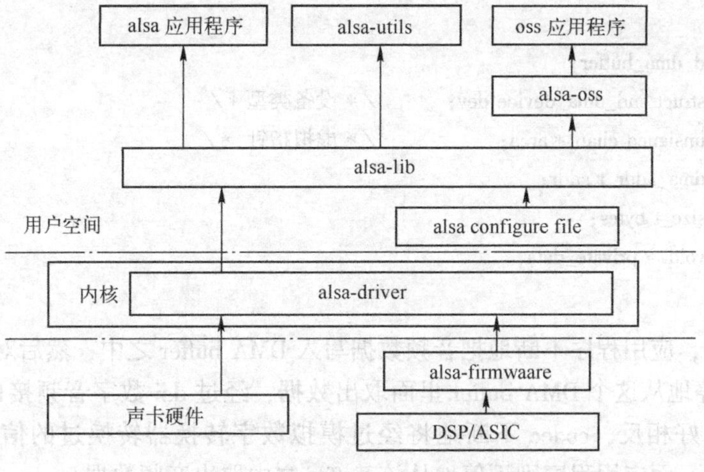


图 13-4　ALSA 开发库基本结构

在 Linux 3.0.8 版本的系统中，ALSA 的主要文件在 include/sound/目录下的 driver.h 文件和/sound/core 目录下的所有 .c 文件中。

嵌入式音频系统设备被划为三部分，硬件板载芯片 Machine、SoC（Platform）和 Codec。此处，Machine 指的是一款机器，如 s5pv210 硬件平台。Platform 指的是某一个片上可执行系统（System on Chip，SoC）平台。SoC 中有与音频相关的时钟、DMA、I2S 等，只要 SoC 被指定，就可以认为它已经对应了一个 Platform，其只和 SoC 有关而与 Machine 无关。Codec 代表的是编解码器，里面包含了各种接口，有 I2S 接口、D/A 接口、A/D 接口和功放（PA）接口等。同时，Codec 也包含了多种输出（如 Mic、Line-in、I2S 等）和多种输入（如耳机、传声器、听筒等）。

## 13.2.2　Platform 功能和数据解析

Platform 驱动主要负责完成音频数据的管理，并最终通过处理器的数字音频接口（DAI）将音频数据发送给 codec 进行处理，然后再由 codec 输出驱动耳机或者传声器音频信号。在具体操作上，SoC 将 Platform 的驱动分成两个部分实现，一个是 snd_soc_platform_driver，另一个是 snd_soc_dai_driver。其中，platform_driver 负责音频数据的管理，把音频数据通过 DMA 或其他操作传送至微处理器 dai 中。dai_driver 则主要负责完成微处理器一侧的 dai 的参数配置，同时也会通过一定的途径把 DMA 参数与 snd_soc_platform_driver 进行交互。在 snd_soc_dai 结构中，platform_dma_data 结构用来保存对应 dai 放音 stream 有关的 DMA 信息，比如 DMA 的目标地址、DMA 传送的单元大小以及通道号等。Capture_dma_data 用于保存对应 dai 录音 stream 有关的 DMA 信息，比如 DMA 的目标地址、DMA 的传送单元大小和通道号等。

音频 soc_platform 驱动最重要的功能就是负责完成传送音频数据，绝大多数情况下都是通过 DMA 的方式来实现的。DMA buffer 是一块特殊作用的内存，因为有的平台规定了某个范围内的地址内存才可以被当作 DMA buffer 进行 DMA 操作。同时，多数的嵌入式系统平台要求 DMA 的物理内存地址一定要是连续的才可以，这样做可以方便 DMA 控制器对内存的访问。DMA buffer 相关的信息存放在 snd_pcm_substream 结构的 snd_dma_buffer * buffer 字段中。

```
struct snd_dma_buffer{
        struct snd_dma_device dev;          /*设备类型*/
        unsigned char *area;                /*虚拟指针 */
        dma_addr_t addr;
        size_t bytes;
        void *private_data;
};
```

播放音频时，应用程序不断地把音频数据写入 DMA buffer 之中，然后对应的 platform 的 DMA 操作则不停地从这个 DMA buffer 里面取出数据，经过 dai 数字音频接口送往 codec 中。采集音频时则刚好相反，codec 不断地将经过模拟数字转换器转换过的信号经过 dai 送入 DMA buffer 之中，而应用程序则不停地从该 buffer 之中取出音频数据。

### 13.2.3 Codec 功能和数据解析

移动设备中的 Codec 有 4 种作用：

1）将数字 PCM 信号转换成模拟信号，也就是把数字的音频信号变为模拟信号。

2）对 Mic、Line-in 或者其他模拟信号输入源进行处理转换，也就是把模拟信号如声音等转换成可以被 CPU 处理器处理的数字信号。

3）在播放音乐、接听电话，或者收听收音机时，这些音频相关的信号在 codec 中的流通路线是不同的，故 codec 会对其进行音频通路的控制。

4）对音频信号进行一些其他的处理，比如音量控制、功率放大等。

音频子系统 codec 中最主要的几个数据结构成员有 4 个，分别是：snd_soc_codec、snd_soc_codec_driver、snd_soc_dai、snd_soc_dai_driver。其中 snd_soc_codec_driver 结构体包含在 snd_soc_codec 结构体内，snd_soc_dai_driver 结构体包含在 snd_soc_dai 结构体内。下面介绍一下各结构体成员的作用：

```
struct snd_soc_codec {
        const char *name;
        struct device *dev;
        const struct snd_soc_codec_driver *driver;
        struct snd_soc_card *card;
        int num_dai;
        int (*volatile_register)();
        int (*readable_register)();
        int (*writable_register)();
        void *control_data;
```

```
        enum snd_soc_control_type control_type;
        unsigned int ( * read) ( );
        int ( * write) ( );
        struct snd_soc_dapm_context dapm;
    };
```

char * name 就是这个 codec 的名字，* dev 是一个指向 codec 设备的指针，int num_dai 是 codec 数字接口的总数，随着系统的更新，越来越多的 codec 支持复数的 i2s 或者 PCM 接口。( * volatile_register) ( )，( * readable_register) ( ) 和( * writable_register) ( ) 分别用于判断一个寄存器是不是带有 volatile 属性，是不是可读，是不是可写的。Void * control_data 这个指针指向的结构用于对 codec 的控制，通常和 read，write 等字段一起使用。Control_type 用于指向发送控制信号的总线的类型，可以是 SND_SOC_I2C，SND_SOC_API，SND_SOC_REGMAP 中的一种。下面的( * read) 和( * write) 两个函数指针分别是读取 codec 寄存器，写入 codec 寄存器的函数，最后一个 dapm 用于 DAPM 的控件。

```
    struct snd_soc_dai {
        const char * name;
        struct device * dev;
        struct snd_soc_dai_driver * driver;
        unsigned int capture_active:1;
        unsigned int playback_active:1;
        void * playback_dma_data;
        void * capture_dma_data;
        union {
            struct snd_soc_platform * platform;
            struct snd_soc_codec * codec;
        };
    struct snd_soc_card * card;
    };
```

dai 表示 digital audio interface，也就是数字音频接口的缩写，其中 char * name 同样指代当前 dai 的名字，device * dev 指针指向对应的设备。而 snd_soc_dai_driver * driver 是指向 dai 驱动结构的指针。void * playback_dma_data 和 void * capture_dma_data 用于管理 playback DMA 和 capture DMA。随后的联合体表示，如果 * platform 为 cpu dai，则表示指向的是所绑定的平台；如果 * codec 为 codec dai，则指向的是所绑定的 codec。* codec 指向 Machine 驱动中的 crad 实例。

### 13.2.4　WM8960 驱动移植

首先从 ALSA Project 官网上下载 ALSA 开发库，然后对与 WM8960 芯片相关的部分进行分析修改。由于 ALSA 中 WM8960 驱动默认单声道，并且只实现了单片 WM8960 的驱动。而声源定位系统需要四路传声器输入，需要两片 WM8960 芯片，每片分左右声道输入。下面在描述 WM8960 驱动工作原理的同时，阐述对相应部分的添加与修改。

由于 WM8960 语音芯片是采用模块的方式编译进 Linux 内核系统的，故在 driver code 中的入口和出口函数分别为 WM8960_modinit、WM8960_exit 这两个函数。驱动所谓的入口和出口函数指的是，当系统上电时，内核会将所有的驱动代码挂载到系统里，而加载驱动首先执行的就是驱动的入口函数，当卸载不想要的驱动时，执行的就是对应驱动的出口函数。

代码中 module_init(WM8960_modinit)和 module_exit(WM8960_exit)这两个函数声明了驱动的入口和出口：

```
static int __init WM8960_modinit(void)
{
    int ret;
    ret = i2c_add_driver(&WM8960_i2c_driver); /* 添加 i2c 驱动设备 */
    if (ret != 0) {
        printk(KERN_ERR "Failed to register WM8960 I2C driver: %d\n",
                ret);
    }
    return ret;
}
```

在入口函数中，驱动只做了一件事情，就是将 WM8960 设备对应的数据结构注册到 I2C 总线中。采用的方式就是调用 I2C 总线的接口函数 i2c_add_driver()，注册的数据结构如下：

```
static struct i2c_driver WM8960_i2c_driver = {
    .driver = {
        .name = "WM8960",
        .owner = THIS_MODULE,
    },
    .probe =      WM8960_i2c_probe,        /* 定义驱动函数的 probe 函数 */
    .remove =     __devexit_p(WM8960_i2c_remove),
    .id_table = WM8960_i2c_id,
};
```

在这里，内核采用了驱动-设备分离的方式，即与硬件相关的信息放在一个结构体里注册进内核，而与驱动相关与硬件无关的信息也放在一个结构体中注册进内核，这样做的目的是为了加强驱动的移植性。驱动和设备二者通过匹配注册的 name 来进行识别。这里可以看到驱动注册时的 name 为 WM8960，而与硬件相关的结构体数据，比如总线地址、GPIO 引脚信息等，Linux 系统统一放在 arch\arm\mach-s5pv210 目录下的 mach-mini210.c 文件中，定位可得以下代码：

```
#ifdef CONFIG_SND_SOC_WM8960_MINI210
#include <sound/WM8960.h>
static struct WM8960_data WM8960_pdata = {
    .capless = 0,
    .dres = WM8960_DRES_400R,
};
#endif
```

```
/* I2C0 */
static struct i2c_board_info i2c_devs0[] __initdata = {
#ifdef CONFIG_SND_SOC_WM8960_MINI210
    {
        I2C_BOARD_INFO("WM8960",0x1a),
        .platform_data    = &WM8960_pdata,
    },
#endif
```

不难看出，在设备里有一个名为 WM8960 的 i2c 设备，并且它的 i2c 地址为 0x1a，这里需要指出的是，查询 WM8960 的芯片手册 63 页里面有这样一句话 The device address is 00011010(0x34h)，这个是设备地址，i2c 协议里设备地址左移 1 位才是对应的 i2c 地址，0x34h 左移一位正好是 0x1ah。

目前为止，驱动里的配置默认采用的是 I2C0 和 I2S0，为了使两块 WM8960 芯片都能工作，还需要添加 I2C1 和 I2S1，因此还需要修改内核的板级配置文件 mach-mini210.c。

mini210_devices[]中已有 &s3c_device_i2c0，为使用 I2C1，还要添加 &s3c_device_i2c1。同样，在已有的 &s5pv210_device_iis0 后面添加 &s5pv210_device_iis1。接下来在 i2c_board_info i2c_devs1[]中添加如下代码，使 I2C1 也对应地址 0x1a：

```
#ifdef CONFIG_SND_SOC_WM8960_MINI210
    {
        I2C_BOARD_INFO("WM8960",0x1a),
        .platform_data = &WM8960_pdata,
    }
```

关于 I2S 部分的驱动比较复杂，需要参照 s5pv210 芯片手册中 I2S 部分，这里只给出修改步骤。

arch/arm/mach-s5pv210/power-domain.c 文件中的 s5pv210_pd_audio_supply 和 s5pv210_pd_audio_clk 的结构与 I2S 相关，因为要支持 I2S1，所以必须在 s5pv210_pd_audio_supply[]中 REGULATOR_SUPPLY("pd","samsung-i2s.0")的后面添加 REGULATOR_SUPPLY("pd","samsung-i2s.1")。并在 s5pv210_pd_audio_clk[]中相应位置（代码里原来就有对应 I2S0 的与添加代码相似代码，相应位置即 I2S0 对应代码的后面）添加如下代码：

```
{
        .clk_name = "i2scdclk",
        .dev = &s5pv210_device_iis1.dev,
},/* i2s1 power domain audio clk */
```

I2S 的驱动文件为 sound/soc/s5pv2xx/s5pc1xx-i2s.c，其中 s5p_i2s_set_clk_enabled 函数是设置 I2S 时钟的，在相应位置添加以下代码：

```
if (dai->id  ==  1) {/* I2S V5.1? (I2S1) */
    clk_enable(i2s->iis_ipclk);
    clk_enable(i2s->iis_clk);
    clk_enable(i2s->iis_busclk);
```

```
    }
    和 if (dai->id == 1) {/* I2S V5.1? (I2S1) */
        clk_disable(i2s->iis_busclk);
        clk_disable(i2s->iis_clk);
        clk_disable(i2s->iis_ipclk);
    }
```

在 s5p_i2s_wr_startup 函数中相应位置添加：

```
    if (dai->id == 1) {
        writel(i2s->suspend_audss_clksrc,
        S5P_CLKSRC_AUDSS);
        writel(i2s->suspend_audss_clkdiv,
        S5P_CLKDIV_AUDSS);
        writel(i2s->suspend_audss_clkgate,
        S5P_CLKGATE_AUDSS);
    }
```

并在相对的 s5p_i2s_wr_shutdown 函数中添加：

```
    if (dai->id == 1) {
        i2s->suspend_audss_clksrc = readl(S5P_CLKSRC_AUDSS);
        i2s->suspend_audss_clkdiv = readl(S5P_CLKDIV_AUDSS);
        i2s->suspend_audss_clkgate = readl(S5P_CLKGATE_AUDSS);
    }
```

在 s5p_i2s_suspend 函数中相应位置添加：

```
    if (dai->id == 1) {
        i2s->suspend_audss_clksrc = readl(S5P_CLKSRC_AUDSS);
        i2s->suspend_audss_clkdiv = readl(S5P_CLKDIV_AUDSS);
        i2s->suspend_audss_clkgate = readl(S5P_CLKGATE_AUDSS);
    }
```

并在相对的 s5p_i2s_resume 函数中添加：

```
    if (dai->id == 1) {
        writel(i2s->suspend_audss_clksrc,S5P_CLKSRC_AUDSS);
        writel(i2s->suspend_audss_clkdiv,S5P_CLKDIV_AUDSS);
        writel(i2s->suspend_audss_clkgate,S5P_CLKGATE_AUDSS);
        pr_info("Inside %s..@%d\n",__func__,__LINE__);
    }
    和 if (dai->id == 1)
        writel(i2s->suspend_audss_clksrc,S5P_CLKSRC_AUDSS);
```

当驱动层和设备层通过 name 匹配成功之后，第一个会执行的函数就是 probe 函数。WM8960 在 i2c 设备里匹配成功之后，系统会执行该驱动的 probe 函数。也就是 i2c_driver 结构体 WM8960_i2c_driver 里面的 probe 函数 WM8960_i2c_probe。代码如下：

```
static __devinit int WM8960_i2c_probe(struct i2c_client *i2c,
                                      const struct i2c_device_id *id) {
    struct WM8960_priv *WM8960;
    struct snd_soc_codec *codec;
    WM8960 = kzalloc(sizeof(struct WM8960_priv),GFP_KERNEL);
    if (WM8960 == NULL)
        return -ENOMEM;
    codec = &WM8960->codec;
    i2c_set_clientdata(i2c,WM8960);
    codec->control_data = i2c;
    codec->dev = &i2c->dev;
    return WM8960_register(WM8960,SND_SOC_I2C);
}
```

probe 函数首先定义了两个非常复杂的数据结构：WM8960 的私有数据结构体 WM8960 和 ASoC 架构中的 Codec 结构体 codec。由于 WM8960 语音芯片采用 Linux ALSA 声卡驱动，故又定义了 Codec 结构体 codec。定义了结构体指针之后，用 Linux 内核内存分配接口 kzalloc 函数分配了一个空间，并且将空间的首地址交给了 WM8960 私有数据结构体。这样就可以在接下来的代码中，对 WM8960 的信息进行添加。由于这里的 WM8960 是局部的，为了让其他函数也能拿到这块内存的地址，并且往里面写值，这里通过 i2c_set_client 函数，将地址保存到 i2c_client 结构体下面的一个 void * 指针里。后面可以通过 i2c_get_client 函数接口来得到保存的数据。probe 函数的最后就是调用 WM8960_ register 函数，也就是完成 WM8960 的注册。

下面主要修改的是关于 I2S 的 probe 函数。在 s5pc1xx-i2s.c 文件的 s3c64xx_iis_dev_probe 函数中的相应位置添加：

```
if (pdev->id == 1) {
    mout_audss = clk_get(NULL,"mout_audss");
    if (IS_ERR(mout_audss)) {
        dev_err(&pdev->dev,"failed to get mout_audss\n");
        goto err1;
    }
    printk("mout_audss = %lu\n",clk_get_rate(mout_audss));
    clk_set_parent(mout_audss,fout_epll);
    /* MUX-I2SA */
    i2s->iis_clk = clk_get(&pdev->dev,"audio-bus");
        if (IS_ERR(i2s->iis_clk)) {
        dev_err(&pdev->dev,"failed to get audio-bus\n");
        clk_put(mout_audss);
        goto err2;
    }
```

```
        printk("iis_clk = %lu\n",clk_get_rate(i2s->iis_clk));
        clk_set_parent(i2s->iis_clk,mout_audss);
        /* getting AUDIO BUS CLK */
        i2s->iis_busclk = clk_get(NULL,"dout_audio_bus_clk_i2s");
        if (IS_ERR(i2s->iis_busclk)) {
            printk(KERN_ERR "failed to get audss_hclk\n");
            goto err3;
        }
        printk("iis_busclk = %lu\n",clk_get_rate(i2s->iis_busclk));
        i2s->iis_ipclk = clk_get(&pdev->dev,"i2s_v50");
        if (IS_ERR(i2s->iis_ipclk)) {
            dev_err(&pdev->dev,"failed to get i2s_v50_clock\n");
            goto err4;
        }
        printk("iis_ipclk = %lu\n",clk_get_rate(i2s->iis_ipclk));
}
```

这样就在设备与驱动匹配时，激活了 I2S1。到此，已经可以成功驱动两片 WM8960 芯片，但只实现每片 WM8960 单路采集的功能。要实现双声道采集，还需要修改 mini210_wm8960. c 和 soc - core. c 文件。

首先在 mini210_wm8960. c 中的 mini210_audio_init 函数的相应位置添加平台设备 soc - audio. 1 作为第二路采集设备，代码如下：

```
mini210_snd_device1 = platform_device_alloc("soc-audio.1",-1);
```

由于添加了 soc - audio. 1 的平台设备，而内核默认是 soc - audio 的平台设备，因此必须修改 sound/soc/soc - core. c 文件使其支持 soc - audio. 1 的平台设备。

在 soc - core. c 文件中添加平台驱动 soc - driver1：

```
static struct platform_driver soc_driver1 = {
    .driver         = {
        .name           = "soc-audio.1",
        .owner          = THIS_MODULE,
        .pm         = &snd_soc_pm_ops,
    },
    .probe = soc_probe,
    .remove = soc_remove,
};
```

以及其注册与注销函数：

```
platform_driver_register(&soc_driver1);
platform_driver_unregister(&soc_driver1);
```

到此为止，WM8960 驱动的移植与添加工作全部完成。

## 13.3　实时语音信号处理硬件平台

### 13.3.1　平台架构与资源

如图 13-4 所示的语音信号处理开发平台，使用 Samsung 公司高端的 ARM Cortex - A8 微处理器 S5PV210 芯片。S5PV210 基于 ARMv7 指令架构，适用于复杂操作系统及用户应用，运行速度可达 1 GHz，功耗在 300 mW 以下，而性能却高达 2000MIPS。S5PV210 微处理器具有复杂的流水线架构，带有先进的动态分支预测，可实现 2.0 DMIPS/MHz。10 级 NEON 媒体流水线，专用的 L2 缓存，带有可编程的等待状态，支持多项与 L3 存储器之间的未完成事务。

语音信号处理平台采用核心板外加底板的模式，支持 Linux、QT 和 Android 操作系统。实训平台提供了 7 in 的 TFT 24 位液晶触摸屏，接口资源丰富，扩展了通用的存储器、通信接口，构成了高性能、低功耗的嵌入式最小系统，可以进行智能手机以及便携式设备等语音信号处理及应用设计的最佳平台。

平台包含语音采集模块、蓝牙模块、语音合成模块、RFID 读卡模块、WIFI 模块、语音识别模块。此外，平台还包括了丰富的外设资源，如 USB 接口、UART 接口、以太网口、耳机传声器接口等，如图 13-5 所示。

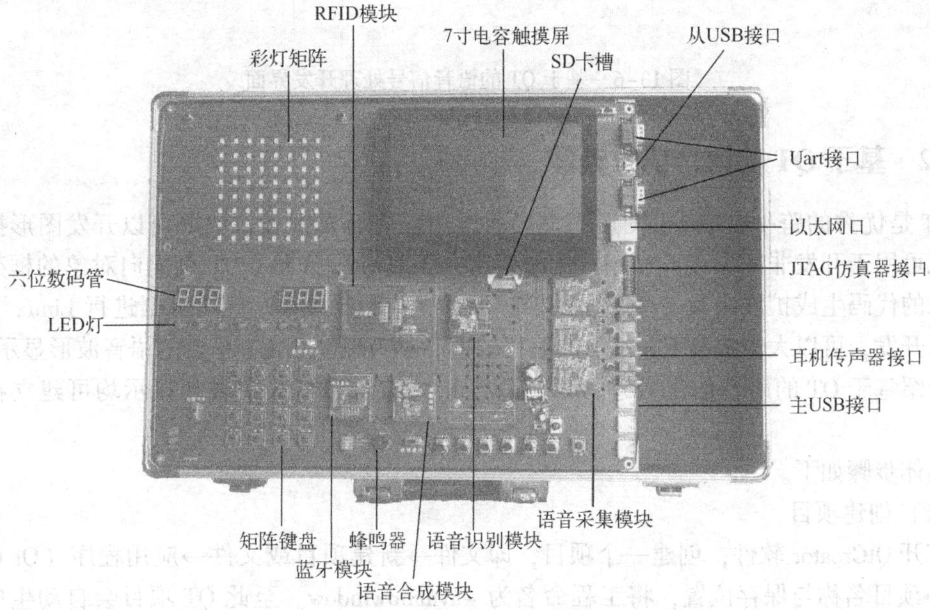


图 13-5　语音信号处理开发平台硬件构成

该平台不仅可以用于基于嵌入式系统的语音信号处理开发，还可用于通用式嵌入式系统开发，主要包括嵌入式裸机程序开发，Linux 驱动程序开发和基于 QT 的语音应用程序开发。

1）裸机程序开发包括汇编程序控制 LED 闪烁、IRAM 内存重定位、GPIO 输入输出实现、UART 接口、STDIO 移植、外部中断、定时器、RTC 读写、LCD 描点画线、LCD 图片显示、A/D 转换、数码管显示、数字温湿度显示、矩阵键盘控制等。

2）Linux 驱动程序开发包括 Linux 内核编译与镜像烧写、LED 显示、按键控制、蜂鸣器变频、EEPROM 读写、RFID 串口通信、语音录制与播放、动态语谱显示等。

3）基于 QT 的语音应用程序开发包括语音信号采集、语音回放、波形显示、短时时域分析、频域分析、倒谱分析、线性预测分析、语音端点检测、基音周期估计、共振峰估计、谱减法增强、语音隐藏、语音识别、说话人识别、情感识别、声源定位等。图 13-6 所示为开发界面，实现的功能是声源定位的时延估计。

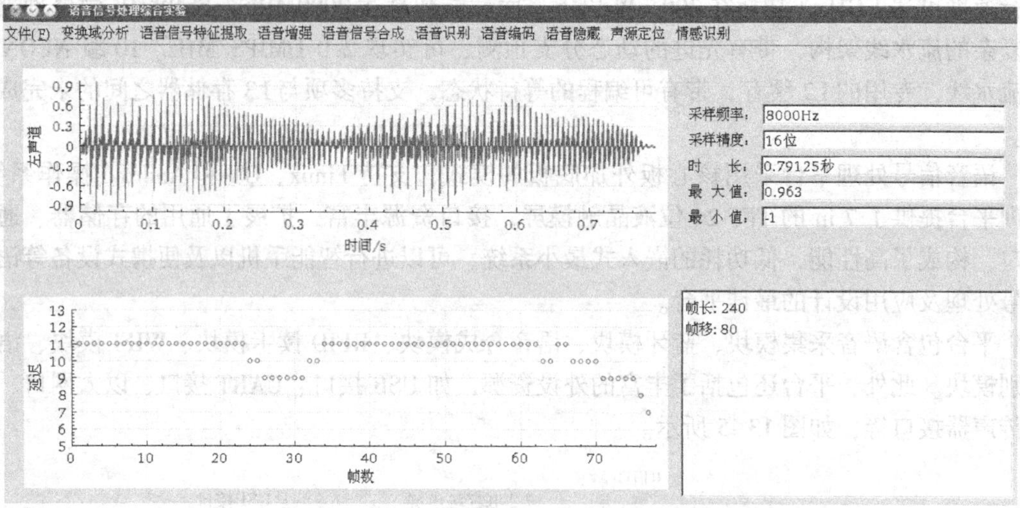


图 13-6　基于 QT 的语音信号处理开发界面

## 13.3.2　基于 QT 的语音信号处理

QT 是优秀的跨平台 C++图形用户界面应用程序开发框架，它既可以开发图形接口程序，也可用于开发非图形接口程序，比如控制台工具和服务器。QT 是面向对象的框架，使用特殊的代码生成扩展以及一些宏，易于扩展，允许组件编程。基于 QT 进行 Linux 下的图形界面开发，可以大大提高 Linux 下的编程效率。本节以基于 QT 平台的语音波形显示为例，详细介绍基于 QT 的语音信号处理开发流程，相关的语音算法实现和显示均可建立在此框架上。

具体步骤如下。

(1) 创建项目

打开 QtCreator 软件，创建一个项目，即文件→新建项目或文件→应用程序（Qt GUI 应用）→项目名称与保存位置，将工程命名为 wavmainwindow。至此 QT 项目会自动生成一些相关文件，其中 . pro 文件用于生成 makefile 文件。

通过选中项目名（这里是 recordDisplay）→鼠标右击→选择添加新文件→C ++→C ++ Source File/Header File 里分别添加 base、qcustomplot、paradialog 的头文件和源文件，同时选中项目名（这里是 wavmainwindow）→鼠标右击→选择添加新文件→Qt→Qt 设计师界面→Dialog without Button 里添加 paradialog. ui 界面。这里 qcustomplot 为画图控件的个文件（QCustomplot 的一些例子和使用方法可以去其官网查询 http://www. qcustomplot. com），mainwindow. ui 为界面布局文件，其可以通过 QT 的工具——Designer 编辑。

（2）设计布局文件

先来设置参数显示的 UI——paradialog. ui，如图 13-7 所示。

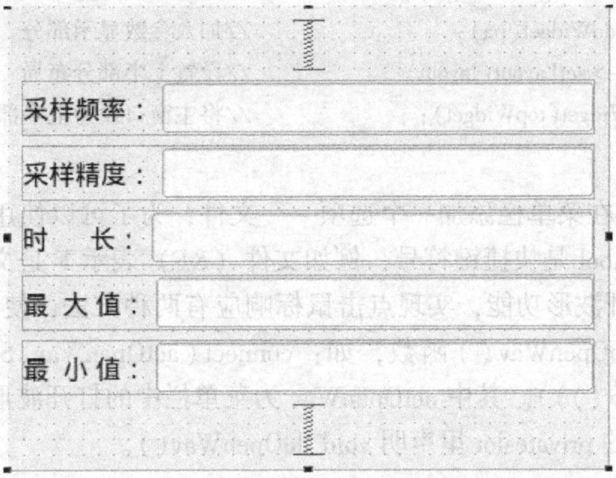


图 13-7　paradialog. ui 界面

在布局中拖入 5 个 label 控件，分别作为参数名称显示——采样频率、采样精度、时长、最大值、最小值；然后添加 5 个 linedit，设置对象名称，后面在具体打开波形的时候会通过其显示 WAV 的参数，会用到对象名称，所以设置成便于分辨的名称，如 freLineEdit。再添加两个 vertical spacer 进行垂直隔离。对于对象的属性设置，可选中相应的对象在右下角设置。按住〈ctrl〉键不放单击采样频率和旁边的 LineEdit，然后单击工具栏上的水平布局按钮可对两控件进行布局。

主窗口的控件设置，这里我们通过一个 iniCentralWidget()来实现，此函数已在 mainwindow. h 中声明为 void iniCentralWidget()，并在 mainwindow. cpp 中调用 iniCentralWidget()：

```
void MainWindow::  iniCentralWidget()
{
    QWidget  *topWidget = new QWidget ;           //上半部分界面
    pa = new ParaDialog;                          //参数显示部分
    tlwidget = new QWidget;                       //上半部分画图部分
    QVBoxLayout  *v1 = new QVBoxLayout ;          //画图部分垂直布局
    v1 -> addWidget(customPlot1);                 //加入控件 customplot1
    v1 -> addWidget(customPlot2);                 //加入控件 customplot2
    customPlot2 -> setVisible(false);             //不显示 customplot2
    tlwidget -> setLayout(v1);                    //设置布局
    QHBoxLayout  *layout = new QHBoxLayout;       //上半部分水平布局
    QSizePolicy sizePolicy(QSizePolicy::Expanding,QSizePolicy::Expanding);
    //设置左右长度比例 2:1
    sizePolicy.setHorizontalStretch(2);
    sizePolicy.setVerticalStretch(0);
    tlwidget -> setSizePolicy(sizePolicy);
```

```
        sizePolicy.setHorizontalStretch(1);
        sizePolicy.setVerticalStretch(0);
        pa->setSizePolicy(sizePolicy);
        layout->addWidget(tlwidget);                //加入画图部分
        layout->addWidget(pa);                      //加入参数显示部分
        topWidget->setLayout(layout)                //设置上半部分布局
        setCentralWidget(topWidget);                //将主窗口设为上半部分界面
}
```

如图 13-8 所示，在菜单栏添加一个选项——文件，为了可以使用快捷键我们可以在其后加（&symbol），symbol 是快捷键符号，例如文件（&F）表示 F 是文件的快捷键。接下来在文件下添加一个打开波形功能，实现点击鼠标响应有两种方法，使用 connect( ) 函数将打开波形动作连接到 doOpenWav( ) 函数，如：connect(actOpenWav, SIGNAL(triggered( )), this, SLOT(doOpenWav( )))。其中 actOpenWav 为菜单栏中的打开波形的对象名称。然后在 mainwindow.h 文件中的 privateslot 里声明 void doOpenWav( )。

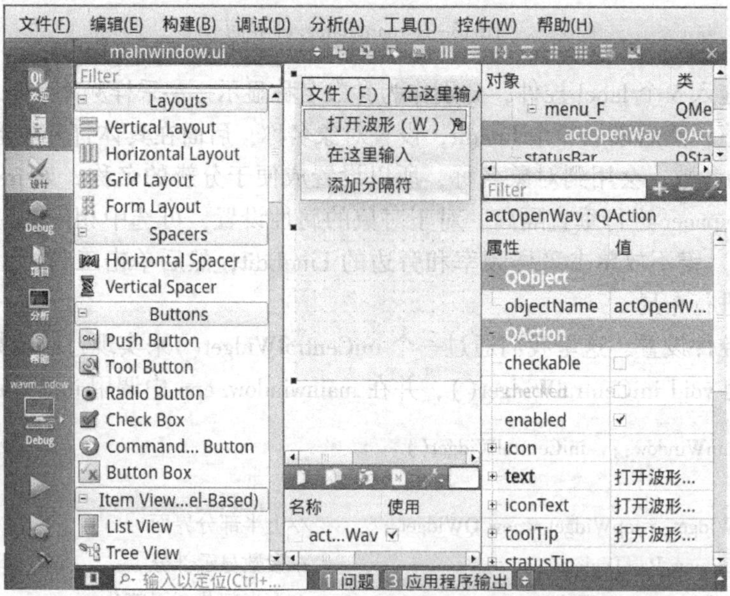


图 13-8 窗体显示

（3）编写打开波形的实现函数

添加一个新的 base.h 文件和 base.cpp 文件用于存储一些常用的函数。

base.cpp 文件中的函数为：

```
#include "base.h"
//Wav 文件信息读取函数
void  WavRead(QFile &file,QByteArray &fileData,FormatChunk &fileFmt)
{
            QDataStream data(&file);             //文件数据
            QByteArray chunkName;                //wav 块名称
```

```
        uchar wavHead[12];                    //wav 文件头
        data.readRawData((char *)wavHead,12);//读取 - 块头部
        chunkName.append((char *)wavHead,4);//收录 - RIFF 字符
        chunkName.append((char *)wavHead + 8,4);//收录 - WAVE 字符
         if( * (uint * )(wavHead + 4) + 8! = file.size() || chunkName! = "RIFF-
WAVE")
        {
                printf("read file fail: not standard wav format file");
        }chunkName.clear();
        uchar head[8];//块头部
        do{//解析块
                data.readRawData((char *)head,8);//读取 - 块头部
                        chunkName.append((char *)head,4);//收录 - 块名
                uint chunkSize = * (uint *)(head + 4);//收录 - 块大小
                uint readSize(0);//记录已读取的字节数
                if(chunkName.startsWith("fmt"))//收录 - fmt 块
                {
readSize += data.readRawData((char * )&fileFmt,sizeof(fileFmt));
                }
                if(chunkName.startsWith("data"))//收录 - data 块
                {
                        fileData.resize(chunkSize);
readSize += data.readRawData(fileData.data(),chunkSize);//读取 - 音频数据
                }
                data.skipRawData(chunkSize - readSize);
                chunkName.clear();
        }while(! data.atEnd());
        file.close();
}
/ * 读语音数据:fileData 为二进制语音数据,x 为横坐标时间值,y 为语音数据值 * /
void DrawWav(QByteArray& fileData,FormatChunk& fileFmt,QVector < double >  &X,QVector < double
 > &Y)
{
    if((fileFmt.wBitsPerSample == 16)&&(fileFmt.wChannels == 2))    //16 位双声道
        {
            for(int x = 0;x < fileData.size();x += 4)
                {
                        short temp =  * (short * )(fileData.constData() + x);
                        X << (double)x/(4 * fileFmt.dwSamplesPerSec);//强制转化类型
                        Y << (double)temp/32767;
                }
        }
      else if((fileFmt.wBitsPerSample == 16)&&(fileFmt.wChannels == 1))    //16 位单声道
```

```
        {
            for(int x=0;x<fileData.size();x+=2)
            {
                short temp = *(short *)(fileData.constData()+x);
                X<<(double)x/(2*fileFmt.dwSamplesPerSec);//强制转化类型
                    Y<<(double)temp/32767;
            }
        }
    else if((fileFmt.wBitsPerSample==8)&&(fileFmt.wChannels==2))   //8 位双声道
        {
            for(int x=0;x<fileData.size();x+=2)
            {
                quint8  temp = *(fileData.constData()+x);
                X<<(double)x/(2*fileFmt.dwSamplesPerSec);//强制转化类型
                    int temp2=temp -128 ;
                Y<<double(temp2)/128;
            }
        }
    else                                                 //8 位单声道
        {
            for(int x=0;x<fileData.size();x+=1)
            {
                quint8 temp = *(fileData.constData()+x);
                int temp2=temp-128;
                X<<(double)x/(fileFmt.dwSamplesPerSec);//强制转化类型
                Y<<double(temp2)/128;
            }
        }
}
```

在 mainwindow.cpp 中编写打开波形函数，其中 doOpenWav(QString&fileName) 函数要在 mainwindow.h 中的 private 里声明为 void doOpenWav(QString&);

```
voidMainWindow::doOpenWav()
{
QStringfileName = QFileDialog::getOpenFileName(this);
if(fileName  ==  NULL){
std::cout<<"No file Choosed!"<<std::endl;
}
else{
doOpenWav(fileName) ;
}
}
voidMainWindow:: doOpenWav(QString&fileName){
```

```
sourceFile = fileName ;
QFilefile(fileName);
if(! file.open(QIODevice::ReadOnly))//读取文件
{
    printf("read fail 1hhh: cannot find the specified file");
}
FormatChunkfileFmt;//Wav 格式信息
QByteArrayfileData;//Wav 数据
WavRead(file,fileData,fileFmt);
frequency = fileFmt.dwSamplesPerSec;
sampleBit = fileFmt.wBitsPerSample;
channels = fileFmt.wChannels ;
QVector<double> X,Y;    //创建两个 QVector 对象分别用于存储波形图上各点的 X 轴和 Y
轴坐标
DrawWav(fileData,fileFmt,X,Y);
time = double(fileData.size())/fileFmt.dwAvgBytesPerSec ;
customPlot1 -> clearGraphs();
customPlot2 -> clearGraphs();
customPlot1 -> clearItems();
customPlot2 -> clearItems();
if(channels == 2){
    /*使用 QCustomPlot 绘制语音波形图*/
    customPlot1 -> addGraph();
    customPlot1 -> graph(0) -> setData(X,Y);
    //设置坐标轴标签:
    customPlot1 -> xAxis -> setLabel(tr("时间/s"));
    customPlot1 -> yAxis -> setLabel(tr("左声道"));
    customPlot1 -> xAxis2 -> setVisible(false);
    //设置坐标轴范围:
    customPlot1 -> graph(0) -> setLineStyle(QCPGraph::lsLine);
    customPlot1 -> graph(0) -> rescaleAxes();
    //绘出波形图并在界面上显示
    customPlot1 -> replot();
    /*使用 QCustomPlot 绘制语音波形图*/
    customPlot2 -> addGraph();
    customPlot2 -> graph(0) -> setData(X,Y);
    //设置坐标轴标签:
    customPlot2 -> xAxis -> setLabel(tr("时间/s"));
    customPlot2 -> yAxis -> setLabel(tr("右声道"));
    customPlot1 -> xAxis2 -> setVisible(false);
    //设置坐标轴范围:
    customPlot2 -> graph(0) -> setLineStyle(QCPGraph::lsLine);
    customPlot2 -> graph(0) -> rescaleAxes();
```

```
        //绘出波形图并在界面上显示
        customPlot2 -> replot();
        customPlot1 -> setVisible(true);
        customPlot2 -> setVisible(true);
    }
    else{
        /*使用 QCustomPlot 绘制语音波形图*/
        customPlot1 -> addGraph();
        customPlot1 -> graph(0) -> setData(X,Y);
        //设置坐标轴标签：
        customPlot1 -> xAxis -> setLabel(tr("时间/s"));
        customPlot1 -> yAxis -> setLabel(tr("单声道"));
        customPlot1 -> xAxis2 -> setVisible(false);
        //设置坐标轴范围：
        customPlot1 -> graph(0) -> setLineStyle(QCPGraph::lsLine);
        customPlot1 -> graph(0) -> rescaleAxes();
        //绘出波形图并在界面上显示
        customPlot1 -> replot();
        customPlot1 -> setVisible(true);
        customPlot2 -> setVisible(false);
    }
    qSort(Y.begin(),Y.end());
    max = Y[Y.count() -1];
    max  = ((int)(max * 1000))/1000.0;
    min = Y[0];
    min  = ((int)(min * 1000))/1000.0;
    pa -> freLineEdit -> setText(QString("%1").arg(frequency) + "Hz");
    pa -> exLineEdit -> setText(QString("%1").arg(sampleBit) + tr("位"));
    pa -> timeLineEdit -> setText(QString("%1").arg(time) + tr("秒"));
    pa -> maxLineEdit -> setText(QString("%1").arg(max));
    pa -> minLineEdit -> setText(QString("%1").arg(min));
}
```

设置 main.cpp：

```
#include "mainwindow.h"
#include <QApplication>
#include <QTextCodec>
int main(int argc,char *argv[])
{
    QApplication a(argc,argv);
    CMainWindow w;
    w.show();
    //用来使程序中显示中文时不会出现乱码。
```

```
    QTextCodec * codec = QTextCodec::codecForName("UTF-8");
    QTextCodec::setCodecForTr(codec);
    QTextCodec::setCodecForLocale(QTextCodec::codecForLocale());
    QTextCodec::setCodecForCStrings(QTextCodec::codecForLocale());
    return a.exec();
}
```

最终的程序运行图如图 13-9 所示。

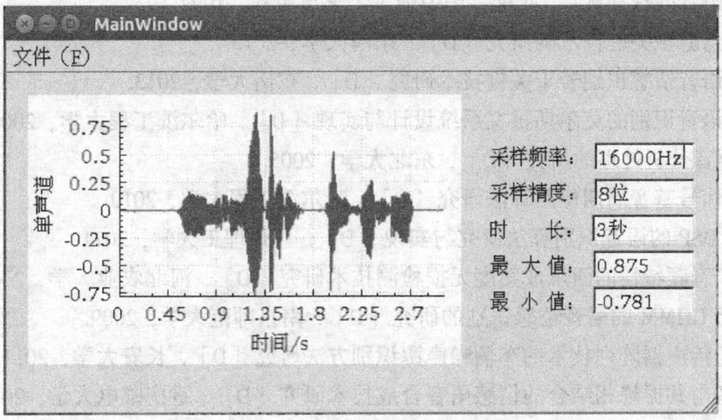


图 13-9　波形显示结果

# 参考文献


[1] 宋知用. MATLAB 在语音信号分析与合成中的应用 [M]. 北京：北京航空航天大学出版社，2013.
[2] 陈永彬. 语音信号处理 [M]. 上海：上海交通大学出版社，1991.
[3] 姚天任. 数字语音处理 [M]. 武汉：华中理工大学出版社，1992.
[4] 奚吉. 语音信息隐藏关键技术的研究 [D]. 东南大学，2013.
[5] 黄程韦. 实用语音情感识别若干关键技术研究 [D]. 东南大学，2013.
[6] 李春晓. 基于语音识别的莫尔斯报文系统设计与实现 [D]. 哈尔滨工程大学，2006.
[7] 鲁鹏. HELP 语音分析处理的研究 [D]. 东北大学，2005.
[8] 刘维巍. 语音信号基音周期检测算法研究 [D]. 哈尔滨工程大学，2010.
[9] 张宝峰. 基于 DSP 的语音识别算法研究与实现 [D]. 兰州理工大学，2011.
[10] 张玉新. 基于音频特性的西瓜成熟度无损检测技术研究 [D]. 河北农业大学，2009.
[11] 张永皋. 基于 CHMM 的语音情感识别的研究 [D]. 南京师范大学，2009.
[12] 许春民. 基于传声器阵列技术的车辆噪声源识别方法研究 [D]. 长安大学，2011.
[13] 张豪杰. 基音与共振峰相结合的情感语音合成技术研究 [D]. 重庆邮电大学，2012.
[14] 吴力勤. 基于 ADPCM 语音压缩编码算法的研究与实现 [D]. 四川大学，2006.
[15] 张兴辉. 强噪声环境下的语音检测研究 [D]. 长春理工大学，2009.
[16] 李鉴峰. 阵列天线 DOA 估计算法的研究与改进 [D]. 大连理工大学，2008.
[17] 王欣. 噪声环境下低速率语音编码的研究 [D]. 中国科学技术大学，2007.
[18] 彭吉龙. 车辆噪声源阵列识别技术研究 [D]. 长安大学，2013.
[19] 吕军. 基于语音识别的汉语语音评价系统的研究与实现 [D]. 东南大学，2007.
[20] 赵力，等. 基于 MQDF 的汉语塞音识别方法的研究 [J]. 模式识别与人工智能，2000 (3)：342 - 344.
[21] 赵力，等. 汉语连续语音识别中语音处理和语言处理统合方法的研究 [J]. 声学学报，2001 (1)：73 - 78.
[22] 赵力，等. 基于分段模糊聚类算法的 VQ - HMM 语音识别模型参数估计 [J]. 电路与系统学报，2002 (3).
[23] 赵力，等. 基于 3 维空间 Viterbi 算法的汉语连续语音识别方法的研究 [J]. 电子学报，2002 (7).
[24] 赵力，等. 基于 3 维空间 Viterbi 算法的音素模型和声调模型识别概率统合方法的研究 [J]. 声学学报，2001 (3).
[25] 赵力，等. 基于模糊 VQ 和 HMM 的无教师说话人自适应 [J]. 电子学报，2002 (7).
[26] 赵力，等. HMM 在说话人识别中的应用 [J]. 电路与系统学报，2001 (3).
[27] 赵力，等. 语音信号中的情感特征分析和识别的研究 [J]. 通信学报，2000 (10)：18 - 25.
[28] 赵力，等. 语音信号中的情感识别的研究 [J]. 软件学报，2001 (7).
[29] 林玮，杨莉莉，徐柏龄. 基于修正 MFCC 参数汉语耳语音的话者识别 [J]. 南京大学学报：自然科学版，2006，(01)：54 - 62.